社会基盤マネジメント

Infrastructure Systems Management

堀田 昌英・小澤 一雅 編

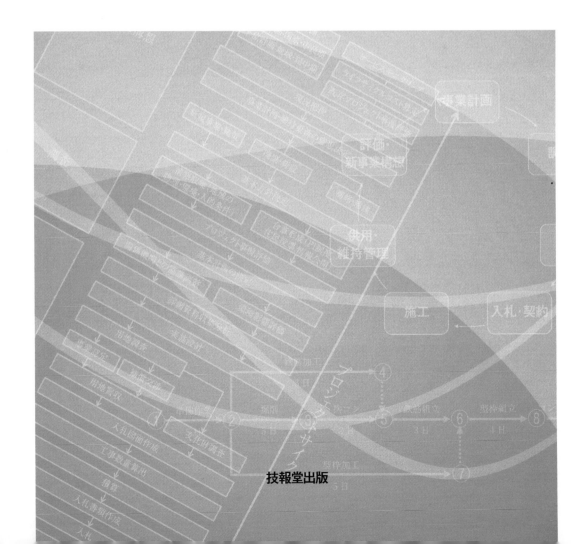

技報堂出版

書籍のコピー，スキャン，デジタル化等による複製は，
著作権法上での例外を除き禁じられています。

はじめに——社会基盤マネジメントの体系化

　社会基盤を個々の事業として，またはその総体たるシステムとしてきちんと管理・運営 (manage) していくにはどうすれば良いのか．そもそも社会基盤のマネジメントとは何を意味し，それを考えることによって何がもたらされるのか．土木学会建設マネジメント委員会は，1984年の設立以来一貫してこれらの問いに答えるべく取り組んできた．1994年には同委員会の先駆的な成果である『建設マネジメント原論』(國島正彦・庄子幹雄 編著) が出版され，わが国における建設マネジメント分野の体系化が図られた．同書では，伝統的にプロジェクトマネジメントと施工管理に重点が置かれていた海外の建設マネジメント研究の射程を大きく超え，受発注者が一体となって社会共通の目的を達成しようとする日本型建設マネジメントの概念枠組みが示された．1999年に提出された同委員会・国際問題小委員会 (佐橋義仁 小委員長) による報告書「インフラ整備マネジメント論の体系化」では，社会基盤事業におけるユーザーの視点が問われた時代背景を色濃く反映し，その整備プロセスをステークホルダー間の協働作業と位置づけることによって社会が真に望む社会基盤サービスを実現する仕組みを提案している．

　爾来，社会基盤 (infrastructure) の指し示す対象の範囲はますます広範になり，それに伴ってマネジメントの課題もますます複雑化かつ多様化している．本書は，『建設マネジメント原論』が出版されて以後に生じた社会基盤分野のさまざまな変革と進展を踏まえつつ，現在われわれが直面している社会基盤マネジメントの諸課題を今一度その本質に却って考えるための枠組みを再構築しようとする試みである．本書を著すにあたって方針としたことは次の3つである．

　まず第1に，土木学会建設マネジメント委員会を中心として行われてきた建設マネジメントに関する調査研究および実践の最新の成果を読者に紹介し，建設マネジメント分野が扱う領域の拡大を反映することである．元来施工管理や積算，契約に関するさまざまな現場の暗黙知を形式知化し，その伝承と教育を可能にする目的で創発された建設マネジメントという分野が，事業サイクル全体のマネジメントへと拡大し，さらにはマネジメントの対象も工事や施設の管理からシステムや社会制度の設計に及ぶ程に拡大したこと．またインフラストラクチャという概念自体も近年急速に拡大したことに伴い，新たな問題，新たな知見がこの30年間に蓄積してきたこと．本書はまずこれらの時代背景を踏まえ，社会基盤システムのマネジメントをその射程としたものである．

　第2に，本書は国内の社会基盤事業のマネジメントと，海外事業のマネジメントをシームレスに思考することを目指した．わが国の公共事業をめぐる仕組みは，受発注者間の関係をはじめ多くの点において海外の主たる仕組みと異なることが長く指摘されてきた．このため現在においても国内事業と海外事業は依然市場として分断されていると言ってよく，人材育成や経験知の蓄積についてもおのおの独自の体系が築かれてきたように見える．しかしながら近年のインフラ輸出をはじめとする動向は急速に進んでおり，わが国のインフラ整備で培った技術やシステムを未だ社会基盤整備が途上である国・地域等において活かすことの社会的期待はますます高まっている．一方で現状に

おいては国内事業と海外事業との違いが日本のインフラ輸出にとって大きな障壁となっており，潜在的な国際貢献が十分実現していない現実がある．

各国ごとに社会基盤整備をめぐる法体系，契約慣行，技術文化がさまざまに異なることは自然であり，日本の制度をすべて海外において主流なものに置き換えることが望ましいわけでもない．本書は国・地域ごとにさまざまに異なる社会基盤マネジメントをめぐる慣行や制度をいたずらに統一することを主張するものではない．その代わり，さまざまに異なる各国・地域の仕組みを相対化し，その本質を理解することによって適応の方策を考えるための一般化された概念枠組みを提示することが本書の課題である．そのような枠組みを通して国内，海外いずれの社会基盤事業においてもシームレスにマネジメント思考を実現できる方法を提示できれば本書の目的は達成されたといえる．

第3に，本書が考える社会基盤マネジメントの体系を提示するにあたっては，辞書的な構成を敢えて取らないこととした．このことは体系それ自体の不完全さをもたらすが，それでもなお本書は教科書としての機能を優先し，想定される読者の関心に沿って構成を決定した．本書が想定する典型的な読者は，例えば大学学部の専門課程において初めて社会基盤分野のマネジメントに関する講義を受講する学生の方々である．したがって本書の記述にあたっては，土木分野の実務者が当然知っているであろう用語や概念についても必要に応じて説明を加えてある．一方でいくつかの内容は高度に専門的な最新の研究成果を含んでおり，比較的若年の実務者や専門家に対する知的好奇心にも応えるよう努めた．また本書で紹介される概念や理論・手法が社会基盤マネジメントの現場でどのように実践されているのかを示すために，関係各位のご協力を得て本書の随所にケースおよび最新動向を紹介するコラムを挿入している．いずれの内容に関しても，本書が重視したのは単に専門知識の羅列ではなく，「なぜ今こうなっているのか」，「なぜ問題があるのに簡単に変えられないのか」，「自分はどうすれば良いのか」といった理念と実践を繋ぐ問いを読者自身に喚起することであった．本書はこれらの問いを意図的に配し，問いに対する答えを読者自身に見つけてもらうために，努めて分析的な記述を多くした．

本書を取りまとめるにあたっては，2010年に土木学会建設マネジメント委員会（小澤一雅 委員長・当時）の下に教科書プロジェクト小委員会（堀田昌英 小委員長）が設置され，産官学より集った計22名の委員が，これからの建設マネジメントの体系はどうあるべきか，その体系をどう伝えていくかについて小委員会を通して多くの議論を重ねてきた．小委員会は5つのワーキンググループにわかれ，それぞれ社会基盤マネジメント総論（第1WG），プロジェクトサイクル（第2WG），コンストラクション・マネジメント（第3WG），契約・調達（第4WG），技術と経営（第5WG）についての内容と構成を検討し，該当箇所の執筆を行った．本書の内容については編著者が責任を負うものであるが，その編集執筆作業は同小委員会の活動として実施されたものであることを記しておきたい．巻末に各委員および執筆者の執筆分担を掲載した．併せてご参照戴きたい．

最後に，本書の作成を通して終始温かく見守って戴いた土木学会建設マネジメント委員会各位，技報堂出版 石井洋平氏，委員会運営および編集作業で多大な尽力を賜った東京大学大学院（当時）幾瀬真希氏，遠藤百合子氏，鈴木貴大氏，竹前由美子氏，長瀬大夢氏，マエムラ ユウ氏，三浦さゆり氏，森 貫吾氏をはじめ，本書の上梓にあたり多くのご協力を戴いた皆様に心より感謝を申し上げる．

2015年8月

編者 堀田昌英，小澤一雅

目　　次

第1章　社会基盤マネジメントとは ― 1

1.1　社会基盤マネジメントの射程 ― 1
 1.1.1　社会基盤マネジメントの対象〜what to manage〜 ― 4
 1.1.2　社会基盤マネジメントの取り扱う課題 ― 6
1.2　社会基盤マネジメントの特色 ― 8
 ケース 1-1　地域社会と水資源マネジメントの歴史的変遷 ― 9
 1.2.1　社会基盤「施設」マネジメント ― 13
 1.2.2　社会基盤「システム」マネジメント ― 15
 1.2.3　社会基盤「技術」マネジメント ― 17
 ケース 1-2　奥只見発電所増設工事における開発と環境の両立に向けたマネジメント ― 18
 1.2.4　社会基盤の歴史にみる先人の知恵 ― 21
1.3　社会基盤マネジメントの理論と手法 ― 23
 1.3.1　マネジメント理論の役割 ― 23
 1.3.2　建設マネジメント研究の歴史と動向 ― 25

第2章　社会基盤マネジメントにかかわる主体と建設産業活動 ― 29

2.1　建設市場の特性と動向 ― 29
 2.1.1　国内建設市場の特色 ― 29
 2.1.2　国内市場と建設投資の動向 ― 33
 ケース 2-1　官民連携による海外インフラプロジェクトの推進 ― 38
2.2　社会基盤マネジメントの関与主体（ステークホルダー） ― 42
 2.2.1　社会基盤と人のかかわり合い ― 42
 2.2.2　社会基盤マネジメントにかかわる「ユーザー」 ― 43
 2.2.3　社会基盤マネジメントにかかわる「サプライヤー」 ― 43
 2.2.4　ユーザーとサプライヤーの相互作用 ― 50
 コラム 1　ユーザーとサプライヤーの新たな関係に向けて ― 54
 ケース 2-2　幹線道路の交通規制における合意形成手法 ― 55

第3章　プロジェクトマネジメント ― 63

 ケース 3-1　ベトナムにおける戦略的な事業展開 ― 63

ケース 3-2　非平常時のプロジェクトマネジメント－イラク基幹通信網復興支援事業のケース－ …… 66
　3.1　プロジェクトマネジメントの考え方 …………………………………………………………… 69
　　　3.1.1　プロジェクトマネジメントの体系 ………………………………………………………… 69
　　　3.1.2　プロジェクトサイクル ……………………………………………………………………… 72
　　　3.1.3　国内と海外における違い …………………………………………………………………… 75
　3.2　プロジェクトサイクルの個々の活動単位 ……………………………………………………… 77
　　　3.2.1　プロジェクトの発掘 ………………………………………………………………………… 77
　　　3.2.2　プロジェクトの形成 ………………………………………………………………………… 80
　　　3.2.3　プロジェクトの審査 ………………………………………………………………………… 84
　　　3.2.4　プロジェクトの実施 ………………………………………………………………………… 87
　　　3.2.5　プロジェクトの評価 ………………………………………………………………………… 90
　3.3　プロジェクトの資金調達 ………………………………………………………………………… 93
　　　3.3.1　資金調達の手段 ……………………………………………………………………………… 93
　　　3.3.2　公共セクターにおける資金調達 …………………………………………………………… 95
　　　3.3.3　民間セクターにおける資金調達 …………………………………………………………… 97
　　　ケース 3-3　ハブ機能強化に向けたコロンボ港拡張事業
　　　　　　　　－PPP 方式による社会基盤プロジェクトの取り組みと課題－ …………………… 99
　3.4　キャッシュ・フロー分析 ………………………………………………………………………… 104
　　　3.4.1　プロジェクト・ファイナンス ……………………………………………………………… 104
　　　3.4.2　キャッシュ・フロー分析 …………………………………………………………………… 105
　　　3.4.3　現在価値分析・内部収益率 ………………………………………………………………… 106
　　　3.4.4　加重平均資本費用（WACC） ……………………………………………………………… 107
　3.5　BOT/PPP プロジェクト ………………………………………………………………………… 108
　　　3.5.1　BOT の発生とその構造 …………………………………………………………………… 108
　　　3.5.2　PPP への展開とその特徴 ………………………………………………………………… 109
　　　3.5.3　PPP に係る種々のリスクと関係三者間での配分 ……………………………………… 110
　　　ケース 3-4　バンコク第二高速道路プロジェクト …………………………………………… 112
　　　3.5.4　わが国建設業界の海外インフラ市場参画の可能性と戦略 ……………………………… 115
　　　コラム 2　海外建設企業における PPP 事業への取り組み ………………………………… 117

第 4 章　コンストラクション・マネジメント ——————————————— 121

　　　ケース 4-1　羽田空港 D 滑走路建設工事におけるマネジメントについて ………………… 121
　4.1　序　章 ……………………………………………………………………………………………… 128
　　　4.1.1　コンストラクション・マネジメントの定義 ……………………………………………… 128
　　　4.1.2　マネジメントの流れ ………………………………………………………………………… 128
　　　4.1.3　組　織 ………………………………………………………………………………………… 130
　4.2　設計の実務 ………………………………………………………………………………………… 132

####### 4.2.1 調　査 …………………………………………………………………………… 133
####### 4.2.2 設　計 …………………………………………………………………………… 134
4.3 入札と契約 ……………………………………………………………………………… 137
####### 4.3.1 見　積 …………………………………………………………………………… 137
####### 4.3.2 入　札 …………………………………………………………………………… 139
####### 4.3.3 契　約 …………………………………………………………………………… 139
4.4 施工計画 ………………………………………………………………………………… 140
####### 4.4.1 施工計画とは …………………………………………………………………… 140
####### 4.4.2 施工計画の作成 ………………………………………………………………… 140
####### 4.4.3 施工計画と施工管理 …………………………………………………………… 144
4.5 工程管理 ………………………………………………………………………………… 144
####### 4.5.1 工程管理の目的 ………………………………………………………………… 144
####### 4.5.2 工程計画 ………………………………………………………………………… 145
####### 4.5.3 工程表 …………………………………………………………………………… 146
####### 4.5.4 工程の進捗管理 ………………………………………………………………… 151
4.6 原価管理 ………………………………………………………………………………… 152
####### 4.6.1 見積と契約 ……………………………………………………………………… 152
####### 4.6.2 実行予算 ………………………………………………………………………… 153
####### 4.6.3 調　達 …………………………………………………………………………… 153
####### 4.6.4 出来高管理 ……………………………………………………………………… 154
####### 4.6.5 未払いと決算 …………………………………………………………………… 154
####### 4.6.6 設計変更 ………………………………………………………………………… 155
4.7 品質管理 ………………………………………………………………………………… 155
ケース 4-2　山口県のひび割れ抑制システム ……………………………………… 156
####### 4.7.1 要求品質 ………………………………………………………………………… 158
####### 4.7.2 品質管理サイクル ……………………………………………………………… 158
####### 4.7.3 検　査 …………………………………………………………………………… 159
####### 4.7.4 TQC ……………………………………………………………………………… 160
####### 4.7.5 ISO9001 ………………………………………………………………………… 160
4.8 安全衛生管理 …………………………………………………………………………… 161
####### 4.8.1 労働災害 ………………………………………………………………………… 161
####### 4.8.2 安全管理体制 …………………………………………………………………… 163
####### 4.8.3 安全施工サイクル ……………………………………………………………… 165
####### 4.8.4 作業環境の改善 ………………………………………………………………… 166
####### 4.8.5 安全衛生法体系 ………………………………………………………………… 168
####### 4.8.6 労働安全マネジメントシステム (OHSMS) ………………………………… 169
4.9 環境管理 ………………………………………………………………………………… 169
####### 4.9.1 建設と環境問題 ………………………………………………………………… 169

4.9.2　建設公害……………………………………………………………………169
　　4.9.3　産業廃棄物…………………………………………………………………170
　　4.9.4　生態系の保全………………………………………………………………172
　ケース 4-3　生物多様性と調和した開発事例
　　　　　　－中部国際空港の整備とあわせた藻場の創出－…………………………172
　　4.9.5　地球環境……………………………………………………………………173
　　4.9.6　ISO14000 …………………………………………………………………174
4.10　アセットマネジメント………………………………………………………………175
　　4.10.1　社会基盤ストックの現状…………………………………………………175
　　4.10.2　社会基盤ストックの老朽化………………………………………………178
　　4.10.3　戦略的な維持更新への取り組み…………………………………………181
　ケース 4-4　青森県におけるアセットマネジメントの取り組み事例…………………188

第5章　調達・契約マネジメント ―――――――――――――― 193

5.1　調達・契約概論…………………………………………………………………………193
　　5.1.1　調達とは……………………………………………………………………193
　　5.1.2　建設工事のプレイヤー……………………………………………………193
　　5.1.3　建設事業における調達の特徴……………………………………………194
　　5.1.4　契約の役割…………………………………………………………………197
　　5.1.5　契約におけるリスク分担原則……………………………………………197
　　5.1.6　契約変更原則と契約変更ルール…………………………………………198
　　5.1.7　関係的契約…………………………………………………………………199
　　5.1.8　分業と統合…………………………………………………………………199
5.2　公共調達プロセスと調達マネジメント………………………………………………200
　　5.2.1　調達計画……………………………………………………………………201
　　5.2.2　入札・提案・見積引合……………………………………………………204
　コラム 3　無情の入札現場－多発するくじ引きの実態－………………………………212
　　5.2.3　契約履行……………………………………………………………………213
　　5.2.4　引渡・瑕疵責任……………………………………………………………227
5.3　調達マネジメントと分析視角…………………………………………………………231
　　5.3.1　調達システムとマネジメント……………………………………………231
　　5.3.2　調達におけるサプライチェーンマネジメントシステム………………234
　　5.3.3　コンプライアンス…………………………………………………………236
　コラム 4　社会基盤マネジメントと技術倫理……………………………………………241
5.4　受注者による契約管理…………………………………………………………………244
　　5.4.1　リスクマネジメント………………………………………………………244
　　5.4.2　保険制度……………………………………………………………………245

コラム5	欧米諸国の多様な調達方式	246
コラム6	競争的対話方式の機能と制度設計	251

第6章　技術と経営 ——————————————— 257

- 6.1 インフラ産業論 ………………………………………………… 257
  - 6.1.1 インフラ産業政策 …………………………………………… 257
  - 6.1.2 日本のマネジメント ………………………………………… 260
  - 6.1.3 グローバリゼーション ……………………………………… 262
- 6.2 技術開発 ………………………………………………………… 265
  - 6.2.1 社会基盤分野における技術の特徴と経緯 ………………… 265
  - 6.2.2 社会基盤における技術の種類と担い手 …………………… 267
  - 6.2.3 社会基盤分野における技術基準と国際化 ………………… 268
  - 6.2.4 社会基盤における知的財産戦略 …………………………… 270
  - 6.2.5 建設企業の新しい分野への進出 …………………………… 272
- 6.3 経営戦略 ………………………………………………………… 273
  - 6.3.1 社会基盤整備に関する市場の変化 ………………………… 273
  - 6.3.2 インフラストラクチャ事業者 ……………………………… 274
  - 6.3.3 建設会社 ……………………………………………………… 275
- ケース6-1　インド高速鉄道におけるオールジャパンでの取り組み …………… 277
- コラム7　道路コンセッション事業者の海外進出 ………………………………… 279

第 1 章
社会基盤マネジメントとは

1.1 社会基盤マネジメントの射程

　社会基盤（インフラストラクチャ）は，人々の生活や種々の活動がそれなしでは円滑にできなくなるような財やサービスである。社会基盤としての機能の発揮のために通常は物的存在として社会基盤施設があり，その整備や供用にまつわる社会の仕組み，慣行，組織，人的活動等が総体としてシステムを形成している（図-1.1）。仮にその総体を社会基盤システムと呼ぶことにすると，本書の目的は社会基盤システムを，社会の要請に応えられるようきちんと機能させるための取り組み，すなわち社会基盤マネジメントとは何かを具体例と概念体系を通して紹介することである。

　一般に，どこにどのような機能を発揮する社会基盤が必要か，すなわちいかなる（what）社会基盤が必要かという問題は，国家政策，国土政策をはじめとする議論において常に中心的な課題であった。ひとたび何らかの社会基盤が整備されれば，その帰結を多くの人が知りうるという点において，「いかなる社会基盤が必要か」という問題の重要性はある意味で自明であった。

　一方，社会基盤を供給するためには，もう1つの大きな問題がある。どのように（how）行うべきか，というマネジメントの問題である。いかに必要な社会基盤であっても，実現し得なければそれは社

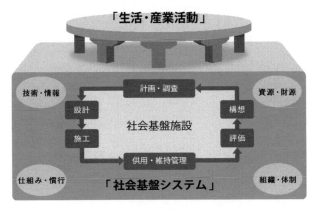

図-1.1　社会基盤マネジメントの概念

会に供給されない。大規模な社会基盤であればあるほど，その計画，整備，運営，維持管理，更新，休廃止にかかわるプロセスは複雑で巨大なものとなる。しかし，事業のプロセスに関する本質的な判断は，その多くが関与している少数の知恵や工夫や即意的なコミュニケーションの中に埋め込まれているので，外部者からは容易に見ることがかなわず，異なる関与者の間で共有することが困難である。ところがこの膨大なプロセスを全体として首尾良く進めていかなければ，本来社会から望まれていた社会基盤も供給されなかったり，望まれていたものとは異なる社会基盤が供給されてしまったりするかもしれない。そのようなことが起こらないように，この複雑で巨大なプロセスもまた，社会の望む姿にしていかなければならないはずである。

しかしながら，社会基盤システムにまつわるプロセス自体が問題であるという意識が社会的に定着し，プロセスに関する実践と理論の体系化が必要であるという声が形になったのは，比較的最近のことである。わが国の土木学会を例にとっても，「いかなる (what) 社会基盤か」を主な検討対象とする土木計画学研究委員会が1966年9月に設立されたのに対し，「いかに (how) 社会基盤を構築するか」を主な検討対象とする建設マネジメント委員会が発足したのは1984年11月と，それから18年を待たねばならなかった。もちろん，現代のわが国に限らず，あらゆる事業で「いかなる社会基盤を供給すべきか」という判断が「いかに」というプロセスの問題を考慮することなしに行われることはない。しかし，プロセスの問題は単なる付随的な課題ではなく，それ自体を総体的かつ系統的に取り扱わなければ事業が成功しないという本質的な問題であるという意識は，社会基盤プロジェクトが大規模になり，かつ実現すべき社会の価値が多様になった現代，より広く定着しつつある。

本書は，土木学会の建設マネジメント委員会をはじめとしてこの約30年にわが国において蓄積されてきた同分野の知見を踏まえ，社会基盤の構想，計画，事業化準備，設計，施工，供用，維持管理，評価，改善，新たな課題の発見，の各段階をどうやって (how) 実行していけば良いのかを，事業全体，ひいては社会全体の視点から考えるための現代的な概念枠組みと体系を紹介する入門書である。図-1.2 は，事業の各段階をサイクル（プロジェクトサイクルという）としてとらえたときの，社会基盤システムの構成要素との関連を示したものである。従来のプロジェクトサイクルは新規施設の建設を前提として事業計画から考え始めるものが一般的だが，本書においては，「今そこにある」社会基盤施設やサービスを所与として次の方策を考える段階を，新規事業を開始する段階と同じようにとらえる。新しい社会基盤をつくるのであれ，老朽化した既存施設を改修・改築するのであれ，今目の前にある仕事を実行する際，あるいは長期にわたる事業を実現しようとする際，どうすればより良くその仕事を行いうるのか。そもそも「より良く」とは何を意味するのか。どうすればその答えを出せるのか？　これらが本書で扱う問いである。

これらの問いが向けられた，社会基盤マネジメントにかかわる行為主体は，現状に直面し，何が問題でいかなる状態が望ましいかを考える者である。老朽化した橋やトンネルを目の前にして，施設の管理者はこれらの施設がどのようにつくられ，維持管理されてきたかの履歴について必要な情報を集める。もし施設の健全性を判断するために活用できる情報が十分でなかったとしたら，管理者は何をすべきか。安全性を確保するためにただちに供用を中止して検査と修繕，更新のための必要な財源を確保し，関係機関との調整を行って実行に移すのだろうか。しかし，もし財源がなかったらどうすればよいのか。供用を長期間休止することによる社会的損失が大きすぎて，主要な関係

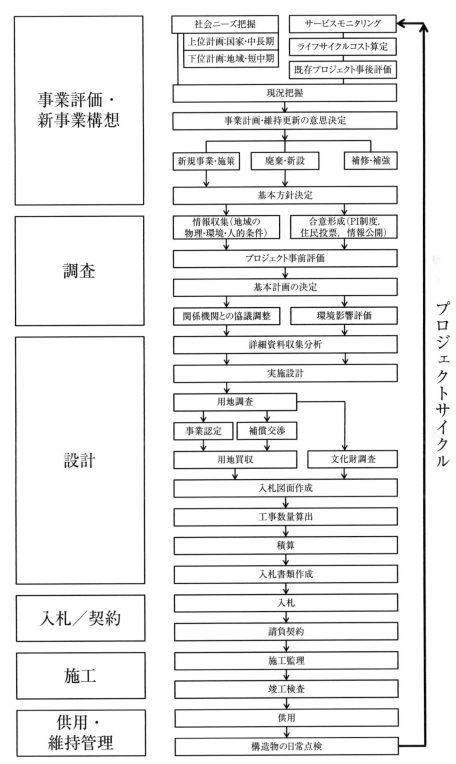

図-1.2 プロジェクトサイクル各段階における社会基盤システムの構成要素

者が大規模修繕に同意しなかったらどうすべきか。

　マネジメント思考とはこれらの問題に答えを自ら見出すための原則や指針を有していることと同じである。そのためには，社会基盤事業の各段階が，システムの構成要素とどのように繋がっているかを知る必要がある。社会基盤の広範にわたる対象のそれぞれについて，対処すべき課題や実行すべき行為は異なる。本書は社会基盤マネジメントにかかわるすべての問題に対して，個々に直接答えを提示するものではない。その代わり，新しい問題に日々直面したとき，答えを探すための拠り所となる考え方と共有可能な過去の経験を示すのが本書の役目である。一見何気なく見えても，実は優れた合理性をもった慣行，一見もっともに見えて，実は全体に大きな弊害をもたらす仕組み。教訓に満ちた過去の実例を分析的に振り返ることによって社会基盤マネジメントの全体像を後に続く章で明らかにしていきたい。

1.1.1　社会基盤マネジメントの対象〜what to manage〜

　社会基盤プロジェクトの各段階における複雑なプロセスは，相互に依存している。道路やダムなどの代表的な社会基盤を例にとれば，最初に社会は人・物の移動や水の利用・制御について，どのような状態を目指すのかを決めなければならない。そうしないといかなる施設が必要かも決めることはできない。しかし，社会の目標が数多く存在し，さらに複数の目標間のバランスやトレードオフを考えなくてはいけないときには，この意思決定のプロセスは容易ならざるものとなる。

　ときには対立が生じ，長期化し，決定は何度も覆され，意思決定のプロセス自体がさまざまな問題を引き起こす（それを問題的状況であると見なすかどうかでさらなる対立が生じる）。社会基盤システムのマネージャー——それが技術者であれ，政治家であれ，市民・住民のまとめ役であれ——と呼ばれる誰かが，このプロセスを取り仕切らなければ（manage）ならない。これを政策決定プロセスと呼べば，社会基盤マネージャーは政策決定プロセスに責任を有する。

　もし社会が目指すべき状態について決めることができたら，次にその状態を実現する方策は何かを考えなくてはいけない。大都市の都心における渋滞を回避しつつ，人や物の円滑な移動を実現するためには，何をすればよいのか。都市圏にまだ足りていない環状道路を整備することか，または都心の交通量を自動車から軌道交通にシフトさせるために地下鉄を整備すべきか，あるいはその両方か？　個々の施策には合理性があるが，おのおのが部分最適を追求して，全体最適が実現していないのではないか？　これらは通常「計画（学）」の問題とされるが，しかし計画もまたプロセスである。異なるステークホルダー（利害主体）が共同して全体の（上位）目標の達成のために各事業計画を策定するプロセスは，放っておいては実現しないかもしれない。計画プロセスもまた（それを行うのがプランナーであれマネージャーであれ），誰かが取り仕切らなければいけない対象（things to manage）である。

　ひとたび何を整備すべきか，例えばある路線と別の路線とを与えられた交通容量の道路でつなぐといった，求められる機能・性能が決まれば，次に考えなければいけないのはどのような施設がそのような機能・性能を発揮するかを具体的に考える設計の問題である。設計は実施される段階とその抽象度によって基本設計・詳細設計・実施設計などに分類されるが，いずれの場合もその目的はいかなる具体的・技術的方策が求められる機能・性能を優れて発揮するかを検討することである。設計にはそれがどんな物をつくるのかを決めるという点で，その後のすべてのプロセスにおいてき

わめて大きな責任が伴う。一方で、果たして設計された物（施設等）が本当に所与の機能・性能を発揮できるのか、その施設を設計通りに完成させるためのプロセスが十分に保証されているかについて、常に何らかの不確実性を伴うという難しさがある。したがって、設計が原因で生じうる問題を極力回避するために、設計のプロセスをどのように構築すれば良いのか、またそもそも誰に設計を依頼し、どのように責任を分担するのが合理的か、という問題が生じる。これが設計段階におけるマネジメントの問題である。

　設計段階が終われば、いよいよ実際に土木構造物等の施設をつくる作業、すなわち施工の段階に進むことになる。伝統的に社会基盤分野における専門領域としてのマネジメントは、施工管理（construction management）を中心に発展してきたといえる。これは、施工において資機材管理、工程管理、予算管理などのプロセス管理の作業が特に複雑かつ重要であり、それゆえに知識が暗黙知としての「仕事のやり方」にとどまらず、理論や手法などの形式知として確立する必然性があったことを示唆している。本書においても、施工管理は社会基盤マネジメントの中核的な要素として位置付けている。社会基盤にかかわる他のプロセスと比較してもおそらく最も多くの人間がかかわり、多くの資機材を投入し、それらを共有された目的のために予算、時間などの制約の中で構造物をつくるという行為には、マネジメントの課題とノウハウが凝集している。本書では第4章においてコンストラクション・マネジメントを扱う。

　施設が完成すれば社会基盤マネジメントの活動が終わりかといえばもちろんそうではない。施設が実際に供用される段階に至っては、本当にその施設が求められた機能・性能を物理的・社会的に発揮しているのかを確認し、しかもその機能・性能が数十年から数百年以上という長い供用期間にわたって発揮され続けるかどうかを監視しなくてはならない。日本の社会基盤の老朽化が大きな問題として取り上げられるようになって久しい。どのような体制で、どのような技術で、どのような資金的、財政的措置を用いて、社会の大事な社会基盤を守っていけばよいのか。単にこれまでに整備されたすべての施設を一定以上に劣化させないような維持・補修・更新計画を立てるだけでは十分でないかもしれない。それ以外の可能性を考えるとき、刻々と変化する技術的・社会的要件を見据えながら、柔軟な発想でそれまでに存在しなかったような解決策を提示することも場合によっては必要になる。新しい解決策は、もしかすると既存の施設とはまったく異なる物やサービスかもしれず、それが古典的な意味で社会基盤と呼べるかどうかさえわからない。このとき、既存施設の更新と新しい代替案のどちらを選択すべきかは、社会基盤マネージャーに多くが委ねられるべき判断である。供用段階におけるマネジメントとは、どのような社会基盤サービスをいかなる手段で今後提供していくべきかを考え、それを実現するための次のプロジェクトサイクルを構築していく営みでもある。

　さらに重要なことは、上記の各段階を独立に取り扱うのではなく、プロジェクトサイクルそれ自体をマネジメントの対象と考えて事業全体を執行していくことである。供用後、施設が劣化した際にどのような方策が可能となるかは、事業の早期から将来の状況をどの程度想定するかに拠るであろう。プロジェクトサイクルそれ自体のマネジメントは、社会経済状況、関係主体、組織体制がそれぞれ大きく異なる事業の各段階を、動的に最適化しようとする発想に基づくものであり、その重要性は社会基盤の老朽化を課題とするわが国において特筆すべきである。本節で述べた各段階におけるマネジメントの行為を要約したのが図-1.3である。

第1章 社会基盤マネジメントとは

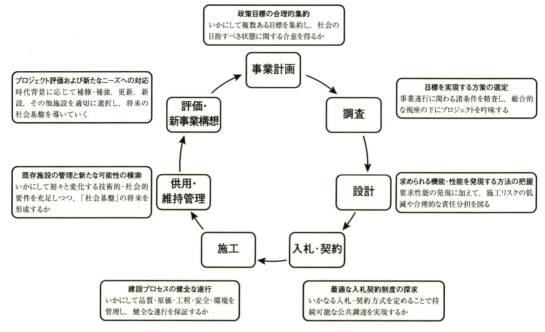

図-1.3 プロジェクトサイクル各段階における主なマネジメント要素

1.1.2 社会基盤マネジメントの取り扱う課題

　社会基盤マネジメントの取り扱う課題は，プロジェクトサイクル個々の活動から生じる日常的問題に限るものではない。日々の創意工夫や経験的技術・技能，個々人の優れた実践だけでは容易に解決し得ないような，組織全体ひいては社会全体の仕組みにかかわる問題も，社会基盤マネジメントの射程に収めるべき課題である。

　例えば個々の事業を通じて企業や事業者が高い技術力を身につけ，国際競争力のある魅力的な産業としてインフラストラクチャ産業が興隆して，結果的に世界の社会基盤整備に貢献していくような仕組みを実現するためには，個々の取り組みを超えた集合的な施策が必要になるだろう。このときに，どのような理念と戦略をもって，市場の制度設計や事業の構想を行っていくべきかは既存の産業政策論の枠組みにとどまらず，社会基盤マネジメントの考えるべき問題である。国内産業の現状を可能な限り維持することによって地域の安全・安心を守っていくのか，あるいは輸出振興や国内の制度改変によって市場の国際化を目指すのか。もしくはまったく違う産業の姿を目指すのかが問われる。本書では第6章でこれらの諸課題に取り組むインフラストラクチャ産業論を紹介する。

　国内で今まさに建設産業が直面している課題にも，分析的な態度を必要とする問題が数多くある。わが国における公共事業の発注者が財・サービスの調達にあたって目指すべき目標としては，建設省，運輸省（いずれも当時），農林水産省によって設置された発注者責任研究懇談会による次の考え方が定着している。すなわち，「公正さを確保しつつ良質なモノを低廉な価格でタイムリーに調達し提供する」というものである[1]。今，多くの企業が低廉な価格で高品質な社会基盤施設を公正な取引を通じて提供しようとしているとする。しかし，受注企業を選定するときに用いられる入札制度や契約制度の中に，誠実な企業行動と相容れない誘因が含まれていたとすると，本来選ばれる

べき優良な企業が選ばれず，正当な企業努力の意欲を削いでしまう可能性がある．結果として，市場全体で望ましくない企業が生存してしまう逆選択（adverse selection）が生じかねない．このとき，上記の発注者の目標達成は失敗する．インフラストラクチャ市場，狭義においては公共事業の調達制度を設計するマネージャーとは，調達の成否を分かつ要因を各プレーヤーの誘因も含めて分析し，制度変革とその帰結の評価を行える者である．

以上のような状況は，メカニズム・デザインをはじめとする関連領域で古くより定式化が試みられており，理論的分析の知見を活用する余地も大きい．一方で，分析枠組みとしてはすでに用意されているとはいっても，実用に耐える水準で現状をモデル化することには常に困難が伴う．例えば，わが国の社会基盤の調達にあたっては，受注者の提示した価格と品質を選定基準に含める「総合評価方式」が広く用いられている．この制度は，第一義的には価格と品質のトレードオフの問題であるから，そのバランスを決定することによって発注者の選好が表現されるはずである．

しかしながら，わが国の公共調達には，財・サービスの調達主体が，同時に当該産業政策を所管する行政の主体でもあり得ることから，単純な価格と品質のトレードオフ問題に帰着できないという特徴がある．一見して制度の外形からは読み取りにくい目的や価値観や哲学が含まれていたとしても，実際の制度設計を担う社会基盤マネージャーはそのことを知らなくてはいけない．人々が価値を見出している目標間の複雑な関係は，現在扱いうる定式化の枠組みでは表現できないかもしれないし，そもそも各プレーヤーがどうしてそのような目的を重んじているのかを知ることさえ容易ではない．社会基盤マネジメントは，価値の相克をもその射程に入れる必要がある問題をしばしば取り扱う．

老朽化した社会基盤の供用を例にとれば，構造物が深刻な状態にならないように適切な維持管理を行っていく体制を築くためにはどうすれば良いのかが課題となる．必要な維持管理・更新のシナリオが描けたとして，必ずしもそのシナリオを実現できないのはどうしてなのか．問題が予見できたにもかかわらず，個々の関与者が個々の瞬間には問題を先送りしたり，その深刻さを過小評価してしまうことがあるのは，どのような心理構造，組織構造，社会構造があるからなのか．全体の社会基盤の品質が，個々の技術者の職業倫理のみに依存することのないよう，どんな仕組みを導入すればよいのか．これらに答えを出すために，技術倫理の視点が必要になる．社会基盤施設の適切な維持管理という目標に向かって，個人や集団がコミットする（あるいはしない）のはどうしてか．個人の役割義務か，集団の目的合理性か．もし葛藤が生じたらどう解決するのか．このような問いを繰り返し問うてみることによって人々や組織の倫理観を明らかにする公共倫理マネジメントの試みもまた，社会基盤マネジメントの一分野ということができる（概要を表-1.1に示す）．

個人と組織の関係を考えなければいけないのは品質管理や技術倫理の問題に留まらない．企業，公共機関，研究機関等の組織がその存立の目的を達成するために，人や資金などの保有資源・資本をどのように活用し，意思決定を行い，管理していけばよいのかという組織マネジメントもまた本書の取り扱う課題である．とりわけ第6章では，従来の建設企業経営の視点に加え，現在大きく変わりつつある世界の社会基盤市場に企業がどのように対峙しているのかを示す最近の経営戦略を紹介する．

表-1.1 公共倫理マネジメントの概要

公共倫理の諸相	具体的な問いの例
公共プロジェクトにおける規範	事業主体・技術者・各ステークホルダーに求められる規範・倫理観とは？
	「望ましい」，「実施すべき」プロジェクトは何か
	事業を実施する上で公正なプロセスとはどのようなものか
	将来世代にいかなる社会基盤を託すべきか
異なる規範の対立・協調	義務論的倫理観と目的論的倫理観との間に対立が生じた際にどうすれば良いのか？
	内部告発のジレンマ：組織への忠誠と社会への損害
	経済効率と環境負荷のトレードオフ
	品質・工期・安全等のバランスをいかに取るか？
権利と義務	現在世代の権利と将来への義務とは？
	官民の果たすべき義務
	個人の役割義務と集団の目的合理性の両立に向けて
倫理の実践	産官学における倫理教育の在り方とは？
	非倫理的な行為を抑制するにはどうすればよいか
	倫理的振る舞いを促進する監理・賞罰制度の在り方とは？
	倫理的な意思決定を可能にする組織構造とは？

1.2 社会基盤マネジメントの特色

社会基盤マネジメントが，他の対象を manage することと比べてどのような相違があるのかを理解するためには，社会基盤の特色を知る必要がある。わが国で戦後急速に整備され，目覚しい経済成長を支えてきた社会基盤施設は，主に以下の目的を有する施設である。

- 自然災害から社会を守り，市民に安全・安心を提供する施設
- 市民生活を営むうえで，豊かさを提供する施設（鉄道，電力，水道，通信，ガス等）

また，社会基盤施設の特徴としては，下記の点が挙げられる。

① 事業目的として，地域住民を含む不特定多数のニーズを包含している。
② 属地的な条件に左右され，単品受注生産品である。
③ 事業規模が大きく，その工期も長く，竣工後の供用期間は半永久的である。
④ 事業資金は，市民からの税金もしくは公共料金からなる。

これらの社会基盤施設・事業の特徴は，事業を進める（manage）上で考慮すべき条件を規定しなければならないことである。代表的な諸条件は下記の通りである。

① 多数のステークホルダー（利害関係者）が絡むということ。
② 社会環境，自然環境といった条件を克服して構築すること。
③ 長い時間軸のなかで取り巻く周辺環境が変化すること。
④ 長期にわたって信頼性の高い品質と機能を求められること。

上記の諸条件からわかるように，社会基盤事業を進めるにあたっては，さまざまな不確実性やあいまいさに対処しなければならない。社会基盤事業が取り扱うべき3つの不確実性，すなわち，

① 社会環境：事業ニーズ，住民との合意形成，環境保全，法令遵守，事故防止，需要等

② 自然環境：地形地質，気象，地震等
③ 将来事象（時間変動）：工程確保，品質とその劣化，調達価格（人件費，資材費）等

といった要素をいかにmanageするかである。これが社会基盤マネジメントの本質的な問題である。実際の事業プロセスではさまざまな調整や障害を想定して，事前にそのリスクを排除するマネジメント技術（リスクマネジメント）が求められる。時間経過にあわせて状況把握のもと最適な選択肢を選び，適宜軌道修正をしていくことになる。これらのリスクに対するマネジメントとしては，関連する社会事象を明示的にモデル化していく「システム」と不確実な要素を最小化していく「技術」に分類できる。

ケース 1-1　地域社会と水資源マネジメントの歴史的変遷

1．概　要

社会基盤マネジメントは，地域の問題解決や生活改善等に貢献する傍ら，時に新たな紛争や対立を引き起こす原因となるなど，地域・社会に多大な影響を与える。ここでは，地域社会の秩序と水資源マネジメントとの関係，およびその歴史的変遷について紹介する。

2．公正と認められる水分配システム

元禄6（1693）年，岡藩（現在の大分県竹田市。吟味役：須賀勘助）は，当該地域（入田郷）に川から水を引き開田すれば，藩の財政上，有益であると考え，開墾に着手した。ノミに頼る隧道（ずいどう）の掘削工事は困難を極めるなか，完成間近に大暴風雨で壊滅的な被害を受け通水に至らず，勘助は割腹して謝罪した。150年間にわたり工事計画を思案するも，技術的，金銭的問題を克服できず，開田に至らなかった。明治に入り，再度，測量・調査を行い，水路法線および取水口位置を見直し，明治17（1884）年に着工，明治19（1886）年に音無井路が完成した。通水・開田後，約30年間は，豊かで平和な村として平穏な日々を送った。しかし，大正13（1924）年に音無井路取水口の上流約2kmの位置に頭首工を持つ荻柏原井路第1幹線が通水すると状況は一変した。著しい水量減に伴い，音無井路では，地区内3部落において水の配分を巡る争いが激化した。昭和9（1934）年に受益面積に応じて適正に水を分配する装置「円形分水（図-C1.1.1）」が築造されるとともに，有志が結集し補

図-C1.1.1　円形分水（大分県竹田市）

水路工事（延長4600m）に取り組んだ。水量増への懸命な努力と各部落が公正と認める配分装置の導入により井路内の部落同士の争いも解消に向かった。さらに，昭和15(1940)年には，大谷ダムの完成により，各井路の配分水量が以前と比較して増加したことで井路組合間の紛争もしだいに減少していった。

3. ハード技術による必要水量の安定的確保

　大分県竹田市，熊本県阿蘇郡産山村および阿蘇市は，水はけがよい火山灰質の堆積層が拡がっており，用水・貯水が難しく，旧来から水不足に悩まされてきた。大蘇ダム（図-C1.1.2）は，農業用水の供給を目的として大野川水系大蘇川に建設され，当該地域の課題解決に近代土木技術をもって挑んだものといえる。受益面積2158ha（竹田市1631ha，阿蘇市・産山村527ha），総貯水量430万t，総事業費約593億円。昭和47(1979)年に着工し，当初は昭和55(1987)年に完成する予定であったが，建設地の地盤問題などから2度の計画変更を余儀なくされ，2005年にようやく堤体が完成した。しかし，実際にダムへ水を貯めたところ，貯水池の土壌に予想の2～16倍（最大4万t/日）の浸水が確認され，貯めた水が漏れ出してしまうことが分かった。結果だけをみて地質調査不足を指摘することは簡単であるが，もし仮に水漏れが発生しなければ，調査計画は妥当，場合によっては，過大でなかったか検証することも必要となる。あらかじめどの程度まで調査すべきかという判断，調査コストや時間など制約条件を視野にいれた土木技術の適用・マネジメントの重要性が伺える。農林水産省は，2013年度から5～7年間でダム湖全体（約30万m²）にコンクリート吹付など漏水対策(126億円)を計画している。対策工事費の地元負担をめぐり調整が難航していたが，国が7割，残る3割を県・市が受益面積に応じて負担する方向で協議がなされている。かねてから当該地域にとって，水の安定的確保は死活問題であり，技術的課題の検討協議等など工事の大幅な遅れは，トマト栽培を基軸に加工品販売や飲食店の展開など軌道に乗りかけた地域産業や人々の心と生活に多大な影響を与えているなど，適正な土木技術マネジメント（Management of Technology；MOT）は社会基盤マネジメントにおいてきわめて重要なファクターといえる。

図-C1.1.2　大蘇ダム（熊本県産山村）

4. 水利マネジメントと合意形成システム

　高知県中部を流域とする物部川の流水は，発電や農業用水などに多目的利用されてきた。物部川の水利権の一例（概念図）を図-C1.1.3に，下流域の様子を図-C1.1.4に示す。統合堰（河口から8km）より下流では，農業用水の取水制限や発電用水の制約運用ができず流量調整が難しく，渇水期には水量が減少し河口閉塞を引き起こすといった問題を抱えている。河川環境・生態環境も徐々に悪化していった。物部川の環境保全のためには，春先の水需要増加に備え，農業用取水をあまり

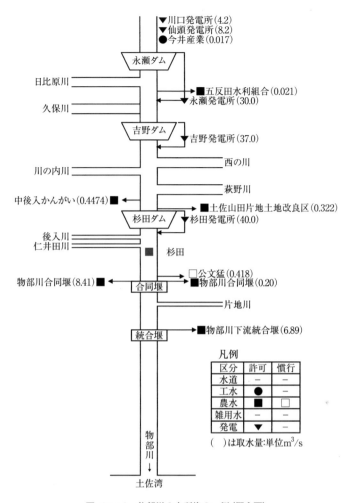

図-C1.1.3 物部川の水利権の一例(概念図)

図-C1.1.4 物部川の様子(高知県香美市)

必要としない冬場にダム貯水量を確保するなど,家庭電力に係る発電用水の増加など勘案しながら,中下流域での農業用水利権と発電用水利権の総合的な調整が必要となる.さらには,災害防止を前

提としながら，ダムの治水容量の慎重かつ適切な活用を図るなど，治水と利水，さらには環境を融合させた総合的な水利調整，水資源マネジメントが強く求められていた。しかし，その実現はきわめて困難であった。そのような中「流域は一つ，運命共同体」の認識のもと，物部川の環境保全に向け，森林整備，ダム改善，下流河床，河口閉塞，渇水期対策を目指して，図-C1.1.5に示す市民・行政・企業の協働により多面的な対策・取り組みが始まった。環境保全活動の中心である物部川21世紀の森と水の会，天然アユ保全を通じた清流保全の在り方を探る「物部川清流保全計画」の原案を作成し，高知県は同計画最終案を策定・公表し，国（国土交通省）は物部川水系河川整備計画において，河川正常流量の目標値を示すなど，清流の実現に向け，これまでの聖域であった水利権に基づく取水も見直されている。このように，住民，行政，水利組合，発電事業者，河川管理者など各ステークホルダーの戦略・行動に少しずつ変化（負担の分かち合い）が生まれている。さらに，地元の高知工科大学（渡邊法美研究室）では，減水に対するダム運用など，専門的見地から改善策を検討・提言するとともに，川祭りでは，同大学の学生や職員が準備から進行まで推進役を担うなど，環境保全活動として拡がりを見せている。

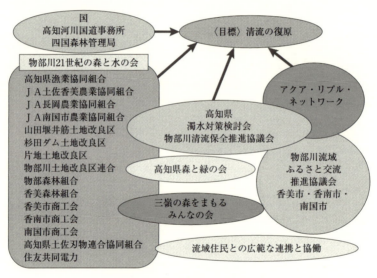

図-C1.1.5　物部川流域の協働の一例

5. まとめ

このように水資源をめぐる利害対立や地域紛争に対して，「円形分水」は公正な分配について，「ダム」は水量（パイ）の増大について，「流域マネジメント」は限られた水量を有効利用するための仕組み「合意形成システム」について，それぞれ異なる社会基盤マネジメントが提供され，社会・環境の変化に伴い変遷している。いずれの解決手法も，多様な利害関係者（ステイクホルダー）が合意できる枠組みである点において共通しており，その合意形成プロセスは，社会基盤マネジメントの根幹的要素と考えられる。

参考文献（物部川関連）
1) 物部川水系河川整備計画，国土交通省四国地方整備局公式ホームページ　www.skr.mlit.go.jp/kochi/river/monobeseibikeikaku/
2) 物部川－史上最悪の危機の克服をめざして－，物部川漁業協同組合，2006.

1.2.1　社会基盤「施設」マネジメント

　社会基盤は，それを「施設」ととらえるか，「システム」ととらえるか，「技術」ととらえるかによって，マネジメントの内容も異なる．以下1.2.1項から1.2.3項でそれぞれの側面について見ていきたい．はじめに，社会基盤「施設」のマネジメントは，事業（プロジェクト）の過程からみれば，計画も含めた建設段階と維持管理段階に大きくわかれる．

　建設段階においては，社会基盤施設の必要性，意義が社会に十分理解されて合意形成がなされることが不可欠である．そのためには，社会基盤施設が自然環境，社会環境といった属地的な条件のもと計画される「単品生産（オーダーメイド）」であり，その建設による周辺への影響および費用が非常に大きいことを念頭におかなければならない．この「属地的な制約条件」下で「要求機能」を満足できる施設を構築するには，計画～調査・設計～施工計画・工事費積算～工事発注・契約～施工という一連のフローで常に「最適化」を図っていく必要がある．その過程のなかで，予期せぬ事象を想定したり，また実際にそのような事象に直面することになるが，その局面ごとに的確な判断をすることが求められる．最適化を図っていくうえで，考慮すべきマネジメントの要素には「品質管理」，「コスト管理」，「工程管理」，「安全管理」，「環境管理」の5つの管理がある．具体的には以下に記す．

　維持管理段階においては，ダム，橋梁やトンネル等に代表される社会基盤施設がその機能を維持しているか，その施設の健全性は保たれているかが重要となり，特に供用中の損傷，事故は重大な災害を招きかねない．これまでに構築された膨大な数の社会基盤施設を撤去し新たに新築することは，その間に必要となる代替機能確保，撤去による廃棄物量等を考えると，機能面，費用面，環境面でほぼ不可能である．社会基盤にかかわる技術者にとっては，国家資産である社会基盤施設の機能を保持すべく的確な維持管理に努めることも大事な使命である．

　日常の施設点検や劣化診断に加えて，例えば1995（平成7）年阪神・淡路大震災，2011（平成23）年東日本大震災等の新しい教訓を踏まえて，継続的に既設施設の健全性を再検証し確認していく必要がある．必要に応じて，現有施設にその時代に適った新たな価値を付加する再開発事業にも適宜取り組んでいかなければならない．

（1）品質管理

　社会基盤施設の供用期間は長期にわたり，構造物によっては半永久的に使用されることになる．供用期間中には，常にさまざまな外力の影響を直接蒙り続けるため施設の劣化が懸念される．しかも供用中に加わる外力や，外力が構造物に与える影響にはそれぞれ不確実性が伴うため，それらのリスクが顕在化する前（建設時）と後（供用後）とでは品質管理の方策も当然に異なる．万が一構造物が損壊した場合，公衆災害や，社会経済や自然環境に及ぼす影響は甚大であり，長期的な施設健全性が確保されるためには，建設時における品質管理とその後の維持管理が重要となる．社会基盤施設をライフサイクル全般にわたって健全な状態に保つために，誰が，品質のいかなる部分につい

て責任を負うのかという，リスク分担の考え方も必要となる。

社会基盤施設の建設フィールドは工場生産のような同一条件下で行われる生産プロセスとは異なり，地質，気象，海象等の不確実条件にさらされている。したがって，理論，解析といった技術力に加えて，現場での経験，ノウハウ，知見等（いわゆる「経験工学」）が重要となる。

（2） コスト管理

社会基盤施設の事業費は，現地の条件や基準がおのおの異なることから構築物の仕様や設計も個別的なものとなり，工場製品のように標準的な価格での算出が難しい。また，事業費を大きく変動させる要素として，着手までの用地費（補償費等），環境保全に伴う環境対策費，地形・地質，気象等の自然リスクによる工事量増減，工程が長いことによる社会変動リスク（例えば，人件費，資材費，為替等）がある。

一方，通常事業主体は国または地方公共団体等に代表される官公庁，もしくは鉄道，電力，ガス，通信等の公益企業であり，その事業資金（財源）の多くは税金もしく公共料金からなるので，市民，住民が負担することになる。税金の有効活用ならびに公共料金の低料金化に向けて，コストダウンに努めるとともに，適正かつ妥当な事業費であることの透明性を求められることを常に認識しておく必要がある。

供用段階においても，ライフサイクル全体で施設に掛かる費用（ライフサイクル・コスト）は建設および維持管理の各段階で実施する対策によって大きく変動する。例えば設計時に構造物の仕様を一部耐久的にすることで，当初の建設費用は大きくなってもライフサイクルコストは縮減できることもある。社会基盤事業においては，施設の計画・設計段階から供用時に要する費用とその不確実性について検討することが必要となる。

（3） 工程管理

社会基盤施設の目的は，市民に安全・安心，生活の豊かさを提供することであり，いかに早く市民へその便益を提供するかが重要である。事業工程の遵守は，市民の代理人として税金で整備している事業者の責務である。

工程が遅延することは事業費の増加に繋がり，コスト管理上も重要である。工事請負業者においても，契約工期が設定されるとともに，工事のプロセスにおける地質，天候，安全等の不確実な事象に対して，事前の臨機応変な対応が工程管理上求められる。近年は施工の情報化に伴い，各工程の詳細な情報を事前に収集し，合理的な工程計画を作成することが可能となっている。

最近では，自然環境や社会環境に少なからず影響を与える社会基盤施設の構築は，周辺住民との合意形成が難しく遅延することが多い。プロジェクトを進めるうえで，社会基盤整備に係る技術者は幅広い分野の専門技術により，関係者への真摯な説明を心掛ることも大事な工程管理のマネジメント技術といえる。

（4） 安全管理

建設産業における労働環境は，3 K（危険，汚い，きつい）職場ともいわれるように，屋外，高所および地下といった厳しい条件下にある。そのため，作業現場での安全装備品，安全衛生施設・器

具等は年々開発されその進歩は目覚ましいものである。しかし，不幸にも工事中に労働災害が発生すると，工事はただちに中断され，安全体制の見直し，安全防止策の追加等により，工事工程に支障が生じる。場合によっては，発注者としての責任を問われ，社会的な制裁を受けることもあれば，工事請負業者は工事管理責任を問われ，責任者は処罰を受けることもある。

本体構造物の進捗にあわせて作業工種や仮施設も変わり，それに伴い材料や機械も毎日入れ替わる。現場状況が日々変化するなかで常に整理整頓された安全な労働環境を築くには，物（施設），人（行動）および組織を manage していくことが重要となる。

（5） 環境管理

ダム，道路，港湾，鉄道等の建設に伴う改変規模は大きくその事業工期も長いことから，工事による影響が及ぶ範囲は大きく，また期間も長期にわたる。大気汚染，悪臭，騒音・振動，水質汚濁，土壌汚染等に対する環境法令の遵守は当然のことながら，事業者自らが実施する環境アセスメントに則して自発的に環境保全に努めなければならない。

近年，廃棄物の発生量が増大し，廃棄物の最終処分場のひっ迫および廃棄物の不適正処理等，廃棄物処理をめぐる問題が深刻化している。建設産業においては，建設工事に係る資材の再資源化等に関する法律（建設リサイクル法，平成12年制定）により，建設廃棄物の3R（Reduce：減量化，Reuse：再使用，Recycle：再資源化）を図ることが求められている。

社会基盤整備においては，事業計画および建設過程を通して徹底した環境への配慮ならびに環境管理の実践なくして，地域社会とのよりよい関係のもと円滑に事業を進めることは難しい。

1.2.2 社会基盤「システム」マネジメント

社会基盤は，土木構造物や関連する組織・制度等が一体として形成するシステムであり，システム全体の振る舞いは，個々の構成要素だけでなく，要素間の相互作用によっても大きな影響を受ける（図-1.4）。一方，それらの相互作用はきわめて複雑で種々の不確実性を伴う。社会基盤整備の過程においては，以下に示すような不確実な事象により計画を変更しながら進めていくことが多々ある。

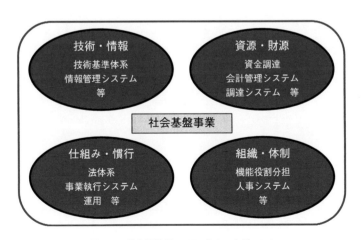

図-1.4 社会基盤「システム」のマネジメント

第1章 社会基盤マネジメントとは

- 多くのステークホルダーが事業にかかわり，合意形成に至るまでに計画変更が生じる。
- 現地の条件や基準がおのおの異なることから構築物の仕様や設計も個別的なものとなる。
- 建設段階で自然条件等の不可抗力により設計変更がなされる。
- 長い時間のなかで社会環境および周辺環境が変化する。

　これらの変動リスクを事前に洗い出し，どのように予測していくかが重要となる。リスクを管理する方法としては，リスクを把握し，リスクの回避や分散を行い，リスクによる損害や損失の予防および最小化を図ることが一般的である。具体的には，自然環境および社会環境に係る不確実な事象（リスク）を技術的に条件化していく，もしくはシステムとしてルール化してマネジメント対象に内部化する，などの対応が考えられる。

　本項では，ルール化を目的としたシステムによるマネジメント事例をいくつか紹介する。ルール化する相手方（対象者）として，事業の受注契約者を例に取る。

　社会基盤施設の建設にあたっては，地質，気象，海象等の自然リスクや立地上のリスク等の不確実性が高いことから，官公庁等発注者がこれらのリスクを取って，請負人が目的物の完成を約し，発注者がその成果に対してその報酬を支払う「請負契約」による調達方式を採用することが多い。その請負契約においてもリスク回避やリスク分散のためのシステムがある。下記にその例を挙げる。

[工事保険]

　工事期間中に発生した火災，台風，盗難等の不測かつ突発的な事故によって，工事の目的物や工事用仮設物等の保険の対象に生じた損害に対して保険金が支払われる。

[発注ロット]

　大規模工事の場合，同一業者に一括発注するのではなく，工事内容および発注規模を勘案し工事範囲を分割して工事業者の技量等を活かし円滑に工事を進める。この分割した発注単位を「発注ロット」と呼ぶ。

[総価単価契約]

　官公庁では単年度契約ということもあり，一般的には目的完成物に対して総額（一式）で入札する総価契約を行っている。一方，大規模工事や工期の長い工事を発注する場合には，入札者は工事の進捗にあわせて生じる工事数量増や資材の物価上昇分を想定して入札価格に織込むことになる。その場合，図-1.5に示すように，最終的な実績に対して，受注者予測が大きめになって入札された時には，本来あるべき価格との間に乖離（図の波線部と実線の間）が生じることになる。総価単価契約とは，当初契約時に各工種数量と単価を契約し，数量増減の実績にあわせて精算するものである。

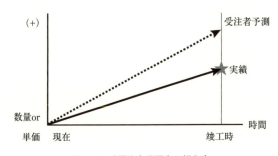

図-1.5　時間的変動要素の捉え方

［物価補正］
　総価単価契約の単価について，さらに労務費，機械費，資材費に分けた内訳までを契約項目とし，最終的におのおの物価上昇分を政府公表資料に基づき精算するものである。

　総価単価契約，物価補正といったシステムは，発注者と受注者間でリスクの扱いについて明確に契約条項としてルール化したものである。
　最近では官公庁の税収不足等の理由から，本来発注者が負っていたリスクを民間に委ねる方法が進められている。事業コスト削減を目的に，従前の請負契約方式ではなく，社会基盤施設の建設，維持管理，運営を民間の資金，経営に委ねるPFI（Private Finance Initiative）方式である。英国など海外では，有料橋，鉄道，病院，学校などの公共施設等の整備等，再開発などの分野ですでにPFI方式が実施されている。
　今後，社会基盤整備のリスク保有者が変わることが予想されるなか，契約におけるリスクの扱いを十分に検討していく必要がある。

1.2.3　社会基盤「技術」マネジメント
　社会基盤施設の建設に必要な技術もまたマネジメントの対象である。社会基盤技術マネジメントでは，起こりうる不確実な事象を技術的に条件化して取り込むことが重要であり，①いかに事象を明らかにするか，②いかに事象をとらえるか，③いかに対処するかの3つの側面がある。
　近年は，情報通信技術（ICTs；Information and Communication Technologies）の進歩により，さまざまな状況をリアルタイムで計測・融合することによって，多くの関係者の活動を支援し，最適な事業を実現することが可能になりつつある。特に，自然災害による被害が甚大化するなか，被災情報をより早く正確に収集・整理し，迅速かつ的確な応急対応していく技術力が求められる。

（1）　事象の調査・解明
　建設事業では，気象や地質といった自然現象の不確実性を明らかにするため，観測および調査データを蓄積することにより現状を把握することが一般的に行われてきた。建設地点の気象観測，河川流量調査や地質調査（ボーリング，音波探査等）が典型的な例である。
　最近では，技術進展にあわせてレーザー測量，GPS測量や構造物維持管理で活用される非破壊検査等により，情報が点から面へ，時間軸上の一時点から常時（連続）へと広がり，より詳細に現地状況，設備状況を把握し，挙動を監視することが可能になっている。

（2）　事象のとらえ方
　事象をとらえて設計および施工に反映する一般的な手法としては，安全率，解析・実験による予測といった手法がある。安全率は起こりうる事象を解明した結果に対して，それ以上の不確実性が生じても吸収できるように設計に余裕を加味する考え方である。
　解析や実験による予測手法には，事象を再現したモデル化による予測から，事象の発生確率を導入した模擬解析も可能である。IT技術の高度化にあわせて，解析の精度は高まるとともに適用領域は広がりつつある。今後は，これまでにストックされた膨大な社会基盤施設の合理的かつ経済的

な維持管理に向けた劣化予測，設備投資（更新・修繕）を行うアセットマネジメント，巨大化する自然災害に対する設備健全性評価といった領域の重要度が高まっている。

（3）　事象に対する対処・対策

不確実な事象に対する技術的な取り組みで考慮すべきものとして，大きくは現場条件に起因するものと現場というフィールドにおける人為的ミスに起因するものが考えられる。

現場条件に起因するものは，リスクを最小化する方法が一般的である。河川工事でいえば渇水期に施工する，トンネルであれば先進導坑，先行ボーリング等により状況把握したうえで薬液注入等により地質補強するといった例がある。維持管理の例でいえば，道路補修において夜間に全線通行止めにして一気に全面補修するか，それとも車線片側ずつ補修するかは，渋滞や収入減のリスクに対してどう対処するかという事例である。

一方，社会基盤施設の現場は，土工やコンクリート打設に代表されるように人力に依存している部分がきわめて大きい。人為的な誤差，バラつきやミスをいかになくすかが安全管理，品質管理上重要である。近年建設用機械の普及は目覚ましく機械化施工による合理化が図られてきた。戦後は現場での加工，組立が基本であったが，輸送機器の進歩にあわせて，工場加工品の活用，すなわちプレキャスト化により現場作業量削減・省力化も進みつつある。

社会基盤整備における計画・設計・施工・維持管理のプロセスを一貫した形でとらえて，調査・設計，施工管理における品質や施工にかかわる関連情報や維持管理段階における管理点検データを体系的に扱う統合 CIM（Construction Information Modeling）が近年導入されつつある。未来に膨大な社会基盤施設を引き継いでいくシステムの向上を図る取り組みが継続的に続けられることがきわめて重要である。

最後に，事業の円滑な推進に向けて環境課題解決のために，総合的な観点から設計・施工の合理化を図り事業を完遂させた奥只見発電所増設工事をマネジメント事例として紹介する。

ケース 1-2　奥只見発電所増設工事における開発と環境の両立に向けたマネジメント[1)]

奥只見発電所増設工事（事業主体：電源開発，以下「増設工事」）は，工事区域に生息する希少猛禽類（イヌワシ等）への配慮から，工事期間制約や仮設計画変更を実施することとなり，放水路工事の工期を延長せざるを得ない状況に至った。環境保全と開発事業との両立を図るべく，工事期間（地上部工事：年間4ヵ月）等の条件制約のもと，周辺環境と既設発電所の運転に影響を与えないよう，環境保全対策および設計・施工の合理化を図り，コスト維持および工程確保（4年間：1999（平成11）年7月～2003（平成15）年6月）のうえ工事完了した事例を紹介する。

1．工事概要

本工事は，阿賀野川水系只見川最上流部にある奥只見ダム（重力式コンクリートダム，堤長480 m，高さ157 m，総貯水量 $601 \times 10^6 \mathrm{m}^3$，新潟県と福島県の県境）を利用する既設奥只見発電所（最大出力36万kW）に隣接して，最大出力20万kWの発電所を増設するものである。奥只見発電所下流にある大鳥発電所の増設と併せて計28.7万kWのピーク供給力を増強し，一般水力として国内最大の増設計画である。取水口は奥只見ダムに穴をあけて新設し，取水した水は水圧管路でダ

ム堤体内を通過させた後，立坑で既設地下発電所に拡幅・増設した発電所に導水する．その後既設放水路に並行する新設放水路を通って大鳥調整池に放流する．

工事区域に個体数が少なく希少種として扱われるイヌワシ，クマタカが生息しており，その繁殖に係る営巣期（図-C1.2.1 参照）の影響を極力軽減すべく，関係行政機関と協議を重ねた結果，『営巣期（11月〜6月）においては，営巣地から半径 1.2 km の範囲内では地上部の工事および工事車両の通行は行わない』こととなった．

放水路工事上口作業坑口（ダム直下）は営巣地から 1.2 km 以内に位置し，下口作業坑口（放水口近傍）はその範囲外にある．地下の発電所工事は通年施工可能であり，営巣地から 1.2 km 以遠に位置する放水口仮設用地（下段作業坑口近傍）にコンクリートプラントを設置し，放水路を地下発電所への運搬路として利用する計画とした（図-C1.2.2 参照）．

放水路工事は，掘削貫通に加えてトンネル覆工と並行して地下発電所へのコンクリート運搬路として使用するタイトな工事内容であった．作業坑を上口，中間部，下口に3本設けて，合計6箇所の切羽から掘削することとし，中間部坑口は只見川を横断する必要があり，調査工事の際に設置した橋長約 120 m の仮設橋梁を使用することとした．

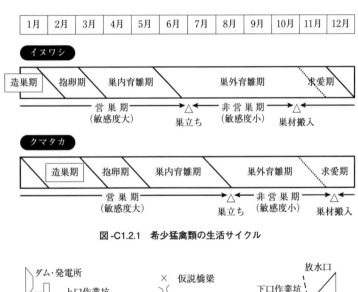

図-C1.2.1　希少猛禽類の生活サイクル

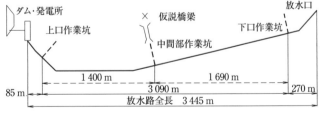

図-C1.2.2　放水路概要

2. 環境配慮に伴う計画変更概要

中間作業坑の仮設橋梁が自然保護団体との争点となり，関係官庁との許認可手続きも進まず，着工の見通しがつかない状況にあった．事業者として，「仮設橋梁を撤去し中間部作業坑の使用を断念する」という環境保全に対する積極的な姿勢を示し，許認可手続きを進められるようにした．

計画上3作業坑による6トンネル切羽を有し掘削可能延べ月数は合計43ヵ月であったが，中間作業坑の使用断念により2作業坑で掘削可能延べ月数は合計24ヵ月となり，全体工期を延長せざるを得ない状況に至った。以下の点に注目し工程確保に向けた設計施工の合理化を図ることとした。

- 掘削および覆工の施工性を向上させる。
- 放水路トンネル覆工工事とコンクリート運搬作業との錯綜を回避する。

これらの検討を踏まえて，トンネル断面を拡げる一方で，トンネル覆工型枠不要で運搬路の錯綜が回避できてかつ施工性に優れる「吹付コンクリートによる二次覆工」（**図-C1.2.3** 参照）を採用することとした。また，インバート形状も，掘削や吹付の作業性を高めるために平坦にした。

コスト面では内空断面大型化に伴い掘削費が増額となる一方，覆工を吹付コンクリートへ変更することにより減額となる。吹付けも，岩盤性状により鋼繊維補強吹付コンクリートを使い分けたりするなどのコストダウンを行い，総額的には当初工事費とあまり大差がない結果となった。

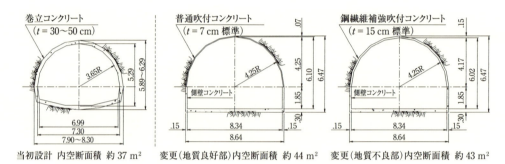

図-C1.2.3　放水路断面の新旧比較

3. 総合的なマネジメントとして評価

発電事業においては，早期に電力料金収入を得るべくプロジェクトを早期に完成させることが重要となる。本事例は，時間管理の視点からすれば，工程確保を第一に施工性を優先して，吹付コンクリートの高い施工能力と水路掘削断面拡大による作業性向上に着目し，品質およびコスト面で技術的に突き詰めた結果といえる。特に品質面に係る設計は，材料試験等による技術的検討により品質を落とすことなく設計余裕度を精査した結果である。**表-C1.2.1** に示すように，工程，コスト，

表-C1.2.1　放水路合理化におけるマネジメント評価

	設計断面拡大	吹付による覆工
工程	工事の作業性向上	施工性向上 コンクリート運搬に伴う錯綜回避
コスト	掘削量増によりコスト増	巻立コンクリートに比べコスト減
品質	—	強度は確認済 竣工後の継続監視が必要
環境	希少猛禽類への配慮 遵守工事量20％程度増えるが，工事による影響期間は変わらず	
安全	工事の錯綜が軽減し，安全性向上	
総合	工程確保，工事費維持 ⇒ 事業価値を維持確保	

品質，環境，安全面からの的確なマネジメントにより，事業価値の維持確保ができた。

本事例には，①「仮設橋梁撤去」という，事業を建設段階に進めるか否かを決めるプロジェクトマネジメントに係る判断と，②「放水路断面変更」という，工程確保ならびにコスト縮減に向けたコンストラクション・マネジメントに係る判断が大きなマネジメントとして2つ含まれている。

より良い社会資本整備に向けて品質，費用，時間および環境の観点から総合的にプロジェクトを管理（または整理）し，公共事業の出資者である国民に対して社会資本の便益を早く提供し，税金の恩恵を還元することが重要である。

近年，環境保護等の複雑な利害調整が事業に対する追加的な制約を生み，建設事業を長期化させる一因となっている。常に事業価値の低下とならないよう時間の概念を念頭におき，さまざまなプロセスの状況変化に柔軟に対応するマネジメント技術が重要である。

参考文献
1) 嶋田，橋本，佐藤：奥只見発電所増設工事における環境保全に配慮した工事施工，土木建設技術シンポジウム2002，pp.33-40，2002.5.
2) 環境庁編：猛禽類保護の進め方，1996.8.

1.2.4 社会基盤の歴史にみる先人の知恵

社会基盤の歴史を振り返ると，その事業内容は江戸時代と明治時代を境目に産業基盤の変化に伴って大きく区分される。江戸時代以前に産業基盤であった農業から，明治以降西洋文化の導入にあわせた殖産興業に代表される工業への変化によるものである。

江戸時代以前は，農業にかかわる用水確保のため，古くは狭山池（大阪府，7世紀前半築造，721年行基が改修），満濃池（香川県，701～704年築造，821年空海が改修）等といった溜池築造，新田開発や干拓地造成にあわせた水害対策として用水路整備，信玄堤（山梨県笛吹川，武田信玄が16世紀中期築造）といった河川築堤等の灌漑施設に代表される。その後，経済基盤の進展にあわせて，17世紀には年貢米や材木等輸送にかかわる舟運，築港の整備が進められる。河村瑞賢による安治川の開削工事はその代表例として挙げられる。

先人のマネジメント事例として，築城に関する例を紹介する。城づくりは，石垣積みなどの土木建築技術以外にも，マネジメント技術として現在に繋がる例が多々見られる（他の例として，農業にかかわる水配分が現在の水資源マネジメントの仕組みを形成してきた歴史をケース1-1で取り上げた）。

【事例】発注ロット

織田信長の居城清洲城の塀の修理が進まないのを見た木下藤吉郎秀吉は，競争で塀を修理させようというアイデアを思いついた。塀の修理箇所を分割し，職人達をそのブロックごとに分けてリーダーを決めて，秀吉は「それぞれの担当場所ごとで一番先に修理が出来上がったものには賃金に加えて報償金をやる」と提案した。職人達は，報償金ほしさに競って修理に励み，驚くほど短期間で塀の修理を終えることができた。これは，工事発注における発注ロットと同様の考え方で，技術力を発揮しやすくかつ管理しやすい工区に分割して工事を進めたものである。

【事例】プレキャスト工法[2]

　織田信長が天下統一の夢を抱き，斉藤義龍の稲葉山城（岐阜城）を攻める前線基地として長良川西岸「墨俣」に陣地（砦）を築こうとした。しかし，敵に邪魔をされ思うように進まず，木下藤吉郎秀吉が信長に以下の打開策を進言し，実施することになった。秀吉は，事前に長良川上流の山林で木材を切りそろえてあらかじめ柵につくり上げて筏として流し，墨俣陣地予定地に運びこむや，敵の進入を防ぐ柵を急ピッチで組み立てた。夜の闇に隠れ，城づくりに専念させ，たったの3日で墨俣城（砦）を完成させた。これは，現在の急速施工法の一つであるプレキャスト工法と同様の考え方である。

　一方，明治時代になると西洋文化の導入により，1872（明治5）年新橋－横浜間鉄道開業，1892（明治25）年日本初の営業用水力発電所蹴上発電所完成（京都市，当時出力160 kW），1900（明治33）年日本初のコンクリートダム布引五本松ダム完成（神戸市，水道専用ダム）といった殖産興業に向けた礎となる社会基盤が築かれ始めた。

　第二次世界大戦後の復興期においては，まず国に1948（昭和23）年建設省が設置され，官民一体となって急速に社会基盤整備が進められた。佐久間ダム（着工1953年，竣工1956年），奥只見ダム（着工1953年，竣工1960年），黒部ダム（黒四ダム：着工1956年，竣工1963年）に代表される大ダムによる大規模水力開発，1960年代の所得倍増計画の半ばに開業した東海道新幹線，名神高速道路といった大規模事業が完成し，竣工までの工期は比較的短期であった。それらの施設による効果はきわめて大であり，現在も十分な役割を担っている。さらに社会基盤整備の推進に拍車がかかり，日本列島を高速道，新幹線，本州四国連絡橋などの高速交通網で結び，地方の工業化を促進したことは，日本を経済大国に押し上げる一因となった。この間を振り返ると，戦後資金も無いなかで官民が産業振興および生活向上といった目標を明確にもって社会基盤整備を推進し，「早く（工期）」，「安く（コスト）」，「良い（品質）」ものを提供するマネジメントを軸にした時代であったといえる。

　社会基盤整備は社会に対する自然リスク等軽減を目的とするため，その現場は屋外であり，険阻な峡谷における転落や落石，トンネル切羽での崩落等といった事故が発生する可能性が高い。戦後の施工方法は人力が主体であり，建設の最前線は危険との背中合わせであった。表-1.2に示すように建設産業で不幸にも多くの方が亡くなっており，全産業に占める割合も高い。一方，戦後の復興期に社会基盤整備事業も大型化していくなか，大型重機を導入した機械化施工への転換を迎えることになる。その先鞭となる佐久間ダム（堤高155.5 m，堤長293.5 m，重力式コンクリートダム，着工1953年，竣工1956年）建設では，アメリカの銀行から借款を得て合衆国より大型重機を取り寄せて施工が進められた。この結果10年かかるところを3年という驚異的な工期で完成させた。安全についても当時ほとんど安全管理の思想はなく，保安帽をかぶる技術者，労務者が少ないなか，重機の導入に併せて来日した外国技術者の指導により，全員保安帽をかぶる最初の工事現場が佐久間ダムであった[3]。その後，施工技術の進展（例えばトンネルであればNATM工法，シールド工法導入等），安全対策資材ならびに安全装備品の進歩などで，作業環境が改善されたといえど，他産業に比べれば死傷者の比率はあいかわらず高い。厳しい作業環境（暑い，寒い，風通しの悪い，

表-1.2 全産業に対する建設業の死傷者の割合

年		1955	1960	1965	1970	1975	1980	1985	1990	1995	2000	2005	2010
		昭和30年	昭和35年	昭和40年	昭和45年	昭和50年	昭和55年	昭和60年	平成2年	平成7年	平成12年	平成17年	平成22年
死傷者	全産業	335 442	468 139	408 331	364 444	322 322	335 706	257 240	210 108	167 316	133 948	120 354	107 759
	建設業	91 088	134 231	113 444	102 840	99 406	112 786	73 595	60 900	46 504	33 599	27 193	21 398
	建設業/全産業	27.20%	28.70%	27.80%	28.20%	30.80%	33.60%	28.60%	29.00%	27.80%	25.10%	22.60%	19.90%
死亡者	全産業	5 050	6 095	6 046	6 048	3 725	3 009	2 572	2 550	2 414	1 889	1 514	1 195
	建設業	1 628	2 302	2 251	2 430	1 582	1 374	960	1 075	1 021	731	497	365
	建設業/全産業	32.20%	37.80%	37.20%	40.20%	42.50%	45.70%	37.30%	42.20%	42.30%	38.70%	32.80%	30.50%

出典 建設業労働災害防止協会：労働災害統計より

暗い，高い，狭い）であり，より良い職場環境を築き，魅力的な産業にしていくうえで，重要なマネジメントである．

　右肩上がりで経済が成長するにつれ，生活向上や産業振興といった従来の視点に加え，近年では環境をはじめとした多元的な価値に対する意識が高まっている．事業の計画段階で地域の合意形成が取れにくい状況にある．そのような背景において，事業者自らが環境への影響を予測評価する環境アセスメントの法令化（1984年閣議決定，1997年環境影響評価法成立）は，地域住民との利害を調整する環境マネジメントの第1歩といえる．

1.3　社会基盤マネジメントの理論と手法

1.3.1　マネジメント理論の役割

　本書の目的は社会基盤について現に存在しているさまざまな課題に対し，分析的な態度で解決策を模索するための指針を与えることであると述べた．分析的な態度で問題に臨むためには，前節で述べたマネジメントの対象がどのような概念によって記述され，社会基盤の構成要素間にどのような関係が成立しており，そのシステムが部分あるいは全体としてどのように振る舞うのかを考える必要が生じる．では社会基盤システムを適切に管理し，取り仕切っていく（manage）ためにはどのような理論や分析枠組み，分析手法が有効なのだろうか．まずはじめに，管理すべき対象それ自体についての十分な知識が必要であることは疑いがない．道路や鉄道などの土木構造物に関する工学的性質・物理的挙動が施設を建設・管理・運営していくのに必要不可欠であることは自明である．同様に，それらの施設を取り巻く法制度，社会制度，建設にかかる費用や供用から得られる便益・利益についても法学や経済学をはじめとする関連分野に多くの知見が蓄積されており，社会基盤をシステムとして管理するための有用な枠組みを提供してくれる．

　本書では，社会基盤のマネジメントにおいて生じるさまざまな現象がどのような論理によって互いに結びつけられ，理解されうるのかを表す命題の総体を社会基盤マネジメントの理論ととらえる．一般に理論はその特性によっていくつかの類型に分類されるが，本書で主に扱う理論は下記のものである．

　① 記述的（descriptive）
　　実際に生じた（あるいは生じうる）現象を記述する上で本質的な概念とは何か．例えば請負

工事の契約を，対称な二者の契約と見なすか，甲乙関係と称される非対称な二者間の契約と見なすか，あるいは「発注者と代理人」および「代理人と受注者」という2つの性質の異なる三者間の契約と見なすかは，請負工事の理解を大きく左右する（第5章参照）。どのような世界観（weltanschauung）を採用すれば現象がどのように理解できるのか。我々はしばしば異なる概念によって，同じ現象がまったく異なるものとして理解しうることを知っている。記述的理論は（例えば本書の目次それ自体によって例示されるように）現象に関するある表明された知識体系そのものでもある。

② 経験的・実証的（empirical/positive）

ひとたび注目すべき現象が何らかの概念によって記述されれば，それらが実際にどうなっているかを観察することが可能になる。観察結果を経験的（empirical）に積み上げて，そこから何らかの法則や含意を帰納的に推論することで得られる知識もある。例えば建設工事においてどの程度の資源（人，時間，費用等）を安全管理に投入することによってどの程度建設労働事故を減らせるのか，といったことは経験的に知ることができる。さらに，資源の投入がどのようなメカニズムで事故の減少に繋がるかという視点を取り入れ，そのメカニズムを演繹的に考え，仮説をつくり，更なる試行と観察によって仮説が正しいかどうかを繰り返し検証することによって得られる実証的理論もある。社会基盤マネジメントの文脈においては，施工管理のさまざまな形式知をはじめ，建設市場の動態，組織の振る舞いや事業の成否，施設の維持管理効果等，経験的・実証的アプローチの成果が多く見られる。

③ 規範的・処方箋的（normative/prescriptive）

経験的・実証的に問題の所在や対称の振る舞いが理解できるようになれば，問題の解決にどのような対策が有効かを考えることができる。規範的アプローチでは，通常最初に目標となる（規範となる）状態を設定し，その目標状態の達成のために考えられる人的，政策的，技術的介入についておのおのの帰結を予測する。例えばアセットマネジメントの例では，社会基盤施設のライフサイクル全般に掛かる費用（LCC）の最小化が1つの目的関数となる。可能なアセットマネジメントの戦略としては，高度に耐久的な施設を整備してメンテナンスの費用を抑えるか，頻繁に維持補修を行って大規模修繕の必要性を抑えるかといった方策が考えられる。おのおのの戦略は経時的な施設の劣化曲線とメンテナンス費用を推定・推計することによってLCC最小化の観点からその優劣を決めることができる。規範的理論の役割は，「何をすべきか」という行為の処方箋を見つけることである。マネジメントという概念自体が元来目的志向であり，本書がしばしば論じる社会基盤マネジメントのあり方にも規範的立場が反映されている。

社会基盤マネジメントの理論体系があるとすれば，それは対象それ自体にまつわる知識や理論的知見から独立したものではあり得ない。むしろ，対象のそれぞれに関する深い知識を基盤として，知識をその機能の発揮に活かす方法を明らかにするのがマネジメント理論の役割といえる。社会基盤マネジメントの対象それぞれについて，固有の知識をどのように使えば社会基盤システムを機能させられるのかを考えるマネジメントの理論的課題が存在する。

例えば，2012年12月2日，中央自動車道笹子トンネルでトンネル天井板が落下し，走行中の車両が巻き込まれ，死者9名，負傷者2名の被害を生んだ事故について考える。この事故は，高度経済成長期から1980年代までに集中的に整備された社会基盤施設が2010年代以降随時更新期を迎え

1.3 社会基盤マネジメントの理論と手法

るわが国において,最も懸念されていたリスクが顕在化した事例として,社会に衝撃を与えた。政府の調査委員会[*1]をはじめとして,この事故を契機に社会基盤の老朽化に関する現状分析と検討が数多く行われた。なぜ事故は起きたのか,設計,施工,維持管理の各段階に問題はなかったのか,そもそもどうしてトンネルの天井板が崩落するような状態に置かれていたことに気付けなかったのか,など多くの問いが投げかけられた。

この事象を分析的に記述するにはさまざまな方法がある。まず,構造物の状態は,置かれている外的環境と利用環境,および点検,維持補修の状況等によって規定される確率過程であるとする考え方もある。この考え方によれば,天井板落下のようなリスクが生じる確率をゼロにすることが仮に難しくても,点検などに一定の費用を掛けることによって,その確率を社会的に受け入れられる水準まで小さくすることが可能であるということになる。この考え方を定式化するのがリスクマネジメントの概念である。リスク要因となる複数の事象を分析し,支配的なリスク要因を効果的に防止することによって,点検や維持補修の体制構築に活かそうというものである。

しかし,まさにこの事故がリスクマネジメントという概念の普及にもかかわらず防止できなかったことからもわかるように,人間がリスクを予見できない理由は他にも数多く指摘されている。認知心理学や行動経済学では,人間がリスク事象の生起確率から得られる単純な期待値計算によって行動をしている訳ではないことが知られている[4),5)]。組織心理学では,役割期待や同調圧力がリスクの認知に影響を与えることが知られている[6)]。さらにそもそも「知る」という概念さえ疑う分析哲学の立場もある[7)]。笹子トンネルや,社会基盤の他の深刻な事故例は,まさにこの議論を思い起こさせる。社会基盤の老朽化に対峙するにあたっては,知らないことの自覚に終わることなく,人間が知らない,知ろうとしないことを前提とした設計,施工,維持管理の仕組みに反映させなければならない。そこで,構造物の劣化を初期条件から自ずと定まる確率過程とはとらえずに,そこにかかわる人間の主体的な行為の結果として現象をとらえる考え方もある。例えばトンネル天井版の施工状況に関する情報には,施工を行った受注者しか知り得ず,発注者は知ることのできないものが存在する。これを一般に情報の非対称性と呼ぶが,情報の非対称性が存在することによって,品質確保や契約の効率性に問題が生じうることが知られている。このような問題を避けるために,契約理論を用いることによって各プレーヤーの利得を分析し,良質で経済合理的な構造物の長期供用という社会目標をおのおのが自発的に達成するような制度を設計する手法も提案されている。例えば施工時の情報を最も多く有する施工者が維持管理も行う「施工・維持管理一体型契約」の導入によって,企業は施工時の品質をより良く管理し,維持管理時の点検をより効果的,効率的に行うようになるだろうか。このような問いに分析的な答えを与え,現象の構造と問題解決への処方箋を明らかにすることが社会基盤マネジメントの理論に求められる役割といえる。

1.3.2 建設マネジメント研究の歴史と動向

本書が依拠する社会基盤マネジメントの知見の多くは,主として土木学会建設マネジメント委員会の研究活動を通して蓄積された。1984年に同委員会が設立されて以来,研究活動の主な成果は「建設マネジメント研究論文集」(1993年発刊,現・土木学会論文集F4(建設マネジメント))で発

[*1] 国土交通省・トンネル天井板の落下事故に関する調査・検討委員会

25

表されている。**表-1.3**は2014年度同論文集の論文募集に掲載された分野とキーワード例である。それに対して，**図-1.6**は初期の「建設マネジメント研究論文集」(1993～2006年)の重要頻出語を求め，各論文をクラスタに分類した結果を示している。

2つの図表からは，建設マネジメント研究が各年代の時宜的なキーワードを扱っている一方で，その分野の構成については当初よりほぼ一貫しており，社会基盤システム全般を広く対象として扱ってきたことがわかる。他国と比較してわが国の建設マネジメント研究で特徴的なのは，この広汎性である。多くの国では建設マネジメント研究の主流は施工管理(construction management)，プロジェクトマネジメント(project management)および建設企業経営にある。一方でわが国の建設マネジメント研究では，論文集が発刊されて比較的早期より公共事業の社会的位置付け，建設産

表1.3 2014年度土木学会論文集F4(建設マネジメント)特集号で掲載された分野とキーワード例

(1) インフラ整備・開発
事業計画・評価，合意形成，パブリックインボルブメント，パブリックコメント，満足度評価など
(2) マネジメントシステム
プロジェクトマネジメント，戦略決定，コミュニケーション，組織，施工体制，CM，PM，MP，自動化・ロボット化，コスト，品質，工程・工期，安全，環境，リスク，情報システム，建設CALS/EC，ISO9000，ISO14000，ISO10006，建設労働安全など
(3) 調達問題
入札・契約制度，業者選定，技術力評価，積算・見積り，予定価格，履行保証，経営審査事項，VE，DB，性能発注，技術提案総合評価方式，PFI，BOTなど
(4) 公共政策
法令，行政，政策，行政情報の公開，アカウンタビリティ，会計法，公正取引問題，官公需法など
(5) 建設市場
経済環境・条件，価格問題，建設業界，国際問題，内外価格差，外国人労働者，談合，外国企業参入問題など
(6) 建設産業および建設企業
企業評価，経営問題，不良資産，経営指標，産業構造問題，生産性評価，労働環境，新技術育成，NGO，NPOなど
(7) 人材問題
人材評価，技術教育，技術士，資格問題，技術者像，倫理と人間学など
(8) 災害対応マネジメント
(9) その他
建設事業および建設産業の歴史，国際比較，技術移転，環境保全など

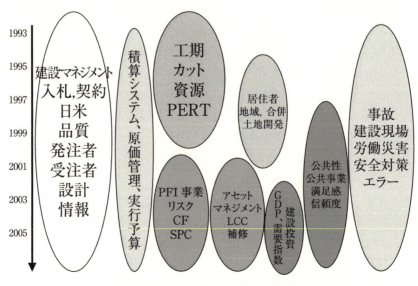

図-1.6 初期の「建設マネジメント研究論文集」重要頻出語の変遷(1993～2006年)

業論，合意形成論といった，公共政策的側面の強い論文が数多く発表されている。このことは，わが国の建設マネジメントが，発注者（事業者），受注者（建設企業，コンサルタント），住民等のステークホルダーのいずれか特定の視点に偏ることなく，社会基盤事業にかかわるあらゆるステークホルダーがそれぞれの視点から議論を交わす場であった歴史が覗える。

　本書で紹介する社会基盤マネジメントの概念もまた，個別のプレーヤーの視点にとどまらず，社会基盤の仕組み自体，事業のあり方自体，政策のあり方自体をマネジメントの対象と考える点において，建設マネジメント研究の志向と軌を一にする。本書は，過去の研究成果と実践的取り組みの中から，社会基盤の概念が土木構造物から一層拡がり，社会基盤プロジェクトの概念が建設事業から一層拡がりつつある現代においてなお実務に示唆を与えうる知見を抽出して紹介するものでもある。

　以下では建設マネジメント研究の主要分野の内，第1章で例示しなかったいくつかの特徴的なテーマを挙げる。

① 建設企業経営論

　建設市場の特性と商慣行を背景とした，企業経営の概念と手法を論じる。建設コスト縮減，リスク管理・危機管理手法としての事業継続計画（Business Continuity Plan；BCP），建設企業会計，企業の社会的責任（Corporate Social Responsibility；CSR）が主な研究課題である。本書では主に第4章 コンストラクション・マネジメントで扱う。

② 建設労働災害・労働環境

　建設産業はその労働形態の特質から，歴史的に労働災害が重要な課題である。労働安全衛生法令，労働基準法をはじめとする法制度枠組みに加え，COHSMS（建設労働安全衛生マネジメントシステム，Construction Occupational Health and Safety Management System）と呼ばれる建設産業独自の取り組みもある。本書4.8「安全衛生管理」で詳細を述べる。

③ 建設廃棄物と環境対策

　建設工事では，その副産物として多量の廃棄物が発生する。建設発生土，建設発生木材，アスファルト・コンクリート塊，汚泥などがその代表的なものである。建設廃棄物処理は持続的な社会基盤整備を実現する上で重要な作業であり，ISOをはじめとする各種の枠組みが構築されてきた。本書4.9節で詳述する。

④ 公共調達と契約制度

　公共工事の市場開放や入札談合事案が社会的関心事となった1980年代以降，わが国の入札制度，契約制度の変遷は，建設マネジメント研究の歴史そのものである。指名競争入札から一般競争入札への移行，価格と品質の双方を評価する総合評価方式の導入，性能規定型発注方式，デザインビルド（Design Build）方式，低入札価格調査制度の強化等，建設市場の各年代の課題を反映した取り組みが数多くなされている。本書では第5章で詳述する。

⑤ 意思決定プロセスと合意形成論

　社会基盤整備に関与する事業者，建設企業，地域住民等ステークホルダーの利害は常に一致するとは限らない。意見や利害の異なるステークホルダーがどのように事業に関与し，社会的な意思決定を行っていくかは長く建設マネジメントの課題であった。社会心理学の信頼研究やゲーム理論による利害構造分析等の成果がある。本書では2.2節で紹介する。

⑥ 事業体制とアセットマネジメント

社会基盤事業の形態は時代とともに多様化してきた。従来の方式による公共工事に加え、民間資本を活用したPPP(Public-Private Partnership)等、新たな仕組みが普及しつつある。一方、わが国においては老朽化する社会基盤を人口構造が変化する中でいかに全体として効率的に運営していくかを考えるアセットマネジメントの概念が注目されている。本書では4.10「アセットマネジメント」の実施監理で紹介する。

⑦ プロジェクトマネジメントの高度化・情報化

建設事業の実施にあたっては、情報通信技術をはじめとする多くの新規技術が活用されている。調達・施行プロセスの情報化の萌芽的取り組みである建設CALS/EC(Continuous Acquisition and Life-cycle Support / Electronic Commerce)にはじまり、3Dモデリングを基盤としたCIM(Construction Information Modeling)の導入など、情報化施工の技術は建設産業の新たな中核技術として位置付けられつつある。本書では第6章でそのいくつかを紹介する。

⑧ 国際建設マネジメント

わが国の建設市場の国際的な位置付けを比較制度分析によって明らかにする取り組みは、日本の建設産業の国際化に大きく貢献をしてきた。契約概念の相違、紛争処理、国内における発注者・受注者の二者構造に対する海外の発注者・設計者・受注者の三者構造等、国内と海外の建設市場には未だ多くの差異が存在する。本書は同分野の成果を下に、国内外のインフラストラクチャ市場を断絶させないシームレスな市場の実現を視野に入れた構成を取っている。

◎参考文献

1.1
1) 発注者責任研究懇談会『中間とりまとめ』、1999.3.

1.2.4
2) 吉川英治：新書太閤記、講談社．
3) 永田年、佐久間ダム・機械化施工の黎明、土木学会誌、1975年5月号．

1.3
4) Tversky, A., & Kahneman, D.：Judgement under uncertainty；Heuristics and biases. Sciences, 185, pp.1124-1131, 1974.
5) Binmore, K.：Does Game Theory Work? The Bargaining Challenge., MIT Press, Cambridge, 2007.
6) Kandel, E., and Lazear, E.P.：Peer pressure and partnerships, The Journal of Political Economy 100(4), pp.801-817, 1992.
7) 西脇与作：現代哲学入門、慶應義塾大学出版会、2002.

第 2 章
社会基盤マネジメントにかかわる主体と建設産業活動

　社会基盤システムのマネジメントには多くの主体が関与しており，互いに関連したその諸活動は総体として1つの産業を形成している。本章では，はじめに社会基盤にかかわる国内および海外の産業活動の概要を説明し，続いてそれぞれの主体が社会基盤マネジメントの諸活動にどのようにかかわっているのかを紹介する。

2.1　建設市場の特性と動向

2.1.1　国内建設市場の特色
　本節では，わが国の社会基盤の整備および運営・維持管理（社会基盤の整備等）を支える民間の産業活動について，建設業を中心にその市場や産業の特色について述べる。

（1）　わが国の建設市場全体の動向
　社会基盤の整備等は2.3節で述べるように，主に国（高速道路株式会社（NEXCO）等の特殊会社を含む）や地方自治体の公共事業として実施されるものが多く，またそれらの中心は土木工事であるが，建設業を営む多くの企業はこれら社会基盤の整備等と合わせ民間工事（建築工事が中心）も数多く行っている。このため，わが国の建設業の状況を把握するには，まず，これら建設市場全体の動向を見ておく必要がある。

a．建設市場は民間投資が主体
　図-2.1は，平成26年度のわが国の建設投資（見込み）の内訳を見たものである。社会基盤の整備等に相当するのはこの図の中の政府土木が中心となるが，それは全体の4割弱の規模である。なお，これまで投資規模の変動が大きい中にあっても，一貫して民間投資が政府投資を上回ってきた（図-2.2）。

b．建設投資の急激な減少
　わが国の建設投資は，バブル経済崩壊直後の平成4年度の約84兆円をピークに急激に減少し，平成22年度には約41兆円まで減少した（ピーク時から51％の減）。その後，やや増加に転じ，平成26年度は約48兆円（ピーク時から42％の減）の見通しとなっている（図-2.2）
　社会基盤の整備等の中心となる政府投資については，バブル経済崩壊後の景気刺激政策により平成10年度頃まで積極的な投資が行われたが（ピークは平成7年度の約35兆円），その後の財政再

第2章　社会基盤マネジメントにかかわる主体と建設産業活動

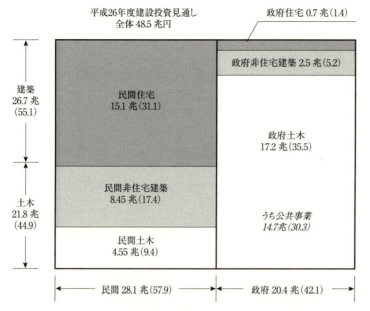

図-2.1　建設投資の内訳（平成26年度見通し）（国土交通省：建設投資見通し，26.6より）

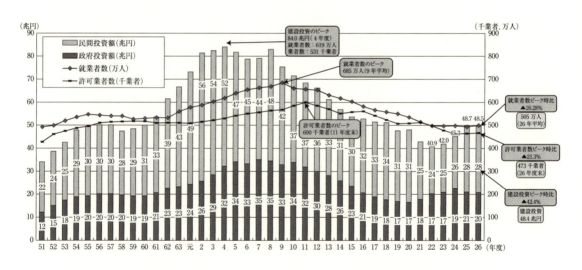

図-2.2　建設投資，許可業者数，就業者数の推移（平成26年度国土交通白書27.6より）

建路線によって毎年度大幅な縮減が続けられ，やはりピーク時から半減するまでとなった（平成22年度に約17兆円）。しかし，平成23年3月に発生した東日本大震災以降は震災復旧・復興事業に加え国土強靭化，既存ストックの長寿命化等，社会基盤の整備等の重要性が認識されることとなり，ここ数年の建設投資はやや持ち直す状況となっている。

（2）　わが国の建設業の特色

わが国の国内総生産に占める建設投資の比率は昭和50年頃には20％を超えていたが，その後，次第に低下し平成19年度以降は10％を割り込む状況が続いてきた。ここ数年の建設投資の持ち直しがあり平成26年度は9.7％となる見通しとなっている（国土交通省「平成26年度建設投資見

通し」より)。

また，建設業者数は47万3 000業者(国土交通省「建設業許可業者数調査」，平成26年度末)あり，就業者は505万人を擁し，全就業者数(6 351万人)の約8.0％を占める(総務省「労働力調査」，平成26年)。

このように，建設業は建設市場が大きく縮減した今日にあっても，なお，わが国経済に占める役割には大きなものがあるが，建設業は事業の特性に根ざす次のような構造的な特色を有している。

a．建設業の大半は零細業者

建設業の開業は，最低限の生産手段として建設サービスを提供する技術者が存すれば足り，大規模な設備投資等を要しない。このため，建設業者は一人親方のような形態を含め，零細企業が大半を占めることとなっている。なお，近年の建設市場の縮小の中で，「個人」業者は著しく減少している(図-2.3)。

b．重層下請構造と下請契約の片務性

建設業の生産活動は，同一製品を工場で生産する製造業と異なり，屋外での単品・受注生産が基本である。このため，現場ごとに生産内容，規模が異なることから，工事の受注ごとに専門工事業者を集め必要な生産体制を組み立てて生産する方式がその効率性の下に多く導入されてきた。同様にして，専門工事業者も技能労働者や機械設備について自らの保有を軽くし，工事にあわせてその都度下請として調達する生産方式が志向されてきた。このようにして，建設生産の現場には重層下請構造が形成されてきた。

下請比率(下請完工高/元請完工高)は，建設市場の拡大とともに上昇し，縮小過程に入っても引き続き上昇してきたが，近年では60％半ばで推移している(国土交通省「建設工事施工統計調査報告」より)。また，二次，三次への重層化の傾向は，土木より建築の方が大きいことが知られている(国土交通省「建設技能労働者の就労状況等に関する調査」より)。

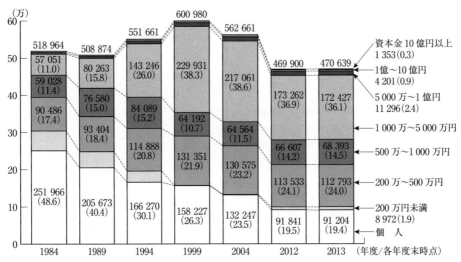

注)　(　)内の数字は規模別構成比
資料出所　国土交通省「建設業許可業者数調査」
建設業者の大半は中小・零細業者である。個人業者の法人化の流れを背景に「個人」の減少が著しい。

図-2.3　規模別建設業者数の推移(日本建設業連合会：2014建設業ハンドブックより)

この重層下請構造は，不透明な契約関係，下請契約の当事者間における交渉力の格差等による下請契約の片務性等とあいまって，専門工事業者や技能労働者等へのしわ寄せ，建設産業全体の足腰の低下の一因になっているものとみられている。

(3) 建設産業の課題

わが国の建設産業が抱える課題は，建設投資の急激かつ大幅な減少により生じた大規模な受給ギャップにより表面化した。競争の激化等により，売上高や利益の減少に伴う企業体力の低下，企業の小規模化等が進行している。この傾向は特に地方圏で顕著であり，地域の社会基盤の維持管理に支障を来しかねない状況が生じている。さらに，技能労働者の雇用環境の悪化が進み，それが若年入職者の減少，就業者の高齢化を招き，将来的な建設技能者の確保の問題や技術・技能の継承といった問題にも及んでいる。

このような状況に対処するため，国は公共工事の品質確保の促進に関する法律（「品確法」）および関連2法の改正を行った（平成26年6月施行）。これはいわゆる「担い手三法」と呼ばれるもので，行き過ぎた価格競争を無くし，現在および将来の社会基盤の整備等の品質確保を図り，建設業の担い手の中長期的な育成・確保を促進するための制度設計であった。その後，これに基づき入札契約制度の改善をはじめとする各種の具体施策が導入されてきている。

a．過剰供給構造と利益率の低迷

図-2.2でみたように，建設投資がピークから5割も縮小したにもかかわらず，建設業者数はピークから2割程度縮小したに過ぎない。図-2.4は営業利益率および経常利益率について建設業と他産業を比較し推移を見たものだが，建設投資の減少とともに利益率が急激に悪化し，平成7年度以降は全産業平均を下回り低迷を続けている。なお，営業利益率の低迷は建設業のあらゆる分野，規模の企業でみられるが，小規模な企業や土木を中心とする総合建設業に顕著であるといわれている。

b．建設労働者の賃金低下と雇用環境の悪化

建設企業は建設投資の減少に伴い売上高が減少する中で，企業経営を維持するため，技能労働者

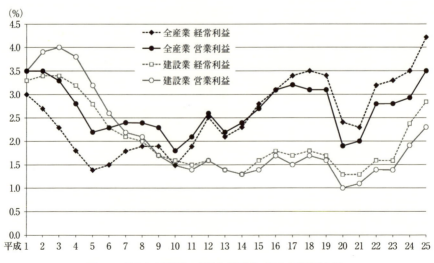

図-2.4 低迷する建設業の利益率（財務省：法人企業統計より）

の非社員化,非常勤化等を進め工事原価を縮減してきたとみられる。その結果,労務費が変動費化し,賃金が低下し(図-2.5),技能労働者の雇用環境の悪化が進んだことが,若年入植者の減少と就業者の高齢化の一因となっているとみられている(図-2.6)。

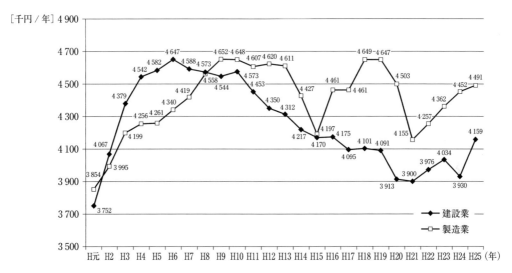

図-2.5 減少を続ける建設労働者の賃金(国土交通省建設産業戦略会議:建設産業の再生のための方策2011,参考資料より)

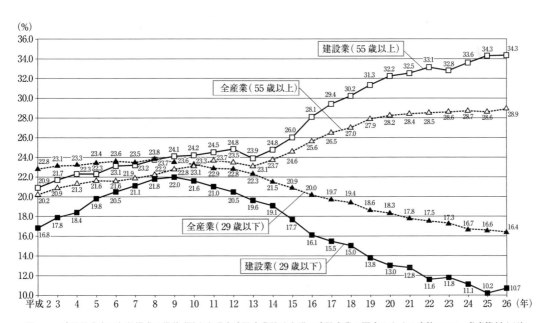

図-2.6 建設就業者の年齢構成の推移(国土交通省建設産業戦略会議:建設産業の再生のための方策2011,参考資料より)

2.1.2 国内市場と建設投資の動向

ここでは,社会基盤の整備等の中心となる公共事業を対象に,公共調達市場を通じての買い手(発注者)と売り手(受注者)の抱える課題,事業執行に重要な役割を果たす建設関連業の状況,そして建設投資の動向について考察を加える。

（1） 公共調達市場の課題

　社会基盤の整備等に係る公共事業の事業主は，2.3節で述べるように国民や自治体の住民であり納税者である。国や自治体の発注機関は，この真の事業主に代わって事業を執行する代理人であり，事業執行に当たっては，会計法，公共工事入札契約適正化法，公共工事の品質確保の促進に関する法律（品確法），地方自治法，地方財政法，官公需法，WTO政府調達協定等の諸法規とそれに基づく各種の基準，指針等を踏まえ，議会の承認，審査を受けながら進めなければならない。そして，買い手と売り手の市場のルールづくりそのものが，発注政策として行政に委ねられるのも大きな特徴である。このように公共調達市場は民間の建設事業の市場とは大きく異なった市場が形成されている。

a．発注者責任と発注体制の現実

　公共調達市場において，真の事業主の代理人としての発注者の責任は，透明性の高い公平な手続きの中で，「よいものを安く，そしてタイムリーに調達すること」であるとしたのが発注者責任の考え方である。そのために発注者は，適切な契約図書を準備し，適切な入札手続きの下で適切に受注業者を選び，適切に契約を結び，監督・検査を適切に実施する責任があるとしたものであり，発注者は所要の技術力を持たなくてはならないとしたものだった。少なくとも，今日の公共調達制度の基本設計はそれを前提としたものになっていることを確認したものだった。ところが，現実はというと環境影響評価，事業評価，情報公開等，事業執行に求められる業務量が増大するにもかかわらず，職員の削減が進み，発注者責任を全うすることはますます困難な状況になっている。特に，地方自治体にはもともと技術職員の配置が少なく，その上にその後の減少も大きく事態は深刻になっている。図-2.7は自治体の土木部部門の職員の推移を見たものであるが土木部門職員は職員全体の減少を上回って減少していることがわかる。発注者責任の基本設計を見直すのか，あるいはその責任を全うするための発注者支援等のあり方を模索するのか，公共調達市場に突き付けられている課題は大きい。

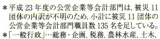

図-2.7　地方公共団体の土木職員数の推移（国土交通省建設産業戦略会議：建設産業の再生と発展のための方策2012より）

b．ダンピング防止と適正価格受注の誘導

わが国の公共調達市場における近年の最大の変化は，脱談合の要請を受けて，指名競争中心から透明性・競争性の確保のための一般競争へと基本ルールを切り替えたこと（5.2.2 項参照）と，これにあわせて，価格だけの競争ではなく，技術と価格の総合評価による競争を導入したことである（公共工事の品質確保の促進に関する法律（品確法），平成 17 年）。ところが，この基本ルールの変更は，建設投資の急激な減少もあいまって激しい受注競争を招き，ダンピング受注の防止や適正価格での受注誘導が発注政策の重要な課題となっている（図-2.8 は国直轄工事と都道府県工事の落札率（落札価格／予定価格）の推移）。なお，総合評価方式の導入も，受注競争の激化の中では低価格入札へのブレーキとしては十分に働かず，国直轄工事等では低入札価格調査基準価格と連動した総合評価方式の運用によってようやく低価格入札を食い止めているのが現状であり，また，地方自治体にあっては予定価格等の事前公表を行ったり，最低制限価格がきわめて低い水準のままであったりしており，国は平成 26 年の改正品確法に基づき「発注関係事務の運用に関する指針（運用指針）」を定め（平成 27 年 1 月），適切な入札契約方式の採用，予定価格の適正化，適切な設計変更等の徹底を図るなど，これらの早急な改善に向け取り組みを進めている。

c．地元企業優遇政策の課題

公共調達市場においては，地域の社会基盤を支える企業の存続，あるいは地域経済活性化，また，中小企業の振興といった観点から地元企業を優遇することは必要な配慮であり，現に，会社規模別，事業規模別に細やかな地域要件の設定を行うなどにより実施されている。

一方，専門技術力が必要とされる工事であるにもかかわらず，地元企業優遇のためにそれを持たない企業に発注してしまい品質の確保の面で問題を生じたり，あるいは建設業法違反となる「丸投げ」を惹起したりすることは，発注者責任を持ち出すまでもなく，公共工事の発注者として行ってはならないことである。現実には，地元企業優遇政策が優先し，発注者責任がないがしろにされていることがあるのではないかとみられている。

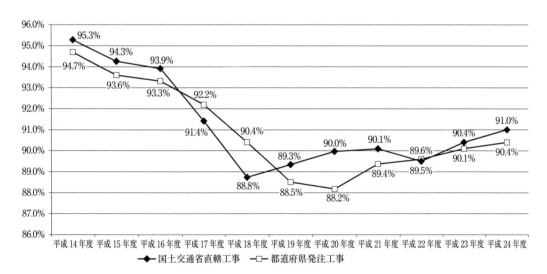

図-2.8 国直轄工事と都道府県発注工事の落札率の推移（国土交通省建設産業戦略会議：建設産業の再生のための方策 2011，参考資料より）

d．多様な事業方式と多様な契約方式の導入

東日本大震災の復興事業を契機に，民間企業の技術力を活用する新しい事業方式や新しい公共調達の方式が試みられてきたが，わが国の社会基盤の整備等をより効果的に進めて行くうえで，これらの方式を多方面で適切に導入していくことが求められている。このようなことから，上記の運用指針においては「工事の性格等に応じた入札契約方式の選択・活用について」として，次のような方式を提示している。

- 事業プロセスの対象範囲に応じた契約方式
  設計・施工一括発注方式，詳細設計付工事発注方式，設計段階から施工者が関与する方式（ECI方式：Early Contractor Involvement の略），維持管理付工事発注方式
- 工事の発注単位に応じた契約方式
  包括発注方式（同一地域で複数種類の業務・工事を一契約として発注する方式），複数年契約方式
- 発注関係事務の支援対象範囲に応じた契約方式
  CM方式（工事監督業務等の一部または全部を民間に委託する方式），事業促進PPP方式（Public Private Partnership の略，調査・設計段階から発注関係事務の一部を民間に委託する方式）

（2）建設関連業の役割と課題

社会基盤の整備等に重要な役割を果たしている建設コンサルタント，測量業および地質調査業のいわゆる建設関連業について，置かれた状況や課題をみる（図-2.9）。

a．拡大する業務領域

建設関連業の分野は，測量や設計等，かつては発注者が自ら行っていた業務のアウトソーシング分野ともいえ，発注者の業務と密接に連携して進められるものである。今後はCM方式を始め施工監理分野での発注者のサポート役や，維持管理分野での調査・点検・診断といった業務も多くな

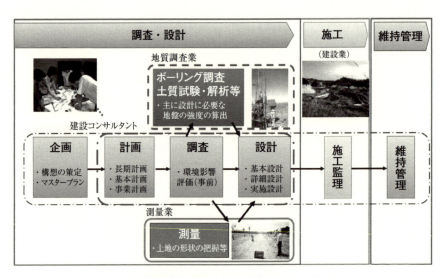

図-2.9　建設関連業の役割（国土交通省ホームページより）

2.1 建設市場の特性と動向

るとみられ，多方面での活躍とそれに見合った技術力の育成が期待されている。

b．低入札による品質確保の問題

ところが，建設関連業においても，建設投資の急激な減少の中，過当競争状態にあり，その結果，低入札が発生し，建設コンサルタントでは設計ミスが多発するなど品質確保の問題が発生している。

本来，コンサルタント業務は発注者をサポートする技術力の調達であり，今後，入札方式は技術提案を含んだプロポーザル方式とする等，より技術力にベースを置いたものとしていくことが望まれる。

なお，建設コンサルタントの設計ミスの問題は，低価格受注を背景とした問題ばかりでなく，担当技術者の技術力の低下，発注者，設計者および施工者間のコミュニケーション不足等，さまざまな背景に起因するところがあり，建設コンサルタント内での技術力向上の取り組み，三者協議の活発化等と合わせ，照査制度の導入，設計と施工の分担見直し等，仕組み上の検討も進められている。

(3) 建設投資の動向

建設投資規模のこれまでの推移については 2.1.1 項で述べたので，ここで社会基盤の分野別の投資の推移と，今後の建設投資の見通しについて考察する。

a．社会基盤投資（公共工事）の動向

図-2.10 に公共工事の分野別構成比の推移を示している。産業基盤（空港，港湾，道路，鉄道等）は，1990 年代後半以降シェアが拡大する傾向にあったが，近年はシェアを落とす傾向にある。一方，生活基盤は下水道・公園がシェアを落とす中，教育・病院のシェアの拡大が目立つ。今後は社会の成熟に伴いこのような動きが進むことも考えられるが，今後の国土基盤整備の施策の動向によっては新たな展開が生まれることも考えられる。

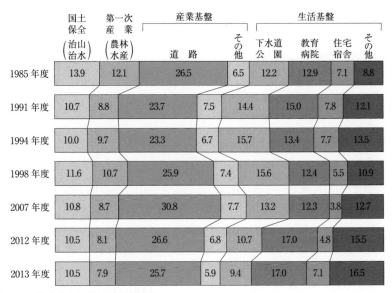

注) 1. グラフ内の数字は年度計に対する構成比
2. 「産業基盤・その他」：港湾空港，鉄道軌道等　「生活基盤・その他」：土地造成，上・工業用水道，庁舎，災害廃棄物処理等
資料出所　北海道建設業信用保証，東日本建設業保証，西日本建設業保証：公共工事前払金保証統計

図-2.10　公共工事の分野別構成比の推移（日本建設業連合会：2013 建設業ハンドブックより）

b．今後の建設投資について

建設投資は，平成4年度をピークに減少し続けてきたが，東日本大震災により国土基盤整備の重要性が再認識され建設投資は下げ止まるところとなった。当面は，2020年の東京オリンピック・パラリンピック関連事業，リニア新幹線の建設等もあり，建設市場には明るさがみられる。しかし，国土強靭化，明日の担い手の確保等の施策を進める上で，建設投資の長期にわたる安定的な確保がきわめて重要となっている。

一方，建設投資の内容については，高速道路各社で大規模更新・補修事業の展開が始まっているように，既存インフラの長寿命化に向け，調査・点検・診断や更新・補修事業が次第に大きなウェイトを持っていくものとみられる。

ケース 2-1　官民連携による海外インフラプロジェクトの推進

1．海外インフラプロジェクトとわが国の建設業の動向

海外におけるインフラ需要は高く，特にアジアを中心とした新興国では，著しい経済成長の中，インフラ整備の大きな需要が見込まれている。アジア開発銀行[1)]によれば，アジアだけでも2010～2020年の10年間で約8兆米ドル超のインフラ需要が予想されている。

ここでアジアのインフラ需要の一例としてベトナムにおける道路整備と下水道整備，インドネシアにおけるジャカルタ首都圏投資促進特別地域を紹介する。

（1）ベトナム

ベトナムの経済発展を支える幹線道路整備については，ハノイ～ホーチミン間の「南北高速道路」1 800 kmのほか，総延長6 400 kmの高速道路建設のマスタープランが策定され，大都市周辺を中心に575 kmが供用している（図-C2.1.1）。その実現に必要な事業費は今後約650億米ドル（約7.8兆円）に上るとされる（以上，2015年現在。ベトナム交通運輸省資料）。資金調達方法として，BOT（Build-Operate-Transfer）スキームなどPPPによる資金調達も積極的に取り入れる方針である。

わが国も橋梁等構造物の建設事業や，ITS整備事業への参画を進めている。

また，ベトナムの著しい経済成長とともに深刻な環境問題が発生しているなか，特に河川をはじめとした水質汚染の悪化はきわめて重要な課題となっている。これに対応するためには，下水道の整備が急務である。そこで，

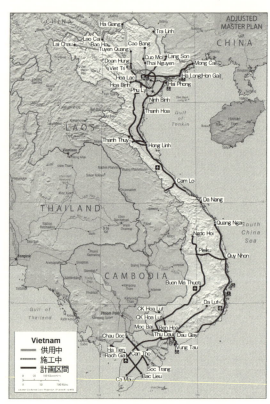

図-C2.1.1　ベトナムにおける高速道路整備状況（ベトナム政府提供資料より作成）

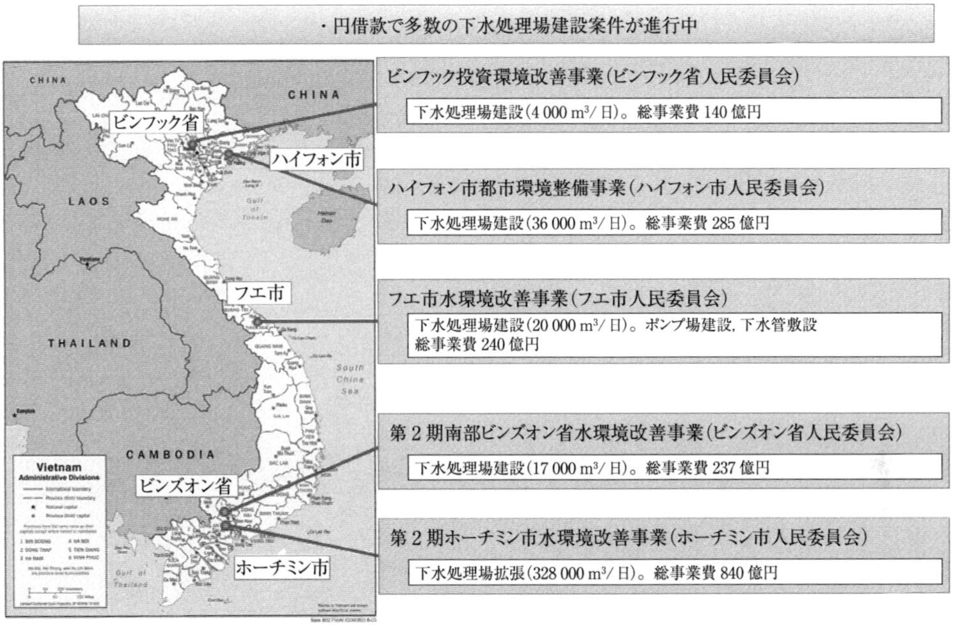
・円借款で多数の下水処理場建設案件が進行中
CHINA
CHINA
LAOS
THAILAND
CAMBODIA
South China Sea
Vietnam
Administrative Divisions
ビンフック省
ハイフォン市
フエ市
ビンズオン省
ホーチミン市
ビンフック投資環境改善事業(ビンフック省人民委員会)
下水処理場建設(4 000 m³/日)。総事業費 140 億円
ハイフォン市都市環境整備事業(ハイフォン市人民委員会)
下水処理場建設(36 000 m³/日)。総事業費 285 億円
フエ市水環境改善事業(フエ市人民委員会)
下水処理場建設(20 000 m³/日)。ポンプ場建設，下水管敷設
総事業費 240 億円
第 2 期南部ビンズオン省水環境改善事業(ビンズオン省人民委員会)
下水処理場建設(17 000 m³/日)。総事業費 237 億円
第 2 期ホーチミン市水環境改善事業(ホーチミン市人民委員会)
下水処理場拡張(328 000 m³/日)。総事業費 840 億円

図 -C2.1.2　ベトナム国における下水道案件

図 -C2.1.2 に示すとおりベトナム各地で円借款による多数の下水処理場建設が進行中である。わが国が有する技術がこれらの整備に活用され，また本邦企業の海外展開を促進すべく，日ベトナム間で意見交換を進められているところである。

(2)　インドネシア

わが国とインドネシアとの連携の下，ジャカルタ首都圏のインフラ開発等を加速化するため，2010 年 12 月に日・インドネシア両国政府が合意し，「ジャカルタ首都圏投資促進特別地域(MPA)」の協力枠組みが構築された。2012 年 10 月に承認された MPA マスタープランに基づき，鉄道・港湾・道路・下水道・水防災・都市開発・空港等のプロジェクトの計画・実施において政府が深く関与し，本邦民間企業の海外展開支援を行ってきた。

2014 年 10 月にはジョコ新政権が誕生し，海洋インフラの強化や地域間格差の是正等の方針が示されるなど新たな動きがある中で，2015 年 3 月の両国首脳会談において，新政権における両政府のインフラ整備等の協力枠組み「PROMOSI」の立ち上げについて合意された。

日本政府はジャカルタ首都圏のみならず，インドネシア全土におけるインフラ整備への協力を行い，インドネシアへのインフラ海外展開をさらに促進していく方針である。

(3)　わが国の建設業の海外進出動向

わが国の建設業の海外における受注実績を**図 -C2.1.3** に示す。2014 年度の海外建設受注高は，1 987 件・1 兆 8 153 億円で過去最高となり，前年度に比し，件数は 12 件減少したものの，金額は 2 125 億円の大幅な増加となった。地域別にみるとアジアが 3 分の 2 以上を占め，わが国の地政学的条件とともに当該地域における旺盛なインフラ需要を反映した結果となっている。

このような中，アジアを中心とした新興国におけるインフラ需要にわが国の建設業が応えるため，その国際競争力を強化し，積極的な海外展開を図ることが重要になっている。そのため現在，「2020

第2章　社会基盤マネジメントにかかわる主体と建設産業活動

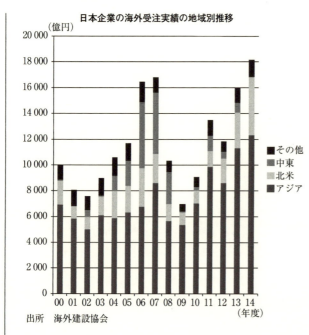

図-C2.1.3　海外建設受注実績の動向

年度海外建設受注高2兆円」を目標に，世界のインフラ需要に対応し，「質の高いインフラ投資」を実現すべく，トップセールスや日本企業がプロジェクトに参加しやすい環境づくり等，官民一体となった取り組みを推進している。

2. 日本政府の取組み

　これまで国土交通省では，主に二国間の技術協力を通じて海外のインフラ整備に関与してきた。建設分野における技術協力の多くはJICA（国際協力機構，Japan International Cooperation Agency）を通じて行われ，建設分野の専門知識を持った長期および短期のJICA専門家の派遣やJICA研修員の受け入れ（講師の派遣）により，相手国のカウンターパート機関への技術移転等を行ってきている。このような建設分野における技術協力は，国土交通省の前身の一つである建設省によって，1954年に日本が加盟したコロンボプランのもと開始されている。わが国の政府開発援助としては初期の頃から連綿と行われてきたものであり，わが国の建設分野に対する相手国の信頼を獲得する機能を果たしてきた。

　一方，これまでの建設分野における技術協力を中心とした海外インフラ整備への関与は，近年その様相を大きく変えてきている。世界のインフラ市場は，新興国等の急速な都市化と経済成長により，今後の更なる拡大が見込まれている。例えば，経済協力開発機構（OECD）の報告によると，交通インフラの整備需要は，現在，年平均38兆円となっているが，2015～2030年には5割以上増加して59兆円に昇ると予想されている。特に，新興国等のインフラ事業では，厳しい財政事情を背景に，民間の事業参画・資金を期待する民間活用型が増加している。わが国の経済社会状況を踏まえれば，新興国等の成長への貢献を強化するとともに，わが国の技術とノウハウを活かして世界のインフラ需要を取り込むことが必要と考えられることから，インフラシステムの海外展開は我が

表-C2.1.1　経協インフラ戦略会議の開催状況と議題

	開催日	議題
第1回	平成25年3月13日	ミャンマー
第2回	平成25年4月15日	中東・北アフリカ
第3回	平成25年5月8日	基本的な方向性
第4回	平成25年5月17日	第5回アフリカ開発会議（TICAD V）およびインフラシステム輸出戦略
第5回	平成25年9月12日	「日本方式」普及のためのODA等の活用
第6回	平成25年10月29日	インフラシステム輸出戦略フォローアップ
第7回	平成25年11月28日	ASEAN連結性支援
第8回	平成26年1月21日	インド
第9回	平成26年3月6日	先進自治体による都市インフラ輸出
第10回	平成26年4月16日	北米及びこれまでの成果と今後の課題
第11回	平成26年6月3日	防災 インフラシステム輸出戦略フォローアップ第2弾
第12回	平成26年7月15日	中南米
第13回	平成26年10月2日	ミャンマー（フォローアップおよび今後の取組み）
第14回	平成26年10月27日	ODA大綱改定およびASEAN（官民連携支援の現状と課題）
第15回	平成27年1月14日	官民連携の更なる強化
第16回	平成27年3月2日	鉄道 人材育成
第17回	平成27年3月20日	インドネシア
第18回	平成27年6月2日	インフラシステム輸出戦略フォローアップ第3弾
第19回	平成27年6月23日	メコン地域

国の政策の重要な柱となっている。

　政府においては2013年3月に「経協インフラ戦略会議」を設置し，国土交通大臣を含む関係閣僚が政府として取り組むべき政策を議論した上で，同年5月に「インフラシステム輸出戦略」を取りまとめた[*1]。同戦略は，2015年6月に改訂版が策定され，同月に閣議決定された「日本再興戦略」改訂2015においても，その積極的な実施が盛り込まれた。

　「インフラシステム輸出戦略」においては，わが国企業が2020年に約30兆円（2010年約10兆円）のインフラシステムの受注を目指すとされている。また，そのための施策の柱として，①企業のグローバル競争力強化に向けた官民連携の推進，②インフラ海外展開の担い手となる企業・地方公共団体や人材の発掘・育成支援，③先進的な技術・知見等を活かした国際標準の獲得，④新たなフロンティア分野への進出支援，⑤エネルギー鉱物資源の海外からの安定的かつ安価な供給確保の推進，を掲げている。

　そして，2014年4月に株式会社海外交通・都市開発事業支援機構法が制定され，同年10月，わが国に蓄積された知識，技術および経験を活用して海外において交通事業および都市開発事業を行う者等に対し資金の供給，専門家の派遣その他の支援を行うことにより，わが国事業者の当該市場への参入の促進を図り，もってわが国経済の持続的な成長に寄与することを目的として，海外交通・都市開発事業支援機構が設立された。

[*1] 2014年6月に改訂された「インフラシステム輸出戦略」において，海外交通・都市開発事業支援機構が行う出資と事業参画による支援を通じて，海外のインフラ市場への我が国事業者のより積極的な参入を促進することが位置づけられている。

3. 今後の動き

　これまでわが国は優れた技術を活かし，道路・橋梁，水資源開発，上下水道など海外のインフラ整備に多大な貢献をしてきた。わが国の優れた技術を活かしてアジアをはじめとする世界の成長市場へ海外展開を図ることは，わが国経済の持続的な成長を実現していく観点からも非常に重要である。一方で，民間企業においても，今後PPPやBOTをはじめとした，民間による資金・ノウハウを活用したインフラプロジェクトへの参画を進めていく流れが一層加速すると思われる。その際，リスク情報を含めたさまざまな情報を的確に把握するため，現地での情報収集体制の強化とともに，現地企業との連携の強化，あるいは本邦企業の現地化を進めることも重要と思われる。

　また，2011年4月には土木学会ならびに土木界の国際化を支援するために土木学会に国際センターが開設された。わが国のインフラ整備における技術的課題の解決において，土木学会などの関係学会が果たしている役割は非常に大きいものである。今後，海外のインフラ整備においても，現地の学会との協働による効率的，効果的な技術移転など，土木学会の国際活動に寄せられる期待は大きい。さらに，わが国にはおよそ13万5000人の留学生が滞在している[2]。これらの留学生は帰国後，母国の要職に就くことも多く，その人脈を活用しわが国企業のインフラ展開を図ることも有効と考えられる。今後，学官民の三者による連携をさらに促進し，海外インフラプロジェクトの推進を図ることが重要である。

参考文献
1) "Infrastructure for a Seamless Asia", Asia Developing Bank, 2009.
2) 日本学生支援機構：平成23年度外国人留学生在籍状況調査について－留学生受入れの概況－，2012.

2.2　社会基盤マネジメントの関与主体（ステークホルダー）

2.2.1　社会基盤と人のかかわり合い

　私たちは日常生活を営む上で，自らの意思や認知の程度によらず，さまざまな社会基盤（infrastructure systems）にかかわっている。社会基盤は，とりわけ「施設（ハード）」に注目が集まりがちであるが，施設の設計・施工・管理・運営ならびに他の施設やシステムとの連携など適切な「マネジメント（ソフト）」により，安定したサービスが実現している。朝起きて洗面所で顔を洗う，何気ない日常の1コマも，複数の社会基盤システムがそれを可能としている。取水工・滅菌処理槽・配水管路網など上水道施設，集水管路網・汚水処理場など下水道施設，これら一連の「施設」に加え，当該施設の保守点検，万一故障すれば速やかに復旧する体制，料金徴収システム，不満・要望に対応する窓口などサービスを支える「マネジメント」システムが機能的に結合することにより，ユーザーのニーズに応じたサービスが提供されている。また，社会基盤は，構想・計画・設計・建設・管理・修繕・廃棄の一連のプロセス「プロジェクトサイクル」を通じて管理（manage）され，そのプロセスには多くの人々が関与している。

　本節では，社会基盤マネジメント（infrastructure systems management）にかかわる人々（以下，「ステークホルダー」という）を，サービスを提供する人々（以下，「サプライヤー」という）と利用

する人々（以下，「ユーザー」という）に大別し，その主な構成員（主体）を紹介するとともに，各関与主体の役割と関係性についてプロジェクトサイクルと関連付けてその特色を示す．

2.2.2 社会基盤マネジメントにかかわる「ユーザー」

　市民をはじめ，組合，企業など各種団体，国や地方自治体など政府・行政関係機関等，社会基盤を利用し，そのサービスを享受する人々あるいは集団を「ユーザー」と呼ぶ．道路であれば，自動車・バイクの運転者ならびに同乗者，自転車，車イス等の利用者や歩行者など通行者，電気・通信・上下水道施設など道路空間の占用者等がその代表といえる．また，社会基盤は，日常生活を営む上での個人的活動，経済・産業・福祉をはじめとする社会的活動等，多様なユーザーにより多角的に利用される．ユーザーの現状への不満や改善要請は，建設プロジェクトサイクルにおいては，当該社会基盤を維持管理する段階（以下，「維持管理段階」という）から新たな社会基盤を構想する段階（以下，「構想計画段階」という）において蓄積され，新たな社会基盤のシーズとして醸成される．維持管理段階は，ユーザーの意向やニーズの具現化に向けて，短・中・長期的視点から対策に要する時間，コスト，サービスの質など総合的に検討がなされるきわめて重要な段階といえる．ユーザーは，社会基盤の利用において支障がある場合，その「管理者」に対して苦情・要望を伝えることで，応急措置，機能回復のための修繕，一部機能改善を含む改修等を求める．現状のサービスでは，ユーザーのニーズを満足できないと判断された場合，抜本的改善に向けた新たな社会基盤の必要性について構想し，整備の可能性について検討を行うなど「構想計画段階」へと移行する．この段階は，当該社会基盤における課題に止まらず，国や地域あるいは地球規模での課題解決など，新たな価値とユーザーを創造する．事業効果や資金計画等について検討・事業化されると，社会基盤を整備する段階（以下，「整備段階」という）に移行する．社会基盤整備は，用地の取得や周辺環境の改変を伴うため，その影響を強く受ける地権者や地域住民など直接の利害関係者を中心に計画・設計・整備が進められる傾向にあり，ユーザーは，新たな計画やサービスについて知る機会・意見をいう機会が少なく，利用者としての意向やニーズは直接反映されにくいプロセスにある点が，社会基盤マネジメントの特徴の一つといえる．

2.2.3 社会基盤マネジメントにかかわる「サプライヤー」

　サプライヤーとは，社会基盤・サービスを供給する人々あるいは集団をいい，主に，(1) 供給主体となる「事業者」，(2) 工事を請け負う「施工者」，(3) 事業を技術的に検討・支援する「測量・調査・設計者」，(4) 資金や用地を提供するなど事業を支える「負担者」，(5) 整備した社会基盤施設の「管理者」，(6) ユーザーの意向を代弁する「新たな支援者」など，サービス供給において果たす役割に応じて大別される．各サプライヤーとその特性について以下に概説する．

(1) 事業者

　事業者は，ユーザーのニーズを的確に把握し，新たなサービスを構想，事業計画を策定するとともに，必要な資源を調達・管理するなど，事業を適正かつ公正に執行し社会に説明する，いわゆるプロジェクトを統括するマネージャーとしての役割を担う．中央政府をはじめ，地方自治体，公団，公社，株式会社，協同組合，法人など各種団体が事業者となりうる．わが国では，道路，河川，公

園等の社会基盤は，道路法，河川法，公園緑地法など施設の種別ごとに定められる法（以下，「個別法」という）で規定される管理者が，所管する施設の新設・改築など，事業を主体的に展開する「事業者」となるケースが一般的といえる。都道府県が管理する河川であれば，その改修事業は，都道府県が事業主体となるなど，管理者兼事業者は，国や地方自治体など行政機関がその大半を占めている。一方，油田や電源開発プロジェクト等では，公益法人や営利企業の合弁会社等が，電気，通信，運輸事業等では主に営利企業が，ODA（政府開発援助，Official Development Assistance）プロジェクト等では，JICAや世界銀行など政府系機関・国際機関が実質的な事業者となるケースもあるなど，「公益性が高い」という理由のみで，必ずしも政府や行政など公共機関が事業者になるとは限らない。また，事業者は，ユーザーからの改善要求や独自の調査等を通じて，新たな社会基盤・サービスについて構想する。構想計画段階では，地域の課題解決や国家戦略レベルでの新たな価値創造など事業シーズを的確にとらえ，費用対効果や資金計画など事業の実現可能性について調査・検討する。事業実施の意思決定がなされ，整備段階に移行した場合，必要に応じて，都市計画決定や事業認可など法的手続きを行う。また，地域住民をはじめ広く市民に，公聴会や説明会等を通じて事業計画に関する情報提供・意見交換を行い事業について理解と協力を求めるなど民主的プロセスを推進する。整備段階では，事業者は，事業に必要な資源，とりわけ施工にかかわる技術を調達するとともに，ステークホルダー間の調整を図る役割を担う。当該事業の影響を受ける地域住民や事業用地の提供者はもとより，水利権や漁業権など既得権者や，周辺の道路，河川，農業用水路など施設管理者など，ステークホルダーに対して事業の影響と対策について合意を得るため意思疎通を図ることも求められる。また，事業者は「発注者」としての役割を担う場合も少なくなく，必要な技術を適切な価格でタイムリーに調達しマネジメントすることが求められる。わが国の公共工事では，建設コンサルタントから測量・調査・設計等に係る技術を，建設会社から工事施工（資機材ならびに労働力も含めて）に必要な技術を，発注者が直接調達・マネジメントするケースが一般的といえる。海外では，調達業務を支援するコンストラクション・マネジメント（construction management）や施工・品質管理を支援するエンジニア（the engineer）など技術調達にかかわるマネジメント業務をコンサルタントが担うなど，コンサルタントと発注者の役割と責任の分担は各国で異なっている。

（2）　施工者

　施工者は，施工技術，資機材，労働力を結集して，請負契約に基づき，設計図面，仕様書に従って契約工期内に，所定の性能，意匠を満足する目的物を完成させる役割を担う。施工者は「建設業」を営む営利企業であることが一般的といえる。わが国の建設業は，建設業法において，土木一式工事，建築一式工事，左官工事，電気工事など表-2.1に示す28業種の建設工事の完成を請け負う営業と規定されており，建設業を営む者（以下，「建設業者」という）は，原則として，請け負う工事の種類ごとに，元請・下請あるいは個人・法人の区別なく許可を受けなければならないとされている。その許可は，国土交通大臣・特定建設業許可，都道府県知事・特定建設業許可，国土交通大臣・一般建設業許可，都道府県知事・一般建設業許可の4種類に区分される。国土交通大臣許可は，2つ以上の都道府県の区域内に営業所を設ける場合，都道府県知事許可は，1つの都道府県の区域内にのみ営業所を設ける場合に義務付けられる。特定建設業許可は，建設工事1件あたり，総額が3 000万円以上（建築一式工事は4 500万円以上）の下請契約を締結して施工する者に義務付けられ

2.2 社会基盤マネジメントの関与主体（ステークホルダー）

表-2.1 建設業法28業種

建設工事の種類	建設業の種類	備考（工事の具体的イメージ）
土木一式工事	土木工事業	総合的な企画，指導，調整のもとに土木工作物を建設する工事
建築一式工事	建築工事業	総合的な企画，指導，調整のもとに建築物を建設する工事
大工工事	大工工事業	木材の加工または取付けにより工作物を築造し，または工作物に木製設備を取付ける工事
左官工事	左官工事業	工作物に壁土，モルタル，漆くい，プラスター，繊維等をこて塗り，吹付け，または貼り付ける工事
とび・土工・コンクリート工事	とび・土工工事業	足場の組立て，機械器具・建設資材等の重量物の運搬設置，鉄骨等の組立て，工作物の解体等を行う工事
		くい打ち，くい抜きおよび場所打ぐいを行う工事
		土砂等の掘削，盛上げ，締固め等を行う工事
		コンクリートにより工作物を築造する工事
		その他基礎的ないしは準備的工事
石工事	石工事業	石材（石材に類似のコンクリートブロックおよび擬石を含む。）の加工または積方により工作物を築造し，または工作物に石材を取付ける工事
屋根工事	屋根工事業	瓦，スレート，金属薄板等により屋根をふく工事
電気工事	電気工事業	発電設備，変電設備，送配電設備，構内電気設備等を設置する工事
管工事	管工事業	冷暖房，空気調和，給排水，衛生等のための設備を設置し，または金属製等の管を使用して水，油，ガス，水蒸気等を送配するための設備を設置する工事
タイル・れんが・ブロック工事	タイル・れんが・ブロック工事業	れんが，コンクリートブロック等により工作物を築造し，または工作物にれんが，コンクリートブロック，タイル等を取付け，または貼り付ける工事
鋼構造物工事	鋼構造物工事業	形鋼，鋼板等の鋼材の加工または組立てにより工作物を築造する工事
鉄筋工事	鉄筋工事業	棒鋼等の鋼材を加工し，接合し，または組立てる工事
舗装工事	舗装工事業	道路等の地盤面をアスファルト，コンクリート，砂，砂利，砕石等により舗装する工事
浚渫工事	浚渫工事業	河川，港湾等の水底を浚渫する工事
板金工事	板金工事業	金属薄板等を加工して工作物に取付け，または工作物に金属製等の付属物を取付ける工事
ガラス工事	ガラス工事業	工作物にガラスを加工して取付ける工事
塗装工事	塗装工事業	塗料，塗材等を工作物に吹付け，塗付け，または貼り付ける工事
防水工事	防水工事業	アスファルト，モルタル，シーリング材等によって防水を行う工事
内装仕上工事	内装仕上工事業	木材，石膏ボード，吸音版，壁紙，たたみ，ビニール床タイル，カーペット，ふすま等を用いて建築物の内装仕上げを行う工事
機械器具設置工事	機械器具設置工事業	機械器具の組立て等により工作物を建設し，または工作物に機械器具を取付ける工事
熱絶縁工事	熱絶縁工事業	工作物または工作物の設備を熱絶縁する工事
電気通信工事	電気通信工事業	有線電気通信設備，無線電気通信設備，放送機械設備，データ通信設備等の電気通信設備を設置する工事
造園工事	造園工事業	整地，樹木の植栽，景石のすえ付け等により庭園，公園，緑地等の苑地を築造する工事
さく井工事	さく井工事業	さく井機械等を用いてさく孔，さく井を行う工事またはこれらの工事に伴う揚水設備設置等を行う工事
建具工事	建具工事業	工作物に木製または金属製の建具等を取付ける工事
水道施設工事	水道施設工事業	上水道，工業用水道等のための取水，浄水，配水等の施設を築造する工事または公共下水道若しくは流域下水道の処理設備を設置する工事
消防施設工事	消防施設工事業	火災警報設備，消火設備，避難設備若しくは消火活動に必要な設備を設置し，または工作物に取付ける工事
清掃施設工事	清掃施設工事業	し尿処理施設またはごみ処理施設を設置する工事

出典 国土交通省ホームページ：「建設工事の種類」，「建設工事の内容」，「建設工事の例示」および「許可業種の区分」より
注） 上記，全28工種について「補修，改造，解体する工事を含む」

る許可，一般建設業許可は，その上限金額を超えない範囲内での営業に限定される。公共工事を請負う建設業者は，建設業許可のほかに，完成工事高や自己資本額など経営状況，技術職員数など技術力，安全成績等を加味した社会性など，総合的に評価する経営事項審査を受けなければならない。建設業者は，小規模工事を中心に事業展開する地場建設業や，特定の工種に特化して事業展開する専門工事業者，自ら研究技術開発を行うとともに高度な技術を駆使し多数の専門工事業者等を下請に使って大規模工事を中心に事業展開する大手ゼネコン（general constructor）まで，建設業者の事業規模や営業形態は多種多様である。その他にも，建売住宅や分譲マンションなどを建設して販売する建設業者や住宅メーカー，戸建住宅の施工や修繕を請け負う建築専門の地場産業（通称，「工務店」と呼ばれる）等まで多岐にわたる。他方，建設業者の多くは利益を求める営利企業である点は共通しており，その経済行動特性「経営戦略」は工事品質に影響を与える重要なファクターといえ，持続可能な建設業経営戦略・技術マネジメント（Management of Technology；MOT）が強く求められる。施工者が行うマネジメントの内容については第4章および第6章で詳述する。

（3） 測量・調査・設計者（エンジニア）

測量・調査・設計者は，発注者との委託契約に基づき，仕様書に従って契約工期内に，所要の成果物を作成する役割を担う。わが国では，戦前，内務省や鉄道省など行政職員が，社会基盤にかかわる企画，調査，計画，設計，施工までを直営で実施していた。戦後復興など社会基盤整備の急速な増大に伴い，測量・調査・設計等は建設コンサルタントが，工事施工は建設業者が担う「設計・施工分離」体制が確立された。建設プロジェクトの企画・計画段階では，主に行政主導で実施される長期計画の立案や多様なステークホルダー間の調整等に関してエンジニアとして技術的支援を行う。設計段階では，用地買収や工事に必要な設計図面・数量等の作成業務を委託契約に基づき実施する。施工段階では，（1）事業者（発注者）から（2）施工者（受注者）が工事を請け負う二者構造で施工を実施し，建設コンサルタントは直接関与しないのが一般的である。大規模な建設プロジェクト等では，発注者の事業執行体制や技術力に応じて，建設過程での段階検査など品質・施工監理業務等にかかわるケースもある。一方，歴史的に見れば国内に存在する二者構造は，わが国の建設コンサルタントの権限と裁量権を限定的なものにとどめてきた。しかしながら，CM方式をはじめとする新たな契約方式の普及により，建設コンサルタントの役割は国内においても拡大しつつある。維持・管理段階では，トンネル・橋梁など構造物の点検ならびに補修・補強に関する計画・設計等，アセットマネジメントに係る包括的な調査，施設運用や利活用計画立案等について技術的支援を行う。

一方，海外では，建設コンサルタントの役割はわが国とはやや異なる。ODA関連のプロジェクトにおいては，企画段階では，通常，JICA等支援機関が被援助国や日本大使館等を通じて，地域住民，政府機関，NGO，政策関係者などステークホルダーの意向等を調査し，プロジェクトの必要性をはじめ，効果や持続性について検討するなど案件発掘（project identification）が実施される。この段階は，JICA調査団や関係省庁による官主導の調査が主流である。計画段階では，コンサルタントはJICAからの委託を受け，発掘されたプロジェクトに対して，技術的，経済的，財務的に実施可能か，社会・自然環境に対する影響を評価し，ステークホルダー間の合意形成を図るなどプロジェクトの実現可能性について調査・評価（Feasibility Study；F/S）を行うとともに，実施機関，銀行，投資家等に実施の可否の判断材料を提供する。設計段階では，F/Sレビュー，基本設計，詳

2.2 社会基盤マネジメントの関与主体（ステークホルダー）

細設計，数量明細書，入札図書の作成支援を行う。ちなみに，わが国では，F/Sは，明確な位置付けのもと実施されておらず，入札図書作成についても，工事図面・数量計算は建設コンサルタントの業務であるが，施工条件明示や仕様書などは，事業者（発注者）主導で実施されている。海外では，コンサルタントは，発注者（現地政府）が行う工事入札および請負契約締結の支援も行っている。施工段階では，コンサルタントは，エンジニア（the engineer）として施工監理を担うケースが少なくない。特に，国際建設プロジェクトの工事契約では，国際コンサルティング・エンジニア連盟（FIDIC；International Federation of Consulting Engineers）契約約款が使用されることが多く，「発注者」，「受注者」，「エンジニア」の三者構造が一般的な契約形態となっている。エンジニアは，受注者を監視し施工指示を出し，クレームを査定するなど強い権限を与えられるとともに，公平中立な立場での技術的判断について責任も負うことなどが契約書に明示される。維持管理段階は，被援助国が主体となるが，ODAプロジェクトでは完成後に援助効果の確認が必要となり，コンサルタントはプロジェクト評価について支援を行う。コンサルタントは，発注者の代理人としての役割にとどまらず，独立した専門家として技術的判断と責任を求められるなど，わが国の建設コンサルタントの役割とは大きく異なっている。

（4） 負担者

社会基盤サービス供給に伴い生じる負担は，享受する便益に対する対価の負担と生活環境の悪化など損益に対する負担に大別できる。前者は，利用料金や税金をもって，当該サービスの対価を負担する。通常，サービスに係るコストをユーザーからの利用料金のみでは回収できず，その一部または全部を税金など公的資金で支弁することは避け難く，公共財あるいは準公共財として供給される。一方，後者は，当該サービスの提供に伴い生じる負の影響を受忍するなど損益を負担することを意味する。社会基盤施設の周辺住民は，当該事業用地を提供するほか，工事中の振動・騒音・粉塵・迂回や，供用後の生活環境の変化について受忍するなど負担を余儀なくされる。例えば，高速道路建設プロジェクトの場合，ユーザーは通行料金を支払い，道路の周辺住民は，騒音，排ガス，景観の悪化など負の影響を受忍し，自動車所有者は，当該高速道路の利用にかかわらず，自動車重量税や揮発油税等を納付するなど，建設・維持管理費の一部をおのおの分担している。また，高速道路は，長距離移動の利用が比較的多く，ユーザーは広範囲にわたる一方で，生活環境悪化など損益の負担者は，道路周辺住民に限られるなど，利用者と負担者が大きく異なる。それに対して，自宅周辺の生活道路等は，通行料金を伴わず，主に近距離移動に利用されるため，ユーザーの多くは周辺住民となり，税負担を除き，利用者と負担者が大きく変わらない。社会基盤の整備・供用に伴う受益者と負担者の関係とジレンマ構造について，図-2.11にその概念を示す。受益者と負担者の関係は，道路，河川，港湾，公園，下水道など社会基盤の種別に依存し，合意形成に係る課題は，対象施設ごとにある程度想定できるといえる。①受益者と負担者が異なるタイプは，社会的ジレンマを内包している点が最大の特徴であり，事業中止や反対運動に発展するケースが他のタイプと比較して多い。受益者が不特定多数である一方，負担者が一部の地域に限定され，その負担者の便益の向上も少なく，周辺環境等の悪化が懸念されるなど，合理的に行動すれば協力できないインセンティブ構造を有する。広域ネットワーク型道路，下水道施設，ゴミ処理施設，空港等の整備事業に代表されるような影響範囲も広く，関係者も多く大規模な事業が多いのが特徴といえる。②受益者の一

第2章　社会基盤マネジメントにかかわる主体と建設産業活動

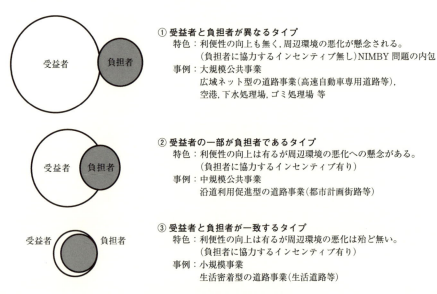

図-2.11　受益者と負担者の関係性

部が負担者であるタイプは，負担者である地元地区住民に当該事業により，メリットがあるものが含まれる点が特徴である．そのため，地区内が賛成派と反対派に分断し，コンフリクトが長期化するケースもある．代表的な事業として，沿道利用促進型の街路事業や河川改修事業，砂防事業等が挙げられるが，タイプ②の中でもタイプ①に近いものからタイプ③に近いものもあり，前者に近い程，合意形成が困難となる傾向にあるといえる．③受益者と負担者が一致するタイプは，周辺環境の悪化等への心配も比較的少なく，利便性の向上が期待されるという特徴がある．代表的な事業として，地域密着型の道路やコミュニティ道路，公園等の整備やまちづくりといった影響範囲の比較的小さい事業が多いのが特徴である．そのため，合意形成における関係者も事業地の周辺地域に限定され，合意に至る可能性も比較的高くなるといえる．「負担者」は，事業にかかるコストや期間に影響を与える重要なステークホルダーであり，事業者があらかじめ受益者と負担者の立場や関係を理解し，適切に対応・配慮することは，社会基盤マネジメントにおいてきわめて重要といえる．

（5）　管理者

　社会基盤（施設）の管理者は，個別法により，原則として国や地方公共団体と定められている．道路であれば，道路法により，国道の新設または改築は，国土交通大臣（法12条），都道府県道の管理は，その路線の存する都道府県（法15条），市町村道の管理は，その路線の存する市町村（法16条1項）がおのおの行うとされており，民間企業等が管理運営を主体的に行うことはできない．ただし，当該管理者との契約に基づき，新築・改築など建設工事や，簡易な修繕や草刈り等の維持管理，施設運営等に係る業務の一部を民間に委託することは可能とされている．また，近年，公共施設の管理・運営等を，営利企業，財団法人，NPO法人やその他の団体に包括的に代行させる「指定管理者制度」も活用されている．民間の経営手法や活力を導入し，サービス向上と維持管理コストの低減を図ることを目的として，美術館や多目的ホールなど公共施設等に導入が進んでおり，都市公園の管理・運営など社会基盤施設にも適用が拡がっている．なお，道路における指定管理につ

2.2 社会基盤マネジメントの関与主体（ステークホルダー）

いて，国土交通省は，災害対応，計画策定および工事発注など行政判断を伴う事務および占用許可，監督処分など行政権行使を伴う事務以外の，清掃，除草，料金徴収業務で定型的な行為に該当する事務であって，地方自治法第244条の2第3項および第4項の規定に基づき各自治体の条例において定められた範囲とするなど，その適用範囲を限定している。今後，公共事業費の更なる減少により，個別法で管理者として定められた公的機関のみでは，社会基盤施設を適切に管理・運営し，多様なニーズに適応したより高いサービスを提供することは困難となるとの懸念もある。指定管理者制度の導入をはじめ，今後，官民協働による新たな管理・運営手法など，社会基盤のアセットマネジメントが強く求められる。

（6） 新たな関与・支援者

社会基盤マネジメントの実践において，サプライヤーは，おのおのの立場において，ステークホルダーにかかわる課題に直面している。(1) 事業者は，限られた予算で高い効果が期待される事業を優先して整備・展開するなど選択と集中を余儀なくされるなか，非効率とならざるを得ない地方や郡部への投資について理解が得られにくいなど，効率性と公平性の価値選択を迫られジレンマに悩まされる。市民の社会基盤に対する期待やニーズは多様化し，ステークホルダーの価値や利害が対立するケースも少なくなく，全員が満足する計画立案・事業展開はますます困難となるなど，社会基盤マネジメントにかかわる「合意形成」は事業者の抱える課題の一つといえる。(2) の施工者は，施工箇所周辺の住民と工事中の騒音・振動・粉塵対策等を巡る話し合いに折り合いがつかない，事業反対者や環境保護団体の抗議行動が沈静化せず工事中止に至るなど，ステークホルダー間の「合意形成」に伴う不確実性に悩まされている。(3) 調査・測量・設計者（エンジニア）は，事業に反対する地権者の土地への立ち入りについて承諾が得られず測量・調査が完了しない，設計段階での地元協議がまとまらず設計業務が長期間にわたり中断を余儀なくされる，地元協議の代替案作成や時間的コストが委託料に合わないといった「合意形成」に帰着する課題を抱えている。高齢化社会の到来や納税者意識の高まりを背景に，(4) 管理者は，社会基盤施設の点検・管理・修繕から，草刈りや街路樹の落ち葉の清掃等これまで地域が担ってきた美化活動に至るまで，徹底した維持管理を求められている。一方，少子高齢化に伴う税収減少・社会保障関係費の増大，社会基盤の老朽化に伴う維持管理費の増大など，その対応はますます困難な状況になるなど，維持管理のあり方についての市民「合意形成」は管理者にとって喫緊の課題といえる。(5) 負担者は，コミュケーション不良など「合意形成」に伴い発生するコスト負担を余儀なくされる。以上のような「合意形成」にかかわる課題について，現場では事業者を中心にステークホルダーによる対話が繰り返されている。しかし，その対応は事業者の能力や裁量に委ねられており，公平かつ適切なコミュニケーションの機会が担保されているとは必ずしも言い難い。ユーザーの不満が募るなか，ステークホルダーに計画案の正当性を一方的に訴えても，事業に対する合意はおろか，不信が蔓延し感情的対立を引き起こすばかりか，ユーザーにとっても，社会基盤サービスをタイムリーに享受できないなど望ましくない状況に陥る可能性もある。社会基盤マネジメントにかかわるステークホルダー間の合意形成，それに伴う不確実性の低減は，ユーザー，サプライヤー双方にとって深刻かつ急務な課題といえる。その解決に向けて，新たな事業スキームを創造するなど社会基盤への関与・支援・マネジメントの必要性が高まるなか，ユーザーとサプライヤーの相互作用を促進する第三者の関与が注目されている。

ここでの第三者は、その果たす役割に応じて、ファシリテーションとメディエーションに大別される。ファシリテーション（facilitation）は、当事者間の利害調整プロセスに直接関与しない支援手法、メディエーション（mediation）は第三者が利害調整プロセスに直接関与する支援手法をいい、前者の担い手をファシリテーター（facilitator）、後者をメディエーター（mediator）と呼ぶ。メディエーターは、話し合いの進行に止まらず、話し合いに参加するメンバーの選定や参加しない者への呼びかけ等の役割も担うため、ファシリテーターの仕事を包含するともいわれている。このような第三者の担い手として非営利団体（Non-Profit Organization；NPO）への期待が高まっている。社会基盤マネジメントに市民社会の実現を本来の目的とするNPO等が参画することで、新たな社会的役割と責任分担のもと多様なネットワークと協働が生まれるとともに、新たな社会活動・サービスが展開されるものと期待される。このような第三者は、ユーザーとサプライヤーの構成員相互のコミュニケーションを促進し、新たな関係性と価値の創造を支援するなど、今後、社会基盤マネジメントにおいて重要な役割を担うと考えられる。

2.2.4　ユーザーとサプライヤーの相互作用
（1）　プロジェクトの各段階における合意形成プロセス

社会基盤マネジメントにかかわるステークホルダー間の意思疎通と社会的合意の形成過程を"合意形成プロセス"と呼ぶ。社会基盤事業において、新たな社会基盤整備の可能性を模索する「構想計画段階」、事業の実施を決定・執行する「整備段階」、工事完了・供用開始後の「維持補修段階」では、合意形成の対象やプロセスは大きく異なっている。各段階における合意形成プロセスの特性について以下に概説する。

a．構想計画段階

構想計画段階は、社会基盤施設の必要性など計画について、広く合意を形成する段階である。都市計画決定等は、この段階に位置し、都市計画法の手続きに従い、対象施設と位置が定められると、当該施設の必要性について合意がなされた計画として位置付けられるとともに、以降事業化まで当該土地利用に一定の制限がかかる。国土交通省では、道路事業における構想段階の合意形成ガイドラインを策定するなど、構想段階での対話プロセスの制度化に向けた支援が進められてきた。また、構想計画段階は、社会基盤施設やサービスの必要性について議論がなされる段階であり、その合意が形成されるまでは、現地での詳細測量・詳細設計が実施できない。そのため、自分の家の前はどうなるのか、補償額は如何ほどで次の生活に支障はないのか、移転時期はいつかなど、住民が知りたい情報については多くが未確定である。そのような状況で事業者が行いうる説明は、「事業化した後、調査・設計を行う中で説明する」という内容にとどまらざるをえない。数年あるいは数十年後に事業化され、次の整備段階に移行すると、「当時そのような説明は無かった」、「説明があれば合意していない」、「騙された」など、事業の必要性や決定プロセスについて疑問を呈する声があがるとともに、深刻な感情の対立を引き起こす場合もある。当該施設の必要性について住民の合意を得なくては、測量立入も叶わず住民が知りたい情報を検討・準備することもできないなか、その情報・説明が不十分なまま、住民（負担者）も事業計画の必要性について合意を迫られる状況に置かれるなど、合意形成プロセスが内包するジレンマの克服が課題となる。

b．整備段階

　整備段階では，当該社会基盤施設の必要性がa.構想計画段階における法的手続きをもって合意されているという前提で議論が開始される．整備段階での合意形成プロセスは，おおむね5つの段階から構成され，そのプロセスは事業の規模や特性に応じて簡略化されることがあっても省略できないなど，システム的特性を有している．5つの部分合意段階は，国と事業者の事業に関する設計協議段階と，計画説明段階，事業説明段階，用地交渉段階，工事説明段階の4つの住民への説明段階から構成される．なお，国の直轄事業や地方自治体の単独事業であれば，国と事業者（県や市町村）との協議段階は存在しない．また，住民を対象とした説明会や協議の参加者は同じ地区住民ないしは関係団体であり，任意の説明会での対応は次回以降の対話に大きな影響を及ぼす．各段階で合意に至らなければ次の段階に移行できないといった特性もある．住民への説明段階の前に実施される社会基盤施設の基本構造や補助対象範囲に関する検討・協議段階を"基本設計協議段階"と称する．この協議段階で決定された計画案を住民に説明し，事業実施に対する理解と協力を求める段階を"計画説明段階"と称する．ここでの主な目的は，詳細設計を行うための測量・調査に伴う民地への立入り"承諾"を得るものである．測量・調査・詳細設計を行った後，整備対象施設の詳細や関連施設の取扱いを含めた事業内容に対する承諾を得る段階を"事業説明段階"と称する．事業主体によっては，この段階で行う説明会を工事説明会と呼ぶことがあるが，着工直前に実施される工事内容の説明会と区別するため，また，工事内容ではなく事業内容を詳細に説明する意味から"事業説明"と称する．地権者に用地補償制度について説明し，各地権者から用地を買収するための個人交渉段階を"用地説明／交渉段階"と称する．用地説明会は，地区住民ではなく，買収対象地権者と地区役員に限定して実施されるのが一般的である．用地取得後，着工に先立ち工事内容について説明する段階を"工事説明段階"と称する．ここでは，工事中の迂回路計画や騒音・振動等の生活環境や希少種保護等の自然環境の保全対策等について説明し，着工に対する"承諾"を得ることを目的としている．その対象は周辺住民のみならず，環境保護団体，漁業協同組合，水路組合，PTA，子供会等の各種団体が含まれ，必要に応じて個々に説明会を実施する場合が多い．

　通常，第1段階から第4段階まで数年にわたり説明会・協議等を重ね，第5段階（工事発注）に至る頃には，住民をはじめステークホルダーの多くが事業・工事概要についてある程度周知されている状況にある．整備段階においては，事前に工事概要について知る機会が用意され，住民にある程度周知された後に発注・着工するという特徴があるといえる．

c．維持管理段階

　維持管理段階は，道路であれば，陥没・落石対策など緊急を要する修繕工事から橋梁耐震補強・構造物の長寿命化など計画的に実施するものまで幅広い．工事規模は比較的小さく，工事件数が非常に多い．供用中の施設のため，周辺住民はもとより，不特定多数の利用者など，工事の影響（周知対象）は広範囲にわたる．また，工事完成後の生活環境の変化は少なく，住民をはじめステークホルダーの関心はそれ程高くないといえる．したがって，長期にわたる交通規制を伴うなど社会的損失・関心の高い工事を除き，工事説明会等は開催せず現場周辺への周知看板設置や施工業者からのお知らせビラの配布など簡易な説明に止まるのが現状といえる．しかし，着工後，騒音・振動・迂回など工事に起因する負の影響が個人の受忍の限度を超えると，着工前に発注者から説明が無かったことなど合意形成手法にかかわる不満・苦情が寄せられ，工事の中止あるいは中断を余儀な

くされることもある。維持補修工事においては，工事の影響や施工に伴うリスクについて知る機会が必ずしも十分とはいえない場合もある。

（2） 合意形成プロセスに影響を与える要因

社会基盤マネジメントに係る合意形成プロセスに影響を与える主な要因として，a.事業特性（スキーム），b.法令規定，c.地域特性等があげられる。その影響メカニズムについて，以下のとおり概説する。

a．事業特性（スキーム）

事業の目的，種別，規模，財源など「事業特性（スキーム）」に応じて，ステークホルダーや相互のコミュニケーションは異なる。地方自治体の場合，比較的規模の大きな事業は，その財源を補助金や交付金など国費に依存している場合が少なくない。そのような事業では，地元に事業計画を説明する前に，事業対象地や主要構造等，計画の主たる部分（補助対象範囲）について補助金等の所管省庁と協議を行う。国は対象事業の目的達成・機能発現に必要最小限の仕様で公平性と効率性を確保するとともに，地区固有の要望事項には県の単独事業費を充当することで調整する方針を基本とする，一方，地方自治体は地元が望む機能や仕様を補助事業で実施できることを望む。また，行政機関は，憲法や地方自治法，個別法のほか，国庫補助事業等の制度規定や関係省庁からの公文書，各種技術基準やガイドラインなど，原則，明文化されたルールに基づき行動する点において共通している。したがって，行政同士の協議においては，互いが公平性を行動規範に，全国一律の計画案で一致する可能性が高く，住民などステークホルダーとの対話の前に，事業計画は相当程度決定しているといえる。計画案の変更には，相当の理由が必要となり，実際，その説明は著しく困難である場合が多く，当初計画案は最終案に限りなく近いものとなる。事業者は，ステークホルダーに対して計画案に同意するよう説得を繰り返さざるを得ない状況に陥る。また，会計法の定めにより，事業予算は年度ごとに原則執行する必要がある。年度ごとの予算は，前年度の執行状況等に鑑み配分されるため，予算執行は，次年度の予算確保にも影響を及ぼす。その状況では，当該年度予算を執行するため，地元からの要望事項に対して，「前向きに検討する」という実行性の保証できない意思表明を繰り返しながら事業を進め，後に住民に大きな不信や負の感情を引き起こし，自らジレンマ状態に陥っているケースもある。現行の予算制度の下での合意形成プロセスは，事業執行の圧力を受けながらの説得型コミュニケーションにならざるを得ないメカニズムを有しているといえる。

b．法令規定

合意形成に影響を与える法令規定は，社会基盤の「特性」に関する規定と市民関与の「手続き」に関する規定がある。

前者は，社会基盤の整備方針，仕様や構造等に関する規定をいう。例えば，1997年の河川法改正では，整備目的に「河川環境」が加えられるなど整備方針が大きく変化した。それに伴い，河川構造や仕様は，環境配慮型が標準となり，これまで困難とされてきた親水護岸や水辺の整備など地域住民の要望が一変して実現可能となるなど，合意形成に多大な影響を与えた。また，2003年5月に施行された地域高規格道路の整備方針の規制緩和に関する通達では，地域高規格道路は4車線以上の立体交差形式の自動車専用道路との規定を見直し，一定条件を満たせば2車線の平面形式の道路でも整備可能とした。この改正により，盛土や高架橋による圧迫感の軽減や用地取得面積を少な

くしてほしいという負担者である沿線住民からの要望について検討することが可能となった。このように，社会基盤の「特性」に関する規定は，合意形成における対話資源あるいは選択の幅に影響を与える重要な要因といえる。

一方，後者は，市民関与にかかわる「手続き」を規定し，対象事業ならびに適用される法令規定により異なる。道路事業の場合，一般国道，都道府県道，市町村道であれば，道路法ならびに同施行令および施行規則，都市計画決定を受けた道路であれば，これに都市計画法関連が加わり，高速自動車国道であれば，さらに，高速自動車国道法の適用も受けるなど，道路の種別により適用される法令規定が異なっている。都市計画法の定める市民関与に関する"手続き"では，同法16条に公聴会の開催等，17条（省令10条）に計画案の縦覧および公告，20条に計画決定の告示（省令12条），62条（省令48条および49条）に都市計画事業認可の告示，66条（政令42条ならびに省令52条）に事業の施行についての公告について規定がある。道路法では，同法9条に路線の認定の告示，18条（省令1条，2条，3条）に道路区域の決定および供用開始の告示について規定がある。これらを比較すると，都市計画法では，計画の決定前に公聴会等の開催や意見書の提出等の対話の機会を法的に与えており，決定内容についても遅滞なく公告するなど構想段階での手続きについて義務付けがある。一方，道路法では，路線認定と道路区域の告示を行えば，法的には工事をすることが可能となるほか，開通前までに供用開始の告示を行えばよく，構想計画段階での参加機会について法的に保障していない。また，都市計画決定を受けた道路を都市計画事業ではなく道路事業として事業化するケースも少なくない。その場合，都市計画決定の公告までは都市計画法に従うが，その後，都市計画法62条による事業認可を取得せず，道路法9条および18条による手続きに基づき事業を実施することとなる。道路事業と都市計画事業では，適用される法が異なるため，市民関与に係る"手続き"について差違が生じる。まったく同様の社会基盤施設整備であっても，市民関与に関して同等の手続きが法的に担保されないケースもあり，必ずしも公正かつ公平な手続きとはならない可能性があるなど，現行の法制度の特性と限界を勘案しながら，合意形成プロセスを運営していくことが重要といえる。

c．地域特性

住民同士のかかわり，基礎自治体と住民との関与形態，自治会などコミュニティ内における意思決定ルール（以下，「地域特性」という）は，各自治体ならびに地域によって異なっている。山間部から都市部につながる道路事業において，山間部では，関係者ならびに地権者も少なく地区の結束も比較的強い一方，都市部では，市街地であるため地権者や関係者も多く地区の結束が弱いといった地域特性がある。事業計画案をめぐり，山間部では，自治会長をはじめ，会計や執行委員など地区役員を中心に協議が進められ，内容によって地区役員が関係者に声をかけ小集会を行うというプロセスが一般的であった。地元に密着した町役場が，事業者である県との調整役を果たしながら，何度も役員協議を重ねた結果，地区全体説明会では大きな対立も無く，比較的早く合意に至るのが典型的な事例ともいえた。一方，都市部でも同様に，役員協議を重ねた後に地区全体説明会を行うというプロセスが採用されることもあるが，都市部では一般に，山間部と比較して世帯数も多く地縁性も高くないなど，特定のステークホルダーが意見の取りまとめ役を果たせない状況にある。

（3）合意形成プロセスの分析とマネジメント手法

1980年代以降，わが国では，社会基盤整備への市民参加が進むなか，行政手続法や情報公開法

など行政活動全般を規定する法令整備をはじめ，都市計画法や河川法など個別法の改定やガイドラインの策定など，合意形成を推進・支援する法制度等の整備が進められてきた。一方，多様な様相を呈しダイナミックに変化する合意形成プロセスを法制度のみで適切に進めていくことは困難といえ，その補完的方策が求められる。合意形成プロセスの分析とマネジメント手法について，以下にその一例を紹介する。

合意形成プロセスをステークホルダー間の「交渉」ととらえることで，交渉分析手法の適用可能性が生まれる。ゲーム理論を用いた「交渉」研究は数多く，その手法を社会基盤整備の合意形成分析に適用した研究も少なくない。事例研究を通じて，①関与主体の不完全な合理性，②認識されたゲームの変更可能性，③段階的かつシステム的特性など，ゲーム理論の適用限界について考察するとともに，その限界を克服するため，ドラマ理論を用いて合意形成プロセスの特性ならびに問題発生メカニズムについて理論的に考察する研究もある。当該分析モデルを用いて，現状の合意形成シナリオを改善するための処方箋を導出し，現場で政策ないし対策として実践し，そのフィードバックから新たな処方箋を得るプロセスを繰り返し，合意に向けてのインセンティブを継続的にマネジメントする合意形成支援手法「インセンティブマネジメント（incentive management）」も考案されている。併せて，代表的なモデル（特徴的なシナリオ）も提示されており，対象事業に類似するモデルを参考に，目標シナリオを達成するための当面の処方箋を検討するほか，該当するシナリオに内包される問題とその発生メカニズムをおおむね把握することが可能となる。

例えば，①地域ニーズを具現化するなど柔軟な財源が確保できない（全国一律整備）シナリオは，行政提示案への"同意形成"から脱却できず柔軟性のある事業予算の安定的確保は"協働型"の合意形成実現における必要条件である，②受益者と負担者の一致しない事業は，柔軟性のある財源確保のみでは相互協力は実現できず，住民の利己的動機に働きかける「救済制度」あるいは「公共意識の醸成」を促す政策アプローチが必要となる，③受益者と負担者が一致する事業は，一致しない事業よりも相互協力シナリオを実現しやすいインセンティブ構造を有している反面，事業者の意図次第で"押切り型"シナリオとなる可能性も高いなど，現場に入る前の予備的知識を得ることができる。

コラム① ユーザーとサプライヤーの新たな関係に向けて

社会基盤あるいは公共空間の整備・維持・管理において，利用者と管理者を分離したことがより効率的な社会基盤の供給を可能にした一方，両者の分断が望ましい公共財（public goods）の供給を阻害する可能性も指摘されてきた。社会基盤や公共空間のマネジメントは，長らく行政に付託されてきたが，市民社会論の高まりを受け，利用者自らが社会基盤マネジメントの責任主体となる試みが各地で報告されている。

The High Line（New York）は，その先進的取り組み事例の一つといえる。1980年代に廃線となった高架鉄道施設を市民参加により中空公園として再生させたプロジェクトである。計画・整備プロセスへの参加を通じてしだいに市民ネットワークが形成され，供用後も市民ネットワークを代表するNPO（Friend of the High Line）が当公園の運営・管理，マネジメント（park management）を担っている。今では公園周辺にとどまらず，米国内はもとより世界中から観光客が訪れるなど，観光ス

ポットとして成長している。夕日や夜景など絶景スポットもあり、周囲には高級レストランやブランド店などが軒を連ねるほか、公園内では100団体以上のNPOがかかわり、連日、多彩なプログラムや催しが実施されるなど、魅力ある公共空間は維持管理費の捻出を遥かに超えた経済効果を創出するなど、公共空間の新たな可能性とマネジメントのあり方を示唆しているといえる。

わが国においても、兵庫県三田市の有馬富士公園では、来園者が自らの特技や趣味等で他の来園者を楽しませる「キャスト」をつくりだすことで、2001年当初40万人であった来園者数が75万人（約2倍）に増加した。公園施設や遊具などハード整備だけではなく、キャストの存在や人々の活動・繋がりなどソフト面での工夫と充実がきわめて重要といえる。

その他、湧水めだか公園（大分県津久見市）においては、市民、特に地元の小学生を交えたワークショップを大学生が支援（facilitation）するなど、計画策定や施工プロセスへの参加を通じて、公園への愛着や主体的かかわりを深めている。その取り組みは、公園の利用に関するルールを小学生が自らつくり、ポスターを掲示するとともに、清掃活動に参加するなど、利用と管理を一体的に進める取り組みに発展している。また、大分駅の高架化に伴い生じた鉄道跡地の利活用プロジェクトにおいても、市民がアイデアを持ち寄り、管理・運営にかかるコスト等を意識した利活用計画案を検討・提案するとともに、計画策定プロセスへの参加を通じて、整備後の活動を支える市民ネットワークの形成に取り組んでいる。

今後、ユーザー、サプライヤーの相互作用をはじめ、多様な協働・ネットワークのもと、新たな「公共」が創出するものと期待される。

ケース 2-2　幹線道路の交通規制における合意形成手法

1. 大分駅付近連続立体交差事業の概要

（1）事業概要

県都大分の中心市街地は、JR大分駅を中心に、その周辺に都市機能が集積し発展してきた。一方、中心市街地は、鉄道により南北に分断され、市街地の一体的発展を妨げられるとともに、踏切での事故や交通渋滞などの問題も指摘されてきた。大分駅付近連続立体交差事業では、道路と鉄道を立体交差化し、全13箇所の踏切を撤去し、あわせて周辺の街路網を整備することで、安全で円滑な南北市街地間の交流促進、一体的発展を目指している。当該事業は、1996年に都市計画決定を受け、翌年に事業認可取得した後、用地取得を進め、2002年に高架本体工事に着工した。2008年8月に大分国体開催に併せ豊肥本線・久大本線を高架

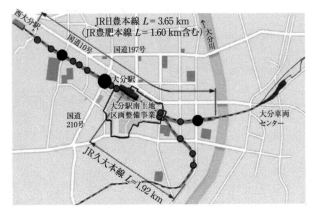

図-C2.2.1　大分駅付近連続立体交差事業 区間

開業し，2012年3月に残る日豊本線を高架開業し，2013年度末に事業完了予定である。事業主体は，大分県，高架区間は 5.57 km，事業費は，概算 600 億円である。

（2） 事業執行上の課題と跨線橋撤去

当該事業での最大の難関は，**図 -C2.2.1**（大きい●印）に示す大道陸橋（既設跨線橋）の撤去工事で

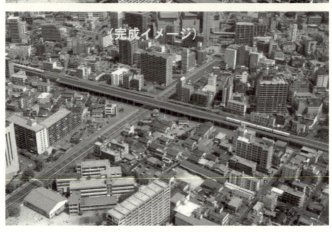

図 -C2.2.2　国道 210 号 大道陸橋周辺の状況

あった。周辺の状況と完成イメージを図-C2.2.2に示す。交通量は，約5万台/日であり，全面通行止は社会的にも影響が大きい。一方，国道10号との交差点に近接するとともに，沿線にマンションやホテルが立ち並ぶなど，安全な道路縦横断線形の確保が困難であり，その移転補償にも莫大な費用と時間を要するなど，仮橋設置による迂回は技術的にも経済的にも現実的ではないといえる。

（3）　大道陸橋撤去工事の概要

大道陸橋は，小規模の橋梁（橋長20m程度の跨線橋1橋と跨道橋2橋）と，コンクリート擁壁に囲まれた盛土からなる。跨線部はJR九州（夜間・機電停止）施工，その他は大分県（昼間）施工である。撤去工事の主たる工種は，土工（約30 000 m³）と擁壁撤去工（約2 600 m³）であり，それ故，工期を要し，粉塵や騒音など周辺環境への配慮ならびに天候に左右されやすい特性を有する。撤去後，JR高架橋架設工事，道路工事（舗装工約14 000 m² 等）を施工した。

2. 渋滞対策の検討とステークホルダーの協働

（1）　ステークホルダーの利害調整プロセス

工事期間中の交通規制によって，市内の交通に多大な影響を及ぼすことが想定されたため，2005年から，国，県，市，県警，JR，バス・タクシー協会，商工会，自治会等の関係機関で構成される「大分駅付近連続立体交差事業交通円滑化検討部会」を設置し，交通処理における課題の抽出や効果的な対策等について検討を重ねた。当部会での議論を踏まえ，迂回路整備や交差点改良等を中心とする①ハード対策，公共交通機関への転換や時差通勤を呼びかける②ソフト対策，それらの取組について情報発信する③広報活動を一体的に推進してきた。

（2）　ハード対策

図-C2.2.3に示す南北のピーク時における車両の進行方向等を考慮して迂回ルートを設定した。県では，新たに高規格道路（図-C2.2.4上）を，市では，周辺の街路を通行止時の迂回路として利用できるよう事業スケジュールを調整しながら整備した。また，必要な用地を借地して既設市道を暫定的に拡幅（2車線→4車線：図-C2.2.4下）するなど，仮設費用を抑えながら交通容量の確保に努めた。その他，迂回交通の集中が予想される幹線道路においては，迂回路への誘導を促すため，車線運用の変更や交差点改良等を実施した。迂回路整備と併せて，特定の道路への過度な交通集中を

図-C2.2.3　方面別 迂回ルートの検討

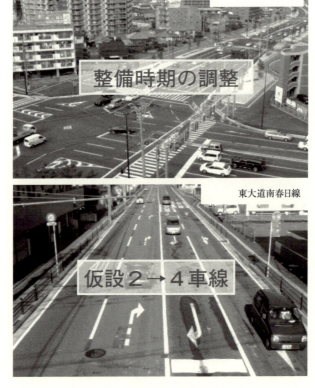

図-C2.2.4　主要迂回路の整備状況（一例）

抑制・分散し適正に交通誘導するために，国・県・市・県警と協力して，迂回路に監視カメラ(11基)や車両感知器(54基)を設置するなど，①交通情報を的確に収集し，②情報案内板(3基新設)等による迅速で正確な情報提供を行うとともに，③信号制御による交通処理の最適化を推進している。また，生活道路への迂回車両の流れ込みを防止するため，予告看板等(170枚)により適切な迂回誘導に努めるともに，通行量の増加が予想される細街路には，小中学校やPTA等(17校)と安全対策について協議を重ねながら，交通整理員の配置(28人)，区画線の引き直し(55路線，延べ約13 400 m)や注意喚起看板(147枚)の設置等を行った。

(3) ソフト対策

通行止めに伴う交通渋滞を緩和するため，2006年から2つの環境通勤への参加を呼びかけてきた。ラクラク環境通勤は，通勤手段をマイカーから公共交通機関等へ転換する通勤形態，スイスイ環境通勤は，マイカーでの通勤時間帯をピーク時(7：30〜8：30)から前後にずらす通勤形態である。第7回交通円滑化検討部会(10/29開催)においては，最新の交通量(図-C2.2.5に示す14路線の合計)での検証結果をもとに，朝のピーク時間帯から更に1 000台の車を削減・分散する新たな目標を設定した。通行止開始までに，県職員320台，市職員193台，民間企業等547台，計1 060台の協力者を確保した。その他，公共交通への転換促進のため，パークアンドライド駐車場を6箇所(241台)整備した。万一，深刻な渋滞が生じた場合の新たな選択肢として，また，環境問題(CO_2削減)について考え行動するきっかけづくりとしての試みであった。

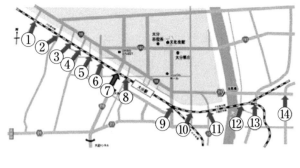

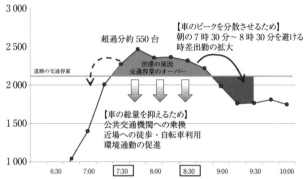

図-C2.2.5 主要迂回路の総交通量と交通容量

(4) 広報活動

広報活動における戦略として，①工事・通行止による「渋滞の周知」と②迂回，時差出勤，公共交通への転換など「協力のお願い」とした。ホームページ等での情報提供に加え，県内幹線道路への横断幕設置(40箇所)，医療機関・学校・企業・道の駅等でのポスター掲示(7 100枚)，小中学校等への工事説明会51回(2 607人)，現場見学・視察等25回(1 487人)，街頭PR 6回，かわら版「駅高架便り」回覧4回(356地区7 500部回覧，最終号362地区96 000部配布)，テレビ，ラジオ，市報，新聞，各種情報誌など，広域から狭域に渡り多様な媒体・機会を活用して周知・PR活動を行った。また，工事箇所の傍には，気軽に事業や工事に関する情報を入手でき，意見・要望をいえるオープンハウスを開設した。パネル展示，ビデオ視聴，各種資料の入手はもとより，事務員を常駐して対面での説明に努めるとともに，毎週水曜日には，職員との対話機会を設けた。朝の通勤時間帯 (7：00～9：00) には，ケーブルテレビ，電話 (自動音声応答)，ホームページを通じて，主要迂回路の状況 (所要時間等) を随時お知らせするなど，混雑を避けて迂回を促す情報提供など多角的に取り組んでいる。

3. 渋滞状況と効果検証

2011年1月17日に全面通行止を開始した。通行止め直後の事故など大きな混乱は無かった。通行止開始前後の交通量の変化を図-C2.2.6に示す。図中B，C，Dと月日の経過に伴い，交通量増加率の高い(図中の黒破線)路線が少なくなるなど，交通の分散が図られていることがわかる。また，通行止め直後 (1週間の平均) の朝の通勤時間帯における迂回ルートの所要時間変化を図-C2.2.7に示す。午前7時頃から通勤車両の増加に伴い，一部の迂回路で渋滞は発生したが，8時半頃には

図-C2.2.6 「全面通行止」開始前後の交通量の変化

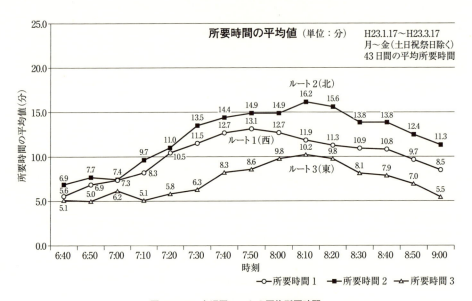

図-C2.2.7 各迂回ルートの平均所要時間

ピークは過ぎ，徐々に解消された。平常時（通行止前）と比較して最大5〜10分程度の遅れに収まった。夕方についても，一部の交差点等で渋滞が発生したが，19時頃には解消するなど，混乱等は生じていない。

4．まとめ

本プロジェクトでは，複数の工事工程の調整・管理の徹底，施工業者の努力等により，工事や渋滞に対する苦情等も少なく，また，天候にも恵まれたこともあり，予定より2ヵ月余，通行止期間

を短縮し，社会的負荷を可能な限り低減できたといえる。このような結果は，多様なステークホルダー間の合意形成プロセス・協働を通じて，ハード，ソフト，広報に関する戦略的かつ統合的なマネジメントによってもたらされたと考えられる。

◎参考文献

2.2
1) 國島正彦，庄子幹夫：建設マネジメント原論，山海堂，1994．
2) 高崎英邦，佐橋義仁，石井信明：進化する建設マネジメント，建設図書，2002．
3) 加藤浩徳：インフラ整備事業における合意形成プロセスへの市民関与の影響に関する分析，東京大学大学院工学系研究科博士論文，1999．
4) 二宮仁志：社会基盤整備の合意形成支援手法に関する研究，東京大学大学院工学系研究科博士論文，2006．
5) 梶田孝道：紛争の社会学－「受益圏」と「受苦圏」－，経済評論，日本評論社，pp.101-120，1979．
6) 藤井聡：総論賛成・各論反対のジレンマ，土木学会誌，Vol.87，pp.13-16，2002．
7) 山岸俊男：社会的ジレンマ－「環境破壊」から「いじめ」まで－，PHP新書，2000．
8) 松浦正浩：第三者の補助を用いた公共事業に関する合意形成－米国におけるメディエーション－，土木計画学研究・講演集，Vol.1，No.22，1999．
9) 渡邊法美：インフラ整備における信頼関係の分析と信頼回復にNPOが果たしうる役割，建設マネジメント研究論文集 Vol.11，pp.269-280，2004．
10) 国土交通省（www.mlit.go.jp）：公共事業の構想段階における住民参加手続きガイドライン，2003．
11) 田村次朗：交渉の戦略－思考プロセスと実践スキル－，ダイヤモンド社，2003．
12) 岡田章：ゲーム理論，有斐閣，1996．
13) 木嶋恭一：ドラマ理論への招待－多主体複雑系モデルの新展開－，オーム社出版局，2001．
14) Rosenhead, J.：Rational Analysis for a Problematic World Revisited, JOHN WILEY & SONS, LTD, 2001.
15) Aoki, M. 著，永易浩一 訳：日本経済の制度分析－情報・インセンティブ・交渉ゲーム－，筑摩書房，1992．
16) 山崎亮：コミュニティデザイン－人がつながるしくみをつくる－，学芸出版社，2011．
17) Joshua David, Robert Hammond 著，和田美樹 訳：HIGH LINE アート，市民，ボランティアが立ち上がるニューヨーク流都市再生の物語，英治出版，2013．

第 3 章
プロジェクトマネジメント

　本章ではプロジェクトマネジメントの考え方を理解する。はじめに，プロジェクトマネジメントの概念を定義し，その体系として普及しているPMBOK(Project Management Body of Knowledge)について概説したうえで，その下位概念として位置付けられるおのおのの知識領域を紹介する。また，プロジェクトマネジメントの歴史を簡単に振り返ることによってその発展経過をたどるとともに，プロジェクトが有機的にネットワーク化されていることを説明する。プロジェクトの各段階は循環性を有していることから，一連のプロセスを「プロジェクトサイクル」としてとらえることが多い。本章では国内と海外事業のプロジェクトサイクルについて，その相違を紹介する。

ケース3-1　ベトナムにおける戦略的な事業展開[*1]

1.　プロジェクトサイクル全般にわたる協力展開[1]

　わが国のODAによる協力は，単にインフラストラクチャの建設を支援するものではなく，企画・構想段階といえる開発マスタープランの策定から，実際の建設に係る計画・設計，建設終了後の運営・維持管理への支援と，インフラのライフサイクル全般にわたって支援を展開している。また，構造物の建設に併せて，技術協力として途上国の実施機関・行政官の組織・能力向上に対する人的支援も実施することがある（図-C3.1.1 参照）。

　例えば，1993年から94年にかけて実施された開発調査「ベトナム北部地域交通システム整備計画調査」では，2010年を目標とするマスタープランを策定した。これは，ベトナム国内の南北間の地域格差を是正し，さらには国際化に対応する北部地域の交通システムを実現するための中長期の構想・計画であったが，道路分野では，26のプロジェクト（うち11件が5年以内に実施すべき緊急性の高いプロジェクト）が提案された。2012年現在，26件のプロジェクトのうち，21件が実施済みないし実施中であり（実行率80.8％），緊急度の高いプロジェクトについては11件中10件が実施済みないし実施中となっている（実行率90.9％）。これらプロジェクトの実現にあたっては，

[*1]　本ケースは以下の引用文献をもとに再構成した．
[1]　国際協力機構：課題別事業成果 2012年6月版，p49，p52，国際協力機構，2012．
[2]　山村直史：JICAにおけるインフラ海外展開，土木施工，Vol.53，No.12，p.15，p16，2012．

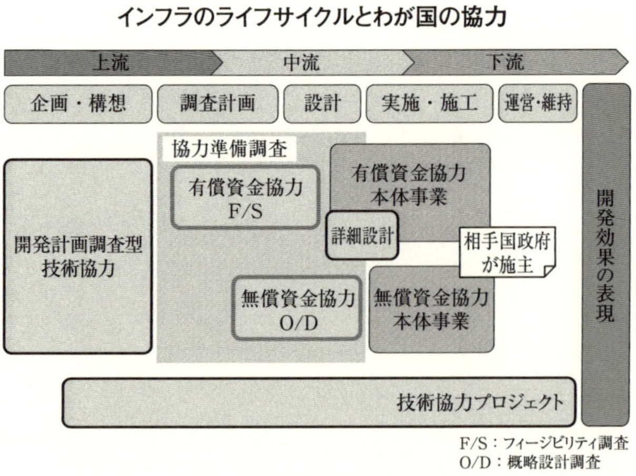

第3章　プロジェクトマネジメント

インフラのライフサイクルとわが国の協力

	上流	中流	下流	
	企画・構想	調査計画　設計　実施・施工	運営・維持	

協力準備調査
有償資金協力 F/S
有償資金協力 本体事業
詳細設計
相手国政府が施主
開発計画調査型技術協力
無償資金協力 O/D
無償資金協力 本体事業
技術協力プロジェクト
開発効果の表現

F/S：フィージビリティ調査
O/D：概略設計調査

図-C3.1.1　インフラのライフサイクルとわが国の協力（JICA 内資料より）

円借款による道路整備，無償資金協力による機材供与，技術協力プロジェクトによる技術訓練機関の強化等，わが国の協力も多大なる貢献をした。結果として，2000年から08年の国全体の経済成長率が16.4％だったのに対し，北部地域の成長率は19.9％となり，事業の上流から下流に至るまでの援助の成果が発現した好例といえる。

2. 運輸交通セクターにおける協力展開[2]

現在のベトナムにおける協力展開の源流は1990年代後半に遡る。わが国は，まず「市場経済化支援開発政策調査」を実施し，中長期の社会経済開発計画を提案した。次に重要セクターである運輸交通分野のマスタープラン（M/P）を策定し，その後に優先的なプロジェクトに対するフィージビリティ調査（F/S）を順次実施，日本，諸外国，国際機関が資金協力を行い，着実に遂行してきた。ここではこのような事業のプログラム的な展開例として運輸交通セクターのケースを示す（図-C3.1.2）。

ここには，プロジェクトの上流・M/Pからの事業展開，面的開発，技術基準の策定支援，そして日本政府・政府機関の関与の仕方など，今後の途上国支援，政策課題にも参考になりそうな取り組みが多々ある。

JICAが実施するM/P調査（JICA-M/P）では，統計データの収集・作成・分析からプロジェクトの需要予測・提案・効果推計・概略評価までを行う。しかもJICA-M/Pは，一連の調査・計画策定を相手国とともに行うものであり，他ドナーにはない支援手法として開発途上国の間では定評を得ている。

3. 首都における協力展開[1]

ドイモイ政策の導入により計画経済から市場経済へ移行し，1986年以降，急激な経済成長を遂げたベトナムの首都，ハノイ。1999年には270万人だった人口が，2003年には300万人に急増し，経済発展の影で，交通渋滞，環境汚染等都市問題が顕在化してきた2004年から2007年にかけ，わが国は「ハノイ市総合都市開発計画調査」を実施した。ベトナムの行政機関は縦割りの傾向が強く，

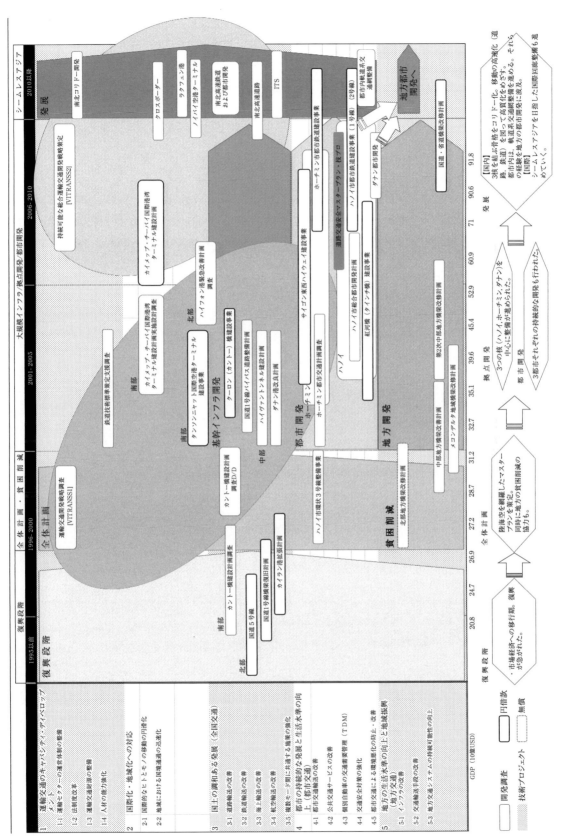

図-C3.1.2 ベトナムにおける運輸交通分野の戦略と事業（JICA内資料より）

第3章　プロジェクトマネジメント

交通，上下水道，住宅と，セクターごとの個別の開発計画はあっても，総合的に都市開発を進めるという考え方はなかった。そこでJICAは，セクターごとに専門家によるワーキンググループを組織し，毎月，会合を開き，各セクターの報告を共有しつつ，ハノイ市を中心に，建設省，運輸省，計画投資省，天然資源環境省などの関係省庁からの責任者や現地の大学の研究者などを集め，都市の全体像を見据えたマスタープランの基本戦略を議論していった。さらに，ハノイ市民の生の声を都市計画づくりに反映させるために，2万世帯（約10万人）を対象とした家庭訪問調査を行い，トップダウンが残っているこの国で，住民の声を取り入れたボトムアップの都市計画づくりを行った。

こうして完成したマスタープランをもとに，ベトナム政府およびハノイ市はさまざまな都市開発を進め，その後，わが国は円借款によるUMRT（都市鉄道，Urban Mass Rapid Transit）建設といったインフラの整備に加え，「都市計画策定・管理能力向上プロジェクト」のように刻々と変化するハノイの成長に持続的に対応できるよう，都市計画・管理にかかる多岐にわたる人材育成を実施した。

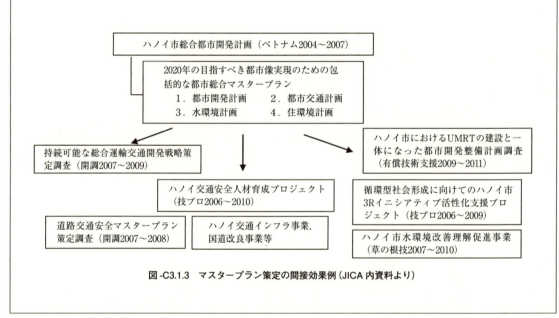

図-C3.1.3　マスタープラン策定の間接効果例（JICA内資料より）

ケース 3-2　非平常時のプロジェクトマネジメント[*2]
―イラク基幹通信網復興支援事業のケース―

1．プロジェクトの概要

イラク戦争が終結した後の2003年10月，日本政府は援助国の一員として戦後のイラク復興のために総額15億ドルの無償資金協力を表明し，電力，上下水道，通信，交通，教育，医療などに対する社会基盤復旧プロジェクトを実施した。

その中の通信プロジェクトは，イラク南北にわたる約900kmの無線基幹通信網を復旧させる事

[*2] 本ケースは以下の引用文献をもとに再編集した。
　[1] 谷口友孝：治安悪化状況下でのマネジメントシステム構築－イラク基幹通信網復興プロジェクトを例に－，土木学会論文集F4（建設マネジメント），Vol.68, No.4, pp.I_243-I_249, 2012.

図-C3.2.1　爆撃を受けたバグダッド市内の無線中継所（Al-Masar Telecommunication Co., Ltd. により 2004 年 5 月撮影）

業として，マイクロ波無線の中継局 29 ヵ所と，特に戦争による損傷が著しい 10 ヵ所の電話交換局を対象にしたものであった。

本プロジェクトは，イラクの戦後復興支援ということで，治安の悪化が懸念されるなか，安全に対する最大限の配慮から日本人のイラクへの立ち入りが困難な状況下で行われた。このため，非常に稀なことであるが，プロジェクトチームは隣国のヨルダンにオフィスを設け，そこから遠隔による設計および施工監理を行うこととなった。

2. 復興前の状況

イラク国内の通信施設の被害は空爆によってもたらされたものである。アンテナ鉄塔が完全に倒壊し，無線中継局舎や電話交換局舎も復旧が不可能な状態に陥ったものなど状況はさまざまであった。

戦争前のイラク通信網は全国に点在する 316 ヵ所の電話交換局と，マイクロ波無線で中継される南北基幹伝送路，それに総延長約 6 000 km に及ぶ光ファイバーケーブルによって構成されており，67 万 5 000 の電話回線サービスを提供していた。

しかしながら，2003 年の戦争によってこれらの通信網は大きな被害を受け，地域の限定的なサービスあるいはまったく通信サービスを受けられない地域が存在する状況となった。

3. 設　計

復興前のこのような状況をいかに復旧し，900 km に及ぶ南北基幹通信網として機能させるかについてはイラク側との協議の場を設けて設計を開始することになった。設計はおおまかなプロジェクトスコープとコストを決めるための概略設計と，通信システムの具体的な系統や機材の仕様を決め，据え付け図面を描いて入札を可能とする詳細設計に分けて行われた。

(1) 概略設計

概略設計は 2004 年 7 月から 10 月にかけて実施され，設計開始後の数週間はイラク側の関係者と日本の政府調査団が隣国ヨルダンのアンマンに集まりさまざまな議論を交わした。その範囲は現状

確認，援助スコープ，技術仕様，事業実施体制，実施工程などにわたる。この協議結果に沿って調査団は事業費を含めた概略設計調査報告書を作成する。

　事業の承認には日本政府の閣議決定が必要になることから，本報告書に基づいて外務省が閣議資料を作成し，閣議決定後にはイラクと日本の両国政府間で交換公文に調印することで詳細設計をスタートさせる準備が整う。

（2）詳細設計

　概略設計で決めたスコープに従って各機材の仕様を詳細に決定し，それを入札図書という形でまとめるのが詳細設計の目的である。この入札図書に基づいて応札者はおのおのの提案書をプロポーザルとして施主／調達代理機関に提出する。イラク通信プロジェクトの場合，提出された応札書類を審査し，プロジェクトを遂行することが可能であると判断される調達業者を選定し，業者契約を完了させるまでが詳細設計業務に含まれる。

（3）入　札

　詳細設計で作成した入札図書に基づいた入札は2005年12月に南北基幹通信網整備事業と市外電話交換網整備事業の2案件に分けて別々に行われた。前者の入札には2社が応札し，最低価格を提示した業者を契約に向けての交渉相手としたが，技術提案内容に問題があることがわかり，二番目に低い価格を示した業者と契約交渉をすることになった。

　後者の入札では1社が応札したが，入札基準を満たしていなかったため応札条件を変更して2006年4月に再入札を行うこととなり，2社が応札した結果最低価格を提示した1社が契約交渉相手として選ばれた。

（4）業者選定

　入札で交渉相手に選ばれた業者とは事業実施契約に向けて契約条件等の交渉が必要となる。入札図書には契約書の様式が明示されているので，通常その様式に沿った契約内容になる。しかし，イラク通信プロジェクトのように業者が多国籍のチームで構成される場合には日本の定式化された書式での契約は困難であることから，契約書の付録として効力を持つ追記が必要となり，契約は追記の有効性を条件とした上ではじめて締結に至った。契約書本体のページ数が17ページ前後であるのに対し，付録はA4判換算で40ページ程度になっている。

4．施　工

　遠隔プロジェクトマネジメントでの施工体制は，各国によってイラク国への入国に対する対応が異なるためメーカー間での技術移転と，事務所の分散を図る必要があった。また，工程の遅れや工期の延長に対処するために，通信システムの据え付け方法を柔軟に変え，機材搬入経路を変えるなどして工期遅れの挽回を図った。

　施工体制については，複数の国々で製造した機材をイラク国内で組み立て，通信システムとして機能させる必要があることから，機材メーカー同士の技術共有が必要となる。例えば，日本メーカーの機材を日本人エンジニアがイラクに入国して据え付けることは困難であることから，それが可能なドイツのメーカーに日本機材の据え付け工事や電気調整手順等の訓練を実施した上で，ドイツメーカーのエンジニアがイラクの現場で作業指示を行うという施工体制とした。

　また，治安上の理由でイラク国内にプロジェクトチームが一堂に会せる事務所を設けることがで

きないため，アンマンに各プレイヤーがプロジェクトオフィスを構えて施工を行う遠隔管理体制とした。この遠隔管理による苦労は，現場の状態を直接見ることができないことにあり，その克服のため，イラク国内に常駐可能なイラク人コンサルタントからの現場状況写真やメールによる報告，あるいは電話でのやりとりによって現場での状況を把握するといった工夫が必要であった。

5. まとめ

イラクの戦後復興として日本のODAで実施された基幹通信網整備事業は設計から工事の完工まで約6年の年月をかけて完了した。本事業の特徴は，治安の悪化によってイラク国内に日本人のプロジェクト関係者が入れない状況で，イラク国南北にわたって900 kmに及ぶ基幹通信網を復旧させたことにある。

建設プロジェクトは必ずしも国の政治体制や治安状況が安定しているときに実施される訳ではなく，むしろ紛争後や災害時などの非平常時に行われることも多い。本ケースは，この非平常時に実施されたプロジェクトを紹介し，通常プロジェクトとの相違を意識しているが，基本は通常プロジェクトの応用である。工夫と臨機応変の対応が本プロジェクトを完工に導いた要因である。

3.1 プロジェクトマネジメントの考え方

3.1.1 プロジェクトマネジメントの体系

プロジェクトマネジメントとは，プロジェクトの目的を達成するために，経済性，人的資源，情報，リスク，社会環境，工程などを管理する手法といえる。もともとプロジェクトマネジメントは，大型のプロジェクトを管理するための手法を体系化したもので，現在では米国の非営利団体であるプロジェクトマネジメント協会（PMI）が提供するPMBOKや英国プロジェクトマネジメント協会（APM）のAPMBOKと呼ばれる体系がよく知られている。PMBOKによればプロジェクトを遂行するためには，スコープ，時間，コスト，品質，人的資源，コミュニケーション，リスク，調達，統合管理からなる9つの知識領域によってプロジェクトマネジメントを行う必要があるとしている。

（1） プロジェクトマネジメントの活動

それではこれらの知識領域に沿って，その具体的な活動に触れてみたい。プロジェクトの「スコープ」は，達成させようとする目標と対象範囲に代表される。これらを管理するという意味は，プロジェクトが当初目標としていた方向に確実に向って進行しているかを，プロジェクトの実施中には常に確認しなければならないということである。ちょうど船や航空機が目的地に向かっていることを常時モニターしながら進路をとっているのと似ている。プロジェクト実施中には往々にして本来の目標から逸れたり対象範囲が変化したりする場合がある。社会基盤の建設には多くのプレイヤーがかかわることから，関係者の共通認識を完全に一致させることは必ずしも簡単なことではない。このため，プロジェクト実施中にはスコープに対する関係者の理解に乖離がないかどうかを常に管理しておくことが重要となる。

「時間」とは工程管理のことである。プロジェクトでは多段階のプロセスを時間的に処理することが求められることから，プロジェクトを決められた工期内に完了させるためには，各プロセスが

予定時間内に終了するかを予測し判断する必要がある。このプロセスの実行主体は受注者の場合であったり，発注者の場合であったりし，社会基盤建設のような大型プロジェクトでは1つのプロセスの遅れがプロジェクト全体の遅れに影響を及ぼす可能性が大きいことから，時間管理は各プロセスの進捗状況を確認することが重要である。なお，プロジェクトの工程管理には**図-3.1**に示すようなバーチャート（bar chart）と呼ばれる図等を用いてプロジェクトの進捗をグラフによって視覚化する方法がよく用いられる（4.6.3項参照）。また，プロジェクト管理用のソフトも市販されているので，これらを用いてプロジェクトの工程を管理することができる。

「コスト」とはプロジェクトを実施するための事業費を管理することである。事業費は資機材の購入費用，建設サイトまでの輸送費用，据え付け費用などに細分化され予算化される。プロジェクトが順調に進めば当初の予算内で完了するが，例えば治安の悪い海外の建設現場で度重なるテロの襲撃を受け，やむをえずプロジェクトを一時中断せざるを得ないような状況に陥った場合では中断中も待機コストがかかるので，プロジェクトを再開して完了させようとするには余分に発生したコストを賄わなければならなくなる。プロジェクトは通常は予備費を用意しているのでその範囲内での対応は可能であるが，それを超えるような費用が発生した場合には追加予算の可能性あるいはスコープの縮小などを視野に入れた検討が必要となる。また，当初想定していなかった事態の発生によりプロジェクトの実施途中で設計変更を余儀なくされてコスト増になる場合もあるので，さまざまなケースを視野に入れたコスト管理が求められる。

「品質」とは最終成果物の品質管理であるが，プロジェクトを通じて顧客である発注者や，建設した社会基盤施設の利用者へ与える満足感も含まれると理解するのが妥当であろう。単なる物の品質だけではなく，それによって得られると考えられる将来のサービス内容も計画段階の品質として重要となる。また，プロジェクトを大きく設計と施工に分けて考えると，インフラ構築物の品質を左右するのは設計内容と，その設計に従って行われる施工の状態である。したがって，設計内容は立場の異なる複数の専門家によって一定の品質が確保されているかを確認することが重要である。また，施工段階においては施工中の状況を施工業者以外の者に監理させることによって品質を確保する。

「人的資源」とはプロジェクトを運営するために必要な要員の確保や割当てなどに係る管理である。プロジェクトを実施するためには，社会基盤施設を設計する技術者や施工を行う技能者，プロジェクトを管理するマネージャー，会計事務や庶務業務を扱うスタッフ，CAD図面を作成するオペレーターなどさまざまな職種の要員が必要であり，これらの要員をプロジェクト実施期間中の必要な時期に配置して最大効果をもたらすように管理しなければならない。なお，多方面に及ぶ能力を要求

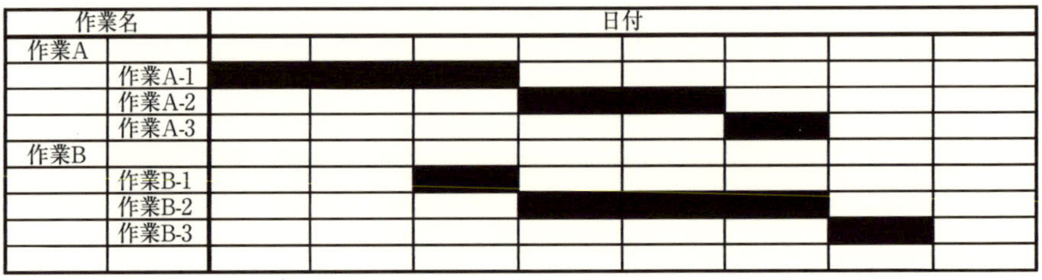

作業名		日付							
作業A									
	作業A-1								
	作業A-2								
	作業A-3								
作業B									
	作業B-1								
	作業B-2								
	作業B-3								

図-3.1 バーチャートの例

されるプロジェクトマネージャーや，高度の専門技術を必要とする技術者は数や能力面で確保が難しいことから，プロジェクトを通じてのOJT（On-the-Job Training）などによって次の世代を担う要員を育成することも人的資源管理の重要な要素である。

「コミュニケーション」とはプロジェクト関係者間の意思伝達の管理である。意思伝達の方法には会話，メール，電話，手紙，ミーティングなどによる方法がある。プロジェクトの施工中に受注者が定期的に発注者へ提出する進捗報告書なども，受注者から発注者に向けたコミュニケーション活動といえる。これらのコミュニケーション活動は物理的な行動なので，その伝達を可能にする設備環境を常に整えておくことはコミュニケーション管理の一つであるが，さらに重要なことはコミュニケーションの中身である。日々の会話から，各プレイヤーの主張，そしてプロジェクトとしての意思決定に至るまで，常に相手の立場に立って物事を考えながらコミュニケーションすることが重要である。成功するプロジェクトと失敗するそれとの違いはコミュニケーションによるところが大きい。特に face to face のコミュニケーションは重要である。対面でのコミュニケーションによって人間同士の信頼関係が構築されれば，電話やメールなどそれ以外の手段によるコミュニケーションもスムースにいく。コミュニケーションとは人間関係の一形態であることが理解できれば，良好なコミュニケーションは良い人間関係を構築しプロジェクトを円滑に進める。

「リスク」とはリスク管理のことである。1つのプロジェクトは大なり小なりのリスクを抱えている。リスクは一般的に被害規模と発生確率によって表すことができるので，例えば発生確率は小さいが被害規模が大きいリスクに対しては保険をかけリスクを低減するなどの対応策を講じる必要がある。このように，リスク管理はリスクを最小化することを目的として，潜在的なリスクを把握することによって対応可能な対策を検討し準備することである。社会基盤プロジェクトは必ずしも安全な場所で行われるわけではない。海外の紛争地帯や治安状況の悪いなかで行われるケースもある。このような場合は保険によるリスク回避の他にも，プロジェクトで警護団を雇ってリスクを低減する方法も考えられる。

「調達」の主目的はプロジェクトで建設しようとするインフラ施設を合理的に調達するための管理である。一般には入札によって購入価格が適正に保たれる仕組みを採用する。入札は複数の業者から価格を含めた提案書を提出してもらい，経済的な価格を提示し，しかも技術的にもプロジェクトで要求されている仕様を満たした業者を選定するものである。入札方式には価格一辺倒のものや提案技術を重視するものなどいくつかのやり方があるが，技術評価で合格点に至った業者のみの応札価格を開いて選定する方式が，調達した施設の品質を保ちやすいという特長から大規模海外事業においては主流である。

上述したプロジェクトのスコープ，時間，コスト，品質，人，リスク対応などの各管理項目は相互にトレードオフ（相反）の関係にある。例えば，プロジェクトの対象範囲を広げればコストが増えるし品質を上げようとしてもコストが増える。また，リスク対応で保険を手厚く掛けたり，警護を厳重にしたりする場合にもコスト増となる。このことから，「統合管理」とはこれらの相反するプロジェクト要素をバランスよく管理することといえる。

以上概観したように，プロジェクトマネジメントに含まれる活動は，プロジェクトの規模が大きくなり，複合的になるほど活動の内容は複雑になり高度化することが予想される。

（2） プロジェクトのネットワーク化

プロジェクトは単発で離散的に発生するというよりも，社会状況の関連性の中で生まれ進化していくものである．例えば，ある地域が貧困，教育，医療などの問題を抱えており，これらの問題を解決するためのプロジェクトを立ち上げようとする場合を考える．地域を国と置き換えてもよい．このようなケースではまずどのようなプロジェクトを立ち上げればよいかがわからないので，優先プロジェクトを見出すためにマスタープランによって15年先あるいは20年先のビジョンを構築する．マスタープランを策定するためには農業，工業，観光，漁業などの産業や，水道，電気，通信，交通などのインフラストラクチャ，教育，医療などの社会サービスの専門家からなる調査団を組織し，現状と課題を分析することによって何をいつまでに整備する必要があるかを見出してそのための短期的アクションプランを立てる．ここまでがマスタープランの役割であり，次の段階として各アクションプランはプロジェクトとして事業化される．これがマスタープランからプロジェクトへの時間的な展開である．

一方，マスタープランからの空間的な展開もある．例えば，道路交通網整備プロジェクトを考えてみよう．日本のような島国では一国内での整備で完結するが，陸続きの国々では一国あるいは一地域だけの交通網を整備しても広域的にみれば整備効果が十分に発現しない場合がある．このようなケースでは隣国あるいは隣接地域を通して整備プロジェクトは空間的に成長する．このように，プロジェクトというのは単発的に発生して消滅するものではなく，時間的・空間的にも有機的な繋がりを持つものである．

以上のように考えるとプロジェクトマネジメントの体系というのは，個々のプロジェクトについての枠組みであるが，それを越えたところで繋がる別のプロジェクトが時間的・空間的に展開することを視野に入れたマネジメントと考えるべきであろう．そのためには，プロジェクトを1つのサイクルとしてとらえ，サイクルを終えるごとに循環的に昇華させていくことが重要となる．次項3.1.2ではプロジェクトサイクルについて概説する．

3.1.2 プロジェクトサイクル

（1） PDCA サイクル

前項で解説したようにプロジェクトマネジメントとは一言で表現すれば，プロジェクトの目標を期間内に有限の資源で達成するという活動である．そして，その活動をよりダイナミックに行うためにはツールとしてPDCA(Plan-Do-Check-Act)サイクルと呼ばれる管理サイクルが第二次世界大戦後，米国のウォルター・シューハート（Walter A Shewhart）らによって考案された．このサイクルを機能させることによって，一連のプロジェクトを漸次的に発展させることが容易になる．このことについて以下具体的に説明する．

図-3.3 は PDCA の循環を示しており，プロジェクトが Plan(計画)，Do(実施・実行)，Check(点検・評価)，Act(処置・改善)の順で一巡する様子を描いている．社会基盤インフラの建設プロジェクトを例にしてこのPDCAについて考えてみよう．

Plan(計画)段階ではインフラ建設事業の計画が妥当であるかの

図-3.3 PDCA サイクルの概念図

検討を含めて事業の範囲，事業費，経済財務評価，環境影響評価の必要性，維持管理計画などを立てる。ODA（政府開発援助）のように二国間での協力プロジェクトの場合には両国のプロジェクト関係者が計画について協議する。この段階での大きな目的の一つはスコープすなわちプロジェクトの目標と対象範囲を決めることである。目標は抽象的なものではなく具体的な数値目標にする必要がある。また，対象範囲も地理的な範囲に加え，プロジェクトの実施によって裨益する人々の対象群などを明確にし，プロジェクト完了後に実施効果を評価できる形で設定する必要がある。

　Do（実施・実行）段階には設計と施工が含まれる。設計は計画時の案に沿ってさらに詳細を詰め最終仕様を決定し，それらを盛り込んだ入札図書を作成する。入札図書は①応札者に対する指示事項，②契約書の書式，③契約条件，④一般仕様，⑤技術仕様，⑥図面集，⑦応札価格の提示書式などからなる。ただし，これは国際競争入札を想定した場合であり，日本の公共事業を対象とした入札図書とは異なる。日本国内と海外の相違については次項 3.1.3「国内と海外における違い」で述べる。

　海外公共事業の実施は新聞などのメディアで公示されるので関心がある企業は入札図書を購入し応札するかどうかを検討する。応札する場合には入札図書に呼応した提案書を応札時に提出する。提案書の作成期間は通常 2 ヵ月程度あるのでその間に提案書の準備をする。入札は複数社が応札することを前提としているので，応札した企業の技術提案内容および提示価格からプロジェクトの実施に適当と思われる一社を選定する。

　選定候補にあがった企業との業務契約交渉を経て顧客であるプロジェクトの発注者と契約を結んだ段階で施工が始まる。施工業者は入札図書で要求された技術仕様や図面を参考にして独自にプロジェクトサイトの現場調査を実施し施工図面を作成する。施工業者によって作成された図面や製作しようとする機材の仕様が妥当であるかどうかの判断は業者とは別の第三者によってされるのが国際調達市場では一般的である。これは，社会基盤施設の品質を一定以上に保つためのプロセスと考えてよい。このようなプロセスを経て，図面に従った工事や仕様に合った機材の製作を開始する。

　工事に必要な資材や製作機材はコストなどの点で国際市場からの調達が一般的である。これに伴い，プロジェクトの建設現場へは多方面からの資機材搬入が工事の進捗に合わせて必要となり，その管理は複雑なものになる。建設現場では工程に合わせて搬入された資機材によって建設が順序立てて進められるが，この間には建設が規定どおりに行われているかが業者以外の者によって監理されることで建設物の品質が保たれる。そして，建設が終わった段階で，建設物が当初の図面や仕様のとおりに出来上がっているかどうかの検査を行い，合格すれば発注者へ引き渡しとなる。

　以上一連の Do 段階では先のプロジェクトマネジメント体系で述べた時間，コスト，品質，人的資源，コミュニケーション，リスク，調達，統合管理の各知識領域等に沿って管理することが重要である。

　Check（点検・評価）段階では Do 段階での問題点を整理する。Check が行われるタイミングは実施段階終了後である。海外 ODA の場合，評価指標は OECD（経済協力開発機構，Organisation for Economic Co-operation and Development）の DAC（開発援助委員会，Development Assistance Committee）が提唱する，プロジェクトの妥当性，有効性，効率性，インパクト，自立発展性の 5 項目が多く用いられている。

　Act（処置・改善）が行われるのは通常次に続くプロジェクトの計画段階であり，先行して終了したプロジェクトの問題点の処置および改善を反映した計画となる。この行為によってプロジェクト

が実施されるごとに前回からの改善がなされ，よりよいプロジェクトに進化していくサイクル構造となる。

　例えばJICAのような援助実施機関では，PDCAサイクルに沿って，プロジェクトの各段階の評価を行っており，DAC評価5項目による評価に加えて独自の項目を設けることによって評価を実施し，結果を公表している。また，PDCAサイクルが回るようにフィードバック体制を強化し，評価結果が相手国政府のプロジェクト，プログラム，開発政策等の上位政策にも反映されるよう努めている。

（2）　プロジェクトサイクル

　プロジェクトには一連の循環があることを述べた。プロジェクトの種類としてODAを例にとれば無償資金協力事業や有償資金協力事業，あるいは国際援助機関による協力事業などあるが，円借款であればプロジェクトの発掘，形成，審査・事業事前評価，事前通報，交換公文，借款交渉，借款契約，プロジェクトの実施，完了後の事後評価という一連の流れがあり，プロジェクト完了後の評価によって次に繋がるプロジェクトをよりよいものにしていく。これはすなわちPDCAサイクルであり，PDCAサイクルは多段階のプロセスから成り立っていることがわかる。

　建設プロジェクトの全体フローはおおむね前述のPCDAサイクルに則り，次の①～⑤のようにとらえている。

　①　プロジェクトの発掘：マスタープラン（Master Plan；M/P），プログラム形成
　②　プロジェクトの形成：フィージビリティ調査（Feasibility Study；F/S）
　③　プロジェクトの審査：金融機関審査，プロジェクト事前評価
　④　プロジェクトの実施・管理：設計，入札，工事および工事監理，運営・維持管理
　⑤　プロジェクトの評価：事前評価，事後評価

　社会基盤整備の場合は，構想から供用開始まで半世紀と多大な時間・費用がかかることもある。また，例えば製造業のPDCAサイクルになぞらえれば，評価の結果は次の製品製造の計画にフィードバックされるべきところだが，社会基盤整備における次の製品（構造物）は，違う土地，環境，発注者，時期/時代に整備されることになるため，ままならないこともある。社会基盤整備の製品は，工場における製品・商品とは明らかに性質が異なり，①受注生産方式（発注者の意図），②工事の即地性，③生産場所の非永続性，④現場単位の活動，⑤長期にわたる工期，⑥工事契約後を含む管理必要性，⑦完成後の長期にわたる供用期間，といった条件・特徴を有している。また，個々のプロジェクトはやり直しが基本的にはできないため（不可逆性），その製品（建設された構造物）に重大な欠陥があってはならない。

　このため，社会基盤整備を行う際には，最初の構想・計画，調査，設計が非常に重要になる。この段階において無理や甘さがあると，後の段階の工事で困難が生じる。他方，その時々の英知を結集して，いくら完璧に計画，設計をしても，常に初めての試みが含まれてくるため，工事中での計画，設計変更もついてまわる。また，無事に供用開始されても，その後の維持管理を適切に行わなければ，サービス水準を維持できず，場合によっては耐用年数を短くすることにもなってしまう。

　社会基盤整備においてはプロジェクトサイクル全体を意識しながら個々の活動を適切に行うことが結果的に無駄を減らすことになり，部分最適化を行いつつもシステマティックに全体最適化を図

る最善の方法であることを知っておく必要がある。プロジェクトの各段階については次節3.2「プロジェクトサイクルの個々の活動単位」で説明する。

3.1.3 国内と海外における違い

　日本と国外におけるプロジェクトマネジメント上の大きな違いはプロジェクトの実施形態である。社会基盤整備事業を例にとると日本の場合，発注者と受注者が請負契約を締結して事業を履行する「二者構造」を採用している。すなわち，発注者と受注者という登場人物によってプロジェクトが進行する。これに対して，国際調達市場では発注者 (the employer)，受注者 (the contractor) の他に the engineer と呼ばれる専門家集団を加えた「三者構造」を採るのが普通である。FIDIC (International Federation of Consulting Engineers) が定める標準契約約款では専門家集団である the engineer を次のように位置付けている。

　「エンジニヤは，契約に明記されているか，又は契約に必然的に含まれる，エンジニヤとしての権限を行使することができる。エンジニヤが，明記された権限を行使する前に発注者の承認を得る必要がある場合，その要件は特記条件に記載されるものとする。発注者は，受注者と合意した場合を除き，エンジニヤの権限にさらなる制約を課さないものとする。」[*3]。このことは，専門家集団である the engineer は，プロジェクトの計画，設計，施工監理という各段階において発注者と受注者からは独立して機能する役割を担うことを意味している。

　日本の社会基盤整備事業でも専門家集団であるコンサルタントは存在するが，発注者側の役割である計画，設計，施工監理などプロジェクト実施段階にある作業を委託契約によって分担する場合が多く，発注者の権限を引き継ぐものではない。この点は契約重視のプロジェクトの履行，競争原理の導入，透明性および公平性の確保などが要求される国際調達市場とは大きく異なる点である。この他にも，契約図書や技術基準などにおいて違いがみられる。海外では設計および施工を一貫して行うデザインビルドや，計画，資金調達，管理運営を官民連携で一括して行う PPP (Public Private Partnership) 等の契約形態が早くから取り入れられてきたが，日本はその独自の契約形態が定着していたために新たな形態の導入には消極的であった。また，技術基準に関していえば，日本は厳しい自然条件下で社会基盤施設を構築していく必要性から独自の基準を築いてきた。なお，本邦基準の中には海外の同種基準と比較して優れたものもある。表-3.2にはプロジェクトの発掘から実施・管理に至る各段階でのおおまかな違いを海外と国内公共事業で比較し示した。

　表-3.2に示すように海外事業と国内公共事業とではプロジェクトの各段階において違いがある。国内の建設需要が大きかったときは本邦内で建設市場が潤っていたことから海外と国内の差異はあまり問題にはならなかったが，1992年ごろから国内の建設市場が縮小しはじめた時点で国内の事業関係者は海外の建設市場にも目を向けざるを得ない状況となった[*4]。

　本項のはじめに実施・管理段階での二者構造と三者構造におけるコンサルタントの役割について触れたが，プロジェクトの発掘および形成段階でのコンサルタントの役割も海外と国内では異なる。国内事業の発掘段階でコンサルタントが主体的に行動することは稀だが，海外事業では政府機関と

---

*3　FIDIC：AJCE による日本語訳「建設工事の契約条件書」，1999年第1版，10頁3.1条「エンジニヤの義務と権限」より抜粋。訳文の太文字部分は平易に筆者が変更。

*4　参考文献1)，p.1「1. はじめに」を参考。

表-3.2 海外と国内事業の比較（公共事業）

事業の種類	プロジェクトの段階			
	発掘	形成	審査	実施・管理
海外事業	➤ 国内に比べ新設事業の需要が大きい ➤ 中長期計画をもとに事業を予算化 ➤ 民間と政府機関の連携で発掘 ➤ M/Pをコンサルタントが作成	➤ 審査への移行段階としての重みが大 ➤ 本段階で審査資料を作成しF/Sを実施 ➤ コンサルタント主体でF/Sを実施	➤ ファイナンスの種類も含めて事業費の妥当性を審査 ➤ 建設対象機材、経済・財務評価に重きを置いて審査	➤ 三者構造 ➤ 国際技術基準で設計 ➤ 性善説的な相互信頼を前提としない国際的契約形態 ➤ 内乱、テロ、天災、政権、為替などのカントリーリスクが相対的に大
国内事業	➤ 開発途上国に比べ新設の事業の需要が小さい ➤ 単年度予算が一般的 ➤ 地域の要望を元に発掘 ➤ M/Pの作成主体は政府側	➤ F/Sとしての役割は発掘ないしは審査段階に含まれる ➤ コンサルタントの役割は海外に比べて小さい	➤ 政府予算を前提に審査 ➤ 建設対象機材は実施・管理段階で検討	➤ 二者構造 ➤ 国内技術基準で設計 ➤ 相互信頼に基づく国内的契約形態 ➤ 海外に比べてリスクの種別については概ね既知

注）M/P：マスタープラン，F/S：フィージビリティ調査

連携して案件の発掘を行うことは多い．また，海外ではプロジェクトの形成段階でも政府機関の発注を受けてコンサルタントがフィージビリティ調査を実施するのが一般的である．

　このように，海外事業ではプロジェクトの発掘，形成，実施・管理段階での開発コンサルタントが果たす役割が日本国内に比べて大きいのが特徴である．一般的に，発掘はまったく白紙の状態から案件が出てくることは少なく，寧ろ過去から継続している案件の中から枝葉のように派生して発生するのが普通である．過去の案件に従事しているコンサルタントは未来への展望という視点で新たな案件を発掘しやすい立場にある．また，プロジェクトの形成段階では建設スコープの設定，事業費の積算，経済・財務分析を実施するに際して必要なデータをコンサルタントは過去からの事例で蓄積している．このような状況において，海外プロジェクトの発掘から実施・管理に至るスキームにかかわる現地のニーズ分析，案件形成，F/S，詳細設計，プロジェクト監理までを開発コンサルタントが主体的に行っている点は国内事業実施の流れと異なる点である．

　実施・管理段階で日本の建設企業が海外で建設事業を行う場合に，海外と国内の違いが明確に表れるのは契約形態，執行形態，技術基準においてである．日本での契約は，受注者と発注者間のいわば独特の信頼関係のうえに成り立っているのに対し，海外の契約は，主に欧米型の契約概念に基づいており，発注者と受注者の役割を定義し，それぞれの負うべき義務と責任を明確化しており，契約締結前からの信頼関係を前提にした契約とは限らない．執行形態は二者構造と三者構造の違い，すなわちコンサルタントの役割の違いがある．技術基準に関しては，電力や通信など国際的に標準化されている場合はそれに沿って設計すればよいが，日本と海外の標準が異なる場合や国際的な標準規格がない場合の対応が課題となる．この場合，国際的なレベルでの設計が必要なのか，あるいはローカル基準に沿った設計で問題ないかの検討を含め採用基準を判断する必要がある．

　さらに，日本の建設企業が海外において建設事業を行う場合には，リスクについても検討する必要がある．この場合のリスクには，建設現場となる国が持つカントリーリスクとして，戦争，内乱，テロ，天災など不可抗力によるものや，その国の経済破綻によるデフォルト（債務不履行）などによってプロジェクトの運営が中断したり阻害されたりするといったリスクの他にも，建設現場の状

況に応じて設計内容や工期の変更に対する発注者と受注者間の見解の相違なども潜在的なリスクとして存在する[*5]。

日本の建設業者，商社，メーカーなどが海外で建設事業を行う場合にはリスクマネジメントが重要となる。海外ではドイツやスウェーデンの建設企業のように，海外市場に向けての大きな事業転換を図って急成長した例もみられるが，両者に共通することは地場産業との提携でありプロジェクトマネジメント技術を持った企業の買収や吸収合併という点にある。これは個々のプロジェクト単位で売り上げを伸ばすという経営から，市場単位で事業拡大を目指すという戦略への転換といえる[*6]。

以上から，海外と国内における公共事業の違いを要約すると次のようになる。
① 新設の事業量の違い。
② 発掘からプロジェクトの実施・管理に至るまでのプロセスの違い。
③ 開発コンサルタントの役割の違い。
④ リスクの大小の違い。

このような海外と国内における違いを平準化するためにも社会基盤マネジメントの体系化が必要である。リスク分担の明確化や技術者資格制度の互換性の拡大，プロジェクトマネジメント力の強化などが日本の建設企業の海外展開には必要となる。

3.2 プロジェクトサイクルの個々の活動単位

本節では，プロジェクトサイクル（project cycle）に沿って，どのようにプロジェクトが実施されていくか，個々の活動単位ごとに概観する。

3.2.1 プロジェクトの発掘 [3a), 4), 5a)]

プロジェクトサイクルの第1段階はプロジェクトの発掘（project identification または project finding）と呼ばれ，プロジェクトの基本構想を確定する段階に相当する。プロジェクトが実施に移されるためには，当該プロジェクトが高度の健全性を有していることが前提条件となる。プロジェクトは，政府機関や民間セクター等の数多くの主体から発案されるが，総合開発計画やマスタープラン（Master Plan；M/P）等が策定されている場合には，特定のプロジェクトはその開発計画の中の個別事業として位置付けられる。中には総合開発計画がなく事業計画から立案される場合もあるが，いずれにしてもプロジェクトの発掘は，国の長期開発戦略（例えば全国総合開発計画）等，ニーズに即したものであることが重要である。比較優位なプロジェクトの発掘に当たっては，計画策定者の企画力や創造力が必要になる。

総合的な開発計画のアプローチ構造の例を図-3.4に示す。1つのM/Pの中において，多くのプロジェクトが提案されるが，おのおののプロジェクトの優先度によりプロジェクトが選択され，そのプロジェクトのフィージビリティ調査が実施されることになる。すなわち，このアプローチでは，すべての重要プロジェクトが国の開発戦略等に基づいて発生し選択されることになる。

[*5] 参考文献1), p.2「2.(1) 海外建設プロジェクトのリスク」を参考。
[*6] 参考文献2), 「2.6.2 海外建設企業の国際事業戦略」, pp.103-110 から要約。

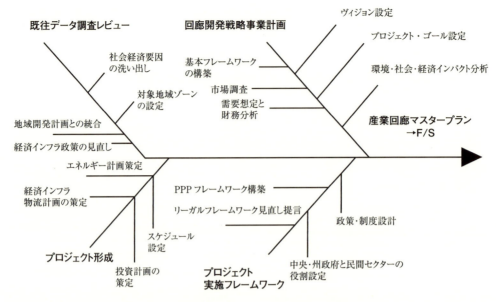

図-3.4　総合開発計画のアプローチ構造（JICA内資料より）

（1）プロジェクトの発掘手順

　プロジェクトの発掘は，プロジェクトサイクルの中の最初のステップであり，個別のプロジェクト選定に至る重要な過程である。プロジェクトの発掘は，上位計画における開発ニーズに見合うおのおののプロジェクト（プロジェクト群）の選定を行うことであり，一般的に以下の手順から成り立つ。

a．プロジェクト発掘の手順

① プロジェクトの明確な目的やプロジェクトにより便益を受ける対象グループを設定しつつ，開発戦略の中で確認された主要な問題点を解決し，多様なニーズに応える方策を提案する。
② 国家の開発目標の実現に有効なプロジェクトの概念を，代替策と併せて設定する。
③ 国家／地域の経済・社会開発計画やセクターのマスタープラン（M/P）等の上位計画がある場合は，それらとの整合性を検討し，プロジェクトの優先度または緊急性を確認する。
④ プロジェクト実施主体の適格性および民間セクター参画の可能性を考慮する。
⑤ プロジェクトの概念設計に基づく概要および事業費を（代替策の事業費と併せて）概算する。
⑥ プロジェクトの実現可能性や対象国・地域・セクターへの影響に関する予備的な評価を行う。

また，プロジェクトは通常，次のような組織等により発掘・形成される。

b．プロジェクト発掘段階の関係者

① 国家／地域またはセクター開発計画を形成する政府関係機関。
② 国家の経済調査やセクター調査，またはプロジェクト完成後の事後評価を行う融資等を実行する協力機関，国際機関等。
③ プロジェクト発掘調査を行う公共団体や民間団体，地方自治体，地域住民，非政府組織（NGOs），学術研究者等。

　通常は，現況把握に始まり，問題分析，関係者分析等を経て，解決策となるプログラム，プロジェクトを評価するという問題解決型のアプローチをとるが，社会的優先度，政策的優先度，財源調達

可能性，費用対効果，技術的妥当性等を総合的に評価し，優先度の高い案件（案件群）を選定する。選定にあたっては，この段階からプロジェクトのライフサイクルを視野に入れ，最終的にどのようなサービスを提供し，どの程度のサービス水準とすべきか，明確に目標を設定することが重要である。また，組織制度・改革，人材育成，財源確保等も踏まえた計画を策定しなければならない。

（2） マスタープラン（M/P）策定調査

プロジェクト発掘のために，国家開発戦略・計画，地域開発計画，セクター別開発計画等のいくつかの将来的プロジェクトを含むマスタープラン（M/P）を確認するが，中長期的な国家の開発計画が存在しない場合，必要に応じ M/P を策定する。国全体または特定地域に関するセクター別の中長期開発計画や特定地域の総合的な開発基本戦略を策定するための調査を M/P 策定調査という。完成した M/P は国や地域，セクター等の基礎的な全体計画として中長期にわたり活用される。

M/P では，対象期間において実施すべき複数のプロジェクトが相互の関連性，優先順位を踏まえて計画される。インフラ整備に関する M/P では通常 10〜20 年程度先を目標年次として設定するが，途中 5〜10 年程度を目安に計画の見直しを行うことが多い。M/P で高い優先度を与えられた短期整備計画は，フィージビリティ調査（F/S）に進み，その後の事業化につながっていく。

M/P 策定調査では，後日，金融機関の審査の段階で必要となる各種評価基準，すなわち，経済評価，財務評価，環境評価等を前提とした調査を行うことが重要である。なお，既存の国家開発戦略やマスタープラン（M/P）等から優先度の高いプロジェクト群を選定し投資の優先度を検討するための調査もある。こうした調査は，厳密な意味での M/P 調査とは一線を画すが，調査結果からいくつかの個別プロジェクト（プロジェクト群）が導き出されることから，M/P 調査と称されることもある。

（3） 戦略的環境アセスメント[6),7)]

M/P 策定調査では，事業策定段階よりも事業サイクルのより上流に位置する政策策定段階で，戦略的環境アセスメント（SEA：Strategic Environmental Assessment）を実施する。

一般に SEA とは，個別の事業実施に先立つ「戦略的（Strategic）な意思決定段階」，すなわち，政策（Policy），計画（Plan），プログラム（Program）の「3つのP」を対象とする環境影響評価であり，早い段階からより広範な環境配慮を行うことができる仕組みである。

日本では，2011 年の環境影響評価法の改正法成立により初めて SEA が導入された。これは「日本版 SEA」とも呼ばれ，個別事業の位置，規模等の検討段階でのアセスメントを対象としたものである。わが国の環境影響評価は，事業者によるアセスメントが基本となっており，欧米諸国で行われているように，さらにより上位の計画や政策を対象とする本格的な SEA の導入については課題となっている。

他方，海外でプロジェクトを展開する JICA の環境社会配慮ガイドラインにおいては，SEA を，事業段階の環境アセスメントに対して，その上位段階の意思決定における環境アセスメントと定義付け，事業の前の計画段階やさらにその前の政策段階で行われるものとしている。JICA のガイドラインは，国際的な SEA と同様の考え方にあるが，法的拘束力はなく運用面に限界がある。

このように，現在の日本の SEA と海外の SEA には大きな違いがあるので，はじめて海外プロ

ジェクトに携わる際に留意する必要がある。環境影響評価に関しては，事業を進める上で必要な行政手続として法律が定められているため，プロジェクトを実施しようとする国における関連法を逐次確認する必要がある。

3.2.2　プロジェクトの形成 [3a), 4), 5a), 6), 7)]

　発掘されたプロジェクトに対し，プロジェクトの実施妥当性を検証する調査を行う。この段階では，プロジェクトの成熟度を融資機関等，協力機関の審査に耐える程度にまで引き上げることが目的とされ，プロジェクトサイクル上はプロジェクト形成（project formulation）やプロジェクト準備（project preparation）と呼ばれる。プロジェクトの形成は，通常フィージビリティ調査（Feasibility Study；F/S，実行可能性調査）の形で行われる。F/S はプロジェクト実施の可否を決定する重要な調査で，技術，環境，社会，経済，財務の各方面からプロジェクトの妥当性確認が行われ，代替案の検討を含む，より詳細な検討を行う。

　F/S が行われ，その結果が政府内で承認されると，政府はプロジェクトの資金調達を行う。他国や国際機関からプロジェクトの資金を借り入れる場合は，F/S の報告書は融資を実行する側の機関にとっても重要な資料となる。次の段階であるプロジェクトの審査項目を踏まえつつ，F/S 報告書には基本情報を漏れなく記載しなくてはならない。

（1）　フィージビリティ調査（F/S）

　フィージビリティ調査（F/S）は，プロジェクトレベルの調査の一つであり，プロジェクトの経済，技術的側面および投資価値について分析する調査である。

　一般的な交通プロジェクトの F/S フローを図-3.5 に示す。

　F/S 報告書は，国際金融機関（世界銀行，アジア開発銀行など）や日本の有償資金協力（円借款）による融資案件を対象とした海外開発プロジェクトの実施可能性，妥当性，投資効果などの調査結果をまとめたもので，融資決定の際の審査・判断資料となるため，国際的に認められた基準に沿って実施されるべきである。特に円借款の場合は，借入国から日本政府へ融資申請する際に F/S 報告書が添付される必要があるが，開発途上国は F/S 実施に十分な資金的・技術的能力を有していないことも多く，こうした場合，実施機関である JICA 等が開発コンサルタントに委託して協力準備調査として実施し，F/S 報告書を作成することも多い。

　F/S はプロジェクトの性質により異なる部分はあるものの，基本的に以下の問題について調査し，想定する資金調達先の審査の基本方針を十分に考慮して実施されなければならない。

① プロジェクトが開発目的に合致し，総合開発計画等上位計画の優先度に整合しているか。
② 考えられる代替案のうち最も妥当なものか。
③ プロジェクトのコストがどのくらいであり，技術的に実施可能か。
④ プロジェクトが経済的に妥当であり，財務的にも健全であるか。
⑤ プロジェクトの社会的・環境的影響は健全か。

　これだけをみると，プロジェクトの発掘段階における作業と同じ作業を行うようにみえるが，これらの項目の中で最も重要なものは，コストの推定と経済的・財務的妥当性の確認になるため，方法論は同じでも調査の精度は自ずと異なるものである。

F/S ではコストの推定のために種々の調査がなされ，技術設計が行われる。この作業をエンジニアリング (engineering) と呼ぶ。エンジニアリングに基づいてコスト見積もり (cost estimation) が行われる。F/S におけるエンジニアリングは，予備的なエンジニアリングであり，プロジェクトの実施段階で行われる詳細エンジニアリングに比べて精度は低い。F/S におけるコスト積算の精度は一般に誤差 10～20 % 程度といわれ，詳細エンジニアリングになると 5～10 % に向上する。

事業費積算に際しては，予備エンジニアリングに基づいて主要建設項目ごとの工事数量が推定され，現地調査を行ってその単価を求める。この際に重要なことは工事期間中の物価の上昇，現地通貨と外貨とに分けて単価を定めることなどがある。また，工事工程表を作成し，主要建設項目が全体工程のどの部分に実施されるかを把握する必要がある。

エンジニアリングおよびコスト積算に並行して，経済効果予測および評価が行われる。経済評価は，with/without case 比較の原則に基づき，プロジェクトに投資が実施された場合 (with-project case) と実施されなかった場合 (without-project case) の費用と便益を金額換算して定量化し比較する費用便益分析 (Cost Benefit Analysis；CBA) を行う。

CBA によるプロジェクト評価の指標には，①純現在価値 (Net Present Value；NPV)，②費用便益比 (Cost Benefit Ratio；CBR)，③内部収益率 (Internal Rate of Return；IRR) などが用いられる (詳細は 3.4 節参照)。ただし，複数のプロジェクトにおける順位決定には，これらの指標は必ずしも一致した結果を示さない。これら指標による評価にはおのおのの特性があり，いずれもプロジェクトの効果全体を評価するためには不十分であることを理解した上で用いることが重要である。

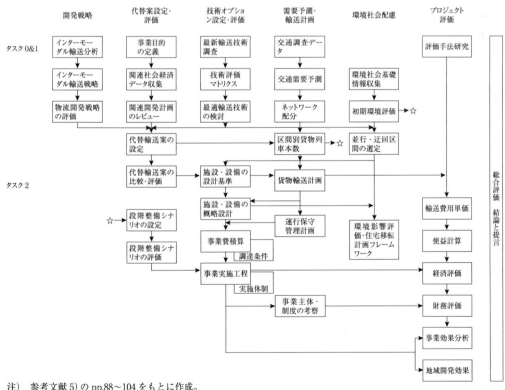

注）参考文献 5) の pp.88～104 をもとに作成。

図 -3.5　F/S の作業フロー（運輸プロジェクトの場合）

また，環境問題，住民移転等のセーフガード・イシュー（safeguard issue）に対する対策や事業実施機関の組織・行政能力，プロジェクトの実施管理や入札業務能力等もプロジェクトの成功に必要不可欠なものとなるため，融資等の協力機関の審査の対象となっており，ハードウェア面のみならずソフトウェア面の検討も必要である。

以上のようにF/Sは，プロジェクトを最終的に実施するか否かについて最終決定がなされる，次の審査の段階での判断の基礎資料をもたらす重要な作業であり，優秀なコンサルタントによって実施されるべきものである。プロジェクトの性格にもよるが，経験的にF/Sの調査費用を惜しんではならないという考え方が定着している。プロジェクトの全体コストの2〜5％程度の費用がかかっているのが実情である。

コンサルタントの選定にあたっては，経験豊かなコンサルタントと，プロジェクトが実施される当該国の地元コンサルタントとの共同企業体（Joint Venture；JV）が選定されるのが国際的な傾向となっている。以前に比べ地元コンサルタントの技術力が向上したものの，未だ単価は安いため，こうしたJVが技術的にも経済的にも有利になっている。日本が国際的な競争で生き残るためには，いかにローカル化（localization）を上手く進めるかが重要な要素になっているといえる。

また，近年，先進国から開発途上国への資金フローの7割程度は民間資金になりつつあり，民間企業による投資が重要になっている。日本政府も民間連携の取り組みを促進しており，民間企業・NPO（Nonprofit Organization）・大学などの有するノウハウの活用を目的とした民間提案型の調査やプロジェクトもある。

（2） 環境影響評価（EIA；Environmental Impact Assessment）[4], [8]

ここではセーフガードとして審査に必須となっている環境影響評価（EIA）について述べる。EIAでは，プロジェクトの提案者が環境に及ぼす影響について調査し，プロジェクトの準備段階で必要な環境対策や住民移転に係る諸手続きを考慮する。F/Sより以前のM/PやプレF/Sにおける予備的な環境影響評価はIEE（Initial Environmental Examination，初期環境調査）やプレEIA（Preliminary Environmental Impact Assessment）と呼ばれる。通常，EIAは，プロジェクトの実施過程における行政手続きでもあり，法律で実施が義務付けられていることも多い。特に環境に重大な影響を及ぼす可能性があるプロジェクトの場合は，審査の前にEIAを実施し，EIA報告書を融資機関へ提出する必要がある。多くの国では，独自のEIAに関する規制を有しているが，一般的なEIAの手続きは以下の通りとなっている。なお，このような手続きにおいて関連機関やステークホルダーとの協議が行われ，その結果次第でプロジェクト計画や設計の変更が必要になる場合もあるため，プロジェクトの計画等と並行してEIAを実施する方が調査は効率的になる。

【EIAの手続き・手順】

① スクリーニング：当該プロジェクトの環境影響の程度に応じて，全面的なEIAが必要か否かを決定する。

② スコーピング：考えうる代替策も併せて，評価すべき環境影響の種類を特定する。その際，ステークホルダーからの意見を求めることが望ましい。

③ 詳細調査：現在の環境状況を調査し，プロジェクト実施によって発生する環境影響について予測・評価するとともに，影響の緩和策を検討する。

④　報告書作成：収集した情報を EIA 報告書にまとめる。
⑤　レビュー：ステークホルダーとの協議・環境関連官庁による EIA 報告書の内容確認を経て，報告書の最終版を作成する。
⑥　モニタリングと管理：適切な環境管理計画に基づき，モニタリングと管理を行う。

(3) F/S の変化形と調査の設計

　プロジェクト発掘段階と同様に，プロジェクト形成段階の調査にも変化形がある。例えば，現在の日本の ODA によるプロジェクトでは，すべて「協力準備調査」と総称されているが，有償資金協力ではなく，無償資金協力を想定した調査を F/S とは呼ばない。無償資金協力では，概略設計（Outline Design；O/D）調査，古くは基本設計（Basic Design；B/D）調査と呼ぶ。プロジェクト形成段階の調査の一つである。日本の税金を無償で供与するが故の事業費の精度が求められるため，特に F/S と区別して呼ばれている。こうしたプロジェクト形成のための協力準備調査の調査項目は似ており，海外調査と国内解析にわかれ，①概略設計，②概算事業費，③実施工程，④経済的・技術的妥当性，⑤財政面，⑥運営・維持管理体制などの項目から構成され，これらの調査結果が報告書にまとめられる。無償資金協力の場合は，協力準備調査の報告書の段階でおおむねの供与額が決まってしまうため，借款のための F/S に比べ，プロジェクトの規模は小さいものの，設計内容および概算事業費についてはより高い精度が必要になる。名称が示すとおり，日本の税金から資金を無償で供与するが故の根拠，精度が提案内容に求められているといえよう。

　このように，プロジェクト形成段階の調査の内容は，調査開始時点におけるプロジェクトの熟度，調査終了時点，すなわち後の審査に必要な情報の内容，精度等に依存する。プロジェクト形成段階の調査結果には，プロジェクトの①基本構想，②計画策定，③設計・積算，④計画評価の結果が含まれることになる。①から④のどの段階から調査を始めればよいか，どの段階に力点をおくかは，当該プロジェクトに関連する情報がどの程度あるかによっても異なり，何のために調査を実施するのか，調査の目的によっても異なる。調査項目や報告書目次といった表面的な部分には実質的な相違は無いが，調査深度や結果の精度には違いが出てくる。

　プロジェクト形成段階の調査を設計する場合，表 -3.3 に示すような計画の評価体系を知った上で，

表 -3.3　計画の評価体系

	経済の成長を促進する指標		人的基本ニーズ（BHN）	国家基盤の安定
	財務分析	経済分析		
立場	私企業的見地	国家的見地	人的基本ニーズ	マクロ経済
目的	収支採算による利益の最大	資源の最適配分による経済成長	BHN の確保・公共性の確保 地域格差是正，低所得層救済	国際収支対策・輸出促進拡大 行財政改革効率化
指標	内部財務収益率	内部経済収益率	社会指標	価格・為替・公共料金・公共投資
採択基準	資本の長期利子率	資本の機会費用	公平配分	セクター・マクロバランス
評価基準	不完全競争下の市場価格	価格歪み修正による真の価格	効果の計量が難しい	産出・投入表，その他
対象	投資妥当性を重視した調査（F/S） 投資優先順位の重視 有償プロジェクト援助 経済全体の投資効率の重視		財務・経済的に不成立な案件 小規模プログラム援助 小型プロジェクトの集合体 無償資金援助	セクター単位の効率性の重視 セクター構造調整融資（SAL） プログラム援助 速効性の好条件融資

個々のプロジェクトの事情に応じた調査内容を検討するとよい。例えば，無償資金協力と有償資金協力とを対照的にとらえると次のようになる。無償資金協力は人間生活の基本的な権利の保障を目的とした生活基盤の供給を目指す事例が多く，短期的な視点に立って実施される。一方，有償資金協力は，経済成長を目的とした需給バランスの達成を目指し，中・長期的な視点に立って実施される。このため，計画の評価のベースとなる積算の項目や精度，さらに遡れば，積算のベースとなる設計の精度が異なる。

3.2.3　プロジェクトの審査 [3a), 4), 9)]

F/S が終わるとプロジェクトの審査（project appraisal）の段階となる。世界銀行のような国際金融機関では，この段階で職員からなる審査ミッション（appraisal mission）を組織し，現地調査を実施して審査報告書（appraisal report）が作成される。審査報告書はそれまでの作業の集大成であり，プロジェクトの概要，F/S 報告書，その他の調査結果が所定の様式で要領よくまとめられる。日本の ODA では，協力スキームにより多少の違いはあるものの，すべての協力プロジェクトに対して審査を行い，各プロジェクトの実施可否を日本政府が決定している。

プロジェクトの性格により審査報告書・調書の様式も種々異なるが，一般的な審査基準は以下のとおりである。

【一般的な審査基準】
① 当該プロジェクトが，当該国の社会・経済開発計画の中で，高い優先順位が付けられているか，プロジェクトが実際の需要に合致しているか。
② 当該セクターの抱える主要な政策課題（料金政策，補助金問題，セクター改革，民営化問題等）に対して当該国が適切に対応しているか。
③ プロジェクトの準備が適切であって，経済・財務・技術・社会・制度・環境の観点から，事業の円滑な実施と持続的な運用ができるかどうか。
④ 技術・財務等の側面から判断して，事業実施機関の能力が適切なものであり，プロジェクトをうまく実施できるか。
⑤ プロジェクトの性格が政府間の借款に相応しいものであるか（商業性が非常に高いことが明らかで民間融資を引き付けるようなプロジェクトの場合は政府間のプロジェクトに馴染まない）。
⑥ もし何らかの問題がある場合，それらに対する対処策が講じられるかどうか。

F/S が適切なタイミングで適切に実施されていれば，相手との最終的な対話は必要ではあるものの，審査段階で新たな調査を行う必要はない。このため，審査調書は融資等の協力機関の職員の手で直接作成される。この中で特に重要な作業は，F/S に基づくコストの見積，融資コンポーネントや入札等のロット分けを含む資金計画と経済・財務評価となる。

意思決定をできるだけ正確かつ有効に行うためには，事前に必要かつ十分な情報が得られていることが前提となる。プロジェクトの実施の各プロセスにおいて，有効な情報を得るためのデータ収集とデータ処理が必要である。調査・計画段階でのデータ収集・処理の対象は広範囲にわたっており，プロジェクトの種類や規模にもよるが，およそすべての経済・社会現象，自然現象に及ぶといっても過言ではない。工学的知識，経済学的知識，法学的知識等にとらわれることなく，**図-3.6** の

3.2 プロジェクトサイクルの個々の活動単位

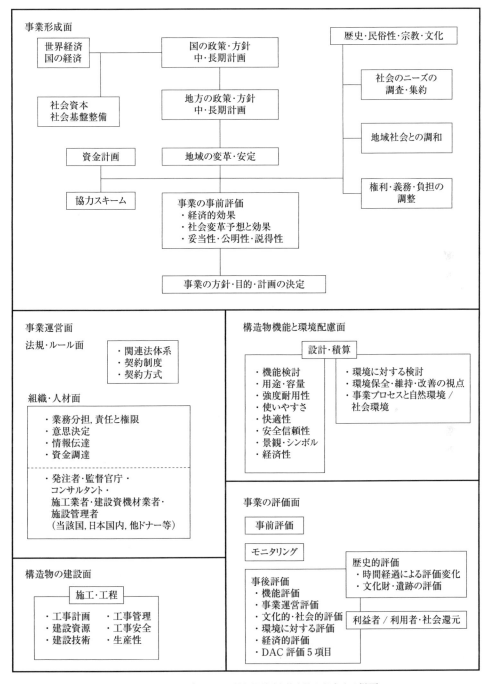

図-3.6 事業マネジメントの対象領域（案件実施上留意する側面）

ような幅広い事業マネジメントの対象領域全体を認識した上で，どうすれば所期の目標が達成できるかを常に念頭においた検討を行い，総合的に判断することが最も重要である。

（1） 審査報告書の作成

F/Sまでの間に行われた調査・検討結果に基づき，対象プロジェクトが，当該国の経済・社会開

発や経済安定化のために役立つかどうか，またどの程度役立つのか，プロジェクトが適切に計画されているかどうか，プロジェクトの円滑な実施，持続的な運用，所期の効果発現が期待できるかどうか等について見極め，プロジェクトを実施すべきかどうかを確認するために審査を行う。以下に円借款の審査で考慮される項目を示すので参照されたい。当然，こうした審査調書の項目は，前述したF/S報告書の構成に近いものになっている。

【審査調書の項目】
① プロジェクトの経緯
② 当該国の経済と開発政策
③ プロジェクトの必要性
④ プロジェクトの概要
⑤ 事業費と資金計画
⑥ プロジェクトの実施・運営・維持管理計画
⑦ 財務的評価
⑧ 経済的評価
⑨ 運用・効果指標
⑩ 環境社会配慮
⑪ 社会開発的側面への配慮
⑫ 監理上の留意点
⑬ 結論

(2) 環境面の審査[8]

審査時点で環境アセスメント報告書がある場合には，それを参照し，進捗について確認すれば済むが，そうでない場合もあるため，環境面の審査について補足する。

プロジェクトを，その概要，規模，立地等を勘案して，環境影響の度合いに応じて審査を行う。ここでは例としてJICAの環境社会配慮ガイドラインにおけるカテゴリ分類を示す。こうしたガイドラインに従い，プロジェクトによる不可逆的な負の影響を極力減らす方策を講じる。

環境アセスメント報告書が必要となる際には，その作成には，ある一定の時間や資金，人的資源が必要となることから，相手との間で分類にかかる協議を早期に行うことが肝要である。

【環境カテゴリ分類の例（JICA環境社会配慮ガイドライン）】

カテゴリA：環境や社会への重大で望ましくない影響のある可能性を持つようなプロジェクトはカテゴリAに分類される。また，影響が複雑であったり，先例がなく影響の予測が困難であるような場合，影響範囲が大きかったり影響が不可逆的である場合もカテゴリAに分類される。影響は，物理的工事が行われるサイトや施設の領域を超えた範囲に及びうる。カテゴリAには，原則として，影響を及ぼしやすいセクターのプロジェクト，影響を及ぼしやすい特性を持つプロジェクトおよび影響を受けやすい地域あるいはその近傍に立地するプロジェクトが含まれる。

カテゴリB：環境や社会への望ましくない影響が，カテゴリAに比して小さいと考えられる協力事業はカテゴリBに分類される。一般的に，影響はサイトそのものにしか及ばず，不可逆的影響は少なく，通常の方策で対応できると考えられる。

カテゴリC：環境や社会への望ましくない影響が最小限かあるいはほとんどないと考えられる協力事業。

カテゴリFI：JICAの融資等が，金融仲介者等に対して行われ，JICAの融資承諾後に，金融仲介者等が具体的なサブプロジェクトの選定や審査を実質的に行い，JICAの融資承諾（あるいはプロジェクト審査）前にサブプロジェクトが特定できない場合であり，かつ，そのようなサブプロジェクトが環境への影響を持つことが想定される場合，カテゴリFIに分類される。

3.2.4 プロジェクトの実施 [3b), 10), 11)]

プロジェクトの審査を経て資金調達の目途が立った後，プロジェクトは実施に移される。プロジェクトの費用には，工事費のみならず，詳細設計および施工監理などのコンサルタント業務の費用もプロジェクトの実施金額に計上するため，詳細設計以降をプロジェクトの実施段階とすることが一般的である。実施段階の発注者は，プロジェクトのオーナーとなる。資金提供を受けたプロジェクト，すなわち開発途上国の多くのプロジェクトでは，オーナーは相手国の実施機関になる。

本項では，プロジェクトの実施段階について，建設（詳細設計，施工，監督）から運営・維持管理のステップごとに，主に行政側の視点で述べる。コントラクター側の視点は第4章で詳述する。

（1） 詳細設計（実施設計）

実施段階の第1ステップが詳細設計（Detailed Design；D/D，実施設計とも呼ぶ）である。F/S終了後，審査を了するまで若干の年月を要する場合もあり，この場合はD/Dの初期の段階で最新のデータや場合によっては新たな前提条件のもとで，F/Sの見直しや計画の軌道修正を行い，プロジェクトの必要性や健全性を再確認する必要がある。

一般にF/S調査ではプロジェクトの実施可能性を判断する程度の調査や代替案比較のための概略設計しか行われていないため，D/Dに必要な精度の測量調査や地質調査など，F/S調査を補完する調査を実施する。工事費の増大，工程の遅れが生じた場合，プロジェクト全体からみて大きな損失に発展する可能性もあるため，そのような事態が起きないように，必要かつ十分な調査内容を提案することが肝要である。

D/D業務はコンサルタントに委託して実施され，技術者のエンジニアリング能力が最大限に発揮される場となっている。

まず，設計条件・設計基準を設定し，各種技術調査を行い，それらを予備設計（基本設計と呼ぶ場合もある）に発展させる。予備設計の段階で，関係する諸機関との協議・調整を行う。プロジェクトの建設のための用地取得は最も重要であり，関係諸機関において調整された予備設計を基本として，用地取得図を作成し，早期の用地取得に努める。

その後，予備設計を詳細設計に発展させ，業者選定のための入札に必要な設計図面，技術仕様書，数量明細書等の図書を作成する。D/Dで作成する入札図書は通常，①入札案内書（instructions to bidders），②入札書（form of tender），③契約条件書（conditions of contract），④仕様書（specifications），⑤入札図面（drawings），⑥数量明細書（bill of quantities），⑦入札保証書（tender bond）から構成される。

なお，D/D業務はプロジェクトの事業手法が設計・施工分離方式である場合に実施される。デ

ザインビルド方式の場合には，設計が完了した順に工事に着手するため，D/Dと工事が一括発注されることになり，次の入札のステップに直接進むこともある。

近年のプロジェクトの事業手法は多様化しており，デザインビルド方式の可否に加え，コンサルタントの選定方法をQBS(Quality Based Selection)とするかQCBS(Quality and Cost Based Selection)とするかといった議論がなされることも多い。特に，開発途上国の実施機関の担当者は，自身の手間が省け，かつ安価に仕上がると期待し，プロジェクトの内容と関係なく，デザインビルドかつQCBSを推す場合もあり，注意を要する。

事業手法や調達方法については，F/Sや審査の段階から議論されることも多いが，D/Dの結果として提出される入札図書類において規定され，最終的には入札の段階にならないと決定されない場合もあることに留意すべきである。

実際にどうすれば技術的・財務的に健全な応札者を選定できるのか，どうすれば提案された計画のとおりに完工できるのか，といった問題は，不確実性など計画の限界があるため，一概に普遍化できない難しさがある。

【設計を実施する際の留意点】
① 詳細設計のレベル：業務の範囲・条件を明確に契約や仕様書で規定する。特に求められている図面が，入札図面なのか工事図面なのかは注意が必要。
② 設計基準：国内では，JIS，道路構造令，道路橋示方書など標準となる基準が定められており，調査・試験・設計方法や材料選定もこのような基準に従えば問題はない。日本のODA業務であれば，日本の基準をもって設計することもある。発展途上国においては，旧宗主国の基準を踏襲している場合が多く，諸外国の基準に精通し，さらにその国の設計の体系や材料の入手の容易性，維持管理の際の部品調達等を考慮して，クライアントの利益を優先して考えることも必要になる。
③ 設計責任：国際的にもコンサルタントの瑕疵責任を問う傾向が強くなっている。設計ミス，手戻り作業をなくすためにも，しっかりした照査のシステムを確立しておくべきである。なお，国際プロジェクトでは設計図面に設計者や承認者が署名し，責任の所在を明確にする。
④ 現地に適合した技術：プロジェクトで用いられる技術には，工費の低減や工期の短縮のためにその時々で高度かつ最新の技術が検討されることもあるが，一方で，場合によっては現地における在来工法の採用など，現地の技術水準，現地で調達できる材料，自然条件などを十分に考慮した技術が採用されることもしばしば必要となる。

(2) 入　札

入札書類が完成した後に入札の体制を整え，入札参加資格業者を選定する事前資格審査(PQ；Pre-Qualification)を行う。通常は，過去の工事経歴，参加するスタッフ，機材リスト，財務状況等を勘案して有資格業者を選定する。

原則的には最低価格を入れたコントラクターが落札することになるが，入札審査の結果，数量・単価・技術的アプローチ・施工法等が不十分と判定された場合には，最低価格の入札者でなく，総合的に最善と評価されたコントラクターが落札することもある。

資金提供を受けたプロジェクトでは，融資機関の調達ガイドラインに則った入札・選定を行う必

要があり，融資機関が納得のいく公平な審査評価報告書の作成が求められる．

(3) 工事および工事監理

コントラクターはオーナーと契約を結び，工事遂行の任にあたる．オーナーは，三者方式の場合にはコンサルタントを雇い，コンサルタントはオーナーの代理人として工事監理にあたる．日本の公共工事においては，オーナー自ら工事監理を行い，コンサルタントは補助員になっているのが現状である．

コントラクターは契約条件に従い工期中に定められた品質・機能の構造物を完成させるための施工計画をつくり，オーナー・コンサルタントの承認を経て，工事を開始する．通常，プロジェクトを個々の作業単位に分けて工程を立て，労働力・機械・材料の最適な配分を図りながら投入し，工程管理を合理的，組織的に行う．契約の中には，工程管理の他，安全衛生管理・品質管理・コスト管理も含まれるため，これらも的確に行う．

オーナーとコンサルタントは，仕様書に則り，コントラクターのつくる構造物の品質・出来ばえ・数量の監理を行い，完工の際は竣工検査を行い，竣工証明書を発行してプロジェクトの完成となる．

工事および工事監理の段階で，完璧な設計をし，予定した通りに工事を進めることは，建設プロジェクトの特性から不可能である．工事中に当初の想定条件と実際の状況が異なることがしばしば発生し，計画変更を強いられることが多い．通常，話し合いにより設計変更として処理するか，交渉がまとまらない際は，コントラクターからのクレームを書面で提出する．三者方式の場合は，コンサルタントが中立の立場で解決を進めなくてはならない．

近年では，国際コンサルティング・エンジニア連盟（FIDIC）が複数の国際開発金融機関と共同で作成した土木工事用標準入札書類のMDB調和化版（Multilateral Development Bank Harmonized Edition）において，常設の紛争裁定委員会（Dispute Board；DB）の設置を定型としている．DBは，三者のいずれからも独立して設置され，裁定人（adjudicator）と呼ばれるDBメンバーが定期的に工事現場を往訪しながら契約上の紛争の処理に向けた助言や判断を行い，仲裁や訴訟といった紛争処理に発展することを未然に防ぐという仕組みになっている．

いずれにしろ，プロジェクト参画者は，常に現場の正しい状況を把握し，工期の遅れに関連しそうな兆候を発見した際は，その原因・影響を吟味し，問題解決のためにステークホルダー間の緊密なコミュニケーションを図る必要がある．

(4) プロジェクトの運営・維持管理

工事を通じて完成した施設が供用されて，はじめて利用者にサービスが提供され，とりあえず所期の目的を達成したということができる．完成した施設を運営する主体を，ここではオーナーと呼ぶ（管理者，事業者，運営主体等の名前で呼ばれることもある）．オーナーは施設が当初の目的・機能を十分に発揮し，長期間の供用に耐えるために必要な維持管理を行う．運営・維持管理の段階で問題があれば，所要の措置をとることになるが，今後のプロジェクトにフィードバックさせることも，全般的なレベルアップにとって重要である．

維持管理において重要なことは日常の点検である．維持管理マニュアルを作成し，日常巡回で各点をチェックし，異常については報告書を作成し，至急修繕するのか，補修するのか，あるいは長

期的に改修する必要があるのかを判別し，結果に応じた管理計画をつくる．

維持管理業務は，今後ますます重要な位置を占め，公共事業予算の大きな部分を占めつつある．いかに維持管理を合理的に行うかがきわめて重要度を増していることから，完成した施設の補修・改良・更新等に対する新しい取り組みも必要になっている．

3.2.5 プロジェクトの評価 [12), 13)]

一般的にPDCAサイクルの各段階における一貫した枠組みによる評価が重視され，プロジェクトの事前段階から，実施，事後の段階，フィードバックまで，評価によりプロジェクトの開発効果が向上することが期待されている．

プロジェクトの評価の際には，プロジェクトのアウトプット（output）ではなく，アウトカム（outcome）をみる必要がある．ここでいうアウトプットとはプロジェクトの結果として生み出される産出物であり，アウトカムはプロジェクトのアウトプットによって達成される短期的，中期的および長期的な効果である．すなわち，社会基盤プロジェクトの評価では，供用されるサービス内容ではなく，そのインフラの提供するサービス水準の変化をみるということである．

また広義には，プロジェクトの発掘・形成段階における計画の評価や審査もプロジェクト評価に該当するが，これらについては，3.2.1 から 3.2.3 項や章末の参考文献を参照されたい．

（1） PDCAサイクルに沿った評価

国際的なプロジェクト評価の視点としては，前節で触れたOECD（経済協力開発機構）-DAC（開発援助委員会）によるODAプロジェクトに対する評価視点である「DAC評価5項目」を挙げることができる．

【DAC評価5項目による評価の視点】

① 妥当性（relevance）：プロジェクトの目標は，受益者のニーズと合致しているか，問題や課題の解決策としてプロジェクトのアプローチは適切か，相手国の政策や日本の援助政策との整合性はあるかなどの正当性や必要性を問う．

② 有効性（effectiveness）：プロジェクトの実施によって，プロジェクトの目標が達成され，受益者や対象社会に便益がもたらされているかなどを問う．

③ 効率性（efficiency）：主にプロジェクトのコストと効果の関係に着目し，投入した資源が効果的に活用されているかなどを問う．

④ インパクト（impact）：プロジェクトの実施によってもたらされる，正・負の変化を問う．直接・間接の効果，予期した・しなかった効果を含む．

⑤ 持続性（sustainability）：プロジェクトで生まれた効果が，協力終了後も持続しているかを問う．

（2） 事例研究からの教訓 [5b), 14)]

本節では，社会基盤整備分野におけるプロジェクトの企画立案の時点から，調査・計画，審査を経て，設計，入札・契約，工事建設，維持管理，評価に至るまでの各実施過程を概観した．開発途上国への資金協力を伴うプロジェクトを実施する場合に比較的その手順が明確になっているため，

主に日本のODAプロジェクトを念頭に紹介した。

本節の最後にあたり，ここでは過去の経験から得られた将来のプロジェクトに対する教訓を紹介する。表-3.4に掲げた教訓は，計画策定の重要性を強調したいこともあり，プロジェクト発掘・形成における事例が比較的多くなっていることに留意されたい。

プロジェクトは千変万化であるため，これらすべてを満たしても成功が約束される訳もない。しかし，社会基盤整備の本質は公共投資であり，個別プロジェクトやセクター別のパフォーマンス評価を実施・公表して，公的資金の使途に関する透明性を確保し，将来の活動の参考にすることが重要である。

インフラストラクチャのライフサイクルは数十年の長きに及ぶものであり，過去の数多のプロジェクトの中には必ずしも成功とはいえない事例もなくはないが，むしろ多くの場合は，整備された国・地域にとってプラスの開発効果をもたらしてきたことを認識すべきであろう。

表-3.4 インフラ整備に関するプロジェクト段階別の教訓

プロジェクト段階	教訓分類	事業例	教訓
中長期開発計画段階 M/P	目標設定	中部ルソン開発計画調査（フィリピン，JICA，1993－1995）	目標を分かりやすく設定して，地方自治体と住民のオーナーシップを高めることにより，マスタープランの実現性が向上した。
		大カイロ都市圏総合交通計画調査（エジプト国，JICA，2001－2002）	明確なロジックと代替案の提示により，策定マスタープラン目標への現地側オーナーシップが高まった。
		フィリピンにおける事後評価からの教訓（ADB，1996）	目標としてのマスタープランを担保しないと，プロジェクトのフィージビリティが保てない。
	プライオリティの設定	全国運輸交通開発戦略調査（VITRANSS）（ベトナム，JICA，1999－2001）	プロジェクトの優先順位検討で，経済評価（EIRR）に加えて，(1)ネットワーク形成への寄与，(2)国際間リンケージ，(3)コストリカバリー，(4)社会的公正／貧困削減への寄与，(5)環境配慮，(6)住民移転，の各項目について評価。
	関係機関によるオーナーシップ・連携	運輸交通開発戦略調査，（ベトナム，JICA，1999－2000）	種々の方策で現地側オーナーシップを高めることで，マスタープランの担保性が高まった。
		東部臨海開発計画（タイ，JICA，OECF，1982－）	途上国のオーナーシップ尊重により，マスタープラン実施が円滑化した。
		運輸交通分野の組織制度強化事業に関する監査報告（カンボジア・ベトナム，ADB，2001）	ドナー間の連携は，政策対話の実施に有効である。
	官民協力体制のための計画整備	アルゼンチン都市間幹線道路民営化事例（アルゼンチン，1990－）	民営化においてコンセッション方式を採用する際は，入札等手続き面でのわかりやすさと透明性が必要である。
	最新技術情報の認識	狭軌鉄道を独自の技術標準とし鉄道延長を優先（日本，1910年代）	ヨーロッパに諸国における軌道標準化の情報を察知せず，イギリスは不要になった狭軌鉄道のレールや車両を高額で日本に売った。1910年に標準軌不要論が政府決定され，結果，標準軌による輸送力増強の機会が新幹線整備まで失われた。技術基準の決定には政治社会環境が影響する。
調査計画段階 F/S	実施機関の選定・オーナーシップ	都市開発・住宅セクター事業（アジア，ADB，1976－）	インフラはネットワークとして設計すべきであり，関係者参加がオーナーシップ向上に役立つ。
		地方都市都市開発事業，（インドネシア，ADB，1990－1996）	地方の事業において，地方政府のオーナーシップを無視すると，プロジェクトは成功しない。
		ランプン都市開発事業，（インドネシア，ADB，1991－1996）	地方都市での都市開発では，地元のオーナーシップと維持管理面で，住民参加が重要である。

調査計画段階 F/S	実施機関間の理解・調整	モングラ-クルナ間道路整備事業（バングラデシュ，ADB，1977－1986）	道路公社による道路整備事業は予定通りに完了したが，沿線の河口を渡る水運公社によるフェリー改善は長年にわたり放置された。結果，新橋が開通するまでの約25年間，道路整備の効用は十分に発揮されなかった。フェリー改善策を融資条件にする等の対策を見逃してはならない。
	インフラ整備資金の調達	世銀のレポートによるとインドネシアの政府インフラ投資では腐敗のために資機材調達費が嵩んで年間7～21億ドルの資金が消えている	a．資金源の拡大：原因者／受益者負担の徹底，インフラ使用料の見直し等 b．民間資金の活用：民間資金の導入を促進するための制度づくりや，PPPスキーム・民間とODAの連携，為替リスクヘッジ制度（差益→差損）整備等 c．低コスト開発案の模索：低コスト技術ローカルマテリアルの活用維持管理費を含めて経済的な方策の検討 また，マスタープランやプロジェクトのF/Sに対する技術協力においては以下の検討を通じてインフラ開発のための資金調達の可能性を探る必要がある。限られた資金を有効に活用するためには政府のガバナンスの向上が重要である。
	適切なニーズ分析・適正規模の採用	発電線改修事業，（バングラデシュ，OECF，1995－1999）	地域の電力需要を過小評価したため，事故につながり，援助効果が出なかった。
		国有鉄道整備事業計画（タイ，OECF，1991－1996）	需要予測が甘く，地域の開発が遅れたため，過大投資となった。
		タイ東北部地方橋梁建設計画（タイ，JICA，1989－1990）	計画においては，適正な技術の範囲内で，コストの縮小を図るべきである。
		ペナン市都市交通コンピュータ制御システム導入計画（マレーシア，JICA，1986－1988）	適正で低コストの技術でないと，維持が困難になる。
	適正技術の選択	クアンタン港拡張整備事業（マレーシア，ADB，1970－1984）	設計段階で適用技術の選択を誤り，施工時に岸壁が崩壊した。
	住民参加の実施	村落改善事業（インドネシア，WB，1970－1988）	地方自治体，NGO，住民の計画段階からの参加により，インフラサービスの質を高めることができる。
	他セクターの考慮・補完的政策の構築	コロンボ市上水道改修事業（スリランカ，JBIC，1999－）	上水道システムのサービス改善に，住民の啓蒙や周辺の管理システム構築が有効である。
	社会環境配慮	メトロセブ上水道事業（フィリピン，ADB，1990－1997）	貧困層の負担軽減策を考慮しなかったため，上水道サービスの受益者が減少した。
		ダッカ都市インフラ改善事業（バングラデシュ，ADB，1988－1996）	貧困層の就業機会や貧困層へのファイナンスを考慮しなかったことで，都市貧困層のために計画された都市開発が十分に機能しなかった。
		第2Trengganu Tengah 地域開発事業（マレーシア，ADB，1974－）	不十分な自然環境保全策により，プロジェクトの効果が低下した。
建設段階 Construction (D/D & Works)	環境社会配慮：住民移転	首都圏外郭環状道路計画調査（マレーシア，JICA，1995－1996）	現地政府の予算不足から用地取得が遅延した。
		カガヤン総合農業開発事業（フィリピン，OECF，1977－1991）	政治勢力の介入により，用地取得が困難化することがある。
		マリンデュケ農業総合開発計画（フィリピン，OECF，1992－1993）	忍耐強い交渉と住民生活へのてこ入れ策によって，用地取得が完了できた。
		日比有効道路改良計画（フィリピン，OECF，1986－1987）	用地取得が困難化した場合，計画サイトを機動的に変更することも効果的である。
	柔軟性の確保	第2Trengganu Tengah 地域開発事業（マレーシア，ADB，1974）	計画は継続的なプロセスであり，マスタープランは外部条件の変化に応じ常に見直す必要がある。

建設段階 Construction (D/D & Works)	ガバナンスの強化	国鉄輸送力増強事業（バングラデシュ，ADB，1974－82）	溶接や部材変更で対処したが，貨車の銅製軸受や信号用銅製導線の盗難が多発した。貧困がもたらした障害であり，地域住民の生活習慣や事業実施機関のパフォーマンスや政府のガバナンスも審査すべきことを示唆している。
維持管理段階 O&M	財源の確保	下水道網整備事業（バングラデシュ，OECF，1988－1992）	現地政府の財源不足により維持管理が十分に実施されず，援助効果が低下した。
		メトロマニラ洪水予防・排水調査（フィリピン，JICA，2000）	予算不足により維持管理が不十分になる。
		セクター別レビュー －道路－（JBIC，1970－）	道路セクターの最大の問題は，予算の制約からくる維持管理の不足である。
		道路維持管理と持続性に係る評価調査（ADB，1998）	道路セクターでは，維持管理の不足が問題で，利用者負担の強化により財源の創出等が重要である。
		道路分野インパクト評価（フィリピン，ADB，1997）	フィリピンにおける道路セクターでは，地方政府の維持管理が不足しているが，新規建設が維持管理に優先される傾向がある。
	関係者参加	小規模灌漑事業Ⅳ－Ⅵ（タイ，OECF，1983－1990）	末端農民組織に，プロジェクトの全段階で大きな裁量権を与えることで，農村の都市部との所得格差是正に成功した。
		インフラ復旧事業（フィリピン，ADB，1989－1993）	インフラの維持管理には，地方自治体レベルの関与が重要である。
事後評価・モニタリング		Pahang Barat 総合農業開発事業（マレーシア，ADB，1982－1991）	効果が多様で効果発現に時間のかかるプロジェクトでは，事業実施中および実施後の評価・モニタリングが重要である。
		交通セクター修正／投資プログラム（ブルキナファソ，WB，1992－2000）	交通セクター効率化には，プロジェクトの効果を評価することが重要であるが，評価指標はアウトプットよりアウトカムが重要であり，技術協力の必要性が高い。
		農村生活改善研修強化計画（フィリピン，JICA，1996－2001）	一つの事業をモデルとして他地域に展開するには，事後評価のためのモニタリングが重要である。
		総合事後評価-灌漑・農村開発（フィリピン，ADB）	消化期間の長いプロジェクトでは，結果をモニターしながら進められるよう，段階的実施を考慮すべきである。

注） 参考文献 5) の pp.40～49 および 15) の pp.3-4～3-18 をもとに作成。

3.3 プロジェクトの資金調達

3.3.1 資金調達の手段

（1） 社会基盤プロジェクトにおける収支と資金調達

社会基盤プロジェクトは，整備の段階と維持管理の段階に大別できるが，一般に，整備の段階では，当該社会基盤の建設のために多くの支出（expenditure）を必要とする一方，収入（income）は得られない。

維持管理の段階では，利用料収入を得る社会基盤（例：有料道路）と，利用料収入を得ることを意図しない社会基盤（例：一般道路）とがあるが，いずれの場合も，当該社会基盤の維持管理や運営のため，支出は必要である。また，利用料収入を得るプロジェクトであっても，当該利用料収入だけでは維持管理段階の支出を賄えない場合もある。

こうした中で，社会基盤プロジェクトが，持続性を有するためには，整備および維持管理の各段

階における支出が，適確に手当てされなくてはならない。このように，社会基盤プロジェクトにおいては，そのライフサイクルにわたって，どのような収入と支出が見込まれ，どのような資金調達を行って，プロジェクトの各ステージにおける資金需要に応えていくのかということが課題となる。特に，社会基盤プロジェクトでは，プロジェクト初期に多くの支出を必要とするため，その初期投資資金をいかに低コストで確保するかということが，資金調達上の最も重要な課題であるといえる。

(2) 社会基盤プロジェクトにおける資金調達方式

社会経済的に実現性のある (economically viable) と認められる社会基盤プロジェクトの資金調達方式については，①政府予算支出方式，②特定プロジェクト目的債券発行方式，③公企業方式，④官民連携 (Public-Private Partnership；PPP) 方式，などに大別することができる。

なお，税金と利用料の徴収を，資金調達の形態として整理する考え方もあろうが，これらは，プロジェクトに必要な政府予算の財源であったり，プロジェクトに関連する債券や銀行等借入金の償還のための財源であったりするものでもある。すなわち，プロジェクト主体がプロジェクトの実施に必要となる資金をどのように調達するのかという問題と，それらの資金の原資となる財源をどこに求めるのかという問題とは，相互に関連した重要な問題ではあるが，並列的に整理し難いものである。このため，3.3節では，まずは前者に着目し，説明を展開していくこととする。

(3) 社会基盤プロジェクトにおけるプロジェクト主体と資金調達の手段

社会基盤プロジェクトにおいて，資金調達の手段は，プロジェクト主体によって異なる。ここでは，公共セクター (政府，公企業) と民間セクター (PPPにおける民間事業者) に大別して概説することとする。

公共セクターの場合，政府 (中央政府または地方政府) がプロジェクト主体の場合は，政府予算の支出によることが一般的である。また，公企業がプロジェクト主体の場合は，当該公企業の内部留保の活用，政府等からの出資または補助金の受入，当該公企業による債券の発行，政府または金融機関からの借入が一般的である。

一方，PPP方式の下で民間事業者がプロジェクト主体となる場合は，さまざまなスキームが考えられるが，核となる単独または複数の民間事業者 (プロジェクト主唱者：project proponents) が，当該プロジェクトのために特別目的事業体 (Special Purpose Vehicle；SPV) を設立することとし，当該SPVが，他の民間機関や公的機関から出資を受入れたり，借入を行ったり，債券を発行したりすることが多い。

(4) 社会基盤プロジェクトの資金調達方式の国ごとの相違

社会基盤プロジェクトの資金調達方式は，国によっても異なる。例えば，2006～2007年において，オーストラリアでは，「政府予算支出方式」が63%，「公企業方式」が32%，「PPP方式」が5%，イギリスでは，「政府予算支出方式」が74%，「公企業方式」が10%，「PPP方式」が16%であったと推計されている。

「特定プロジェクト目的債券発行方式」については，オーストラリアでは，1970年代終盤までになくなったが，アメリカでは，現在も主要な資金調達方式の一つとされている。アメリカの場合，

地方政府が，社会基盤プロジェクトが生む収入を返済原資とする特定プロジェクト目的の債券を発行することが多く，この債券を revenue bond（収益担保債）と称し，税金等を返済原資とする一般的な資金調達手段としての債券である general obligation bond（一般財源債）と区別している。

以下では，プロジェクト主体が，公共セクター（政府または公企業）である場合と，民間セクター（PPP における民間事業者）である場合に分けて，資金調達の方式，手段および財源について，より詳しく見ていくことにする（図-3.7 参照）。

①政府予算支出方式（事業主体：政府）

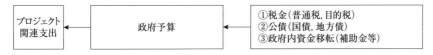

②特定プロジェクト目的債券発行方式（事業主体：主に北米の地方政府）

③公企業方式（事業主体：公企業）

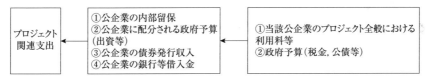

④PPP 方式（事業主体：主に SPV）

図-3.7　資金調達方式ごとのプロジェクト関連支出への充当資金とその財源

3.3.2　公共セクターにおける資金調達

（1）概　括

公共セクターにおける主な資金調達方式としては，①政府予算支出方式，②特定プロジェクト目的債券発行方式，③公企業方式，がある。いずれの方式をとるにしても，公共セクターにおける社会基盤プロジェクトにおいては，セクターレベルでの財源確保の問題が重要となることが多い。

例えば，インドでは，道路セクターにおける旺盛な資金需要に応えるため，中央政府が，燃料税収入を道路整備に独占的に使うための仕組みとして，中央道路基金（Central Road Fund；CRF）を設立している。具体的には，ガソリンとディーゼル油に賦課される税金を，まずは，インド統合基金（consolidated fund of india）に入れ，国会承認を経て，CRF へ移し替えている。そして，CRF は，

国道，州道，地方道の建設および維持管理などに，法律で規定された割合で配分される。このような目的税による財源確保は，政府予算支出方式による一般道路の整備や，公企業方式による有料道路の整備などの支えとなるものである。

(2) 政府予算支出方式

政府が特定の目的のために公的資金を支出するもので，議会の承認を必要とするものである。社会基盤プロジェクトのための資金調達の方式として，主要なものである。

政府予算の主たる財源としては，①税金（普通税，目的税），②公債（国債，地方債），③政府内資金移転（補助金等），などがある。

①のうち，普通税は，使途が特定されない租税である。目的税は，税収を特定の経費に充当する目的で徴収する税である。社会基盤プロジェクトの観点から特筆すると，燃料税や自動車関連税などが，主に交通社会基盤のための資金，すなわち目的税として使われることがよくある。先に述べたインドにおけるガソリンおよびディーゼル油へ課される税金も，道路整備のための目的税である。

②のうち，中央政府が発行するものが国債で，地方政府が発行するものが地方債である。国内市場で発行されるもの（内国債）と国際市場で発行されるもの（国際債）がある。発行主体の信用格付けが，資金調達の成否および資金調達コスト（債券の利回り）に直接的な影響を及ぼす。

③は，中央政府と地方政府との間での資金の移転である。地方交付税や補助金など，中央政府から地方政府への税収の移転などがある。

(3) 特定プロジェクト目的債券（特定財源債券（revenue bond）等）発行方式[16]

特定のプロジェクトのために資本市場で債券を発行するものである。

主にアメリカ，カナダといった連邦制の国で，水道，電力，交通などの社会基盤プロジェクトの資金調達に古くから使われてきた。政府あるいは政府に準じる機関が，債券を発行し，利用料収入など当該プロジェクトから得られる収入や上位レベルの政府（地方政府から見た中央政府など）からの当該プロジェクトのための補助金等を原資として償還するものである。

当該債券は，一般的な公債とは異なり，債券発行主体の徴税権には支えられていないため，当該社会基盤プロジェクトにおいて発生する収入の見通しが，当該債券の信用を分析する際の重点となる。

(4) 公企業方式

公企業（政府が所有する法的に独立した法人）が，社会基盤プロジェクトのための資金調達を行う方式である。公企業による投資は，一般政府予算の中に直接的には含まれず，別途報告されることが一般的である。

この20年程で，オーストラリアやイギリスでは民営化が進み，公企業方式による投資は減ったといわれる。しかしながら，公企業方式は，社会基盤投資にとって，依然，重要なものである。

公企業は，①内部留保，②政府予算，③債券発行，④銀行等借入，などにより，社会基盤投資のための資金を調達する。

①は，当該公企業の純利益から，税金，配当金など当該公企業外へ流出する部分を差し引いた残りで，後の投資のために利用できる部分である。

②は，政府予算の中で，当該公企業に配分することを議会によって認められた公的資金で，一般には，出資や，community service obligations（公企業がユニバーサルサービス義務を負う際の利益の上がらない部分のサービス義務）に対する支払いの形態をとる。

③は，通常，当該公企業によって発行される債券である。一般には，当該公企業が行う個別の社会基盤プロジェクトにおいて発生する収入の見通しのみではなく，当該公企業に対する政府の関与の度合いも含めた当該公企業自体の信用力が，債券の信用を分析する際の重点となる。例えば，インドでは，国道整備を National Highways Authority of India (NHAI) という機関が行っているが，NHAI 債（NHAI bond）は，多くの信用格付け機関から，高い格付けをされており，インド国債の利回りを多少上回る程度の利回りでの資金調達が可能となっている。これは，NHAI が管理運営する有料道路の料金収入や，先に紹介した CRF から NHAI への予算割当てなどで支えられる NHAI の財務基盤のみならず，NHAI がインド中央政府の道路交通・高速道路省（Ministry of Road Transport & Highways）傘下の機関であるということから，NHAI 債のデフォルトの可能性はきわめて低いと投資家から評価されていることによると考えられる。

④は，当該公企業の政府，公的金融機関，民間金融機関からの借入である。政府からの借入で無利子の場合もあり得るが，通常，有利子である。

3.3.3　民間セクターにおける資金調達
(1)　概　括

PPP 方式の下で民間事業者が社会基盤プロジェクトの事業主体となる場合，核となる単独または複数の民間事業者（プロジェクト主唱者：project proponents）が，当該プロジェクトのために特別目的事業体（Special Purpose Vehicle；SPV）を設立することとし，当該 SPV が，他の民間機関や公的機関から出資を受入れたり，借入を行ったり，債券を発行したりすることが多い。

ここで，当該 SPV へ出資を行う者をスポンサー，当該 SPV へ融資を行う者や当該 SPV の発行する債券を引き受ける者をレンダーという。スポンサーは，プロジェクト主唱者を含む外国企業や地場企業である。プロジェクト実施国政府機関や公的金融機関もスポンサーに加わることがある。また，レンダーは，外国金融機関，地場金融機関，債券投資家である。公的金融機関もレンダーに加わることがある。

SPV の債務支払いの主な原資は，プロジェクトにおける利用料収入等の当該プロジェクトのキャッシュ・フローであることから，当該プロジェクトが十分なキャッシュ・フローを生み出すかどうか分析することが重要である。また，債務支払いが適確に行われるようにキャッシュ・フローが管理される必要もある。

特に，海外における社会基盤プロジェクトを PPP 方式で実施する場合，SPV，スポンサー，レンダーは，さまざまなリスクに直面している。例えば，政治リスク（法制・許認可変更リスク，ストライキ・内乱・暴動・テロリスク等），商業リスク（完工リスク，需要下振れリスク等），自然災害リスク（地震・津波リスク等）があり，それぞれのリスクを管理あるいは軽減するための措置がとられる必要がある。

（2） SPVへの出資

プロジェクト主唱者は、出資を行い、SPVを設立することとなる。主唱者自ら単独で、プロジェクト主体となることもできるが、海外における社会基盤プロジェクトは、事業規模が大きかったり、さまざまなリスクがあったりすることから、国内外の複数の企業が出資して、負担とリスクを軽減することが一般的である。

先に述べたように、プロジェクト実施国政府機関や公的金融機関もSPVへの出資に加わることがある。例えば、スリランカの交通セクターで最初のBuild, Operate and Transfer (BOT)案件といわれるコロンボ港におけるコンテナターミナルの整備・運営プロジェクトにおいては、Peninsular and Oriental Steam Navigation Company (P&O) というイギリスの船社とJohn Keells Holdings Limited (JKH) というスリランカの代表的な複合企業とがプロジェクト主唱者となり、South Asia Gateway Terminal社 (SAGT) というSPVを設立している。SAGTには、P&Oグループ、JKHに加え、スリランカ政府傘下のスリランカ港務局 (Sri Lanka Ports Authority；SLPA) や国際開発金融機関であるアジア開発銀行 (Asian Development Bank；ADB) なども出資を行った。

（3） SPVへの融資およびSPV発行債券の引き受け

プロジェクトの実施に必要な資金は、スポンサーからの出資金 (equity) に加え、レンダーからの借入金 (debt) で調達する。借入金と出資金の比率はdebt equity ratioと呼ばれ、8：2のものが比較的多く、7：3や9：1のものも見られる。

海外におけるPPP方式での社会基盤プロジェクトは、事業規模が大きく、リスクも高く、特定のレンダーが単独で貸し付けを行うことはまず無いため、銀行融資で資金を調達する場合、多くの銀行が集まって資金を出す「シンジケート・ローン」と呼ばれる形態をとることが多い。また、(1)で述べたように、公的金融機関もSPVへの融資に加わることがある。例えば、(2)で紹介したコロンボ港のSAGTには、ADBや世界銀行グループの国際金融公社 (International Finance Corporation；IFC) などの公的金融機関が、協調して融資を行っている。

資本市場が発達した国では、SPVがプロジェクトのために債券を発行して、資金を調達することもある。この場合、私募債 (市場で不特定多数の投資家に広く募集される公募債の形をとらずに、少数の投資家が直接引き受けを行う社債) の形で発行され、保険会社や年金基金等の機関投資家が当該債券を購入することが多いようである。

（4） メザニンファイナンス

返済義務のない出資金 (1階：ground floor) と返済義務のある通常の貸出金であるシニア・ローン (2階：second floor) との間 (中2階：mezzanine) に位置する資金の調達手法 (メザニンファイナンス) が活用されることがある。

メザニンファイナンスは、出資金とは異なり、SPVに返済義務は生じるが、シニア・ローンよりも返済順位が落ちるものをいう。形態としては、優先株式と劣後ローンとがある。優先株式は、配当支払い等が普通株に優先する株式で、一般的には、議決権を持たない代わりに高い配当率が設定される。劣後ローンは、返済順位がシニア・ローンに劣後するものである。

メザニンファイナンスの出し手 (メザニン・レンダー) から見れば、出資に対する配当金よりも

確実な投下資金の回収が可能であり,かつシニア・ローンと比較して相対的に高いリターンを得られるなどのメリットがあるといわれている。

SPVから見れば,増減資よりも借入金の調達・返済の方が,法律および手続き面で容易であること,配当金ではなく,金利支払いとすることで,出し手へのリターン配分の上限設定が可能となることなどのメリットがあるといわれている。

上述のような性格を持つメザニンファイナンスを活用することにより,スポンサーの出資金とレンダーのシニア・ローンで足りない部分を埋めることが可能といわれている。

ケース 3-3　ハブ機能強化に向けたコロンボ港拡張事業[*7]
－PPP方式による社会基盤プロジェクトの取り組みと課題－

1. はじめに

インド亜大陸の南のインド洋上に位置するスリランカのコロンボ港は,東西海上交通ネットワーク上の要衝にあり,南アジアにおけるハブ港湾として発展してきた。コロンボ港の2011年におけるコンテナ取り扱いは,426万個(20フィートコンテナ換算値)で,インドのジャワハルラルネルー港に次ぎ,南アジア第2位で,その約3分の2がトランシップ貨物[*8]という点が特徴的である。

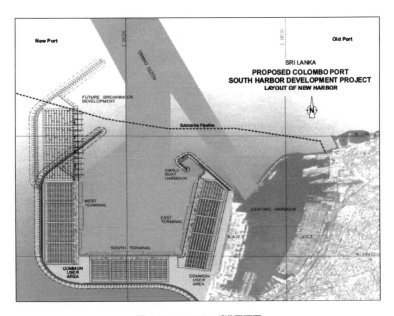

図-C3.3.1　コロンボ港平面図

[*7] 本ケースは,主に以下2つの文献を引用するとともに,ADB,SLPA,スリランカのマスコミ等のWeb Siteで得られる情報により,事実関係や最近の状況を補足している。

[1] Asian Development Bank: Report and Recommendation of the President to the Board of Directors: Proposed Loan - Democratic Socialistic Republic of Sri Lanka; Colombo Port Expansion Project, 2007.

[2] 西村拓:ハブ機能強化に向けたコロンボ港拡張事業,港湾 2009.12 World Watching,日本港湾協会,p.46,p.47,2009.

[*8] ここでは,積荷港から荷卸港まで,同一船舶で運送されずに,コロンボ港で積み替えされる貨物のことをいう。

トランシップ貨物の集積により，コロンボ港には主要船社の大型コンテナ船が寄港し，スリランカは，世界とダイレクトかつ安価に結ばれるという経済的便益を享受している。このため，コロンボ港のハブ港湾機能の強化は，スリランカの繁栄の礎であるといっても過言ではない。本ケースでは，コロンボ港の既存施設の外洋側に岸壁1 200 m（400 m×3バース）から構成されるターミナルを3ターミナル整備するコロンボ港拡張事業（Colombo Port Expansion Project；CPEP）（**図-C3.3.1参照**）の経緯と進展状況を紹介し，コンテナターミナルの整備・運営プロジェクトにおける官民連携（Public Private Partnership；PPP）方式の課題等について考える。

2. 家主型港湾（Landlord Port）モデル[*9]を通じたコロンボ港の運営効率化へ向けて

スリランカ政府（以下，「政府」という）は，1980年代から世界的な潮流となってきた家主型港湾モデル（公共部門が港湾施設を所有・管理するがオペレーションは民間部門が担う形態）の実現を通じてコロンボ港の運営効率化を図ることを目指し，①既存公共コンテナターミナルであるJaya Container Terminal（JCT）の会社化，②港湾における公正な競争を確保するための規制機関（regulator）の立法による設立，を行うこととした。

こうした政府の政策方針のもと，2001年，国際開発金融機関であるアジア開発銀行（Asian Development Bank；ADB）は，コロンボ港拡張に関する需要予測，事業スキーム検討，実施設計，環境影響評価および入札書類作成等に対する$10 millionの融資を政府へ行うことを決定した。

政府は，ADB融資の支援を受けつつ，コロンボ港拡張の事業スキームについて検討を進め，航路，泊地および防波堤の整備は公共セクター，岸壁（用地造成の一部を含む）および荷役機械の整備・運営は民間セクターという手法を選択した。具体的には，公共セクター部分については，政府港湾空港省傘下の公企業であるスリランカ港務局（Sri Lanka Ports Authority；SLPA）による公共事業として実施し，民間セクター部分（ターミナルの整備および運営）については，Build, Operate and Transfer（BOT）事業として実施することとした。最初のターミナル（south container terminal）の運用開始までの総事業費は，$780 million（公共事業：約$480 million，BOT事業：約$300 million）と見込まれた。

3. 公共コンテナターミナル会社化の断念からPPP方式による新規ターミナルの整備へ

政府は，JCTの会社化について，着実に準備を進めたものの，主に組合の反対から，最終段階で中断した。また，新たな規制機関の設立についても，法律草案を用意したものの，国会提出には慎重な姿勢を取り，早期立法は見送った。こうした中，政府とADBは，引き続き，家主型港湾モデルによる効率的な港湾運営を実現するため，①少なくとも最初の2つの新規ターミナルオペレーターは，一般競争入札を通して選定すること，②ターミナルオペレーター間の公正な競争を担保するため，法定規制機関設立に向けた暫定措置として，港湾空港大臣の諮問委員会を設立すること，について合意した。本合意の下，2007年2月，ADBは，SLPAによる航路・泊地浚渫および延長5 kmの防波堤整備に対して，$300 millionの融資を政府に対して行うことを決定し，2007年4

[*9] 一般に，港湾施設は公共セクターが所有するが，荷役作業等のサービス提供は民間セクターに行わせる港湾運営モデルのことをいう。

月には，政府と融資約款（loan agreement）[10]を締結した。この際，ADBは，最初のターミナルオペレーターが一般競争入札を通して選定されていることを融資約款の発効条件（loan effective condition）とした[11]。

4. 民間ターミナルオペレーター（BOT事業者）選定の遅延

政府は，2007年2月，ターミナルオペレーター（BOT事業者）選定のための提案書（Proposal）の公募を開始し，BOT事業のための一般競争入札に入った。2007年6月，民間事業者からの提案書提出を締め切り，それまでに提出された5つのコンソーシアムからの提案書（技術提案書と価格提案書）の評価段階に入った。しかしながら，評価の最終段階になって，政府は，自らが発行した入札書類は，国益を十分に反映できるものになっていなかったという理由で，2008年2月，当該入札を中止し，再入札を行うことを決定した[12]。

一方，SLPAが事業主体となる公共事業部分の入札は順調に進み，政府は，2008年3月に，韓国の現代エンジニアリング社と工事請負契約を締結した。こうした中，ADBは，当初の融資約款の発効条件を免除するための理事会承認を経て，2008年5月から当該公共事業への融資を開始した[13]。その後，当該公共事業は，比較的順調に進捗していった。

翻ってBOT事業部分であるが，政府は，当初入札の中止決定から約1年となる2009年2月に，ターミナルオペレーター選定に係る再入札を開始した。2008年9月からのリーマンショックを契機とした世界的経済不況の影響もあってか，2009年7月の期限までに応札したのは1コンソーシアムのみであった。それから1年以上が経過した2010年9月，政府は，漸く，BOT事業の契約締結に向けた交渉に入る基本合意書（letter of intent）を当該コンソーシアムに発出し，さらに約1年後となる2011年8月，ついに，SLPAとターミナルオペレーターとなる民間事業者Colombo International Container Terminals社（CICT）とのBOT事業契約の締結に至った。35年間のBOT事業契約で，開始日は，2011年12月1日である。CICTのスポンサー（出資者）は，香港ベースのChina Merchants Holding（International）社，スリランカの代表的な複合企業であるAikten Spence社，そして，SLPAで，それぞれ，55％，30％，15％の出資比率（当初）であった。ター

---

[10] ADBの$300 millionの融資は，直接的には，政府に対して行うもので，ADBに対する返済義務も政府が負っている。政府は，SLPAと補助融資約款（subsidiary loan agreement）を締結し，ADBから政府への融資と同一条件で，SLPAへ再融資を行っている。SLPAは，主に当該政府からの融資とSLPA自身の内部留保を，本公共事業に要する支出に充当している。SLPAから政府への返済は，BOT事業者からSLPAに支払われるroyaltyなど本プロジェクトから発生する収入をはじめとするSLPAの港湾経営全般から得られる収入を原資として行うこととなる。

[11] BOT事業に入札する民間事業者の立場からは，ターミナル運営の前提となるインフラ（ここでは，航路，泊地および防波堤）の整備が，公共セクターによって確実に行われる見込みがなければ，BOT事業の契約締結は，リスクが大きいものとなる。一方で，ADBの立場からは，民間事業者がBOT事業へ参画する確実な見込みがなければ，政府への融資は，リスクが大きいものとなる。ADBは，このジレンマを克服するため，自らは，政府への融資を承認し，融資約款の締結を進めるとともに，政府には，BOT事業者選定のための一般競争入札を進めてもらい，選定された相手方と政府がBOT事業の契約締結に向けた交渉に入ることを，ADBの融資約款の発効条件（すなわち，実際のADB融資の開始条件）とする措置をとった。

[12] 本件は，主に2007年10月頃から2008年5月頃にかけて，憶測と思われる事象なども含め，スリランカのマスコミを賑わせている。

[13] ADBは，当初の融資約款発効条件を免除する代わりに，「政府の法律と手続に則った一般競争入札を行い，融資約款の発効日（Effective Date）から一定期間内に，選定された民間オペレーターにSouth Container Terminalの事業権（Concession）を与えていなかった場合，ADBは，融資を一時中止することができる」という条件を新たに融資約款に盛り込んでいる。

ミナルの整備は，2011年12月にはじまり，フェーズ1(岸壁600 m部分のターミナル)の完成は2013年12月，フェーズ2(岸壁1 200 mに対応するターミナル全体)の完成は2014年4月と見込まれた。

5. コンテナターミナル整備・運営プロジェクトにおけるPPP方式の課題

CPEPは，資金調達方式の観点では，PPP方式(ターミナルのBOT事業)と公企業方式(SLPAによる公共事業)の組合わせであり，主として，①民間セクター，②公共セクター，③国際開発金融機関，の3つのプレーヤーが存在する。以下に，各プレーヤーが直面した課題等について考察する。

(1) 民間セクター(BOT事業を行おうとする者)

BOT事業の入札に参加しようとする民間事業者にとっては，事業の収益性とリスクが主要な関心事項である。CPEPにおける当該BOT事業は，コロンボ港が地理的にきわめて優位な条件にあること，コロンボ港の既存ターミナルにおけるコンテナ取り扱いが限界に近づいていたことなどから，十分な収益性が見込まれていた[*14]。このため，当初入札では，世界的なターミナルオペレーター等を含む5つのコンソーシアムが応札したものである。

一方，民間事業者は，当該BOT事業において，政治リスクの顕在化を経験し，また，商業リスクに直面することとなった。まず政治リスクであるが，当初入札の中止等による入札契約手続の大幅な遅延が起きた。既述の通り，当初入札における評価の最終段階で，政府が，「自らが発行した入札書類は，国益を十分に反映できるものになっていなかった」とし，再入札を行うことを決定したものである。こうした理由での入札中止，再入札実施は，先進国ではまずないと考えられるが，開発途上国におけるプロジェクトに応札する場合，発注者となる政府を取り巻く政治的な環境や行政の成熟度を評価しておく必要があることが示唆される。

なお，主に開発途上国において顕在化する政治リスクとして，テロ等の治安リスクは大きく，スリランカにおいても存在していたが，2009年5月，26年間続いていた，政府と反政府武装組織「タミル・イーラム解放の虎(LTTE)」との内戦が終結し，当該リスクはしだいに低下していった。

次に，商業リスクであるが，再入札では，リーマンショックを契機とした世界的経済不況の影響があったものと考えられる。リーマンショック前に行われた当初入札においては，世界的なターミナルオペレーター等を含む5つのコンソーシアムが応札したものの，リーマンショック後に行われた再入札においては，1コンソーシアムが応札したのみであった。ただし，CPEPのケースにおいては，民間事業者は，リーマンショックによる商業リスクを，奇しくも，当初入札の中止という形で結果的に回避できることとなった。仮に，当初入札が順調に進み，早期にBOT事業契約の締結まで至っていた場合は，当該BOT事業者は，事業に関連する政府への支払い(royalty等の支払い)を高い水準で長期間継続する義務が生じていたことであろう。

なお，CPEPにおいて，BOT事業の実施に必要不可欠な公共事業部分については，比較的順調に進捗したため，一般的には主要な商業リスクの一つとなる公共事業の完工リスクは顕在化しなかった。

[*14] 前述[*7][1]のレポートでは，South Terminal Operatorの財務内部収益率(Financial Internal Rate of Return；FIRR)を16.3 %と推計している。

（2） 公共セクター（政府および SLPA）

　政府にとっては，財政状況を踏まえつつ，事業を通して，如何に国家経済・社会の発展を実現していくかということが主要な関心事項である。CPEP においては，財政制約のある中で，SLPA において港湾関連収入を財源として確保しつつ，公企業方式（SLPA による公共事業）と PPP 方式（ターミナルの BOT 事業）とを組み合わせ，特に，SLPA による公共事業に対して ADB からの融資を受けることで，プロジェクトの持続性を確保することとした。

　一方，CPEP において，政府は政治リスクを顕在化させ，また，商業リスクの顕在化を経験することとなった。まず政治リスクであるが，当初入札を中止したことである。当初入札において 5 コンソーシアムが応札したものの，再入札においては 1 コンソーシアムが応札しただけであったことは，リーマンショックによる商業リスクの顕在化のみならず，当該政治リスクの顕在化により，民間事業者が応札を敬遠した結果でもあると推測される。

　このような政治リスクを顕在化させないためには，PPP において，政府が民間事業者を競争入札によって選定する際，透明性，公正性を確保しつつも，どのような者がふさわしいのか，事前に徹底的に検討して，入札評価スキームを確立しておく必要がある。また，選定された民間事業者が期待通りのパフォーマンスを見せない場合に備え，リスクヘッジができるようなコンセッション契約案を準備することも必要であろう。

　次に商業リスクであるが，当該 BOT 事業の再入札の時期がリーマンショックを契機とした世界的経済不況期と重なり，政府にとっては最悪のタイミングとなってしまった。ここで，社会基盤プロジェクトにおける官民役割分担について，一考の余地があると考える。CPEP では，岸壁 1 200 m（400 m × 3 バース）からなるターミナルを 3 ターミナル運用できる航路，泊地の浚渫および防波堤の整備を公共事業，岸壁および荷役機械の整備を民間事業（BOT 事業）とした。これは，きわめて投資リスクが大きくなる防波堤整備と航路および泊地浚渫は公共が担う一方，財政基盤の脆弱な開発途上国にあって，岸壁および荷役機械の整備は BOT 事業者に委ねるという役割分担であった。一方で，岸壁および荷役機械整備についても，相当な投資が必要である中，一般に，民間事業は，公共よりも高い収益率を求めること，また，大規模投資に際する市場借入金利が公共よりも高くなることから，いわゆる上下分離における下物の一部と考えられる岸壁の整備までを BOT 事業に含めた場合，入札実施時点のマクロ経済環境等によって，入札結果が大きくぶれ，かえって公共側が長期的により大きな財政負担を負うことになるとも考えられる。こうした中，上物（荷役機械）の整備・運営を BOT 事業で行うこととし，下物（航路，泊地，防波堤に加えて岸壁まで）の整備は公共事業とすることで，商業リスクを低減させることができると考える。

（3） 国際開発金融機関

　アジア開発銀行（ADB）は，アジア・太平洋における経済成長および経済協力を助長し，開発途上加盟国の経済発展に貢献することを目的として設置された国際開発金融機関である。このため，社会基盤プロジェクトにおいて，開発途上国へ融資を行う際，ADB は，一般の銀行とは異なり，事業の収益性だけでなく，事業の社会経済的な妥当性，さらには，開発途上国政府のガバナンスや事業管理能力の育成にも関心を有している。CPEP では，ADB は，融資の当初審査の際，財務的内部収益率（Financial Internal Rate of Return；FIRR）を推計し，SLPA にとって十分な持続性を有するとともに BOT 事業者にとって十分な収益性を有すると評価し，また，事業の経済的内部収

益率(Economic Internal Rate of Return；EIRR)を推計し，十分な妥当性を有すると評価した。一方，上述の通り，CPEPは，政治リスクと商業リスクの両方に晒された。まず政治リスクであるが，ADB融資の当初審査の段階で，スリランカはまだ内戦状態であったため，ADBは，コロンボ港のセキュリティ評価を行った後に融資を承認するに至っている。

むしろ，ADBを含め，CPEP関係者が経験した最大のチャレンジは，BOT事業における当初入札の中止であったと考えられる。CPEPでは，ADB融資を充当するのは，公共事業部分であったため，公共事業の入札契約は，ADBの調達指針(procurement guidelines)に則って行われ，ADBの強い関与が認められた。しかしながら，ADB融資の充当対象でないBOT事業の入札契約は，政府の法律と手続きに基づいて行われ，当然にその有権解釈権は，政府の最高裁判所にあり，ADBが関与できる余地はほとんどなかったと考えられている。結果として，開発途上国政府のガバナンスや事業管理能力の育成にも関心を有しているADBによる指導，助言は，直接的には公共事業部分までにしか及ばず，公共事業部分は比較的順調に進捗したのに対して，BOT事業部分は紆余曲折を経ることとなったものとも推察される。ただし，通常，被援助国は，融資の充当されない部分にまで融資機関が関与することを望まない。CPEPは，一体のプロジェクトの構成要素であるBOT事業部分に対する国際開発金融機関の関与のあり方と限界について，一石を投じているものと考える。

次に商業リスクであるが，ADBが融資案件の組成の段階で，既述の通り，上物(荷役機械)の整備・運営はBOT事業で行い，下物(航路，泊地，防波堤に加えて岸壁まで)の整備は公共事業で行うとすることで，政府における資金調達リスクと併せて，岸壁に至る部分までの完工リスク(結果としてターミナル全体の供用遅延リスク)とを低減させることができた可能性があると考える。ただし，ADBにおいても，融資枠の制約から，CPEPに対して，$300 millionを大きく超える融資を承認することは，当時困難であったものとも考えられる。

BOT事業部分で紆余曲折を経てきたCPEPであるが，ついに2013年8月，フェーズ1として供用とのことである。2007年にADBが融資を承認した際の供用予定から，約3年遅れての，また，フェーズ1部分のみの供用である。遅咲きとなったCPEPの成功と，スリランカの発展を祈念している。

3.4　キャッシュ・フロー分析

3.4.1　プロジェクト・ファイナンス

インフラ整備に必要な資金は，基本的には，プロジェクト主唱者(project proponents)が拠出する出資金であるが，必要な初期投資資金と出資金との差は，銀行等からの借入金で賄う。通常，資本金は，初期投資資金の3割程度をカバーすることが多いが，大型の社会基盤プロジェクトにおいては，1割程度に満たない場合も相当数ある。

この借入部分に係る資金調達のためには，基本的には，2つの手法がある。1つは，従来から広くもちいられているコーポレート・ファイナンスの手法である。これは，企業の信用(balance sheet based)や担保に基づく(asset backed)資金調達の方法である。これに対して，このような企業の信用や担保に頼らず，プロジェクトからあがる将来の事業収入(キャッシュ・フロー)を

ベースに資金調達を行う方法をプロジェクト・ファイナンスと呼び，原則，無担保・無保証である（non-recourse finance）。後者はリスクが高いので，前者による資金調達の場合に比べ，その調達コストは高い。

プロジェクト・ファイナンスにおける資金の実質上の借り手は，プロジェクト主唱者であるが，これら主唱者は，それが設置する Special Purpose Vehicle（SPV，特別目的事業体）を通じて，資金の借り入れを行う。SPVは，プロジェクト主唱者の出資によって設立されるが，出資者（スポンサーと呼ばれる）とは独立した法人であり，当該事業の実施のみを目標として設置され，その事業の実施に関してはすべての責任を負う。したがって，SPVの事業が失敗しても，スポンサーには，その債務返済要求の手は伸びない（ring-fenced）。

通常，出資者は，できるだけ高い利益率を上げようとするが，このことは，当該事業規模を借入金による投資で大きくすることができれば達成することができる。これは，慣用的に「レバレッジ（leverage：てこ）を掛ける」と表現されるが，具体的には，「出資金の期待配当率よりも借入金の金利が低ければ，借入金の比率を高くすることによって，その出資金に対するリターンを高くすることができる」という意味である。言い換えれば，レバレッジとは，他者の資金を使って，事業規模を拡大して，より大きな利益を上げる仕組みということができる。

3.4.2 キャッシュ・フロー分析

上でも述べた通り，プロジェクト・ファイナンスは，プロジェクトからあがる将来の事業収入のみをベースに資金調達を行う方法であるので，そのキャッシュ・フローをできるだけ正確に予測することが重要である。ここにいうキャッシュ・フローとは，当該機関の事業運営の成績を，どれだけの売上げ（売掛金を含む）があったかとか，どれだけ支出したか（買掛金を含む）といった通常の発生主義に基づく会計システムからみるのではなく，一定期間に流入したお金（キャッシュ・イン）と流出したお金（キャッシュ・アウト）の差，言い換えれば，実際に使える金額あるいはキャッシュをベースに，見ようとするものである。

例えば，"掛"で商品を売った場合，損益計算書では売上となるが，キャッシュ・フロー表ではキャッシュの流入とはみなされない。また，減価償却費は，損益計算書では，費用として取扱われるが，キャッシュ・フロー表ではキャッシュの流出とはみない。

プロジェクト・ファイナンスを行う銀行等の資金供与機関にとっては，このような意味でのキャッシュ・フローが重要である。資金供与機関にとっては，実現していない収入や費用はそれほど重要ではなく，貸付金支払いの基となるキャッシュが潤沢にあるかどうかが，審査にあたって重要な基準である。言い換えれば，銀行は，SPVが当該期間中に受け取った資金から，支払った資金を引いた金額が，当該期間中の債務返済額（元本の分割支払い部分と当該機関の要支払い金利額の合計）以上にあるかどうかが重要であり，これを常にモニターする必要がある。このため金融機関は，この確認作業を半年ごと，あるいは毎年実施するが，この確認作業に用いる指標が，デット・サービス・カバー・レイシオ（Debt Service Cover Ratio；DSCR）であり，以下の式で表すことができる。

$$DSCR = \begin{pmatrix} 一定期間の元利支払い前の \\ キャッシュ・フロー \end{pmatrix} \div \begin{pmatrix} 上記期間の元利支払い \\ 予定金額 \end{pmatrix}$$

DSCR は，最低 1 以上であることが必要だが，通常 1.2 または，危険度の高い案件においては，それ以上の比率が求められる。

3.4.3 現在価値分析・内部収益率

通常，事業の収益性は，それぞれの年度ごとの売上総利潤率，売上高営業利益率等によって計られるが，プロジェクト・ファイナンスの場合，当初の投資資金が，将来いくらのキャッシュをその事業期間全体を通して生むかを見ることが重要で，このための分析方法として現在価値分析と内部利益率分析とがある。

まず，現在価値分析については，当該プロジェクトの実施期間にわたり，各年度ごとにその収益から費用を引いて，ネットのキャッシュ・フローを求め，これを一定の割引率で割り引き，それらを足し合わせた数字がプラスかマイナスかを見て，当該プロジェクトの妥当性を判断する。これを数式で表すと，以下の通りとなる。ここで NPV (Net Present Value) はネットの現在価値，r は割引率，CF_t は t 年度におけるネットのキャッシュ・フローを指す。

$$NPV = \sum_{t=0}^{n} CF_t / (1+r)^t$$

次に内部収益率 (Internal Rate of Return) であるが，Internal Rate of Return (IRR) とは，形式的には，"将来のキャッシュ・インフローとキャッシュ・アウトフローとを等しくする割引率，あるいは，ネットのキャッシュ・フローの現在価値をゼロとする割引率"と定義される。すなわち，内部収益率は次の式を満たす IRR の値となる[25]。

$$0 = \sum_{t=0}^{n} CF_t / (1+IRR)^t$$

これを換言すると，IRR とは，"初期の投資が毎年生み出す余剰キャッシュ・フローを，最終年度まで繰り返し同一の利率で再投資し，これによって一定の収益が得られる場合における，この同一利率"を指す。これを，資産運用のコンテクストに置き直して述べると，IRR とは，一定金額を割引債に投資し，これを数年後，額面額で償還を受けた場合，額面額と購入額との差益を単年度ベースの金利で表示したもの（債権の期待収益率）ということができる。

ここで注意すべきは，IRR には，project IRR と equity IRR とがあるという事である。

project IRR とは，投資額全体に対する将来収益の比率であり，キャッシュベースでみる。言い換えれば，当該投資資金が，借入金によってレバレッジされているか否かに拘らず，一体いくらのキャッシュをネットで生み出すかを見る指標である。project IRR は，税引き後でみるのが普通であるが，他方元利金の毎年返済額は計算に入れない。

他方，equity IRR とは，出資額に対する将来収益の比率であり，投資家から見た収益率といえよう。equity IRR の計算に際しては，初期投資のキャッシュ・アウトフローを初期投資額全体とするのではなく，当該投資家からの出資額のみとし，借入金については，毎年の元利金の返済部分をキャッシュ・アウトフローとして記載する。これも，通常税引き後ベースでみる。投資家から見れば，この指標がある意味で，その投資に対するリターンをより正確に表す指標であるといえよう。

したがって，これら 2 つの IRR は，プロジェクトに要する投資全体を投資家がその出資によって賄った場合は同一であるが，投資額が，出資金のみならず，借入金にも依存した場合は，それは

相互に異なる。ちなみに，筆者が再生可能プロジェクトにおいて作成したキャッシュ・フローモデルでは（**図-3.8 参照**），project IRR が 6.5 % のプロジェクトが，equity IRR でみると，19.6 % となった（前提条件は，小規模のメガソーラプロジェクト（2MW）で，初期投資額 5 億 6 000 万円，出資金比率 25 %，借入金 75 %，金利 3.15 %，借入期間 10 年，買い取り単価 37.8 円/kwh，20 年間の購入契約，税率 40 %）。

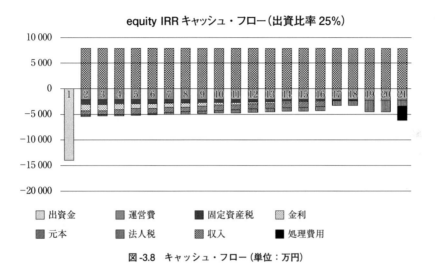

図-3.8　キャッシュ・フロー（単位：万円）

3.4.4　加重平均資本費用（WACC）

大型のインフラプロジェクトへの投資資金は，さまざまなソースから調達され，SPV は，それぞれに異なるリターンを払う必要がある（一般に出資金には一番高いリターンを，優先ローン（他のローンと比べ弁済順位が高いローン）は一番低いリターンを払う）。これらを加重平均してはじき出した平均的リターンを，加重平均資本費用（WACC；Weighted Average Cost of Capital）と呼ぶが，それは同時に投資全体の調達資金のコストでもある。この WACC は，当該プロジェクトが十分な内部収益率を上げうるかどうかを判断する閾値レートとして広く用いられている。なお，その計算に当たっては，各資金の割合のみならず，税負担の軽減効果（tax shield）も斟酌する必要がある（借入金の金利は，費用とみなされることから，その分，SPV にとって税負担が軽くなる）。WACC の典型的な計算方法は**表-3.5** の通り。

表-3.5　投資資金の調達構成と資金コスト

	優先ローン	劣後ローン	エクイティー投資	計
調達資金額（億円）	300	100	100	500
加重割合	60 %	20 %	20 %	100 %
資金コスト・金利	6 %	8 %	15 %	
税負担	40 %	40 %	—	
税負担調整後コスト	4 %	5 %	15 %	
加重後資金コスト・金利	2.2 %	1.0 %	3.0 %	
加重平均資本費用（WACC）		6.1 %		

3.5 BOT/PPPプロジェクト

　開発途上国をはじめとする海外における大型の社会基盤プロジェクトは，Build, Operate and Transfer (BOT) または Public Private Partnership (PPP) に拠り開発されることが多い。これは，このような契約形式が，①民間の活力と資金を取り込む上で有効であり，特に，後者においては，②大型プロジェクト開発に伴う種々のリスクを適切に配分することも可能にする構造を有するからである。本節では，今では世界各国で幅広く用いられるようになったBOT, PPPについて，その制度的仕組みを概観するとともに，それが内包する構造的脆弱性も併せ見ていくこととしたい。

3.5.1　BOTの発生とその構造
(1)　BOTの起源
　Build, Operate and Transferという概念が現在の形態において確立したのは，1980年代，トルコのオザール政権の時代であった。当時トルコでは，電力をはじめとする各種インフラストラクチャの不足が顕著であり，その早急な整備が急務となっていた。しかし，多額の対外債務を抱え，大幅な財政赤字に苦しんでいたトルコ政府にとっては，独自の資金で，これを開発することはほとんど不可能な状態にあった。このような中で，助け船を出してくれたのが，欧州の建設業界であった。その提案は，"欧州の業界が，トルコ政府の必要とする社会基盤施設を，政府に代わって無料で建設し (Build)，その維持管理もきちんと行い (Operate)，30年後，政府にその所有権を移す (Transfer) とするものであった。これには1つ条件が付されており，それは，プロジェクト事業者に対し，30年間，当該施設を独占的に，あるいは，半独占的に運用し，利用者から料金を徴収する権利を認めることであった。

　もちろんかかる提案は，オザール政権にとって，その必要とする社会基盤施設を，自己の資金を持ち出すことなく欧州建設業界が代わりにつくってくれる，とするものであり，施設運営権という架空の権利を賦与しさえすればこれが可能となることから，願ってもない提案として歓迎された。他方，このような提案は，長引く不況の中で，過剰設備に悩んでいた欧州業界にとっても新規の大型プロジェクトの受注を可能とするものであり，歓迎しうるものであった。

(2)　プロジェクト・ファイナンスとコンセッションの組合わせ
　欧州建設業界のこのような妙案は，もちろん，突然降って湧いたものではなく，それは，当時，大規模プロジェクトの資金調達の方法として活用され始めていたプロジェクト・ファイナンスの手法をベースとしつつ，これに，公共サービスの民間事業者への運営委託方式として欧州で長く使われてきたコンセッションを組み合わせたものであった。

　プロジェクト・ファイナンス (project finance) は，本来，原油等，資源開発案件に対する資金調達方法として開発されてきたものである。通常の資金調達は，プロジェクトの主唱者が，当該企業の信用をベースに (balance-sheet based)，あるいは，土地，工場等を担保にして (asset-backed) 行われるが，プロジェクト・ファイナンスの場合は，なんらの企業信用・物的担保を貸手に供与せず (non-recourse finance)，将来の事業収入をベースに，必要資金を借り入れ，これにより，特定事業を開始する手法である。このような資金調達方法は，古くは大航海時代に始まり，その後1970年，

1980年代に北海油田の開発等の中で、洗練されていったものである。

前述の通り、大規模なインフラ整備プロジェクトにおいては、その主唱者は当該事業に必要とされる資金を自ら借りるのではなく、それが設置する別会社（SPV）を通じて借り入れ、また、当該借入金に対する返済もSPVがその運営する事業から上がる収益をもってこれを行う。このようにSPVを広く活用する理由は、プロジェクトのサイズが非常に大きいので、それが上手く行かなかった場合のリスクをプロジェクト主唱者が全て被ることを食い止めるための仕組みであるからである。

(3) BOTが内包する構造的脆弱性

しかし、このように資源開発案件に多用されてきたプロジェクト・ファイナンスの手法を、開発途上国のインフラ整備に当てはめようとすると、いろいろな面で無理が出てくる。

まず問題となるのは、インフラ事業においては、不特定多数の顧客を対象とすることから、資源開発事業の場合のように、その提供するサービスを一手に買い取ってくれる主体(off-taker)がいないことである。このため、インフラ事業においては、将来需要の予測が困難で、収入確保の見通しが立て難いことから、金融機関からの資金調達が難しく、なんらかの保証がないとfinancial close（融資に関する合意の締結）を短期間に達成できない、という難点がある。

次にBOT/PPPは、主として公的機関によって提供されてきた社会基盤サービスが民間事業者に委ねることとなるので利潤追求型となりがちであり、今までのような公益を考慮に入れた公的サービスは提供されなくなるのではないかとの懸念である。このような懸念は、開発途上国においては特に強く、ことに、当該サービスを海外の企業に委ねようとすると、強い反対が生じる可能性が高い。

そこで、欧州建設業界が編み出したのは、上で述べたプロジェクト・ファイナンスの手法に、それまで欧州で公的サービスの事業委託に活用されてきたコンセッション方式を組み合わせ、当該サービスの提供にあたっては、政府のお墨付きを得た形とするものである。そもそもコンセッション方式は、それまで政府が提供していた公的サービスを民間企業に期間を限って行わせるために生み出された仕組みである。したがって、政府は当該サービスの民間企業への委託に当たって、サービス水準等に関し一定の公共サービス義務を課し、これに基づき、民間事業者にサービスの提供を行わせ、一定期間終了後は当該施設を政府に返還させるという形態を取る。ちなみに、コンセッションという考え方は、古くは1869年にオープンしたスエズ運河の開発時にも使われたものであり、当該事業は、エジプト政府とスエズ運河会社との間で結ばれたconcession agreementに基づいて提供された。

第三の問題は、BOT事業は、短期間に集中的に行う規模の大きい建設活動と、長期にわたる小規模な施設維持運営活動という、2つの相異なる性格の事業活動を一本に括りあげた契約であり、それ故、契約条項が複雑になりがちである、ということである。このため、契約締結に長時間を要し、契約締結に懸る取引費用が格段に高く付く、ということである。

3.5.2 PPPへの展開とその特徴

BOTは、このような構造的問題を内包していたため、当初交渉は難航し、例えば、この契約形態を生み出した当のオザール政権の下ですらも、一件の成約も見なかった。しかし、1990年代に

入ると，開発資金が不足する開発途上国を中心に，BOT は徐々に受け入れられるようになり，世界銀行（以下，世銀）等の間接的支援もあって，BOT ベースの社会基盤プロジェクトは，大幅な拡大を見せた。世銀の PPI データによれば，90 年から 2000 年までの 10 年間で，開発途上国全体で総額 8 000 億ドルの BOT が実施された。

では何故，このように多くの BOT が，その高いリスクにも拘らず，途上国において広く受け入れられるようになったのだろうか。これは，BOT の利点を認識した途上国政府が，種々の支援策を提供したからであり，BOT は，Private Finance Initiative(PFI) というよりは，むしろ，Public Private Partnership(PPP) と呼んだ方が適切である程，公的関与が高まった。

3.5.3　PPP に係る種々のリスクと関係三者間での配分

PPP プロジェクトは，その構造が複雑であり，また，その運営が長期に跨ることから，種々のリスクを伴う。主要なリスクを列挙すると，①コスト超過リスク，完工リスク等の建設リスク，②資金調達リスク，為替レート変動リスク等のファイナンシャル・リスク，③需要予測，施設利用料等の商業リスク，④国有化，料金値上げ却下等に係るポリティカル・リスク，⑤不可抗力（force majeure）等がある。

これらリスクは，契約当事者間で，適切に配分する必要があるが，その一般的原則は，個々のリスクを管理する能力の一番高いところにこれを割当てるとするものである。通常，①の建設リスクおよび③の商業リスクは民間事業者に，②のファイナンシャル・リスクは多くの場合民間事業者に，時に政府に，④のポリティカル・リスクおよび⑤不可抗力は，政府に，割当てる。

しかし，実際のリスク配分は，必ずしも，この通りに行われるとは限らず，当事者間の力関係等に大きく左右される。これは，プロジェクトの主唱者，金融機関，政府という PPP に係る 3 つの主要プレーヤーは，いずれもプロジェクトの成功という共通の目的を追求しているが，そこで獲得しようとする狙いはそれぞれ異なり，これを巡り三者間に強い拮抗関係が生まれるからである（agency theory）。したがって，PPP 契約の本質を理解するためには，これら 3 つの主要プレーヤーが，それぞれどのような理由または狙いでプロジェクトに参画するのか，そして，それぞれのプレーヤーがどのようなリスクを回避しようとしているかを見ていく必要がある。以下，このような観点から，PPP 契約におけるリスク配分を論じていきたい。

（1）　プロジェクト主唱者から見たリスクとそれに対する対策

民間企業が PPP プロジェクトに参入する最大の理由は，当該プロジェクトを受注すれば，大型のシステム納入契約あるいは，土木・建築工事契約を獲得できるようになるからである。その際，プロジェクト主唱者がほぼ例外なく求めるのが，SPV の設立である。これは，先にも述べた通り，SPV の設立により，当該プロジェクトがうまくいかなくなった時の責任を自己の出資額の範囲内に収めることができるようになるからであり，さらに重要なことは，施設の納入契約や土木工事契約は，政府から受注するのではなく，自らが出資する SPV から直接 sub contracts として受注することが可能となるので，これにより，プロジェクトの主唱者は，当該施設納入契約または土木工事の契約を確実にものにすることができる。さらに，プロジェクトの主唱者は，機器の納入時点で，あるいは，工事の完了時点で，BOT 事業から上がる将来収入の実現を待たずして，SPV から全額

支払いを受けることができる。この支払い金は，ほとんどは金融機関からの借入金であるが，プロジェクト主唱者にとっては，そのお金は誰が払ったかは重要ではなく，契約金の支払いさえ受ければそれでいいのであり，さらに敷衍していえば，契約代金の支払いさえ得られれば，自らが設立したSPVが倒産しても構わないのである。もちろん，プロジェクトの主唱者にとっても，BOT事業から上がる将来の現金収入は魅力的であり，可能な限りSPVを通じた事業の継続を追及するであろうが，それが難しければ，途中で撤退しても構わないのである。

（2） 金融機関から見たリスクとそれに対する対策

金融機関にとって，このようにリスクの高いBOT事業に融資するのはなぜであろうか？ これはそこから得られる高い収益を期待するからである。銀行は，通常そのポートフォリオの一部をhigh-risk, high-returnの案件に充て，ポートフォリオ全体としてはある程度の収益性を確保しようとする。また，銀行としても大型のプロジェクト・ファイナンスへの融資実績は——とりわけlead arrangerとしての経験は——銀行としての国際的な知名度を上げるために有益である。

しかしながら，上述のように，プロジェクト主唱者によってつくられるSPVは，基本的には"事業者寄りの仕組み"であり，プロジェクト主唱者にとっては，事業運営上のリスクを金融機関に負わせ，プロジェクトが失敗した場合は，そこから撤退することを可能にする仕組みである。それ故，金融機関は，SPVに対しては非常に警戒的であり，さまざまな角度からSPVの運営に介入し，SPVが最後まで責任を持って事業を遂行することを確保しようとする。主な介入措置は以下の通りである。

- step-in right：社会基盤プロジェクトにおいては建設リスクが最も大きなリスクであるが，工事が大幅に遅れたり，進まなくなった場合は，金融機関は，SPVの選んだ建設業者を金融機関が選ぶ業者にかえることができる。さらに，インドのモデルコンセッション契約では，一歩進んで，金融機関がSPV自体を替えることを可能とするsubstitution clauseも設けられている。
- 第三者預託口座（escrow account）の設置：金融機関は，すべての出入金は第三者預託口座を通じて行うことを求め，これにより，その収入金が優先的に借入金等の返済に充てられるようにしている。その管理も，別途選任した第三者預託口座管理人（escrow account agent）を通じて行う。また，当該国政府が外国送金等を制限するおそれがあるときは，第三者預託口座をオフショア—（当該国政府の規制の及ばないところ）に設置することもある。
- equity first：金融機関は，SPVが行う建設工事費，機器購入費への支払いは，まず出資金を使い，それを使い切ってからでないと借入金から支払いを行えないようにするequity firstの条項を入れ，contractorsやsuppliersが借入金から支払いを受けた段階で，いなくなってしまうことを防ごうとしている。
- limited recourse finance：BOTは基本的にはnon-recourse finance（担保なしの融資）であるが，社会基盤部門では，プロジェクト主唱者からもある程度の保証をとることが多い。例えば，完工保証をプロジェクト主唱者から取り付けたり，いったんプロジェクト主唱者に支払った配当金であっても，借入金の支払いに滞りがあった場合，これを債務の支払いに充当するため，取り戻すことができる（claw back），等である。

（3）政府から見たリスクとそれに対する対策

政府にとってBOTが魅力的なのは，従来政府が自ら整備してきたインフラストラクチャを，民間企業に肩代わりさせることができるからであり，政府は，これを促進すべく，さまざまな助成措置を採ってきた。その主なものは，①建設費補助，②最低収入保障，③物価上昇率に連動した料金値上げ，④外貨交換レートの変動に係る損失補償，⑤プロジェクト資産の残存価値の買い上げ義務(buy out)，⑥土地収用，環境影響評価調査の政府実施，等である。

このような各種支援策の中でも最も重要なものは，建設費補助制度である。同制度は，初期投資金額が大きすぎるためBOTへの参加を躊躇する民間事業者に対しその資金負担を軽減するためのものであり，インド国のViability gap fund (VGF)はこの建設費補助制度に当たる。

この建設費補助制度の導入は，BOTにおける入札事業者間の競争の仕方を大幅に変えることとなった。すなわち，通常のBOTに係る競争入札の場合は，入札事業者は施設利用料金の低さによって互いに競争するが，PPPの下では，その必要とする補助金額の少なさで互いに競争することになる。

建設費補助制度に限らず，いかなる助成制度であれ，助成措置は，やはり政府にとってのコストであり，これを際限無く供与すべきではなく，民間セクターの参加を確保するに必要最低限のものに留めるようにすべきであろう。特に，建設費補助は，財政当局の締め付けもあり，支払い額の最小化を図ることが交渉担当者の責務である。また，政府保障の乱発も許されるものではなく，交渉担当者は，政府が将来被ることになるかもしれないcontingent liabilityを最小化することも大切である。

このような観点から，例えば，政府が最低収入保障を供与する場合であっても，予想収入と実際収入との差をすべて保証し，事業者の損失をカバーするのではなく，予想収入の7割のラインと実際収入との差だけを保障し，金融機関の融資部分をカバーする方法がある。これにより，SPVが一番苦労する金融機関からの資金調達を容易にすることができる。他の例としては，インド国政府は，卸売物価に連動した料金値上げを認めるが，そのやり方は，100％連動させるのではなく，卸売物価指数 (Wholesale Price Index；WPI)の40％しか連動させないというものもある。これは，社会基盤プロジェクトのコストの大部分は固定経費であり，インフレーションに連動するのは可変費の部分だけであることから，WPIの40％をカバーすれば，インフレによるコストアップを十分カバーできるからである (planning commission, 2006)。

ケース3-4　バンコク第二高速道路プロジェクト

1. はじめに

バンコクにおける慢性的な交通渋滞を解消すべく，タイ政府は，1972年高速運輸公団を立ち上げ，有料道路網の整備を進めることとした。同公団は，1987年までに3本の港湾アクセス道路を建設し，高速道路網の第一期分を完成させた。この成功を受け，同公団は，これら港湾アクセス道路を更に都心方向に延伸すべく，第二期分工事に着手することとし，これを民間資金を活用したBOTに拠って実施することとした。

同公団の入札募集を受け (request for proposal)，わが国の建設会社X社は，地元の建設業者Y

社等と組み,入札に参加した。競争はイタリア系の国際コンソーシアムとの激しい競争となったが,日本側コンソーシアムは,その工期の短さ,さらには,X社の香港でのBOT事業の実績等により,競争に打ち勝ち,公団との第一交渉権を得た。

これを受けて,日本側コンソーシアムと公団との交渉はすぐに始まったが,当該プロジェクトの採算性の低さから,交渉は難行した。交渉は,最終的には第一期の既設部分をも含めた形での収入分配方式を採用する,複雑な内容のものとなったが,何とか両者間の合意が立し,1988年12月BOT契約が調印された。これにより,プロジェクトは着工はされたものの,公団側の土地買収の遅れから,当初から不安定なスタートを切った。その後も,収入配分,料金値上げ問題のこじれからプロジェクトの実施は困難を極めた。1993年3月には銀行団からの融資も打ち切られ,1993年8月にはついに,途中完工部分をタイ国政府から没収され,結局,わが国企業は,プロジェクトからの途中撤退を余儀なくされた。

本プロジェクトは,さまざまな要因が複雑に絡まっており,また,X社もその出資額は一応取り戻して撤退することができたこともあり,本事案を簡単に成功事例,失敗事例のいずれかに分類することはできないし,また,分類すべきでもないが,このプロジェクトの経験からわが国企業が学ぶべき点は多い。そこで本書では,この困難を極めたプロジェクトについて,その実施段階での問題点を中心にその概要を紹介し,このような事態に至った要因を分析してみたい。なお,本ケースの事実関係については,Gomez-Ibanez, J. 1997 と C. Walker A.J. Smith 1995 に基づいており,分析は,筆者の個人的見解である。

2. プロジェクトの経緯と背景

1987年,高速運輸公団は,第二期工事の一環として,同市内の31 kmの高速道路をBOTにて開発することとし,これを競争入札に懸けた。これに応じ,わが国の建設会社X社は,地元の建設業者Y社,さらには,地元銀行団とコンソーシアムを組み,入札に参加し,他の有力企業集団に競り勝った。

これを受けて,本コンソーシアムは,1988年12月,当該プロジェクトを実施することを目的とするSpecial Purpose Vehicle(SPV)を設置し,このSPVを通じ,上記公団との間で,コンセッション契約を結んだ[*15]。

本プロジェクトの総工費は10億ドルで,うち22%は出資金,残り78%は銀行団からの借り入れで賄うこととなった。X社は,出資金の内65%を拠出した。

問題は,当該プロジェクトは,第二期部分だけでは,十分な収入が見込めず,このため,SPVは,収入ベースを第一期部分にも広げ,両期間部分を含めた形での収入分配協定(revenue sharing)を結んだ[*16]。

さらに,プロジェクト対象区間たる31 kmも,20 kmの第一区間と11 kmの第二区間とに分けて実施されることとなり,前者については1993年3月までに,後者については1995年までに完成

[*15] 途上国でのプロジェクトは,種々の不確定要因を伴うことが多く,そのために契約条項も複雑かつ不分明なものになりがちで,その分リスクも大きくなる。今回のプロジェクトもまさにそのような性格を有するものであった。

[*16] 収入不足が懸念される第二期分を,既にキャッシュを生み出している第一期工事部分の一部収入から補填するというやり方は,金融手法としてはうまいやり方であるが,このような仕組みは,後刻,両当事者間でのトラブルを生みがちなアレンジメントである。

させることとされた。そして、これらに必要な土地は、公団が確保することとされ、そのSPVへの引渡しは、第一区間については1990年3月まで、第二区間については1992年7月までに行われることとなった。

しかし、公団は、期日までに土地収用を終わらせることができず、期限までに引き渡しえたのは、第一区間20kmの内2kmだけであった。SPV側は、契約条項に基づき、期限内に工事を終わらせなければならないとされる第一区間はこの2kmだけと解する旨の手紙を公団側に送付した[17]。あわせて、即座にこの2kmについて工事を開始し、期限前の1992年11月には工事を完成させた。第一区間内の残りの区間については、かなり遅れて公団からの土地引渡しがあり、当該区間は、1993年3月までには、ほぼ完工した。

これを受けて、公団側は当該区間の供用開始を求めたが、SPV側は、まず公団との第一期工事部分のrevenue sharing、更にはその原資となる道路使用料の引き上げ[18]が先であるとして、完工部分の引き渡しを拒否した。

更に、上記の交渉経緯を見守っていた銀行団は、公団側が契約条項を守っていないとして、SPVに対する貸付金のその後の支払いをストップした[19]。

かかる経緯は、1993年4月、現地新聞で大きく取り上げられ、SPVは工事が完成したにも拘らず、市民に対する利用を拒否しているとして連日一面で非難されるという事態に発展した[20]。

このような事態を解決するため、政府は、1993年6月新公団総裁を任命した。同総裁は、SPV側の主張に歩み寄る形で新しい譲歩案を提示したが、SPV側は、総合的な解決策を求めるとし、さらに、追加的条件すら持ち出した。新総裁は、SPVの総合的な解決策についてはこれを受け入れる方向を打ち出したが、追加的条件に対しては応じられないとし、交渉は物別れに終わった[21]。

交渉が不調に終わってからのタイ側の動きは早かった。公団は、1993年8月31日、裁判所に、完工区間の供用開始の強制執行を求めた。裁判所は、同日、この強制執行を認め、公団は、同年9月2日、高速道路を取り押さえ、当該高速道路の供用を開始した[22]。

その後、タイ政府は、SPVに対し、当該道路のタイ側民間事業者への売却を求め、結局、1994年2月、タイ側投資団に施設は売却され、同投資団は、X社に対し、出資額の約65％に当たる1.4億ドルの支払いを行った。これにより、X社は直接投資した費用は略回収できた。

3. 要因分析

冒頭で述べた通り、本プロジェクトは、種々の要因が複雑に絡んでおり、簡単に成功例、失敗例

---

[17] 第一区間は、2km完成すればそれで良いとする解釈は、契約上、不可能でないとしても、かなり一方的な解釈であり、やはり後で、両者間での紛争のもととなった。

[18] 料金値上げの不実施も良く見られる問題であり、このようなリスクは、MIGA（Multilateral Investment Guarantee Agency）等のpolitical risk guaranteeの購入によってカバーしておくべきであったであろう。

[19] 当事者間の交渉は、公団とSPVの二者間だけでも既に相当複雑であるが、これに銀行団が絡んでくるとより複雑になり、決着が付き難くなる。

[20] 海外においては、外資系SPVが世論形成上不利な立場に立たされることが多く、このためマスメディア等から強いプレッシャーを受けがちである。

[21] 相手国側の新総裁の任命、大幅譲歩案の提示は、明らかに問題解決の山場であったが、SPV側は、そのような状況を正く認識せず、従来通り対応を繰り返し、結局、交渉は決裂した。

[22] タイ側は、おそらく、SPVがここで下りなければ、即座に強硬手段に訴えるという筋書きは既に持っていたものと推測される。

と断定できないが，以上みたように双方の当事者にとって望ましくない残念な結果となったことは事実であるので，それがどのような要因で，このような事態に立ち至ったか，簡単に分析したい。

まず，このような事態に至った原因の一つは，当該プロジェクトがその範囲内で完結しない複雑な構造となってしまったからである。確かに，当該プロジェクトは，物理的には二期工事の範囲31 km に留まってはいるが，収入面では，第一期区間，第二期区間の両方にまたがる広範囲のプロジェクトとなり，本来二期工事区間だけの単体プロジェクトであったはずのものが，公団の採算全体に影響が及ぶような構造となった。このようなアレンジメントは，financial engineering の観点からは，キャッシュ・フローの面で不安定な新規プロジェクト (greenfield) 部分を安定したキャッシュ・フローが見込める既存プロジェクト (brownfield) 部分でカバーするとする，革新的な構成ではあるが，公団側にとっては収入の目減りを意味し，合意はしたものの，その実行は遅らせたいと考える誘因があった。

次に土地収用の問題であるが，その引き渡しの遅れは，途上国においては頻発する問題点であるにもかかわらず，さまざまな場合を想定した実行可能な規定とはなっていない。さらに，その解釈はバランスのとれたものであることが必要であるが，一方的なものであると，その実施段階でトラブルを起こしがちである。本ケースでも，期限内に公団から引き渡しがあったのは 2 km であったので，該当条項の機械的解釈をもって，プロジェクト区間は，20 km から 2 km に短縮されたとしたが，これは，かなり無理のある解釈であり，交渉決着を著しく困難にした。

事業実施途中で契約条項の解釈等について当事者間で異論があることは珍しいことではないが，これに係る論争が長引いた場合，どこかで双方が折り合わなければならない交渉の山場は必ずやあるものである。しかし，交渉の当事者がこのような山場を見逃し，それまでの立場との一貫性だけで機械的に対応してしまうと，話し合いは完全に暗礁に乗り上げてしまう。新総裁が任命され，公団側が譲歩案を提示してきた時が，明らかにそのような山場であったといえよう。

プロジェクト会社への出資者は皆，プロジェクトの実現という共通の目的を有するが，プロジェクトへの参加に当たっては，各社それぞれの思惑を有している。特に現地の出資者は，独自のネットワークをもっており，幹事会社の利害に反する行動を起こすことすらある。例えば，本プロジェクトにおいても，新総裁が任命され，新たな譲歩案が示された時，X 社は柔軟な態度を採ろうとしたが，タイ側の融資団は，それに強硬に反対し，コンソーシアム全体としては柔軟な対案を提示しえなかった。しかし，政府との交渉が決裂し，当該高速道路が公団に接収され，タイ側への売却を命ぜられた時，相手側交渉団の中に居たのは，X 社の譲歩案に反対したタイ融資団であった。その後，当該道路は，タイ側投資団により運営され，SPV は，高収益企業に生まれ変わった。海外での事業では，"敵"は，交渉相手のみならず，身内にもいる可能性があるという点を認識して，"身内"に振り回されないようにすることも肝要である。

3.5.4 わが国建設業界の海外インフラ市場参画の可能性と戦略

公共事業の削減等，厳しさを増す事業環境の中でわが国建設業界は，残された数少ない有望市場の一つとして海外展開を進めてきたが，その事業規模は，過去 20 年間，建設業収入全体の 2 % から 3 % に留まってまっており，年間 1 兆円前後で低迷している。

では，経済成長のパターンが，成熟期から衰退期に入りつつある欧州諸国の建設業界もわが国と

表-3.6 世界のトップ10建設企業（海外事業分野順位）（2013年実績）

順位	企業名	2010 Rvn ($Bil)
1	Grupo ACS（西）	44.0
2	HOCHTIEF AG（独）	34.8
3	Bechtel（米）	23.6
4	VINCI（仏）	20.3
5	Fluor Corp（米）	16.8
6	STRABAG SE（墺）	15.4
7	BOUYGUES（仏）	14.8
8	Skanska AB（瑞）	14.1
9	China Communications Construction Group Ltd（中）	13.2
10	Technip（仏）	12.2

出典　Engineering News Record, ENR The Top 250, 2014, Engineering

同様の状態にあったのだろうか。答えは，ノーである。表-3.6からもわかるように，世界の海外建設市場でトップ10の内7社が欧州企業となっており，海外事業分野は前年度比6.4％増となっており，加えて，これら欧州企業にとって海外事業の割合は6～9割程度に達している。

確かに，欧州企業もかつてはわが国建設業界と同様，国内市場依存型であったが，1990年代のEU統合市場への動きが加速化する中で，従来からの請負型建設事業者から，事業提案型へと大きく脱皮していった。もちろん，これは社会基盤プロジェクトを，単なる建設事業としてのみならず，施設経営をも含めたトータル・ビジネスとしてとらえ，BOTにみられるように，種々のサービスを一体化して有機的に提供する体制をつくり上げていったからであろう。さらに，その背景には，FIDICの採用にみられるように，欧州の地域基準を海外建設事業の国際標準とするための地道な努力もあった。

隣国の韓国でも，建設業界は大きな変容を遂げた。アジア金融危機直後の1998年には0.3兆円に過ぎなかった韓国建設業界の海外部門の受注総額は，2010年には，日本の建設業界の6倍にも達する6兆円（710億ドル）台を達成した。これは第一に，韓国では，政府が積極的かつ有効なBOT/BTO（build-transfer-operate）/PPP振興策を打ち出し，国内社会基盤の開発を従来の公共調達制度からPPPベースへと大きく転換することに成功したからである。韓国では，公共事業全体の15％が，すでにPPPベースで実施されており，特に，仁川国際空港高速道路プロジェクト（1400億円）のような大型プロジェクトでは，PPPベースが多い。韓国企業は，このような国内におけるPPPプロジェクトの受注実績を国際競争入札における選考基準の充足に使い，海外事業の飛躍的拡大に活用している。例えば，2001年には倒産に追い込まれた現代建設も，2001～2006年の会社更生段階から，中近東における海外事業の展開等により大きく立ち直り，2011年には，海外建設事業部門が建設事業全体の47％を占めるに至っており（Engineering News Record, 2011），世界の海外建設事業ランキングの中でも23位に位置するところまできた。ちなみに，日本の建設業者の世界ランキングは，海外事業部門でみるとかなり低く，例えば，わが国のプラント会社が36位にリストされているのが最も高位であり，いわゆる建設大手5社の名前を見出すためには，

40番台から90番台まで下りていかなければならない。

また，インドにおいては，経済インフラは基本的には Public Private Partnership（PPP）により行うこととし，その投資規模は，1500億ドル程度に達するといわれており，原則すべて PPP に基づく競争入札により発注されている。さらに，このような大規模な整備事業を迅速に進めるため，道路，港湾等の主要セクターにおいて，ほとんど例外を認めない厳格な model concession agreement が作成されており，さらに，契約調印後，180日以内に金融機関からの資金調達（financial close）を終えなければならないこととなっているなど，PPP の迅速かつ円滑な実施が可能となる制度がとられている。

このように海外インフラストラクチャ市場は，グローバルなスケールで大きく変化拡大しており，そこでの「ゲームのルール（rules of game）」はわが国の国内市場とは大きく異なっている。日本企業が海外市場で真に競争力を発揮していくためには，グローバル・マーケットに照準を当て直し，企業経営の中核に国際戦略を位置付けている必要があろう。

このような中で，わが国建設業界が，海外市場に打って出るには，どのような対策を採ればいいのか？　まず第一に行うべきは，海外における施工実績を積み上げることである。いうまでもなく，国際競争入札における主要な選考基準は，過去数年間における同規模の BOT/PPP プロジェクトの施工経験であり，この面で自己の優位性を明確に打ち出すことができなければ，いくら日本の企業の施工技術水準が高いといったとしても，競争入札には勝ち残ることができない。したがって，現段階においては海外の有力企業との提携を強化し，そのコンソールシアムに参加する等により，実績，経験を積み上げていくことが必要であろう。

確かに，わが国も韓国に倣い，2011年5月に PFI 法を改正し，従来のサービス購入型に加え，コンセッション型のプロジェクトもその支援対象として取り込むとともに，民間事業者による提案制等の新規施策も導入したが，この PFI 法の改正もわが国企業がこれを足場に海外へと大きく飛躍していくことを助けるものとは未だなっていない。

もう1つ重要なことは，海外のインフラ事業は，入札手続き，契約文書，ビジネス・プラン等の種々の面で，わが国国内におけるプラクティスとは大きく異なっており，この分野に進出しようとする企業は，BOT/PPP のビジネス分野で確立した国際プラクティスに十分に精通することが必要である。

コラム② 海外建設企業における PPP 事業への取り組み

1. 海外の PPP 事業の動向

わが国の建設投資は1992年の84兆円をピークに1996年以降，減少傾向にあり，近年は50兆円付近で推移している。一方，海外の建設投資は堅調に伸びており[1]，中でも PPP 事業を主体とする2030年までに必要な世界のインフラ投資額は推定で約5200兆円[2]にもなるといわれている。ここで，世界銀行[3]および民間情報機関（Public Work Financing：PWF[4]）の情報をもとに，海外PPP 事業セクター別投資額を図-1にまとめる。1980年代後半から行われてきた PPP 事業は，堅調な伸びを示しており，2006年以降は毎年20兆円規模の投資額となっている。案件数では2006

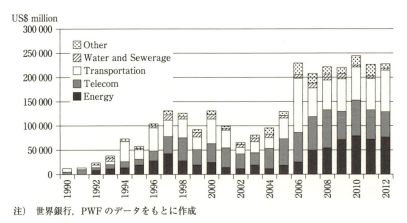

注) 世界銀行，PWF のデータをもとに作成

図-1　PPP 事業セクター別投資額（年次別）

年を境に年間 300 件から 400 件程度の増加でしかないことから，一事業当たりの投資額が増加したものと考えられ，事業の大型化が進んでいると考えられる。

2. 主要な海外 PPP 事業者

Engineering News-Record；ENR[5] で公表されている 2014 年の海外建設会社の国際事業売上高上位 10 社は本書表-3.6 で示した。近年，日系企業における国際事業売上高は約 2 000 億円規模と考えると海外建設企業の国際事業規模の大きさが理解できる。PWF で開示されている情報では，米国で近年盛んに行われている PPP 事業の主要事業者は，投資銀行，金融サービス業者，および建設会社である。金融サービス・投資銀行等の事業者の代表格としては，Macquarie Group（豪）が挙げられる。建設業を生業とする企業一覧を表-1 に示す。ここで挙げられる企業の多くは，ENR の国際建設業売上高の上位企業の多くを占めている。また，これら企業は米国での主要事業者であるにもかかわらず，全 20 社中 10 社が欧州企業である。歴史的に見ても PPP 事業は欧州で始められた方式ということもあり，欧州企業は積極的に自国以外でも事業展開を行っている。

海外 PPP 事業への参画形態はさまざまであるが，建設業を生業としている企業は，建設はもちろんのこと，案件形成，資金調達，運営・維持管理を一貫して行える強みがある。当然ながら本業以外の段階では経験がないこともあるが，運営・維持管理等を行える企業を M&A することで弱点を補い，効率的に事業参画をしている動きがみられる。

表-1　PPP 主要事業者（建設企業）一覧

地域	企業名
欧州	Grupo ACS/Hochtief, Ferrovial/Cintra, OHL, Acciona, Isolux Corsan, VINCI, Bouygues, Skanska, Balfour Beatty
北南米	Kiewit, Walsh, Fluor, FIGG, Lane, Traylor Bros., Bechtel, Hunt Building, SNC Lavalin, Odebrecht
アジア	Samsung

3. 欧州企業の PPP 事業

代表的な欧州建設企業の連結売上高と PPP 事業の売上高を表-2 に示す[6]。2009 年から 2013 年

の5年間の平均値を示す。PPP事業部門の売上高は各社さまざまであるが，事業部門の利益率を見る限り高い利益率を有している。加えて，連結総利益額に占めるPPP事業部門利益額の割合は高く，PPP事業で採算性を向上させていると考えらえる。欧米企業においては，ここ十数年，自国の建設市場にとどまることなく，高い海外事業比率を維持しながら，さらには自国以外のPPP事業等の新しいビジネスモデルへの取り組みで，成長，発展を遂げてきたと考えられる。

表-2　欧州企業における連結およびPPP事業売上高[*1]（5年平均，億円）

企業名	連結			PPP事業売上高			PPP事業／連結比率	
	売上高	EBITDA[*2]	利益率	売上高	EBITDA	利益率	売上高比	利益率比
ACS[*3]	31 496	2 633	8%	120	44	37%	0%	2%
HOCHTIEF[*4]	26 497	787	3%	150	107	71%	1%	14%
VINCI	43 003	6 173	14%	6 191	3 905	63%	14%	63%
OHL	5 118	1 227	24%	1 175	899	76%	23%	73%
Skanska[*5]	17 033	767	5%	28	159	574%	0%	21%
Ferrovial	10 693	1 566	15%	5 576	1 436	26%	52%	92%

*1　各企業年次報告書2009～2013年から引用，各年度の平均為替で円換算。
*2　EBITDA：利払い・税引き・償却前利益（営業利益＋減価償却費）。
*3　ACSは2011年にHochtief（独）の買収に成功，同年からHochtiefの売上もACS売上に計上している。
*4　Hochtifは2009～2011年のみ，コンセッション部門が2012年から他Div.に統合。
*5　Skanskaは2011年に特別計上で大幅な増収が見られる。2011年を除外してもPPP事業利益率は190％。

参考文献
1) 浅野浩史，小澤一雅：海外PPP事業への展開戦略立案のための市場調査に関する一考察，第32回建設マネジメント問題に関する研究発表・討論会，土木学会建設マネジメント委員会，2014.12.
2) Mckinsey & Company：Infrastructure productivity；How to save $1 trillion a year，Jan 2013.
3) Private Participation in Infrastructure Projects Database　http：//ppi.worldbank.org/explore/Report.aspx
4) Public Works Financing　http：//pwfinance.net/
5) Engineering News-Record　http：//enr.construction.com/
6) 各社年次報告書（2009～2013）より作成．

◎参考文献

3.1
1) 国土交通省：海外建設プロジェクトにおけるリスク管理方策に関する検討会報告書，2011.
2) 三谷浩 編著：土木技術者がグローバル社会で活躍するために，土木学会，2006.

3.2
3) 土木学会 編：土木工学ハンドブック第4版，第16編 計画数理 pp.685-688，第21編 データ処理と情報管理 pp.885-886，第53編 プロジェクトの評価a；pp.2165-2192，第54編 プロジェクトの実施b；pp.2195-2201，技報堂出版，1989.
4) 国際協力銀行（現 国際協力機構）：円借款要請準備のためのオペレーショナルガイダンス，2004.
5) 藤野陽三，赤塚雄三，金子彰，堀田昌英，山村直史 共著：海外インフラ整備プロジェクトの形成 a；pp.2-29，b；pp.40-49，鹿島出版会，2011.
6) 国際協力機構：国際協力機構 環境社会配慮ガイドライン，2010.
7) 安部慶三：環境影響評価法（アセス法）改正案がようやく成立，立法と調査 2011.8，No.319，pp.50-56，参議院事務局企画調整室，2011.
8) 国際協力事業団（現 国際協力機構）編：開発調査における経済評価手法研究 共通編，2002.
9) 矢部義夫：海外の調査・計画業務，Consultants Vol.251，pp.60-61，建設コンサルタンツ協会，2011.
10) 国際協力機構：JICA 国際協力人材・実務ハンドブック，2009.
11) 遠山正人：海外の詳細設計・入札支援業務，Consultants，Vol.252，pp.60-61，建設コンサルタンツ協会，2010～2011.
12) 国際協力機構：紛争裁定委員会（Dispute Board）マニュアル，2012.

第3章 プロジェクトマネジメント

13) 国際協力機構：新 JICA 事業評価ガイドライン 第1版，2010.
14) 国際協力機構：事業評価年次報告書 2011，2012.
15) 国際協力機構・株式会社アルメック：社会基盤整備分野における開発援助の経験と展望に関するプロジェクト研究 pp.3-4〜3-18，2004.

3.3

16) Chris Chan, Danny Forwood, Heather Roper, Chris Sayers：Public Infrastructure Financing: An International Perspective, Australian Government Productivity Commission, 2009.
17) 宮本和明：社会資本整備における民間資金の活用，土木学会誌，Vol.97，No.11，2012.
18) 土木計画学研究委員会：交通社会資本制度−仕組と課題−，土木学会，2010.
19) 藤野陽三，赤塚雄三，金子彰，堀田昌英，山村直史 共著：海外インフラ整備プロジェクトの形成，鹿島出版会，2011.
20) 加賀俊一：国際インフラ事業の仕組みと資金調達，中央経済社，2010.
21) Asian Development Bank：Completion Report ; Equity Investment and Loan to the Colombo Port Development Project in the Democratic Socialist Republic of Sri Lanka, 2005.
22) 加賀俊一：プロジェクトファイナンスの実務，金融財政事情研究会，2007.
23) Asian Development Bank：Report and Recommendation of the President to the Board of Directors: Proposed Loan - Democratic Socialist Republic of Sri Lanka: Colombo Port Expansion Project, 2007.
24) 西村拓：ハブ機能強化に向けたコロンボ港拡張事業，港湾 2009.12 World Watching，日本港湾協会，p.46，p.47，2009.

3.4

25) J.D. フィナーティ著，浦谷規 訳：プロジェクト・ファイナンス—ベンチャーのための金融工学，朝倉書店，2002.

3.5

26) Walker, C. and Smith, A.J.：, Privatized Infrastructure;BOT Approch, Thomas Telford, London, 1995.
27) Planning Commission, Government of India, PPP in National Highway;Model Concession Agreement, Secretariat for the Committee on Infrastructure, New Delhi, 2006.
28) 塚田俊三 著：海外インフラ受注の鍵となるプロジェクト・ファイナンス，週刊エコノミスト平成22年12月23日号．
29) Engineering News-Record：The Top 250 International contractors, (MacGraw Hill Construction), Available at http：//enr.construction.com/toplists/Top-International-Contractors/001-100.asp, 2011.
30) J.D. フィナーティ著，浦谷規 訳：プロジェクト・ファイナンス—ベンチャーのための金融工学，朝倉書店，2002.

第4章
コンストラクション・マネジメント

本章において取り扱うコンストラクション・マネジメントは，いわゆる企画〜調査〜設計〜施工〜維持管理にわたる一連の社会基盤マネジメントのうち，事業計画決定後の調査・計画から施工（引き渡し）までの，具体的な建設プロジェクトを対象とする。

ケース4-1　羽田空港D滑走路建設工事におけるマネジメントについて

1. 全体総括

羽田空港D滑走路建設工事は，コントラクター（受注者）が設計および施工，維持管理計画等の技術提案（基本設計）を行った上で，実施設計および施工を一括して行う設計・施工一括発注（デザインビルド）方式が採用された工事であるとともに，入札時に引渡し後30年間の維持管理費を提案し，技術提案内容および技術提案に基づく入札価格と維持管理費を総合的に評価する総合評価落札方式が採用されたという点において，わが国の建設マネジメント史に特筆すべき工事である。

また，同工事では発注者から示された要求水準書を満足する性能を確保することを前提とした性能発注方式が採用されており，共同企業体は，この性能要件に基づき，工法の選定から技術提案のための基本設計，契約後の実施設計，またさまざまなマネジメント特性（地元および関係機関等の周辺関係者の対応・調整等）を満たしながらの工事の確実な履行が求められた。

これらの設計リスク，施工リスク，およびマネジメントリスクを抱えながら，準備工事を含めて工事期間41ヵ月というきわめて厳しい工期で，全工事期間中365日24時間連続施工を前提とした大量急速施工を進めるにあたり，前例のない15社という多数の構成会社からなる異工種乙型共同企業体が組織された。本項ではその運営実績と，直面したいくつかの課題について紹介する。

2. 工事概要

D滑走路整備事業は，年間の発着能力を約29.6万回から40.7万回に増強して，発着枠の制約の解消，多様な路線網の形成，多頻度化による利用者利便性の向上を図るために，現空港の南東側，多摩川河口域に新たに4本目の滑走路を建設する事業である。計画図を図-C4.1.1に示す。

以下に，工事の概要を述べる。

- 発注者：国土交通省　関東地方整備局

第4章 コンストラクション・マネジメント

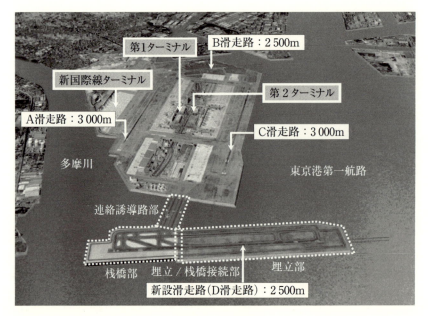

図-C4.1.1 計画図

工種	平成16年度(2004)	平成17年度(2005)	平成18年度(2006)	平成19年度(2007)	平成20年度(2008)	平成21年度(2009)	平成22年度(2010)
実施設計		████	████	██			
調査(ボーリング等)			██	██			
東京港第一航路浚渫				██	████	████	
新滑走路島							
埋立部				██	████	████	████
桟橋部				██	████	████	████
連絡誘導路部			██	████	████	████	████
進入灯部						██	██
保安・付帯施設						██	██

図-C4.1.2 実施工程表

- 工事対象施設：滑走路（2 500 m × 60 m）および誘導路（本体幅30 m × 2本）の基本施設，航空保安施設，付帯施設，基盤施設，東京港第一航路移設
- 履行期間：2005年3月29日〜2010年8月30日（実施工程表を図-C4.1.2に示す）
- 受注者：鹿島・あおみ・大林・五洋・清水・新日鉄エンジ・JFEエンジ・大成・東亜・東洋・西松・前田・三菱重工・みらい・若築異工種建設工事共同企業体（以下，「共同企業体」という）

3. 契約上の特徴

D滑走路建設工事の入札・契約方式の特徴を表-C4.1.1に示す。

その中でも通常の公共工事においては見られない同工事の特徴的な入札・契約方式として，性能発注方式，維持管理契約が挙げられる。

性能発注方式は，設計・施工一括発注方式において受注者の設計に対する自由度が広がることから，施工条件や調達条件を考慮した合理的な設計を実現しやすい方式といえる。同工事においても，プレファブ化の適用等により工期短縮やコスト削減を実現できた点で事業全体にとってのメリット

表 -C4.1.1 入札・契約方式の特徴

No.	項目	内容	備考
1	発注方式	設計・施工一括発注方式	実施設計および施工を一括発注
	性能発注方式	発注者は性能要件（要求水準書）を示し、応札者が提出する技術提案書が要求水準書を満足すれば、技術提案書に従って完成を求める発注方式（性能発注）⇒今回の発注では「仕様」を調達するのではなく、「性能」を調達するという考え方	
2	技術提案	技術提案方式	入札前に技術提案を行い、競争参加資格を得る
3	落札方式	総合評価落札方式（試行工事）	入札価格と維持管理費（30年間）を総合的に評価して落札者を決定
	入札価格	設計・施工価格	入札価格≦予定価格
	総コスト価格	入札価格＋維持管理費（30年間）	総コスト価格≦総コスト上限値
4	施工方式	分担施工方式（乙型）	工事種別毎の共同施工方式、工区分割等に基づく分担施工方式等も可

	甲 型	乙 型（今回の施工方式）
工事の施工方	法構成員は一体となって施工する	構成員は分担工事を施工する
損益分配	出資割合により配分	構成員の分担工事ごとに損益計算するので、配分の問題は生じない
共通経費の負担	出資割合に応じて負担	分担工事費の割合に応じて負担
施工責任	構成員は工事全体について連帯して責任を負う	構成員は、まず分担工事について責任を負うが、最終的には工事全体について連帯して責任を負う

No.	項目	内容	備考
5	JV形態	異工種JV	異工種（①空港等土木②港湾土木③港湾等しゅんせつ④空港等舗装⑤港湾等鋼構造物）の分担施工方式（最小8社最大15社）
6	維持管理契約	引渡後30年間の維持管理業務	引渡日の翌日から最長5年毎に更新 発注者の契約要請に対して義務を負う
7	かし担保期間	設計・施工のかし担保期間	工事目的物引渡後10年
		維持管理行為のかし担保期間	維持管理行為の後10年
8	VE	入札前VE	入札前に機能、性能等を低下させることなく提出済の技術提案書に基づく設計・施工価格の低減を可能とする技術提案書の変更について、発注者に提案することができる
		落札後契約前VE（試行工事）	落札後、契約締結前に機能、性能等を低下させることなく請負代金の低減を可能とする技術提案書の変更について、発注者に提案出来る（5/10は削減しない）
		契約後VE（試行工事）	契約締結後に機能、性能等を低下させることなく請負代金額の低減を可能とする施工方法等の提案を受け付ける（5/10は削減しない）
9	支払い	出来高部分払方式（試行工事）	短い間隔（3ヵ月毎）で出来高に応じた部分払を実施する
10	入札保証金	免除	
11	契約保証金	契約額の1/10以上	履行保証保険を選択
12	かし担保保証	引渡後2年間（10年まで更新）	履行保証保険の特約
13	工事費内訳書	入札金額に対応した工事費内訳	入札時に提出
14	保険付保	①工事目的物・仮設物 ②工場製作した工事目的物の海上輸送 ③水雷保険	③水雷保険 作業船のうち海底を掘削・かく乱・衝撃を与える船舶は、必要な期間水雷保険を付保しなければならない。作業員については付保額死亡後遺傷害3000万円/人しなければならない
15	設計の中間検査	特記仕様書に定める図面・書類等を提出し中間検査を受ける	現場着工指示書発行予定日の10日前までに提出（現場着工指示日は契約締結日の翌日から12ヵ月後を予定）
16	漁業補償	漁業影響補償（発注者負担）	発注者は本件工事等に係る漁業影響補償を行う

17 リスク分担	通常の発注方式【設計・施工分離発注方式】	今回の発注方式【設計・施工一括発注方式】
設計に関するリスク	発注者 →	受注者
施工に関するリスク	受注者	受注者
プロジェクトマネジメント	発注者 →	受注者*

＊受注者が行うべきプロジェクトマネジメント
・他工事との調整
・道路管理者（資材搬入）、港湾管理者・海上保安庁（海上作業、航行）、空港管理者との対応
・航行安全対策 等

No.	項目	内容	備考
18	履行遅滞の場合における損害金等	①履行期間内に本件工事等を完成することが出来ない場合 ②指定図書を定める日まで提出しない場合	

があったと考えられる。

　維持管理契約については，設計段階で100年間の維持管理計画を適切に策定し，このうち発注者の契約要請があった場合に引渡後30年間の維持管理業務を請負うという内容である。請負範囲に維持管理業務までを含めることにより，受注者に対して維持管理時の省力化に配慮した設計，施工を行う動機を与えることができると考えられる。維持管理契約は，設計の自由度が高い入札・契約方式において長期的な品質を担保する方法として有効であるといえる。

4. 共同企業体の運営について
（1） 設計業務の運営と課題
　設計業務は，15社共同企業体全体で，契約後速やかに開始し，工事着手時点の中間検査を受けるまでの約1年9ヵ月の間に，おおむね10万人日を要して実施した。なお，実施体制は，15社による約40名からなるJV運営管理組織を設営し，同組織によるマネジメントのもと，個別の設計は，構成会社各社の得意分野ごとに分担し，持ち帰りで実施した。また，設計業務は，構造物の実施設計に加えて，工事管理システムの構築，維持管理マニュアルの作成，環境モニタリング計画の作成，各種施工検討，航空安全対策の検討，船舶航行安全対策の検討および事前航行安全対策検討会の開催を行った。

　なお，15社という前例のない構成会社数で，かつ異業種という枠を超えて業務を進めるにあたっては，1つの目標に向かって団結し，相互信頼と協調を築き上げるための多くの努力を必要としたが，真の合理的で効率的な設計を達成するという最大のメリットを享受できたものと考える。

　特に，今回のマネジメント業務を含めた設計施工一括発注方式のもと，工事完成まで要求性能に照らして，さまざまな工夫や最適設計をVE（Value Engineering）提案等も活用し，施工段階も含めて一貫して行えたこと，また，施工方法に対しても，より合理的で確実となる改善と工夫が常に可能であったこと等，コスト縮減に向けてコンスタントな挑戦ができたことは，大きなメリットであった。

　さらに，今回のような大規模工事では，急速施工に伴う大量調達が工程上のクリティカルとなるケースが多く発生し，市場動向に応じた工法，ならびに材料の選定が可能となったこと，時宜を得たタイムリーな仮設ヤードや水域確保が達成できたこと等，施工を充分に配慮した設計および計画が実現できたことが，工期短縮，コスト削減に多大なメリットをもたらした。とりわけ桟橋部施工においては，プレファブ施工を主体的に採用できたことが大きな成果をもたらした。

　ただし，課題としては，性能発注における要求性能・要求品質と設計・施工品質との照合における評価，また受発注者間での条件不一致に係る変更協議における片務性の排除等の問題が挙げられる。本事業では，発注者側で学識経験者を交えた技術委員会およびコスト縮減委員会が設置されたが，受注者側での委員会設置は行っておらず，受発注者間で中立的に的確に評価する機関の導入が望まれる。

（2） 共同企業体施工体制の構築と課題について
　企業体は，空港等土木工事，港湾土木工事，港湾等浚渫工事，空港等舗装工事，港湾等鋼構造物工事の5つの異なる工事種別を15社で分担施工する異工種建設工事共同企業体であり，各工事種別の施工にあたっては，工事種別ごとの横断的な分割とは別に，エリアごとの工区分割による分担

施工方式を共同企業体として選定し，企業体内の施工責任体制を明確にすることとした。すなわち，企業体の施工体制は，各工区の品質（Q），原価（C），工程（D），安全（S），および環境（E）までを含めた各工区による自立した施工管理体制の集合体として構築した。

なお具体的な工区分割は，工区運営上の適正規模と効率性を考慮し，**表-C4.1.2** および**図-C4.1.3**に示す9つの工区からなる分割施工とし，各工区の平均元請職員は60名程度（工区の特性により最大40〜90名程度）での施工管理体制を構築した。

以上の基本理念に基づき，共同企業体施工管理体制および各工区運営の基本方針を以下のとおりとした。

① 共同企業体共通管理組織の設置

共同企業体共通管理組織は，全体の進捗・出来高管理，全体の工程調整，設計変更・VE手続，請負代金請求事務，安全・環境管理，高度制限管理，船舶航行安全センターの運営・施工管理システムの運営，対外広報，などの全体的な事務・施工管理業務を行う。

② 工区分割による分担施工方式

工事種別ごとの工区分割に基づく分担施工とする。各工区において，当該工区にかかわる本件工事の履行は，工区構成員全員の連帯責任とし，施工管理・工程管理・資機材管理等も原則，工区構成員全員が共同で行う。

また，各工区は工事種別ごとの分割による分担施工であることを認識し，各構成員持分金額の乙型運営を行うことを基本とする。これにより大量急速施工に対して，構成会社各社の有する人材，資機材および各種調達ノウハウを結集することとした。

③ JV全体連絡調整会議体の設置

工区ごとに幹事構成員を選出し，工区間の協議・調整事項については，幹事構成員が工区を代表して行い，工区構成員はその結果に従うものとする。幹事構成員の協議・調整の場として，JV全体連絡調整会議を設けた。

乙型共同企業体の特徴としては，各構成会社の有する技術等のノウハウや人材・機材などの資源を最大限活用できるといった長所がある反面，ややもすれば意思決定の遅れや責任と権限が曖昧になるなどの離散した企業体に陥る可能性もある。

そこで，羽田空港D滑走路建設工事では，工区分割に基づく自立した工区運営をベースとし，工区全体で管理が必要となる全体業務に関しては上部組織を設けて集中管理を行い，また共同企業体運営委員会の執行機関として機能させる共同企業体組織を構築した。

このように，共同企業体としての全体最適と各工区・構成会社ごとの個別最適を適切にコントロールし，15社という前例のない多数の構成会社のそれぞれが個々に有するノウハウと資源を最大限に活用し，かつ，これらを結集することで，大規模急速施工に対応することができたものと考える。

第4章　コンストラクション・マネジメント

表-C4.1.2　工区分担による各工事種別の構成について

工区		工区構成員	空港等土木	港湾土木	港湾等浚渫	空港等舗装	港湾等鋼構造物
埋立部	護岸・埋立工事（Ⅰ）	五洋*	●	●			
		大成	●	●		●	
		前田	●	●			
	護岸・埋立工事（Ⅱ）	清水	●	●			
		東洋*	●	●			
		みらい	●	●		●	
	護岸・埋立工事（Ⅲ）	大林	●	●		●	
		あおみ	●	●	●		
		若築*	●	●	●		
	護岸・埋立工事（Ⅳ）	鹿島	●	●		●	
		東亜*	●	●	●		
		西松	●	●			
桟橋部	接続部護岸・桟橋工事	鹿島*	●	●		●	●
		JFEエンジ	●	●			●
		東亜	●	●			●
		前田	●	●			●
	桟橋工事（Ⅰ）	清水*	●	●			●
		新日鉄エンジ	●	●			●
		東洋	●	●			●
		みらい	●	●		●	
	桟橋工事（Ⅱ）	あおみ	●	●			
		新日鉄エンジ	●	●			●
		大成*	●	●		●	
		若築	●	●			
連絡誘導路部	連絡誘導路工事	大林*	●	●		●	●
		五洋	●	●			●
		西松	●	●			
		三菱重工	●				●
鋼構造製作	ジャケット製作工事	大林					●
		鹿島					●
		新日鉄エンジ*					●
		JFEエンジ					●
		大成					●
		西松					●
		前田					●
		三菱重工					●

＊　幹事会社

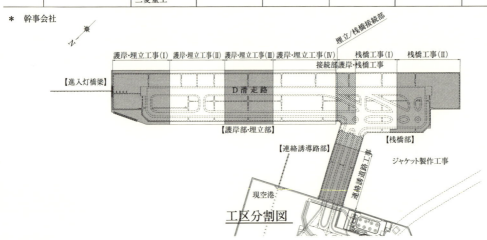

工区分割図

126

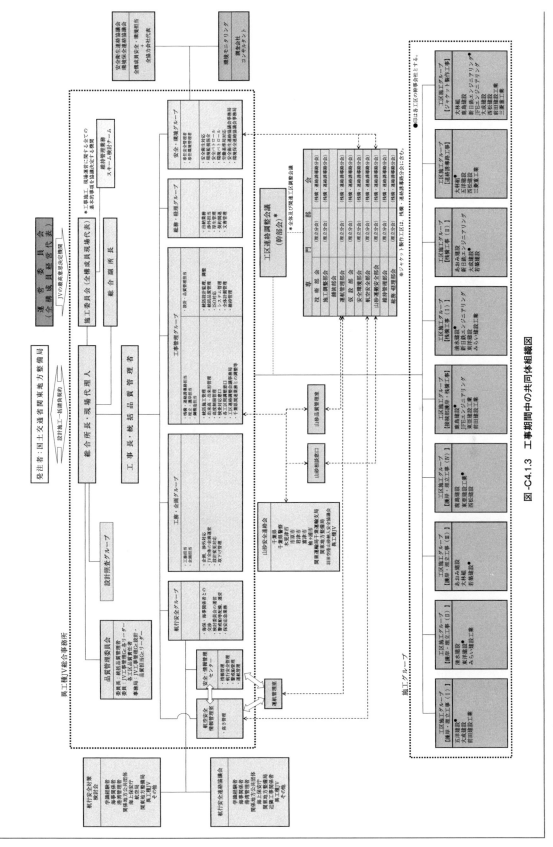

図-C4.1.3 工事期間中の共同体組織図

4.1 序章

4.1.1 コンストラクション・マネジメントの定義

一般的に国内事業においては，企画〜調達（入札・契約）までと引き渡し後の運営・維持管理については事業者（発注者）自らが主体となり，施工部分は建設会社が請負を行っているケースが多い。また，調査・設計業務の一部については建設コンサルタントへ外部委託がなされている。

わが国の直轄事業の工事では1950年代までは発注者自ら設計し直接施工を行う，いわゆる直営方式が主流であった。現在のような分業体制となったのは，1960年代以降，高度成長期に膨大な量の公共事業が行われ，発注者だけでは事業量を執行することが難しくなってきたためで，実際にその時期において，このような体制は非常に良く機能を果たした。しかし，シビル・ミニマムとしての社会基盤整備が一定の水準に達し，事業量が減少するのに伴い，過度な垂直分業体制による弊害も見られるようになってきた。

海外プロジェクトにおいては，ターンキー契約（プラント工事等において，企画・設計から調達・施工までのすべてを一括して行い，キー（かぎ）を回せば稼働できる状態で引渡しを行う契約形態）や設計施工一体での発注が数多く行われているが，建設プロジェクトを進める上では，各段階相互における緊密な連携が重要である。その点で，発注者・設計者・施工者が一体となって事業の合理化・効率化を図ることにより，いわゆる建設プロジェクトの合理的なマネジメントが行われる。

従来のコンストラクション・マネジメントは，主に施工者の視点に立ち，建設施工における現場管理に関するものが中心であったが，これからは発注者，設計者（建設コンサルタント），施工者（建設会社）が一体となったシームレスな建設主体による，総合的なプロジェクトマネジメントが求められる。

4.1.2 マネジメントの流れ

建設事業の実施手順は，事業内容や契約方式などにより違いはあるが，おおむね図-4.1のようなフローに整理することができる。この中の調査・計画から施工までの範囲がいわゆる具体的な建設プロジェクトであり，本章で扱うコンストラクション・マネジメントである。

ここでは，各段階におけるマネジメントの概要について説明する。

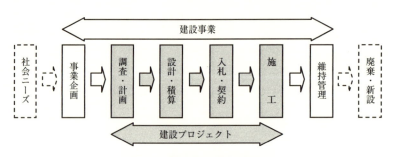

図-4.1　建設事業の実施段階の例

（1） 調査・計画段階

調査には事業の実施について評価するため事業化前に行われる予備調査と，事業化計画決定後の，

計画を作成するために行われる実施計画調査に分けることができる。

　前者は，当該事業を事業化する実行可能性の是非について判断するための調査で，フィージビリティスタディ（feasibility study）と呼ばれる（第3章参照）。基本的には事業の企画段階において，発注者（事業主体）によって行われるものである。

　後者は，事業化決定後，目的構造物を建設するための具体的な計画を作成するための調査であり，この段階より，いわゆる建設プロジェクトが開始される。土質や地下水位といった地質調査や，用地測量や路線測量などの現地測量調査が主体となり，測量会社などに外部委託するのが通常である。これらの調査結果を基にして構造物の配置や形式，施工方法などを検討し，具体的な基本計画を作成することとなる。この計画は，その後の建設に要する費用や工期に多大な影響を与えるため，施工段階の知見を十分に取り入れて検討を行う必要がある。

（2）　設計・積算段階

　この段階における設計作業とは，調査・計画段階で決定された内容に従い，構造物の具体的なスペックを決定し，設計図書（図面・数量計算書・仕様書）を作成するもので，詳細設計あるいは実施設計などと呼ばれる。構造物の材質や形状を決めるための構造設計や，電気・機械設備などの能力・型式などを決定するための設備設計から，具体的な施工計画までを含む。また，道路，橋梁，ダムなど社会基盤をなす構造物は地域のランドマークとなることが多く，設計に景観的要素を考慮することもある。

　実施設計が確定すると，事業者は発注者として業務や工事にどれだけの費用が要するかを計算する必要がある。施工に要する材料，労務，機械などの数量を算出し，それに単価を掛けたものに経費を加えて工事価格を算出するが，この一連の作業を一般的に積算という。わが国の場合は，積算方法の差異により工事価格が変化することの無いように，統一的な積算体系が構築されている。

　なお，大規模構造物や特殊な構造物などで，施工技術の選択により設計内容が大きく変わってくるものについては，設計と施工を一括して検討したほうが合理的な場合もある。このような場合には，設計・施工一括発注方式（DB：Design Build）による発注が行われ，詳細設計・積算（見積）業務は受注者が行うこととなる。

　なお，設計・積算段階において，並行して関係諸機関との調整や建設用地の取得が行われるが，基本的には発注者（事業主体）自らが行うケースがほとんどである。

（3）　入札・契約段階

　設計・積算作業により，構造物のスペックが決定すると，それを具現化する施工会社を選定する段階に入る。建設プロジェクトを合理的・効率的に実施するためには，施工能力のある施工会社を適正な価格で選択する必要があり，それは入札・契約（調達）というプロセスにより実現される。

　入札・契約の一般的な手順は，まず発注者が受注希望者に対して設計図書を提示した上で，受注希望者はその内容を検討の上で入札を行う。次に，その結果により発注者は受注会社（落札会社）を決定し，受注会社と請負契約を締結する。ここでは，複数の受注希望者に対して行われる競争入札と，特定の者に対して行われる随意交渉（随意契約）に大別されるが，社会基盤整備の大部分を占める公共事業の調達においては，透明性・公正性の確保から，基本的には競争入札により行われ

ている。

わが国においても，近年，公共調達における入札・契約制度は大きく変貌を遂げ，現在もより良き制度の実現へ向けて模索が続けられているところである。

(4) 施工段階

施工段階では，工事を受注した施工会社が，契約書や設計図書に示された条件のもとに，資材や労務，機械など調達し，所定の場所に構造物を建設する作業に入る。施工会社はまず，品質・原価・工程・安全・環境の各要素において目標水準を定め，それを合理的・効率的に実現させるための具体的な施工方法や管理手法を定めた施工計画を作成する。そして，その施工計画に従い，「品質管理」，「原価管理」，「工程管理」，「安全管理」，「環境管理」といった施工管理業務を行う。これは従来の，施工者を主体とした狭義の建設マネジメントで，施工管理あるいは工事管理などと呼ばれており，いわゆる PDCA サイクルを機能させることによって，プロジェクトの円滑な進行を目指すものである。このマネジメントサイクルは，竣工して発注者の検査に合格し，目的構造物を引き渡すまで続けられる。

なお，施工段階において発注者（あるいはその代理人）は施工会社を通じて間接的な管理を行うことになるが，これは「工事監理」と呼び，施工者の行う「工事管理」とは区別する。

4.1.3 組 織

(1) プロジェクト組織

建設プロジェクトを実行するためには，それを遂行するための実行体制（組織）をつくる必要があり，プロジェクトに合った組織をつくることは，重要なマネジメントの要素である。

建設プロジェクトは現地生産，単品生産という特徴があり，基本的には本社組織から離れた場所における生産活動であるため，現場組織内に工事を遂行するためのすべての機能を備えている必要がある。このような組織は必然的にプロジェクト型組織となり，プロジェクトマネージャー（作業所長）をトップとし，その下にプロジェクトの実行に必要な機能を持ったスタッフが常駐するピラミッド型の組織となる（図-4.2）。プロジェクトマネージャーは，工事の進捗管理，予算管理，客先の対応などプロジェクトに関するほぼすべての責任と権限を持ち合わせる。また，各スタッフは，工事の完成という明確な目的のために集合しており，その配置はプロジェクトの完成までの期間限定となる。プロジェクト型組織は，通常の会社組織における機能部門別組織とは異なるものであり，

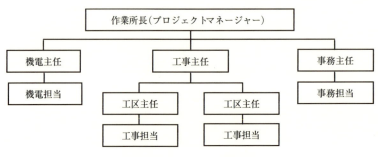

図-4.2 プロジェクト組織の例

プロジェクトマネージャーの判断により既成の組織の枠を超えて，迅速に実行できる仕組みとなっている。

プロジェクト型組織の欠点として，本社から独立しているためスタッフが技術を習得するのが困難で，長期的には組織全体の技術力が低下することや，常駐するスタッフの流動性が低く，急激な業務量の変化に対応しにくいことが挙げられる。また，多くの機能をプロジェクト組織に持たせようとすれば，無駄な人員を抱えることとなり，人件費が増大するというジレンマがある。このような問題を解決するために，機電（機械，電気）や事務など日常の施工管理に関連の薄い担当者については，本社の機能部門に所属してプロジェクトに関与する仕組みがとられており，1人の担当者が複数の現場を兼務することも行われている。これは，いわゆるマトリックス型の組織で，技術部門などでは従来から行われてきた横刺し機能を担っている（**図-4.3**）。

プロジェクト組織は，プロジェクトの規模，工期，発注者，受注形態，施工場所によって，最適な組織のありかたはさまざまである。また，これは，本社組織との関係性も同様である。プロジェクトにおける組織マネジメントは，その性質に応じて状況に応じて柔軟に対応することが必要である。

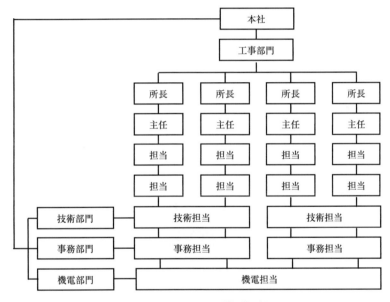

図-4.3 マトリックス型組織の例

（2） プロジェクトマネージャーの役割

プロジェクト組織において，プロジェクトマネージャー（PM）には大きな責任と権限が付与されている。PMは，工事の着工から竣工までのシナリオを頭の中に描き，その計画に従って施工管理がなされているか，常に関心を持って任にあたらなければならない。プロジェクトの規模が大きくなると，判断を他のメンバーに委ねる機会が増加するため，組織をつくる際にも適性を考慮した人選を行うとともに，自らの方針についてプロジェクトの構成メンバーに周知することが重要となる。大規模なプロジェクトとなるほど，組織のマネジメント能力が問われることとなる。もともとPM制度はプラント建設など，エンジニアリング分野で発達した手法であり，社会基盤の建設分野への導入経緯は各国で異なっている。欧米におけるPM制度は，大学におけるPM教育や，実務経験，

資格取得など，社会的に認められた制度として位置付けられているが，わが国においてはPM（作業所長）を企業内でOJTによって養成し，技量レベルも企業内で判定している状況にある。しかし，今後は海外でのプロジェクトや異業種を含む多くの関係者が関与するプロジェクトの増加が予想され，これらを統合しながらプロジェクトを進めていくために，PMに関する資格制度と教育の充実が求められているところである。

4.2 設計の実務

（1） 調査設計段階での実務

建設プロジェクトの調査・設計業務は企画構想を実現するための具体的方針を決定する重要なプロセスである。調査・設計業務の基本的な流れは図-4.4のとおりである。

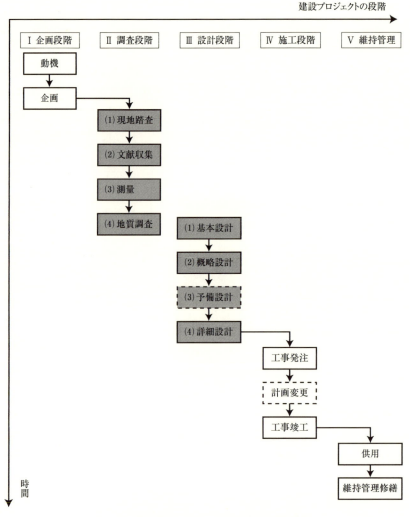

図-4.4　建設プロジェクトにおける調査・設計業務

（2） プロジェクト全体工期のコントロール

　建設プロジェクトにおいては施設の供用開始時期が最も重要なコントロールポイントである。施工段階においては予期せぬ事象により工期が遅れることも想定されるが，工事の中で工期短縮することは多大なコストや労力を要する。そのため，施工工期に余裕をもって発注できるよう，調査の進捗に応じ，必要に応じて並行して設計を進めるなど，調査・設計段階から調査設計期間を含めたプロジェクト全体の工期をコントロールし，工期遅延を防ぐことが重要である。

4.2.1　調　査

　建設プロジェクトを遂行するために必要な調査業務は下記のとおりである。

［現地踏査］

　現地踏査では事業計画地点のみならず，その周辺の地域を踏査し下記を調査する。
① 地形，地質・土質，地下水，植生状況，土地利用状況や地形の改変などの概要を把握。
② 巨視的な観点から問題点や詳細調査の必要性や位置を考察。
③ 次段階での調査計画を立案する。

［資料収集］

　建設プロジェクトにおいては何もない土地に施工することはほとんどなく，もともと何かの構造物があった箇所に施工する場合がほとんどであるため，プロジェクト施工計画箇所における過去の工事記録や地質調査結果，河川の近くでの施工の場合は過去の水害，復旧工事の記録などが存在する場合もある。可能な限りそれらの文献を収集することで，地中の支障物や地下水位，地質など見えない部分の想定が可能となる。それらを設計に反映させることがプロジェクトを滞りなく推進するために重要である。

［測量調査］

　設計に必要な正確な位置・高さ等の数値を得るために**表-4.1**の中から必要な測量を行う。

［地質調査］

　地質調査においては設計に必要な地質データを得るために各種試験を行う（**表-4.2**）。地質調査は杭などを施工する場合は可能な限り施工箇所のジャストポイントで行うことが望ましい。支障物等により不可能な場合は施工箇所を間にはさみ2カ所行うことで現地の地質状況を推定できるようにすることが必要である。

表-4.1　建設プロジェクトにおける主な測量の種類

測量の種類	内　容
水準測量	国土地理院が管理する基準点，一等，二等，三等水準点等からレベルを用いて測点の高低差を知り，標高を求める。
平板測量	一～四等三角点および1～4級基準点を平板図紙上に所定の縮尺で展開し，これを基準として現地において地物等の位置および形状を測量し，使用目的に合った地形図・平面図等を作成する。
路線測量	道路や鉄道などの交通路や，上下水道，かんがい，用排水路などの水路を設計する際の調査・測量。
河川測量	河川の形状，水位，深浅，断面，勾配等を測定し，平面図，縦断面図，横断面図などを作成，また流速，流量を調査する。
縦断測量	河川測量や路線測量において，地形の縦断方向の断面図を作成する測量。
横断測量	河川測量や路線測量において，地形の横断面図を作成するための測量。

第4章 コンストラクション・マネジメント

表-4.2 主な地質調査内容

試験	試験内容
ボーリング調査 （標準貫入試験）	試料採取による地層構成，土質の確認（砂質土，粘性土），地下水位，N 値
サウンディング試験	土の静的貫入抵抗を測定し，原位置における土の硬軟，締まり具合の判定
土質試験	採取した試料を利用し，材料の観察と地層ごとに土の粒度試験，土の湿潤密度試験，土粒子の密度試験，土の含水比試験，土の液性限界・塑性限界試験方法，その他必要に応じた土の判別分類

4.2.2 設　計

(1) 設計の種類

建設プロジェクトにおける設計は段階を踏みながらより詳細な内容を決定していく。それぞれの段階の設計において求められる最終成果物が異なり，それらについて**表-4.3**に示す。

表-4.3 設計の種類（構造物の例）

No.	設計の種類	設計内容
(1)	基本設計	プロジェクトにおいて必要な構造物についての諸元を設定する。 鉄道工事の例：線路線形，線路勾配，必要ホーム長，ホーム幅等
(2)	概略設計	測量成果物，地質調査の結果等に基づき，構造物の比較案を策定し，最適案を提案することを最終成果物とする。 地下横断構造物の例：ボックスカルバート，桁式，パイプルーフ等比較案を3案程度策定し比較する。
(3)	予備設計	現地踏査，測量結果，概略設計等の成果物に基づき比較検討を行い，最適案を選定したうえで平面図，縦横断面図，構造物の一般図，概略数量計算書，概略工事費等を作成する。
(4)	詳細設計	概略設計をもとに決定された構造物案に基づき，工事発注に必要な平面図，縦横断面図，各構造物の設計図，設計計算書，工種別の数量計算書，施工計画書等を作成する。

(2) 設計の重要性

プロジェクト全体にかかる費用のうち約8割近くが施工にかかる費用となるが，その費用を決定するのが設計である。特に，概略設計における主たる構造物の工法選定において現地に適した工法が選定されていない場合，その後の詳細部分の決定において非常に苦労することとなる。また，現地に適さない工法を選定することにより施工性の悪化によるコスト増や品質低下を招く結果となる。設計は建設プロジェクトにおいて最も重要な部分であるといえる。

a．デザインの価値と景観設計[1)-5)]

従来，公共土木インフラ施設の機能は，単目的であり，不特定多数の利用者に対して安全で長持ちするインフラ施設を経済的に建設するための設計が行われてきた。構造や材料の技術革新に伴い，また，工事価格を構成する材料や労務費の変化に伴い，採用される標準的な設計は時代とともに変化してきた。一方で，公共空間を構成するインフラ施設の建設や自然の改変を伴う自然環境を造形する土木事業に対する市民の多様な価値観の変化に伴い，設計（デザイン）そのものに対する価値観も変化してきている。

篠原は，景観に配慮した構造物や空間をシビックデザインと呼び，景観法が制定された後には，佐々木は，異なる観点から求められる多様な機能的要請を統合してまとまりのある形に仕上げるこ

とに加えて，価値を生み出す行為を「美しい国の時代」のデザインの社会的意義と定義した。一方で，内藤廣は，デザインとは，翻訳することと定義し，技術，場所，時間の翻訳としてのデザインを通して，その価値を社会に提示すること，すなわちコミュニケーションツールとしてのデザインの意義を示している。

建設プロジェクトサイクルの中での設計の重要性は，施工の詳細を確定する前段階というだけでなく，事業そのものの価値を大きく左右する行為であるとの認識から生まれるものである。

b．設計のプロセスと考慮すべき要因

設計の対象物は，構造物のように人的に緒元のすべてをコントロール可能なものと地形（アース）のように人間の行為に制約があるだけでなく，竣工後も自然の営為によって変化し続けるものに大きく分けられる。いずれの場合においても，基本設計から詳細設計に至るプロセスにおいて，その構造，形状，材料等を確定することにより，次のプロセスである施工段階にその情報を引き渡すことになる。設計のプロセスで緒元を確定する枠組みは，対象となる構造物等によって異なり，インフラの利用者，用地の提供者，周辺住民，資金提供者等との間でのコミュニケーションを通して社会的に意思決定するためのプロセスである。

環境への影響は，アセスメントのプロセスを通して設計で考慮される要因の一つであり，大規模構造物の場合には，必ず必要となる。ライフサイクルコストも設計段階で考慮すべき要因の一つであるが，基本設計から詳細設計に至るプロセスのそれぞれの段階において，ライフサイクルコストを考慮すべき影響度が異なるため，コストとして考慮すべき範囲や必要な算定精度が異なる。これを設計の詳細が確定するプロセスの中で適切に判断することが肝要である。

c．構造物の設計と限界状態設計法

構造物の設計において，設計者の技術力を活かし，合理的な構造物を構築するためには，限界状態設計法は，有効な方法である。構造物に求められる安全性，供用性，耐疲労性等の所要性能が，所定の設計力に対して設定された安全率のもとで確保されていることを確認する設計法であり，前提となる構造設計詳細と性能照査の技術力が揃って初めて可能となる設計法である。

構造物の耐久性についても，土木学会制定のコンクリート標準示方書においては，設計耐用年数を定め，各種の劣化外力に対して，設定された安全率の下でコンクリート構造物の耐久性能が確保されるかどうかを照査する手法を提示している。構造や材料の自由な組み合わせから，施工される環境において要求性能を満足する独創的な構造物を設計することが実現可能となる。

d．設計業務の調達方式

設計業務の契約については，国土交通省で1995年に「公共土木設計業務等標準委託契約約款」が策定されている。ここでは，公共土木事業で扱われる設計業務は，発注者側の土木技術者が技術基準や共通仕様書等に示される標準に基づき委託されるため，請負的契約であり，著作権の範囲も限定的に扱われている。技術者がいない民間の発注者が前提の建築分野における設計の契約とは，扱いが異なる所以である。

設計業務の企業選定は，国土交通省においては，プロポーザル方式あるいは総合評価方式に基づき実施されているが，地方公共団体においては，価格競争に基づき企業選定を行っている発注者が多い。建築分野に見られる設計提案競技（いわゆる設計コンペ）の採用は極めて限定的である。欧米では，一般にプロポーザル方式に基づき企業選定が行われており，米国においては，ブルックス

法によって，設計のように知的生産に関する業務については，価格競争が結果的に品質低下に結びつくおそれがあることから，価格による競争を禁じている。

(3) 設計業務の役割分担[6]
a．役割分担
　発注者，設計専業者（建設コンサルタント），大手の工事会社のそれぞれに設計を実施する機能を備えていることが多いが，公共工事，公益工事（電気・ガス），民間工事の3つのパターンにより役割分担が分類される。
- 公共工事の場合，設計専業者（建設コンサルタント）が設計業務を担当する。
- 公益工事（鉄道・電気・ガス）では，発注者または設計専業者（建設コンサルタント）が設計業務を担当することが多い。事業会社が設計専業者を子会社として保有していることも多い。
- 民間工事では工事会社の設計技術者が設計業務を担当することが一般的である。

b．設計照査[7]
　設計の品質は，工事段階の手戻りや，工事目的物そのものの品質に大きな影響を及ぼすため，品質確保がきわめて重要である。設計エラーを防止するため，設計業務の委託においては，設計担当者と別に照査技術者を配置し，成果品の納入時に照査の根拠となる資料を提示することを求めている。さらに，工事段階においても，受注者は契約直後に施工性の観点から設計の照査を行うことが義務付けられている。しかし，欧米の設計照査制度と比較すると，発注者の照査義務，発注者における照査担当組織，受注者による照査履行の担保等の点において，信頼性が低いと評価され，今後，民間の技術力を活かした性能設計等の導入においては，これらの体制を整備することが求められている。

c．設計施工一括発注方式[8],[9]
　日本国内工事では設計・施工の分離が原則となっているが，欧米では設計・施工一括方式が広く活用されている。設計・施工一括および詳細設計付工事発注方式の導入の経緯や適用の目的は国によって異なる。わが国で期待されるメリットと考慮すべきデメリットを以下に示す。これらの効果が十分に発揮されることにより，効率的・合理的な設計・施工の実施，工事品質の一層の向上が図られる。

［メリット］
① 効率的・合理的な設計・施工の実施
- 設計と製作・施工（以下「施工」という）を一元化することにより，施工者のノウハウを反映した現場条件に適した設計，施工者の固有技術を活用した合理的な設計が可能となる。
- 設計と施工を分離して発注した場合に比べて発注業務が軽減されるとともに，設計段階から施工の準備が可能となる。

② 工事品質の一層の向上
- 設計時より施工を見据えた品質管理が可能となるとともに施工者の得意とする技術の活用により，よりよい品質が確保される技術の導入が促進される。
- 技術と価格の総合的な入札競争により，設計と施工を分離して発注した場合に比べて，施工者の固有技術を活用した合理的な設計が可能となる。

[デメリット]
① 入札契約時の手間の増加
- 設計と施工を分離して発注した場合と比べて，入札および契約時に受発注者双方の負担が増加する。

② 受発注者間におけるあいまいな責任の所在
- 契約時に受発注者間で明確な責任分担がない場合，工事途中段階で発生する設計変更に対して，受注者側に過度な負担が生じることになり，紛争の原因が増加する。

③ 発注者責任意識の低下
- 発注者側が，設計施工を"丸投げ"してしまうと，本来発注者が負うべきコストや工事完成物の品質に関する国民に対する責任意識が低下するおそれがある。

d. Early Contractor Involvement (ECI) 方式 [10), 11)]

設計施工一括発注方式では，受注者が負担する責任が過大となり，受発注者間の紛争が増加するため，受注者の負う責任を軽減する方策が求められていた。一方で，施工者が持つ仮設や工法等の技術やコスト情報を設計の段階で活用したいという発注者の要求は高いため，設計の早期の段階で施工者が事業に関与する方式として，Early Contractor Involvement (ECI) と呼ばれる契約方式が英国および豪国で導入されている。その後，米国においても，Construction Manager/General Contractor (CM/GC) と呼ばれる契約方式が活用されている。英国の ECI 契約方式は，設計者が施工者の下請として設計を担当し，発注者と施工者の間で詳細設計の内容と工事請負金額に合意が得られれば，施工者との間の請負契約が成立するものである。米国の CM/GC 契約方式では，設計者は，発注者と直接契約し，施工者が提供する仮設やコスト情報に基づき，発注者の合意の下で設計詳細を確定する。施工者と工事請負金額の合意が得られれば，工事の請負契約が成立するのは英国 ECI 方式と同様である。わが国の公共工事においても，施工者が持つ仮設や工法のノウハウやコスト情報を設計に活かすことが有効な比較的大規模な工事に適用が検討されている。

4.3 入札と契約

4.3.1 見積

見積とは工事遂行に求められる各種資源（材料，機械，労務，外注等）価格を数値的に算定することである。一般に日本の建設分野では，発注者が工事の発注に際し，標準的な受注者が標準的な工法を採用し規定の仕様に従って工事を行い，必要な経費と利益を盛り込んだ場合に必要と思われる費用を算定する行為を「積算」と呼び，応札者が図面，仕様書，条件書等の入札図書にて提示されたプロジェクトを自身が選択した工法により遂行し，諸経費・利益を見込みながら発注者の求める品質と形状を満足させ所定工期内に完成させるために必要な費用を算定する行為を「見積」と呼ぶ。

応札者が入札金額算定のために行う見積は応札者の持てる力を結集して正確を期さなければならない。端的にいえば高い見積を作成すれば受注確率は低下し，安い見積を作成すれば他社に対する競争力は強まり受注確率は高まるが工事完成後の利益率は低下し，最悪の場合には赤字決算となる。

見積は，①調査・検討，②施工計画作成，③数量算定・単価決定，④集計，の手順を踏むが，こ

れらの項目が並行して行われることが普通である。

① 調査・検討

　発注者が発行する入札図書(一般および特記契約条件書,設計図面,共通および特記仕様書,見積条件書,現場説明資料,質疑・応答,地質レポート等)を照査し発注者の要求を理解するとともに工事予定地の地形と地質,近隣環境,進入経路,土捨て場,原石山,近隣資材業者等の調査を行う。またこれ等に加え国際工事の場合には政情不安度,インフレ率,為替変動履歴,関税を含む税制一般,法制一般,安全衛生法,物価,気象・海象記録,通関システム等多岐にわたる調査が必要になる。

② 施工計画作成

　発注者が要求する工事を期限内にどのようにして完成させるかを経験と技術力を駆使して施工計画を作成する。施工計画は見積の基本になるものであり,これをおろそかにしては見積が成り立たない。施工計画を構成する要素は採用工法,工程,仮設備,本設機械,建設機械,配置人員と組織表,資機材調達,輸送,安全,環境保護等よりなる。

③ 数量算定・単価決定

　まず図面・仕様書を基に工事数量を丁寧に算出する。発注者発行の入札図書に工事数量が提示されている場合もあるが,たとえ提示されていたとしても見積担当者は自分自身で算定し,それによって入札図書数量の精度とともに欠落項目を確認する。数量算定は自身で作成した施工計画に基づいて行うものである。多くの場合,発注者の数量はネット数量(最終完成品の数量)であり,そのままの数量では実際の施工数量とは一致しない。

　算定された数量に対し工事単価を算定する。工事単価は材料費,労務費,機械費,外注費等単価の総計となる。このうち材料費については現時点での市場価格,資材業者の見積書等をもとに材料ロス率を考慮して単価を決定する。労務費算定の基本は作業歩掛(ぶがかり)である。"歩掛"とは作業効率もしくは生産性のことである。平均的な型枠工が1日あたり$10\,m^2$の型枠を組み立てる場合,作業歩掛は0.1人日$/m^2$になる。これをもとに$10\,000\,m^2$の型枠組立には$10\,000\,m^2 \times 0.1$人日$/m^2 = 1\,000$人日の型枠工が必要数として算定される。この場合,型枠工事期間が100日であれば,平均して1日あたり10人の型枠工を雇用する必要がある。作業歩掛は応札者が過去の実績に基づきデータとして保有するものであり,これを基に単位工事量あたりの労務単価を算定する。機械費も基本的には作業歩掛に基づき所要稼働時間を算定し,リースの場合には賃貸料,自社機械の場合には減価償却費に基づき算定し,これに運転員,油脂燃料,メンテナンス等の費用を加味して算定する。外注工事が必要な場合は徴収した見積を基に外注費を算定する。

　注意を要するのは建設工事が特定の場所で特定の時期に特定の条件のもとで生産される単品生産物であることである。労務費・機械費に過去の歩掛を参考にするのは当然であるが必ず当該工事の諸条件を加味したものでなければ意味をなさない。

④ 集計

　これらの費用を合計して工事単価を算定し,工事数量に掛け合わせて得られたものが1つの工事項目の原価であり,それらを集計したものが直接工事費である。

　工事原価を構成するのは直接工事費と間接工事費である。間接工事費とは発注者に完成品として引き渡すものではないが工事遂行上必要になる費用のことであり現場を管理する職員人件費,

現場事務所建設・維持・撤去費，安全対策費，環境対策費，近隣対策費等々多岐にわたる。工事原価算定後さらに本支店経費，発生金利，利益を加算し見積価格が決定する。

4.3.2 入　札

入札とは1つの工事に対し応札者が自身の希望契約金額を表明するものである。

公共工事の競争入札に参加する業者は国土交通大臣もしくは都道府県知事による経営事項審査を経て入札参加資格を得る。

現在，わが国で行われている受注者決定方法には①一般競争入札，②指名競争入札，③随意契約などがあり，入札価格だけでなく技術やノウハウを評価して落札者を選定する方式として総合評価落札方式がある。詳細は5.2節で述べる。

海外諸国，特に欧米諸国の入札制度はおおむね条件付き競争入札を主体とするが国によりまた発注機関により資格審査制度，入札制度，評価方法は千差万別である。一例として日本政府による開発途上国への有償援助工事の入札について以下に述べる。

国際協力機構（Japan International Cooperation Agency；通称 JICA）の有償資金を資金源とする開発途上国における工事では入札の前段階として資格審査（prequalification）がある。発注者は業者の資格審査提出物を基に審査を行い入札資格の有無を判定する。

資格審査結果発表後，入札が公示となり，審査に合格した業者に入札参加資格が与えられる。入札では多くの場合「二封筒方式」が採用される。二封筒方式とは入札時提出書類を価格封筒と技術封筒の二つに分け，価格封筒には入札金額および数量・単価・金額一覧表等を入れ封印する。また技術封筒には施工計画・工程計画・人員計画・品質計画・安全計画等々を入れ封印するが入札金額に係るものは一切入れてはならない。入札評価はまず技術封筒の開封により始まり，技術審査に合格した業者のみの価格封筒が開封され，技術と価格が総合的に最も優位と評価された応札者が原則として契約の相手方に選定される。

4.3.3 契　約

契約とは商業取引における相互に義務と権利を持つ2者間の約束である。建設分野においては発注者が受注者に対し契約条件に従った工事を完成させて引き渡させる権利を有すると同時に受注者に対し契約金額を支払う義務がある。また受注者は発注者に対し工期内に工事を完成させる義務を有し，契約金額を受領する権利がある。工事遂行に際しては各種の契約が締結される。発注者と受注者との工事契約はもとより，受注者と協力会社および材料納入業者との間など商業取引が行われるすべての者たちの間に何らかの契約が存在する。

入札の結果落札業者が決まると発注者と受注者は工事請負契約を締結する。この場合契約を構成する契約図書としては「建設工事請負契約書」，「一般・特記契約約款」，「共通・特記仕様書」，「設計図面」等の他，応札者と発注者との間の質疑応答記録等が存在する。

わが国の公共工事においては契約約款に「公共工事標準請負契約約款」を用いるケースが多い。同契約約款は1950年に制定されてより今日に至るまで数多くの改訂が行われ，現在の同約款は後述する各種の国際的契約約款と比較してもその発注者・受注者間の対等性において遜色のないものである。ただし，設計施工一括発注方式等の新しい契約方式には必ずしも対応していないため，現

在新たな契約約款の検討が進んでいる。

海外における工事契約約款は多岐にわたるが，しばしば Fédération Internationale des Ingénieurs-Conseils（通称 FIDIC で英文表記は Federation of International Consulting Engineers）の条件書が契約を構成する一般契約条件書として利用されている。契約履行の詳細は 5.2.3 項で述べる。

4.4 施工計画

4.4.1 施工計画とは

建設プロジェクトは，企画～設計の各段階を経たのちに，目的の構造物を具体化する作業，いわゆる施工の段階に入り，工事を行う建設会社（請負会社：Contractor）がプロジェクトに参画してくる。建設会社は，施工する構造物の目標水準を実現した上で自社の利益を最大化することが，一番の目的となるが，そのために施工計画の立案がきわめて重要な作業となる。

施工計画とは，「契約図書・現場条件に基づき，自らが持つ人・材料・機械・技術・資金・情報といった資源を最大限に活用することにより，目的構造物の目標水準達成と利益の最大化を実現するための施工手順・方法を具体的に定めたもの」である。言い換えると，①所定の品質の構造物を，②所定の工期内に，③安全に，④環境に配慮しながらつくった上で，⑤契約時に想定した以上の利益を確保するための，現場の実施計画であるといえる。施工計画の立案にあたっては，PM（プロジェクトマネージャー）の経験や意思が反映されるのが通常であり，施工計画の良否がプロジェクトの結果の成否を分けるといっても過言ではない。きわめて精緻に作成された施工計画があれば，その後の運営は非常に円滑に進行する。建設工事がいわゆる「段取り八分」といわれる所以である。

近年，工事の複雑化や社会的要請の多様化などにより，以前より綿密で広範な施工計画が求められるケースが多くなっている。また，社会問題化するような重大事故の発生は，時に企業の存続にさえ影響することもあり，リスクマネジメントや危機管理を踏まえた計画が必要となってきている。

このように重要な施工計画であるが，一般的には工事を受注してから着手するまでの期間は短く，他の諸手続きとの兼ね合いから，後回しになったり，形骸化したりする傾向も見られる。しかし，施工計画は建設施工マネジメントの基本であり，「魂」の入った計画を立てることがプロジェクト成功のためには絶対に必要である。

4.4.2 施工計画の作成

施工計画の役割は前項に記載した通り，第一義的には施工者が目的物の目標水準達成と利益の最大化を実現するための規準であるが，その他にも，発注者や関係企業者，専門業者に対して，自らの施工方針を説明する役割も併せ持つため，施工計画書という形で明文化するのが通常である。ここでは施工計画の作成手順について説明する。

（1） 施工条件

まず，工事の施工条件を明確に把握することが重要である。施工条件には契約図書（工事請負契約書・特記仕様書・標準仕様書・各種規準類）や現場条件（地形・地質・気象・海象・地形・施工時間）などがある。契約図書は，工事を施工する上で必ず順守しなければならないもので，施工計画を立

案する際の法律ともいえるものである。また，現場条件は施工方法に大きな影響を与えるため，契約図書に明示されているもの以外にも，十分な現地調査を行う必要がある。

(2)　目標水準

工事目的物の完成までに行う施工管理上の目標水準は，品質・原価・工程・安全・環境の各要素にわたって設定する必要がある。どのような目標水準を設定するかにより，その後の施工方法決定に影響を及ぼすこととなるからである。この中には，品質・工程など発注者の要求基準で決められているものや，安全・環境など法律に縛られるもの以外に，建設会社が企業の付加価値として独自に設定するものがある。

(3)　基本計画

施工条件，目標水準を整理した上で，施工の基本計画を策定する。本来，施工の基本計画は各種の施工方法を検討し，それぞれの工程や原価を比較した上で決定するものであるが，通常は入札・契約段階において主要な施工法については確定している。ここで検討するのは，いわゆる詳細計画で，労務・資材・機械の調達を睨みながら，最も効率的な方法を立案するものである。

基本計画の例としては，コンクリートの打設ブロック割の計画（リフトスケジュール）が挙げられる。

ダム工事におけるリフトスケジュールの一例を**図-4.5**に示す。図中，表の最上行（1BL～10BL）はダム堤体における平面位置を表し，ここでは10ブロックに分割して施工を行っている。また，

Aダム建設工事　打設スケジュール

標高	リフト数	1BL	2BL	3BL	4BL	5BL	6BL	7BL	8BL	9BL	10BL	リフト毎合計	リフト毎累計
高欄 下流		12/27	12/15				12/27		1/28	2/15			
高欄 上流			12/11										
102.60	54	12/4 107.9	12/2 77.8	12/1 77.8	11/30 77.8	11/29 82.3	12/21 73.3		1/21 64.8	2/4 77.8	2/7 127.3	766.8	74,721.6
101.75	53	11/27 94.4	65.7	11/25 65.7	11/22 65.7	65.9	12/15 76.2		1/15 63.5	1/31 65.7	2/2 104.4	667.2	73,954.8
101.00	52	11/19 45.8	11/11 125.6	11/10 125.6	11/5 125.6	11/6 63.6	12/7 73.3		1/6 58.8	1/24 125.6	1/26 192.4	633.0	73,287.6
100.25	51	11/15 132.3				11/3 64.1	12/1 73.8		12/25 58.8			632.3	72,654.6
99.50	50	11/3 182.6	11/2 125.6	11/1 125.6	10/28 125.6	67.7	11/24 75.1	12/20 18.9	12/18 68.4	1/18 125.6	1/20 206.0	675.6	72,022.3
98.75	49					10/22 67.7	11/5 76.6	12/10 31.9	12/15 61.8			683.5	71,346.7
98.00	48	10/27 244.7	10/22 125.6	10/15 125.6	10/14 125.6	10/7 135.4	10/21 77.3	12/3 40.2	12/10 61.7	1/9 125.6	1/8 184.4	712.7	70,663.2
97.25	47						10/13 77.9	11/26 46.8	12/7 61.6			719.8	69,950.6
96.50	46	10/20 122.0	9/28 62.8	62.8	9/24 62.8	9/21 67.1	10/4 79.0	11/11 56.7	11/26 62.8	12/25 62.8	102.9	741.7	69,230.8
95.75	45	10/13 120.6	9/25 63.4	63.4	9/21 63.4	9/17 65.7	9/30 81.1	11/6 58.8	11/23 64.8	12/22 63.4	96.6	741.2	68,489.1
95.00	44	10/4 138.4	9/14 139.7	139.7	9/13 139.7	9/10 151.9		11/1 64.0	11/17 144.2	12/17 66.7	92.0	808.6	67,747.9
94.25	43	10/1 133.4					9/23 115.2 9/17 64.6	10/26 69.7		12/14 72.6	85.3	808.5	66,939.3
93.50	42	9/24 145.5	9/6 78.9	9/4 78.9	9/2 78.9	86.5	9/7 93.6	10/19 79.8	11/9 168.9	12/8 163.9	12/3 189.4	903.2	66,130.8
92.75	41	9/21 135.5	9/2 85.1	9/1 85.1	8/30 85.1	93.9	9/4 111.1	10/15 88.0				944.9	65,227.6
92.00	40	9/13 138.8	8/28 91.4	91.4	8/25 91.4	8/24 101.3	8/30 118.6	10/4 93.8	11/4 193.8	12/2 92.5	11/29 99.0	1,015.1	64,282.7
91.25	39	9/10 119.3	8/25 97.6	97.6	8/21 97.6	108.8	8/26 116.3	10/1 98.5		11/29 92.5	11/26 86.6	1,011.7	63,267.6
90.50	38	9/3 122.5	8/20 103.4	8/7 103.8	103.8	116.4	8/21 133.6	9/16 103.7	10/30 218.8	11/23 108.4	11/22 77.4	1,082.4	62,255.9
89.75	37	8/31 112.8	8/17 109.0	8/3 110.1	110.1	124.0	8/6 141.3	8/28 110.0		11/20 111.6	11/17 65.0	1,103.3	61,173.5
89.00	36	8/6 146.9	8/5 128.8	7/29 116.3	7/23 116.3	131.7	7/31 149.0	8/24 116.3	10/25 243.8	11/12 148.5	61.3	1,237.0	60,070.2
88.25	35	7/31 133.2	7/28 131.5	7/22 122.6	7/20 122.6	7/19 139.5	7/28 156.8	8/19 122.6		11/8 150.5	51.4	1,252.6	58,833.2
87.50	34	7/27 120.9	7/20 182.1	7/16 129.6	7/15 128.8	7/14 147.4	7/17 164.6	8/5 128.8	10/18 268.8	10/26 151.5	44.1	1,332.2	57,580.6
86.75	33	7/24 109.8	7/16 177.6	7/12 136.1	7/10 135.1	155.3	7/14 172.6	8/2 135.1		10/23 152.5	37.2	1,345.7	56,248.4
86.00	32	7/19 102.9	7/12 176.1	7/7 156.0	7/6 141.3	163.3	7/8 180.5	7/27 141.3	10/11 293.7	10/19 187.6	32.6	1,428.5	54,902.7
85.25	31	7/15 89.4	7/9 167.0	7/2 161.2	6/30 147.6	171.3	7/3 188.4	7/22 147.6		10/16 185.7	23.9	1,429.0	53,474.3
84.50	30	7/5 78.4	155.0	6/25 190.9	6/24 153.8	179.5	6/26 196.7	6/28 153.8	10/6 318.7	10/12 181.9	16.9	1,466.3	52,045.3
83.75	29	7/1 66.4	136.4	6/22 193.0	6/17 160.0	6/18 187.7	6/23 205.0	160.0		10/9 176.7	9.9	1,454.5	50,579.1
83.00	28	6/28 58.3	6/15 142.8	6/14 205.2	6/11 166.3	6/12 196.0	6/16 213.2	6/15 166.3	9/27 168.7	10/5 214.7	4.3	1,535.8	49,124.6
82.25	27	6/24 48.5	6/10 128.4	6/8 197.8	6/4 173.5	6/7 204.3	6/11 222.0	6/9 172.5	9/23 174.0	10/2 203.5	1.5	1,526.0	47,588.8
81.50	26	6/12 50.6	6/1 144.5	5/29 192.2	5/28 206.8	217.0	6/3 232.9	5/31 183.0	9/18 183.3	186.9		1,597.2	46,062.8
80.75	25	6/8 37.3	5/26 135.6	191.1	5/24 216.9	234.1	5/27 245.7	197.7	9/15 198.5	179.9		1,636.8	44,465.6
80.00	24		5/15 134.8	186.2	5/13 264.1	251.9	5/16 258.1	5/14 212.3	9/9 211.3	9/11 224.0		1,742.7	42,828.8
79.25	23		5/8 107.7	173.9	5/10 265.7	265.8	5/11 270.7	226.3	9/6 225.4	9/8 210.2		1,745.7	41,086.1
78.50	22		4/29 101.8	177.3	267.1	4/26 366.2	4/28 338.6	5/7 241.7	9/1 239.8	9/3 193.6		1,926.1	39,340.4
77.75	21		4/24 79.2	172.5	4/23 268.5	4/20 365.8	4/22 345.2	4/21 256.4	8/27 254.6	8/31 176.6		1,918.8	37,414.3
77.00	20		4/19 77.1	186.9	4/17 268.4	4/13 364.1	4/16 366.2	4/15 271.1	8/23 281.5	8/26 185.7		2,001.0	35,495.5
76.25	19		4/14 52.7	189.1	266.5	4/8 362.2	4/12 370.5	4/9 285.8	8/18 296.1	8/17 164.7		1,987.6	33,494.5
75.50	18		4/7 31.3	201.7	264.1	4/2 356.3	4/5 355.0	4/3 296.9	8/4 330.1	8/2 165.2		2,000.6	31,506.9
74.75	17		4/1 11.9	194.7	3/31 261.3	3/26 347.1	3/29 350.9	3/27 303.6	7/30 337.9	7/29 143.9		1,951.3	29,506.3
74.00	16		3/25 5.6	183.1	258.6	3/16 336.8	3/22 376.0	3/19 319.6	7/26 368.3	7/24 117.2		1,965.2	27,555.0
73.25	15			3/20 170.2	256.7	3/11 321.3	3/15 330.6	3/13 333.2	7/21 383.3	87.6		1,882.9	25,589.8
72.50	14			3/10 167.8	253.9	3/3 310.8	3/4 415.6	3/5 347.3	6/21 415.8	5/25 60.9		1,972.1	23,706.9
71.75	13			3/2 162.8	251.6	2/24 306.3	2/25 410.0	2/26 320.9	4/27 417.2	38.7		1,907.5	21,734.8
71.00	12			2/23 155.9	250.5	2/19 298.0	2/17 398.9	2/18 331.2	4/6 421.1	25.2		1,880.8	19,827.3
70.25	11			2/10 142.7	247.4	2/8 291.8	2/5 387.8	2/12 344.5	3/30 408.3	19.2		1,841.7	17,946.5
69.50	10			2/1 143.7	244.3	1/30 276.4	1/28 379.1	2/3 412.1	3/23 420.2			1,875.8	16,104.8
68.75	9			1/26 124.8	241.0	1/21 266.0	1/20 389.0	1/25 427.3	3/17 392.2			1,840.3	14,229.0
68.00	8			1/16 117.3	261.5	1/14 250.8	1/12 364.3	1/18 435.7	3/9 369.1			1,798.7	12,388.7
67.25	7			12/23 99.1	248.9	12/19 220.0	12/18 365.3	1/11 428.0	2/27 324.9			1,686.2	10,590.0
66.50	6			12/15 68.3	240.7	12/9 207.6	12/7 306.3	12/24 454.2	2/20 300.3			1,577.4	8,903.8
65.75	5			12/8 14.6	235.6	12/1 198.9	11/27 274.1	12/17 468.4	2/16 264.1			1,455.7	7,326.4
65.00	4			11/25 12.7	267.0	11/21 237.4	11/20 321.2	12/4 569.1	1/19 236.9			1,644.3	5,870.7
64.25	3				11/12 243.8	11/10 224.6	11/9 307.6	11/28 577.4	1/9 186.6			1,540.0	4,226.4
63.50	2				11/4 210.5	11/2 210.8	10/28 240.2	11/23 588.9	12/11 134.0			1,384.4	2,686.4
62.75	1				10/29 185.0	10/26 206.1	10/23 232.2	11/17 614.6	12/2 64.1			1,302.0	1,302.0

図-4.5　リフトスケジュールの例

左端列は打設標高を表し，1回の基本打設高（1リフト）が75 cm（0.75 m）であることを示す。ハッチングしたエリアは，その位置の打設予定日と打設予定量を表し，例えば6BLの75.5～76.25 m部分は4月5日に355.0 m^3 の打設を行う計画であることを示している。

リフトスケジュールでは，工程，仮設備能力，労務手配状況等を総合的に勘案し，試行錯誤を繰り返しながら，最適な打設計画を決定する。

（4） 工程計画

基本計画を受けて，詳細工程表を作成する。一般的に工程と原価は関連性が強く，原価が最少となる最適速度が存在する。例えば，速い工程（突貫工事）の場合は，労務や機材を無理して調達することにより直接工事費が増加する。また，遅い工程の場合，機材費の損料や事務所維持費用などの間接工事費がかさむため，工期の延伸に従い原価は悪化する傾向にある。このため，契約工期の範囲内で，最も原価が低くなる経済工程を目指して計画することが重要である。

（5） 組織計画

工事の遂行のため必要な人的組織の計画，いわゆる現場組織の配員計画を行う。現場組織は，工事の規模，種類によって異なるが，施工計画で決められた管理を実行できる体制でなければならない。現場組織の人件費は工事原価の負担となるため，配置する人数はどうしても工事金額の比率に近くなる傾向があるが，目標水準を達成するための職責，権限を明確にした上で必要な所定人員を配置するのが理想である。現場組織だけでは対応できない事項については，本社組織の支援体制を仰ぐこととなる。

（6） 具体の施工方法

基本計画に基づき，工種ごとの詳細な施工方法について計画する。施工方法は，施工フロー，使用材料，使用機械，管理手法，実施工程などによって構成され，実際の施工管理に使用されるほか，専門業者の作成する最終見積の資料として活用される。

（7） 品質管理計画

ここでは，目標水準を実現するための具体的な管理手法についての計画を行う。品質規格値を達成するための施工方法，規格値を満足しているかを確認するための試験方法，頻度，責任者，規格値を達成しなかった場合の措置等について，工種ごとに詳細な計画を立てる。発注者により独自の施工管理基準が定められている場合は，最低限その基準を満足する計画とする。

日本の品質管理はTQC（Total Quality Control）による自主管理の時代を経て，近年は品質マネジメントの国際標準規格であるISO9000が主流となっている。

（8） 安全管理計画

日本国内の労働安全衛生に係る法律は諸外国と比較して厳格で，事故発生時に対する元請業者の管理責任の範囲が非常に広く，内容によっては刑事責任を問われる場合や，企業の社会的責任にまで発展するケースもある。そのため，安全（衛生）管理計画については，きわめて詳細な計画を立

てることとなる。具体的な内容は以下の通りである。
① 施工計画に則した危険ポイントの抽出
② 上記を受けた，工種ごとの作業手順書・安全管理計画の作成
③ 日常の安全管理計画（朝礼，作業巡視などの安全施工サイクル）
④ 安全衛生管理組織・会議体
⑤ 安全活動と安全教育

品質管理にISO規格が制定されたのと同様に，労働安全衛生管理についても建設業労働安全衛生マネジメントシステム（COHSMS；Construction Occupational Health and Safety Management System）が制定され，建設現場に導入されている。

(9) 環境管理計画

近年，建設工事に起因する環境問題は，建設技術の開発が進み，建設工事が大型化するに従い顕在化してきた。今後の建設プロジェクトは環境との調和なしには成立し得ない状況にある。建設環境問題は，騒音・振動といった局所的な問題から，増え続ける建設副産物や自然環境破壊などの社会的問題へと広がり，最近では熱帯雨林合板材の使用やCO_2の排出量の抑制など地球環境にかかわることまで，管理対象は拡大してきている。いずれも，施工計画の段階で環境負荷の少ない工法を選択するなど，環境への配慮は必須の状況にある。

環境マネジメントの国際標準であるISO14000を，環境管理に導入している建設会社も多くなっている。

(10) リスク管理計画

グローバル化や情報化の爆発的な広がりなどにより，国家や企業を取り巻く環境が著しく変化した結果，将来に対する不確実性が拡大している。建設施工プロセスは，広範な関係者との接点を持つために多くのリスクを抱えている。結果によっては企業の存続を脅かすこととなる可能性もあり，リスクをコントロールすることが非常に重要となってくる。

リスク管理計画では，まずリスク事象の抽出・分析を行い，その発生確率と発生した場合に想定される影響について評価する。次にそのリスクの予防措置や発生時の対応について検討し，費用や効果を考慮した上で対応措置を策定する。

建設施工プロジェクトにおけるリスクとして，国内においては安全・環境に関する要素が大きく，海外においては契約・設計変更にかかわる要素が大きい。

(11) 原価管理計画

原価管理については，建設会社が内部的に行うもので，その内容については施工計画書に記載して対外的に公表するものではない。その点では，他の管理項目と性格を異にするものである。また，他の管理項目は，設定された目標水準を達成することが目的であるが，原価管理において目標水準は最低限の達成レベルであり，可能な限り利益を最大化することが求められる。建設会社にとっては，施工計画書に記載するいわゆる工事計画と並んで，重要な計画である。

原価管理計画の骨格となるものは「実行予算」である。入札時の見積で概算原価は作成している

ので，これを精査して実際に調達可能な単価に変更するとともに，数量の精査や，見落とした項目の追加などを実施する。実行予算の形式は，発注者の設計書の形式にとらわれず，建設会社の各社の様式で作成を行う。作成した実行予算で，予定利益が確保できない場合には，更なる原価低減の検討（施工方法や調達先の見直し）を検討することにより，目標とした利益確保を追求する。

実行予算と並んで重要なのが調達計画である。調達計画作成にあたっては，本社の調達部門と連携し，集中購買によるスケールメリット等を生かして，できるだけ有利な調達を試みる。

4.4.3 施工計画と施工管理

建設施工プロジェクトにおいて，目標水準を達成するために立案された施工計画も，その実行が伴わなければ絵に描いた餅となってしまう。目標水準達成のため，計画を確実に実行するための活動が「施工管理」である。

施工管理は，施工計画において策定した品質・原価・工程・安全・環境の5大管理項目を実行し，適宜計画と実績を比較しながら，必要に応じて改善活動を行う。いわゆる PDCA（Plan-Do-Check-Act）といわれるマネジメントサイクルを回す活動である。

工事が始まると，このマネジメントサイクルは月間，週間，日々を単位としたサイクルごとに行われる。原価を除く，品質・工程・安全・環境の4要素については，国内の建設プロジェクトの場合は安全衛生管理サイクルに合わせて行われることが多い。これは，労働安全衛生法に基づき，日常の巡視点検や，定期的な連絡調整のための協議組織の設置が義務付けられていることによる。

原価管理については，主に着手時に行う発注管理と通常は毎月単位のサイクルで行われる支払い管理に分けられる。発注管理は，実行予算を元にして専門業者や材料納入業者に対して発注作業を行い，実際の調達金額を予算内に収めるように管理する。また，支払い管理は，専門業者や材料納入業者の出来高を査定し，実行予算上の数量と支払いを管理するものであり，必要に応じて実行予算を見直すことになる。原価管理で大切なのは，未払い（これから発生する原価）をいかに正確に把握するかに尽きる。未払いを把握するためには，その時点において工事完了までを見通し，実行予算に反映させる作業が必要で，十分な経験と見識が求められる。

原価管理でもう1つ重要なのが，発注者との契約管理である。契約図書の内容と実際の現場条件が一致しない場合には契約変更（設計変更）が実施されるが，国内の建設工事の場合，契約変更が適正な手続きに則して行われていない例が多い。また建設会社もその状況に慣れてしまっているため，厳格な契約管理が行われる海外プロジェクトにおいて，対応に苦慮している事例が多く報告されている。

4.5 工程管理

4.5.1 工程管理の目的

工程管理には2つの目的がある。1つは，工事の工期を順守するための工程管理，もう1つは，着工から竣工までの過程を最適な状況で施工を行うための工程管理である。

発注者の要求するのは前者であり，契約図書に工期を明示することにより，事業全体の工程をコントロールする。鉄道や高速道路など開業日が周知される事業において，工期の順守は非常に重要

である。総じて日本の建設会社は，契約工期の順守については定評があり，相当な厳しい工程でも間に合わせる能力を有している。しかし一方で，工期を間に合わせるために，無理な工程で工事を行うことは，労務や機械などの効率的な運用を妨げることが多く，経済性が低下する場合が多い。また，品質や安全上の不具合が起こる可能性も高くなる。

受注者である建設会社が工程管理を行う主目的は，工期順守を前提として，最も経済的かつ品質・安全の確保が可能な，合理的な工程により工事を進めることにある。

4.5.2 工程計画

（1） 工程と原価の関係

工程と原価の関係は，一般的には図-4.6のような関係にあり，施工速度を遅く（工期を長く）すると，機械や労務費などの直接工事費は逓減していくが，事務所経費や管理人件費などの間接工事費は一次的に増加する。ある時点で，直接工事費の減少率が間接工事費の増加率を下回る施工速度（工期）が存在し，それが総工事費が最少になる経済速度となる。

施工速度を非合理的に速くした場合，いわゆる突貫工事と呼ばれる状態では，施工速度を速くするための労務や機械の増加や，調達における買手の立場が弱くなることによるコスト増加が，間接工事費の減少額に対して飛躍的に大きくなるため，全体として工事原価は大きく増加してしまう。

工程計画は，工事原価が最少となる経済速度を目指して立案することが重要である。

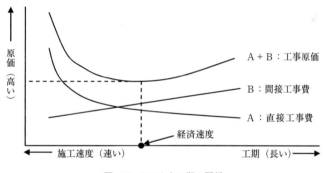

図-4.6 コストと工期の関係

（2） 工程計画の作成手順

工程計画の作成は，一般的に以下のような手順により行う。

① 与条件の整理

全体工期，キーデート，作業可能日，作業区分（昼・夜）など，工程を作成する上での前提条件を整理する。

② 工事内容の整理

工種，施工方法，工事数量について整理する。施工方法については，施工機械や仮設備，労務や材料の調達などについても検討する。仮設備については，設計図書や施工計画より数量を算出する必要がある。

③ 個別工事の施工日数の算定

個別工事の施工日数を，以下の式により算定する。

(施工日数) = (施工数量) ÷ (1日当たりの施工能力)
　　　　　= (施工数量) ÷ (単位施工能力×台数・人数)

単位施工能力は歩掛りと呼ばれるもので，例えば，鋼矢板打設であれば1班あたり20枚/日，トンネル掘削であれば10 m/日などとなる。ここで必要な歩掛りは，標準積算によるものでなく，現地条件や施工機械，作業員の技量等も考慮した，実際の数値を使用することが望ましい。標準積算は，発注者が工事の予定価格を算出するために，施工条件と施工能力を定型化して積算事務の標準化を図るものであるが，現地における単品生産である建設工事では実際の歩掛りと乖離しているケースもあり，それが入札における不調・不落や，非現実的な工期設定の原因となっている。施工会社の歩掛りをもとに算出した見積を積算に取り入れることで，両者のギャップは，ある程度解消することができる。

④　全体工程の作成

③で算出した個別工事の工程を，施工場所や施工順序に従って配置して組み合わせる。通常は基幹となる工程（トンネルでいえば本坑掘削工事，構造物であればメインとなる躯体工事など）を配置した後，残りの工事工程を配置する方法がとられる。基幹となる工程がわかりにくい場合，ネットワーク工程を利用すると，各工種間の関連性が明確となる。

⑤　工程の最適化

④で作成した工程が，まず①の与条件を満たしているか確認し，そうでなければ施工機械の大きさや台数の変更などにより施工歩掛りを見直し，条件を満足させる。次に，各作業で使用する労務や機械の数の日計を集計し（山積み），その上で，労務や機械の凹凸があれば崩し，全工期にわたってなるべく平準化（山崩し）を行う。平準化することにより，人や機械の無駄な入退場（搬入出）が無くなり，結果として原価を低減させることができる。その上で，全体工期の短縮を検討し，直接工事費と間接工事費の合計が最低値となる工程を求める。これがいわゆる経済的な施工速度であり，建設会社が目標とする工程計画となる。また，労務や機械を平準化することにより，現場の施工管理も行き届くため，一般的には安全性や品質も向上する。

4.5.3　工程表

工程計画で策定したものは，工程表という形で図表にすることで，工程計画の検討作成や実際の工程管理における問題点の把握が容易になる。しかし，建設プロジェクトの工種は，道路や下水道

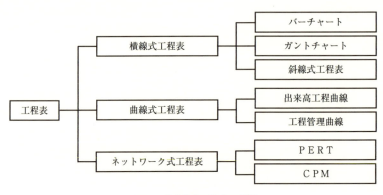

図-4.7　代表的な工程表の分類

など長いものや，ダムや宅地造成など面的に広いもの，地下鉄駅構造物のような複雑な構造物など，非常に多岐にわたるため，その工種に合った工程表を作成することが肝要である。ここでは，図-4.7に示す分類に沿って，おのおのの工程表の特徴について述べる。

（1） 横線式工程表

a．バーチャート

全体工事を構成する作業項目を縦に列記し，工期を横軸にとって，各作業の施工時期と施工日数を横線で記入した工程表である（**図-4.8**）。作成が容易で視覚的にも見やすいため，最も多用されている。作業の流れが左から右に移行していることにより各作業間の関連性もある程度把握できるが，工期に影響を与える重点管理工程を表現することが難しい。また，工期に対する全体の出来高を把握することができない。

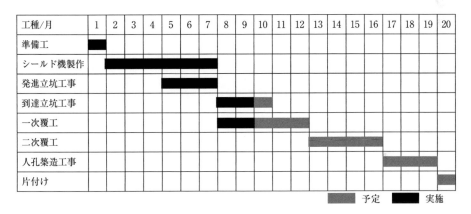

図-4.8 バーチャートの例

b．ガントチャート

全体工事を構成する作業項目を縦に列記し，各作業の完了時点を100％として横軸にとって，その時点での進捗度を表現した工程表である（**図-4.9**）。各作業項目の進行具合が一目瞭然でわか

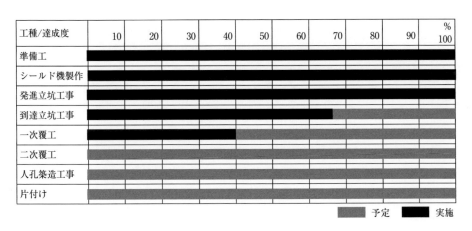

図-4.9 ガントチャートの例

りやすいのが長所である。短所としては，各作業の所要日数や工種間の関連性がわからない，工期に影響を与える重点管理工程がわからないことなどが挙げられる。また，計画時の工程表として使用することはできない。

c．斜線式工程表

バーチャートに施工場所の要素を併せて表現した工程表である（図-4.10）。トンネルや道路工事など，作業工種が比較的少ない，線状で長い構造物の工程を表現するのに適している。縦軸（または横軸）に構造物の距離程を，横軸（または縦軸）に時間軸をとり，各作業の着手時期・地点，完了時期・地点を1本の斜線で示す。斜線の傾斜角度がその工種の作業速度を表し，斜線間の距離が作業間の空間的あるいは時間的な距離を表している。作業間の関係がわかりやすく，同一場所での作業の重複の有無や安全に作業できる距離の確保などを図上で把握することが可能である。また，各作業の進捗状況と今後の所要日数も把握できる。一方で，斜線で表現された作業に含まれる詳細な工程は表現できないため，工事の全体を把握するマスター工程として使用されることが多い。

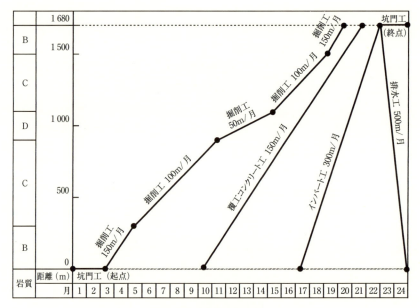

図-4.10　斜線式工程表の例

（2）　曲線式工程表

a．出来高工程曲線

工程曲線は，工事出来高または施工量の累計を縦軸にとり，横軸に工期をとって，出来高管理を行う工程表である（図-4.11）。計画出来高と実際の施工出来高を比較し，工事の進捗状況を把握するのに役立つ。バーチャートと組合わせて利用することが多い。

工事着手時は準備工事があり，竣工時は仮設備の撤去や片付けがあるために出来高が上がりにくい反面，工事中盤には大きく出来高の上がる最盛期を迎える。そのため一般的に工程曲線はS型の曲線（「Sカーブ」と呼ぶ）となり，通常の工事はこのような進捗を辿る。

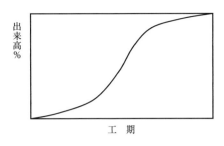

図-4.11 出来高工程曲線

b．工程管理曲線

出来高管理曲線において，予定工程曲線に対する実施工程曲線のずれが許容範囲であるかどうかの判定をするために，工程管理曲線（バナナ曲線）を作成する（**図-4.12**）。工程管理曲線は，Sカーブで表される出来高管理曲線のうち，最速工程曲線と最遅工程曲線で構成され，実績がこの上下の曲線で囲まれる範囲内に収まっていれば，安全と判断される。

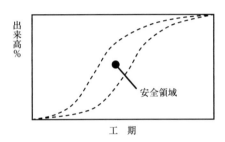

図-4.12 工程管理曲線

（3） ネットワーク工程表

前述した横線式工程表や曲線式工程表であるが，大規模工事や工事内容が複雑な工事においては，工期に影響を与える重点管理工程がわかりにくいという短所がある。ネットワーク工程表は，これらの工程表では表現しにくいような，全体の工期に影響する工種または作業（クリティカルパス）を見いだし，作業間の関連を容易に把握することが可能である（**図-4.13**）。基本的なルールは，丸（○）と矢線（→）の結びつきで作業の流れを表現する。丸は作業の開始および終了を表し，イベント（結合点）と呼ばれる。矢線がその作業の関連性，方向，内容を示し，アローという。矢点線（⇢）

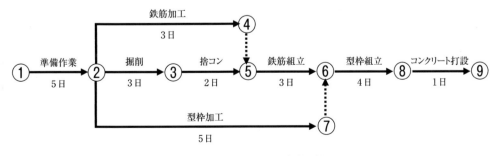

図-4.13 ネットワーク工程表の例

は結合点の相互関係のみを表す所要時間ゼロの疑似作業で，ダミーと呼ばれる。

ネットワーク工程表は，作業順序や重点管理が必要な工種が明らかとなり，工程管理の精度が上がる反面，横線式工程表に比べ複雑であるために，工程表作成に労力と費用がかかるほか，作成にあたっては，より正確な歩掛り等のデータが必要とされる。また，大規模プロジェクトの場合，コンピュータの活用が必須となる。

ネットワーク手法にはさまざまな種類があるが，代表的な2つの方法について以下に示す。

a. PERT (Program Evaluation and Review Technique)

PERTは，1958年頃より行われた米国海軍のポラリスミサイル計画の中で開発された，工程計画・管理手法の1つである。以後，軍事分野以外にも広く知られるようになり，土木建築の施工管理や製造業の生産計画などに適用されている。

PERTは，プロジェクト全体を構成する各作業の関連性をネットワーク図にすることで，各作業の所要日数を算定するとともに，プロジェクト全体の所要日数を算出する。さらにクリティカルパスを明確にした上で，資源の投入，施工方法の変更等により所要日数の短縮について検討することができる。

PERTには，工程計画・管理の手法であるPERT/TIME，最適な資源（材料・労務・機械等）の配備を工程に合わせて計画・管理を行うPERT/MANPOWER，時間的要素に費用（コスト）に関連したデータを加えて原価計画・管理を行うPERT/COSTの3種類がある。

b. CPM (Critical Path Method)

1958年ごろに，米国デュポン社の化学プラント建設に際して，コスト最適化を目的として開発された，工程計画・管理手法の1つである。PERTと比較すると，目的関数として時間の他にコストの要素を加え，最小の投資額で所定期間内に計画が完了する最適解を求めるようにしている。

CPMの基本的な考え方は，プロジェクト全体の所要日数を決定しているクリティカルパス上の作業において，作業ごとに工期短縮に伴うコスト増加の関係を繰り返し計算し，増加する直接工事費と工期短縮により減少する間接工事費の合計額が最小となるような最適工程計画を算出するというものである。図-4.14に簡単な例を挙げて説明する。各工程は上段が標準所要日数，カッコ内の追加費用（費用勾配という）をかければ下段の最短日数まで短縮できるものとする。また，全体工程を短縮すると1日当たり¥50の間接費を縮減できるものとする。

図-4.14の工程において，①→②→③の9日が現状の最短完了日数であるが，これをより経済的に短縮する方法を考える。

まず，費用勾配の最も小さい①→②の作業を短縮する。この作業が最短の2日になると，¥20×2日＝¥40の追加費用が発生するが，全体日数が9日→7日になるため間接費用が¥50×2日

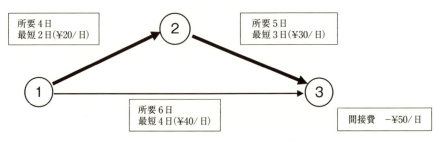

図-4.14 CPMによる工程短縮の例

＝¥100円の縮減となり，差し引き−¥60のコスト縮減となる。

次に，②→③の作業を短縮する。まず1日短縮し5日→4日とすることにより，¥30の追加費用を要するが，全体日数が7日→6日となり間接費用が¥50の縮減となるため，差し引き−¥20のコスト縮減となる。この時点で①→③も6日でクリティカルパスとなる。

さらに，②→③を4日→3日まで短縮しようとすると，同時に①→③も6日→5日に短縮する必要があり，追加費用は②→③の¥30に加えて①→③の¥40もかかるため，合計¥70の追加費用となる。これは，全体日数が6日→5日と短縮されることによる間接費−¥50を上回り，経済的な工程短縮とはいえない。

よって，図-4.15の通り，本工程の経済的な短縮日数は3日で，最適工程は6日，その時の縮減費用は−¥80となる。

CPMでは，短縮日数と短縮にかかる増加費用が比例関係であるという前提を置いているが，現実には建設プロジェクトの場合，短縮にかかる費用の見積が複雑であるため，条件設定は一般に難しい。

日本国内のプロジェクトにおいて，ネットワーク工程を使用したPM（Project Management）ソフトウェアを使用することは稀であるが，海外では使用が標準となっているプロジェクトも多く，発注者がPMソフトウェアを指定するプロジェクトも見られる。今後は，海外プロジェクトに携わる者にとってPMソフトウェアを使用することは必須条件となるであろう。

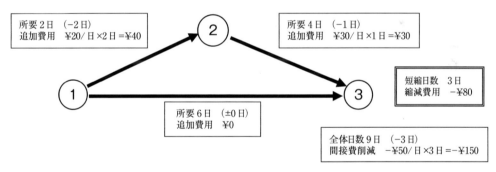

図-4.15 CPMによる最適工程計画

4.5.4 工程の進捗管理

工程管理において，最も重要なのは工程の進捗管理である。進捗管理は全体進捗の管理と部分進捗の管理に大別される。

全体進捗管理については，出来高工程曲線などを利用して，累計出来高の予定と実績を比較することにより，全体の進捗状況を把握する。トンネルやダムなど，主要工種の出来高がそのまま全体出来高に直結する工事については，その主要工種の出来高をもって全体の進捗とする場合もある（例：トンネル掘進1 000 m中500 mの進捗，ダムコンクリート打設量10万m^3中5万m^3完了など）。

また，部分進捗の把握は，スムーズな工程回復を行う上で重要で，日常的な工程管理の中で行う。全体工程を月間工程や週間工程に展開し，展開した工程について定期的な確認のポイントを設けて計画と実績の比較を行う。工程遅延の発生が把握できた場合，その回復方法について修正工程を立案し，図-4.16の工程表に反映させる。

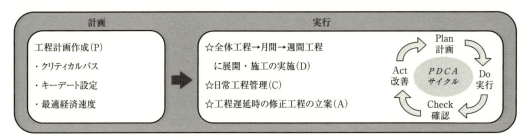

図-4.16 工程の進捗管理

4.6 原価管理

4.6.1 見積と契約

　一般に日本の建設分野では，発注者側の予算措置のために算定した費用を「積算」と呼び，応札者が受注に際し工事遂行に応札者自身で算定した工事遂行に必要な費用を「見積」と呼ぶことは 4.3.1 項ですでに述べた。

　応札者の見積方法は 4.3.1 項で詳述した歩掛をベースに単価を設定し数量を掛け合わせる積み上げ方式を基本とするが，他に外注方式と実績単価方式がある。

　外注方式とは特定工種を専門業者に見積依頼し，複数の業者からの回答を基に価格設定する方式である。また実績単価方式は自社の過去の類似工事での実績から見積単価を算定する方法であり，当該類似工事が最近行われたものであり現場条件が同等な場合に有効である。

　これら3種の見積方式（積み上げ方式，外注方式，実績単価方式）を総合的に使用し最終見積価格を設定する。使用例を以下に記す。

　例えば，場所打ち杭の単価を積み上げ方式で計算し100万円/本の値を得たとする。しかし専門業者が多くの仕事を抱えている場合には専門業者の見積は120万円/本であるかもしれず，また市場が冷え込んでいる場合には90万円/本であるかもしれない。前者の場合であれば応札者の見積価格としては120万円/本が妥当であり，後者の場合には90万円/本を採用すべきである。最終的に外注方式で見積価格が決定されるのならば積み上げ方式による見積は不要ではないかと思われるかもしれないが，それは大きな間違いである。つまり積み上げ方式による単価を確実に把握することにより外注専門業者との価格交渉を有利に進めることができ，また場合によっては外注専門業者に発注せずに自前の機械と労働力により当該工事を施工するという決断を下すことができる。つまり積み上げ方式により正確な"コスト"を知ることによって，はじめて外注価格，"プライス"の妥当性が判断できるのである。

　また，積み上げ方式による見積価格が過去の実績単価と大きく相違していた場合には積み上げ方法に問題がある場合が考えられるため，再度のチェックを行う必要がある。

　見積には担当者の経験やリスク認識等が反映され，また企業ごとに採用される方法も一様ではない。また各応札者は企業利益を確保しつつもなるべく安価な見積金額を算定し競争力を高めたい。そのため応札者が複数存在すれば応札者の数だけ異なった見積価格が存在するのが普通である。また発注者の積算価格と応札者の見積価格が同一になることも稀である。

　発注者と受注者との契約は一般競争契約，指名競争契約，随意契約に大別される。これらは入札

方式の違いに基づくものであり契約そのものの相違ではない(4.3.2「入札」参照)。

　国際工事における契約方式の違いによる分別としては包括契約(lump sum)と数量精算契約(Bills of Quantities 通称 B.Q.)がある。包括契約においては原則として工事数量が入札図書に明示されているか否かにかかわらず，また実際の工事数量の増減にかかわらず契約金額に対する支払いが行われる。一方，数量精算方式では入札図書に添付された工事数量表(Bills of Quantities)に応札者は単価を記入し，数量に単価を乗じたものの総計が契約金額になる。しかし，数量精算方式では提示された工事数量はあくまでも暫定数量という扱いであり，支払いは実際に施工された数量に対して支払うことを原則とする。ただし，包括契約においても入札条件や設計が変更になった場合，契約金額は変更される。

4.6.2　実行予算

　入札時の見積に対し工事入手後に工事担当者が直接作成する詳細見積を実行予算と呼ぶ。この意味で実行予算のことを担当者(現場所長)による本社に対する工事遂行の決意表明とする考え方もある。

　実行予算はプロジェクト遂行上のコスト管理の基本になるものであり後述する未払い算定も実行予算との対比においてなされる。

　実行予算作成の方法は基本的には入札時の見積と同一であるが，実行予算作成時には現場状況，実施施工計画，外注業者価格等がより明確に把握されており入札時見積に比較してより精度の高いものが要求される。

　また，入札時見積が発注者の指定する構成で作成されるのに対し実行予算は企業ごとの構成によるため，画一的な構成や書式はないが直接工事費，間接工事費，一般管理費を大項目とし各種費目を大項目に割り振る方式が一般的である。

　費目構成の一例を以下に示す。
- 直接工事費：土工事，基礎工事，躯体工事(型枠・鉄筋・コンクリート)，設備工事，機械・電気工事，直接仮設備工事等
- 間接工事費：職員人件費，仮建物(現場事務所・宿舎等)工事費，安全対策費，環境対策費，近隣対策費，調査費，測量工事費，設計費，労務管理費，福利厚生費，保険料，地代家賃等
- 一般管理費：本支店経費，発生金利，利益等

4.6.3　調　達

　調達の目的は必要な資源(労務，資材，機械等)を工程上必要な時点で可能な限り安価に納入させることである。

　本社・支店等でまとめて大量契約し廉価な調達を目的とする中央調達が汎用資材，例えば鉄筋等について行われるが，多種多様な資機材については工事ごとの直接調達が一般的である。また調達行為そのものを外部化する場合もある。

　国際工事においては調達業務の重要性が際立つ。例えば国内であれば電話一本で数日中に納入されるような資材が海外では数か月の納入期間を要するような場合があるばかりでなく，日本および第三国よりの調達に際しては契約通貨と為替変動，通関業務，海上輸送費，輸送保険，関税の取扱

等々の問題が存在する。これらの問題を解決し，工事工程に従って必要な資源を必要な時期に納入させることは国内調達に比較すると格段の困難を伴うものである。そのため海外工事の調達に際しては半年以上先の工程を検討し，資機材の発注から現場到着までの納入期間が長期にわたることを十分考慮して早期の発注を心がける必要がある。また資機材に求められる品質が許容できるならば可能な限り当該国内からの調達を計画すべきである。

4.6.4 出来高管理

工事出来高の管理は受注者にとって工事管理の基本となるばかりでなく発注者への支払い請求や協力会社に対する支払いを行う際の基本になる。

出来高管理の基本は日々の施工終了時に図面上に完成部分を彩色し，実施記録（コンクリート打設量，掘削土量，杭打設本数等）を綿密に記入し，これらを定期的にまとめて出来高調書を作成することにある。出来高管理を厳密に行うことにより残工事数量を正確に把握するとともに発注者への請求漏れや協力会社に対する過払いを防ぐことができる。

発注者からの支払いは出来高調書に基づいて受注者が作成した支払い請求書によりなされる。国内の民間工事や小規模の官庁工事においては着工時に前渡金を支払い，1回ないし2回の中間支払いがなされたのちは完成時に残金を支払うまで発注者からの支払いがなされない場合もあるが，中規模以上の官庁工事においては年間3回程度の部分出来高検査を経て部分支払いが行われることが多い。

一方国際工事においては前渡金が支払われたのちは毎月出来高に対する支払いが行われるのが一般的である。国内工事・国際工事ともに支払い請求の基本は出来高調書であり，誤謬のない出来高調書が順調な毎月出来高支払いを可能とする。

4.6.5 未払いと決算

工事の途上で今後工事完成までにいくらの費用が必要かを算定する行為が未払い算定である。しかし未払いとは実行予算金額からすでに支払いを行った金額を減額したもののことではない。いうなれば工事施工の途中段階での修正実行予算の算定である。

工事全体である特定の同一工事が複数箇所ある場合，工事途上でその一部を完成させていれば一か所あたりの費用は既払いを調べれば算定できる。この算定値を基に未施工の部分に対しこれから必要となる費用を算定することができる。これらをすべての工事項目について行い，集計を行い実行予算と比較し，工事終了時の収支を予測する。

例えば全体で10 000 m^3 のコンクリート打設工事があり実行予算では1 m^3 あたり10 000円の費用を見込んでいたとする。全体出来高30％の時点で未払い計算を行ったところ，その時点で2 000 m^3 のコンクリート打設実績があり費用の実績は1 m^3 あたり9 800円であったとする。10 000円と9 800円との差額200円が何に起因するかを未払い担当者は精査し，その差額200円が突発的な理由によるものであり今後は期待できないものなのか，それとも永続性のある理由に基づくものであり今後も期待できるものであるかを判定する。前者であれば残コンクリート数量8 000 m^3 の単価を10 000円/m^3 で算定し，後者であれば残コンクリート数量8 000 m^3 の単価を9 800円/m^3 で算定する。

さらに出来高80％の時点で未払いを試算したところ9 000 m^{3}のコンクリート打設実績があり，費用の実績が9 700円/m^{3}であったとすると残工事量1 000 m^{3}の未払いに対し同様な検討を加え未払い金額を算定する。

未払い算定をいつ行うかは工事の規模，複雑性，会社の規則など各種の要素があり一概にはいえない。複数回の未払い算定を行う場合，当然ながら出来高の進捗に従い未払い金額（残工事完成のための費用）予測は正確になり最終的には工事完成後の収支決算となる。

以上のような未払い算定を適宜行い最終的な損益を予想する際に留意すべきものに単品生産である建設工事に特有のものとして完成工事未収入金と完成工事未払い金がある。何らかの事情で追加工事や工事の形状変更等があったが，次項で述べる設計変更による契約金額変更が未だなされないままで工事費が発生している場合や完成部分に対する発注者からの支払いが未だなされない場合，当該工事費は完成工事未収入金となる。また完成工事に対し協力会社や資機材業者への支払いが完了していない場合にそれら将来払わなければならない費用は完成工事未払い金となる。これらは重要なファクターであり未払い計算に加味しなければならない。

4.6.6 設計変更

大量生産品と対極にある建設工事では工事開始後にしばしば実際の現場条件が契約図書で示された内容と異なることが生じる。想定された土質条件と現実との相違や発注者側の指示による工事形状の変更などが生じると受注者の実行予算には矛盾が生じる。こうした場合受注者は発注者に設計変更依頼をし，発注者の承認を得て設計変更を行い契約金額の変更を行う。

受注者としては設計変更を行い損失の発生を防ぎたいのであるが設計変更は発注者側にとっては予算額増加になるために安易に承認できない立場にある。契約が包括契約であり，地下条件の想定が受注者の責任であるとの条件が付いている工事契約の場合，第一義的には想定外地下条件の出現は受注者側の想定ミスと判定され設計変更がなされない場合もある。一方数量精算契約においては当初の数量表は暫定値であり実際の支払い数量はあくまでも現場での計測結果に基づくとされているため包括契約による場合よりもより簡便に設計変更と金額調整が行われる。

4.7 品質管理

品質管理は，使用の目的に合致した構造物を経済的につくるために，工事のあらゆる段階で行う品質確保のための行為である。品質管理は，施工者の自主的な活動であり，施工者自らがその効果が期待できる方法を計画して，適切に行わなければならない。品質管理は，品質の安定を図るために行う行為であるため，できるだけ早期に異常を見つけ，その原因を究明して適切な対策を講じて，品質の変動を抑えることが重要である。そのためには，計画（Plan），実施（Do），評価（Check）および処置（Act）のPDCAサイクルを円滑に機能させる体制づくりが大切である。効果的，合理的な品質管理計画書の立案が重要で，計画にあたっては，製造および施工の各作業における品質管理の責任者と担当者を定め，管理項目，管理方法および異常が生じた場合の対策を明確にしておく必要がある。

ケース 4-2　山口県のひび割れ抑制システム

　2001年の国土交通省通達「土木コンクリート構造物の品質確保について（国官技第61号，平成13年3月29日）」を契機に，各発注機関においてひび割れに関する調査が強化され，施工現場においてひび割れ調査や補修に多くの時間や労力が必要となった。山口県という一つの地方自治体が，独自のひび割れ抑制システムを構築したことは稀有な事例と思われるが，システムの構築に着手した最大の要因は，実は県内建設業界からの発注者への強い要請であった。ひび割れにかかわる問題は，建設業者にとってコスト管理や工程管理に大きな負荷を生じさせるため，発注者に対する不満と不信が顕在化したと考えられる。

　発注者は，工事の発注に当たって仕様を示し，施工中に監督し，引き取る前に検査するという役割を持ち，それぞれを適正かつ迅速に遂行する能力を求められている。しかしながら，建設業界から「監督職員が，なかなか現場に来てくれない」との不満が聞こえてくるほど，山口県では発注者が必要な役割を果たせない状況に至っていた。

　山口県は，構造物の性能に悪影響を与えない「無害なひび割れ」の発生は許容するという考え方をとった。この場合，「合否判定」については基準を設ける事で対応できるが，温度ひび割れの発生の有無やひび割れ幅には設計，施工，材料，環境作用など非常に多くの要因が影響するため，具体的な「ひび割れを抑制する対策」への対応には答えが用意されていない。例えば，ひび割れ幅を無害な程度に抑制するために必要な，追加の鉄筋の費用は誰が負担すべきなのであろうか。日本中でこの費用は施工者の持ち出しとなっている場合がほとんどであるが，これは正しい姿なのだろうか。また，仮に有害なひび割れが発生した場合には，誰の責任なのか，真の原因は何なのかを解明することにも非常に困難が伴う。山口県は，ひび割れ問題に対して真正面から取り組んだのである。実構造物のデータを積み重ねたデータベースを活用し，産官学の「協働」により解決への道を歩むことになる。問題が複雑で困難であったからこそ，本質的な解決策を模索したことで，発注者自身を含む各プレーヤーの技術力の向上にもつながるシステムが構築されたのである。

　平成17年度に，実構造物で種々のひび割れ抑制対策の効果を調べる産官学の協働での「試験施工」が始まった。コンサルタントの監督代行がすべての現場での打込みに立ち会った。実構造物での試験施工が始まった途端に，ある種のひび割れがほぼ根絶されたのである。例えば，ボックスカルバートの頂版の下面に観察される，構造物の軸線方向に発生していた非貫通のひび割れは，最先端の温度応力解析等によってもその発生原因は十分には解明できていなかったが，試験施工が始まった直後からほぼ根絶されてしまった。発注者がひび割れ問題に真剣に取り組む緊張感のある雰囲気の中で，材料供給者，施工者が丁寧に役割を発揮した結果，「施工由来のひび割れ」がほぼ根絶されたのである。沈みひび割れや，充填不良などの施工時の不具合も激減した。このことは，いくつかのことを我々に教えてくれる。まず，山口県において，平成17年度の試験施工が始まる以前は，施工の基本事項が必ずしも遵守されていなかったということである。施工由来のひび割れが存在していたのである。これが，発注者が施工者に責任を問う拠り所である。次に我々が知るべきは，「施工由来のひび割れ」がほぼ根絶されたとしても，多くの温度ひび割れが構造物に発生する事実である。通常のコンクリートを使う限り，施工の基本事項を遵守して，いかに丁寧な施工を行っても，ある種のひび割れは発生するのである。このようなひび割れを防止したり，無害なひび

割れに抑制するためには，設計段階で十分に検討する必要がある。発注者の責任である。けっして，施工者の努力だけに期待すべきではない。

　山口県のひび割れ抑制システムは，施工者の努力で根絶すべきひび割れと，発注者も積極的に関与して設計段階から抑制を検討すべきひび割れとに仕分けをすべきであると明示した点が特筆すべき特徴である。

　平成19年度より運用されているひび割れ抑制システム（図-C4.2.1）では，施工者は，すべての打設リフトにおいて，打設管理記録を提出する。打設管理記録には，構造諸元や，ひび割れ幅を抑制するための補強鉄筋の追加や膨張材の使用などの採用されたひび割れ抑制対策，コンクリート材料の情報，打込み時の諸条件，打込み後のコンクリートの温度履歴，発生したひび割れの諸情報などがまとめられている。

　打設管理記録はデータベースとして山口県のホームページで公開されており，このデータベースを分析した結果に基づいて，ひび割れ抑制対策が対策資料としてまとめられている。これに基づいて新たな構造物を設計する際にひび割れ抑制の検討がなされている。

　山口県では，「施工の基本事項の遵守」がシステムとして達成される種々の工夫を実施しており，その施工の結果を蓄積したデータベースが分析されており，PDCAシステムが構築されている。ガラクタでない意味のあるデータが蓄積され，分析されている。その結果，必要と判断されたひび割れ抑制のための追加対策の費用は発注者が負担している。また，施工の基本事項が遵守されているため，ひび割れの抑制だけでなく，かぶりの緻密さもシステムの運用以前より顕著に向上していることも調査の結果明らかとなっている。総合的な品質向上施策といえる。平成25年度4月からは，施工の基本事項の遵守がシステムとして達成できていることを根拠に，ひび割れ幅の合否判定で有害と判定されるひび割れが発生した場合でも，工事成績評定で減点をしないというルール改訂を行い，建設マネジメントの観点でも大きな一歩を踏み出している。

　ひび割れは目に見えるために，品質の指標にされやすく，建設現場で種々のトラブルの要因となりがちである。ひび割れが構造物の性能に及ぼす影響は，環境条件によって大きく異なるため，す

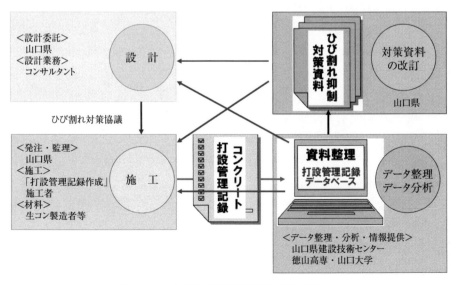

図-C4.2.1　山口県のひび割れ抑制システムのフロー

べてのひび割れに目くじらを立てる必要もないことも事実ではある。

　しかし，目に見えるひび割れをきっかけにして，建設にかかわるプレーヤーの協働意識を覚醒させ，結果としてひび割れを抑制し，構造物の総合的な品質も向上し，ひび割れ抑制コストの負担や工事成績評定のルールの改訂などの議論も実構造物の実績に基づいて行われている山口県の事例は，建設マネジメントの好例である。

参考文献
1) 細田　暁，田村隆弘，二宮　純：山口県のひび割れ抑制システムによる各プレーヤーの技術力の向上，土木技術，第67巻，第10号，pp.33-38，2012.10.

4.7.1　要求品質

　土木構造物は厳しい環境作用や供用条件で用いられることが多く，構造物の機能を満たすための性能が規定されており，供用期間中の性能が確保されるように，工事のあらゆる段階で品質確保のための行為がなされる。構造物に求められる要求品質は，工事請負契約書に示されている。施工者は，工事請負契約書に示された品質を満たすように品質管理をしなければならない。一般に，工事請負契約では完成後にすべてを確認することは難しく，施工途中のプロセス管理が重要となる。したがって，施工時には，契約時に設定された品質を満たすようにプロセス管理をしなければならない。そのために，能力のある責任技術者を配置するとともに，各組織内においても，責任技術者に必要な権限を与えることが重要である。一方で，発注機関は，工事請負契約書に示された品質を満たすように，工事を監理するための責任技術者を配置しなければならない。工事施工段階において，工事を監理する責任技術者は，常に公正な立場で，独立した技術判断をもとに意見を述べなければならない。

4.7.2　品質管理サイクル

　品質には2通りがある。1つは「ねらいの品質」であり，もう1つは「できばえの品質」である。「ねらいの品質」は工事請負契約書に示された設計での品質であり，構造物が置かれる環境条件や供用条件などが考慮されて設定されている。土木構造物の性能は，環境条件や供用条件の影響を大きく受ける。過去に早期劣化や予定供用期間中の劣化が多く発生しており，維持管理から計画・設計へのフィードバックが適切になされ，「ねらいの品質」を改善していく管理サイクルが重要である。一方で，「できばえの品質」は作業員ひとりひとりを含む施工の結果である。すべての施工の工程には，人間の意思がいささかでも働いており，構造物はその工程においてつくられる単品であるので，品質管理とは品質を見ながら工程を管理する，と考えるべきである。

　図-4.17は，良い状態を維持する管理活動と，悪い状態であれば改善して管理のレベルを向上させる改善活動による品質向上を示している。品質は多種にわたるが，比較的管理のしやすい品質と，影響要因が多岐にわたる困難な品質がある。ケース4-2で示した山口県のひび割れ抑制システムは，温度ひび割れという影響要因が多岐にわたる困難な品質に対して，PDCAサイクルを機能させることで「ねらいの品質」を達成しようとする優れたマネジメントの事例である。

　また，構造物の供用期間中の維持管理に，図-4.17の好循環を適用していく必要がある。構造物

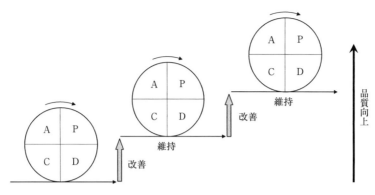

図-4.17 管理と改善による品質向上

の置かれる環境条件や供用される状況は多種多様であり，劣化した構造物の補修や補強は，人間の医療と同じで，画一的な治療で万全の効果が期待できるものではない。維持管理において適切な補修や補強の Plan や Design がなされること以上に，維持管理の現場で Check が適切に，継続的に，体系的になされ，再劣化が容易に生じる場合には適切に Action がなされる必要がある。

4.7.3 検 査

　構造物の構築においては，構造物の品質が確保されなくてはならないので，構造物の品質は竣工した構造物で直接検査することが理想である。しかし，現時点で竣工した構造物で検査できる項目は，表面状態や部材の位置および形状寸法など，ごく一部に限られている。したがって，設計図書，施工計画をもとに，合理的かつ経済的で体系的な検査計画を立案し，施工の各段階で適切な検査を実施することで，完成時の欠陥を未然に防ぐことが重要である。

　検査には完成時に行う部材・構造物に対する検査と，工事の途中に行うプロセスごとの検査があるが，プロセスごとの検査においても，検査は発注者の権限と責任で実施するものである。検査項目と検査方法は工事請負契約書に明記しておく必要がある。構造物の品質が，材料，施工，環境条件などの影響を特に受けやすいコンクリート構造物においては，材料の受入れ検査，コンクリートの製造設備の検査，レディーミクストコンクリートの受入れ検査，補強材の受入れ検査，施工の検査，コンクリート構造物の検査の項目と方法が工事請負契約書で定められている。近年は，新たな検査方法についての研究と実務での適用が活発になってきており，レディーミクストコンクリートの現場での受入れ時の単位水量試験，鉄筋のガス圧接継手の熱間押抜法による外観検査などは実際の工事で適用されている。ケース 4-2 で紹介した山口県のひび割れ抑制システムでは，温度ひび割れの検査方法についても研究が継続されている。ひび割れ幅は季節変動や昼夜変動もあり，ひび割れのどの箇所でどのような方法で計測すべきかについても十分な研究がなされているとはいえない。

　コンクリート構造物のコンクリートの品質としては，従来，圧縮強度に関する注目が圧倒的に大きかったが，構造物の耐久性についてはかぶりの厚さと緻密さが重要であるため，かぶり厚さの非破壊試験を検査に導入する発注機関が出てきている。さらに，緻密さを測定する研究開発も活発化しており，材料や施工の影響を大きく受けるかぶりの緻密さが定量評価できるようになれば，PDCA サイクルがさらに高いレベルに移行すると考えられる。

4.7.4 TQC

品質管理は統計を応用したことから始まった。統計的品質管理とは過去の事実を数量的に測定し，これに経験を加味して整理し，工程管理法を導くという科学的方法である。アメリカのデミングは1950〜1952年にかけて3回来日し，各地で品質管理の講演を行って日本に品質管理の種を蒔いた。デミングは，アメリカの電機会社であるベル研究所のシューハートが発表した管理限界線を用いる管理図という統計的手法をさらに進め，生産のあらゆる段階で統計的な考え方が適用できることを強調した。さらに，GE社の品質管理部長であったファイゲンバウム氏によりTQC（Total Quality Control）という言葉が提唱され，1961年に「Total Quality Control」という本を著している。顧客に満足してもらえる製品をつくるには，全社的な規模で品質管理を推進すべきであると，労使対立のはげしいアメリカでファイゲンバウムは説いた。品質的にもコスト的にも安定した，顧客に満足してもらえる製品をつくるには，会社内でわかれている品質開発，品質維持，品質改良のグループらを一本にまとめて，品質管理を全社的に行おうと提案した。日本人は，統計的品質管理をアメリカから学び，日本の品質管理は著しく発展し，日本の工業製品の信頼性が大きく向上した。しかし，日本には日本のやり方があり，日本型TQCが模索され，発展してきたともいえる。日本人が古来から持っている品質に対する潔癖感，恥と誇りの精神，帰属意識などを大切にする気風に基づき，自分たちが協力することによって不良をなくし，無駄をなくすという試み，すなわち全員参加の品質管理が日本型TQCの特長ともいえる。

4.7.5 ISO9001

ISO9001は，国際標準化機構（ISO）が1987年に制定した品質管理および品質保証のための国際規格である。「品質に関して組織を指揮し，管理するための方針および目標を定め，これを達成するための計画，実施，評価，見直しの手順を定めたシステム」である。製品やサービスの品質を保証するために仕事のやり方を定める仕組みであり，製造業だけでなく，あらゆる業務および組織に適用されている。

公共事業においてISO9001を活用する場合，ISO規格が国際標準として規定している事項を前提にしたマネジメントを受発注者双方が行うことで，限られた財源のもとで，良質な社会資本を効率よく整備していくことの実現が期待されている。

施工者は，施工計画に基づき，実施した施工の内容を記録する必要がある。施工記録は，工事の工程，材料の製造方法，施工方法，天候，気温，品質管理および検査等を記録したものである。施工記録は，構造物の初期状態に関する重要な情報を含んでおり，構造物が供用される期間中，その性能を保証するための基礎データとなるものである。

施工記録がデータベース化され，適切に分析がなされると，高品質の構造物を構築する上での有用な知見が得られる。ケース4-2で紹介した山口県のひび割れ抑制システムは，施工記録のデータベースを活用したPDCAサイクルで，温度ひび割れを抑制した事例である。

現状では，膨大なデータが各構造物に対して記録され，保存はされているものの，データベースとして活用されているとはいえず，山口県のような活用方法を模索し実践することが重要であろう。

4.8 安全衛生管理

4.8.1 労働災害
（1） 労働災害の定義
「労働災害」とは「労働安全衛生法」第2条第1項により「労働者の就業にかかわる建設物，設備，ガス，蒸気，粉じんなどにより，または作業行動その他業務に起因して労働者が負傷し，疾病にかかり，または死亡することをいう」と定義されている。

（2） 労働災害の発生原因
建設業における労働災害（死亡）の発生原因は多いものから墜落，自動車等，建設機械等，飛来落下，倒壊，土砂崩壊等，クレーン等，取扱い運搬等である。

（3） 労働災害の状況[22]
建設業における労働災害は近年減少傾向にある（図-4.18）。

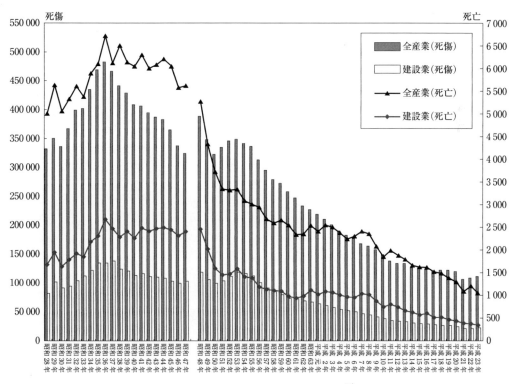

図-4.18　建設業における労働災害発生状況[20]

労働災害の状況は次の労働災害率（度数率および強度率）で表される。
「度数率」とは100万延べ実労働時間当たりの労働災害による死傷者数で，災害発生の頻度を表す。

$$度数率 = \frac{労働災害による死傷者数}{延べ実労働時間数}$$

第4章 コンストラクション・マネジメント

「強度率」とは1 000延べ労働時間当たりの労働損失日数で，災害の重さの程度を表す。

$$強度率 = \frac{延べ労働損失日数}{延べ実労働時間数}$$

延べ労働損失日数とは労働災害による死傷者の延べ労働損失日数であり，別表（**表-4.4**）により算出する。

表-4.4　別　表

身体障害等級（級）	1～3	4	5	6	7	8	9	10	11	12	13	14
労働損失日数（日）	7 500	5 500	4 000	3 000	2 200	1 500	1 000	600	400	200	100	50

① 死亡　　　　　　　　　7 500日
② 永久全労働不能　　　　別表の身体障害等級1～3級の日数（7 500日）
③ 永久一部労働不能　　　別表の身体障害等級4～14級の日数（級に応じて50～5 500日）
④ 一時労働不能　　　　　暦日の休業日数に300/365を乗じた日数

図-4.19に総合工事業における度数率，強度率の推移を示す。実労働時間当たりの死亡者数でみると，年度ごとに変動が大きく，経年的な変化は見られない。

一方，平成22年の厚生労働省の報道発表資料「平成21年における死亡災害・重大災害発生状況等について」によると，平成元年度と比較して，平成21年度は建設業就業者数，建設投資，死亡者数のいずれも減少してきているが，建設業就業者数が10.6 %，建設投資が35.4 %減少しているのに対し，死亡者数は63.5 %減少（平成元年：1 017人→平成21年：371人）しており，対投資額では建設現場における全般的な安全衛生水準の向上を反映しているものと考えられる（**図-4.20**）[25]。

しかし，平成21年度の死亡労働災害のうち建設業における死亡者が最も多く（371名，全体の34.5%），今後も労働安全衛生法令の遵守を徹底することはもとより，墜落・転落災害対策，機械設備等に係る対策の徹底，職場の危険性または有害性等の調査（リスクアセスメント）およびこれに基づく措置の実施促進，新規労働者への雇入れ時等の安全衛生教育の徹底等を図ることが重要である。

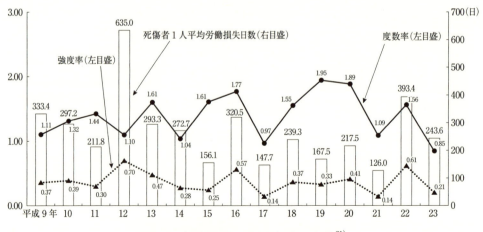

図-4.19　産業別度数率・強度率（平成23年度）[21]

4.8 安全衛生管理

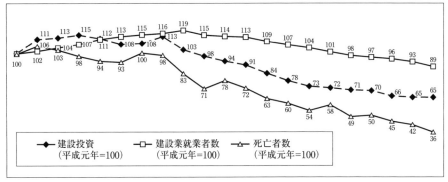

図-4.20 建設投資等と建設業における死亡者数の推移[22]

（4） 労働災害と企業責任

労働安全衛生法において元方事業者の関係請負人およびその労働者に対する指導，指示義務などを定めた第29条および第29条の2があり，特定元方事業者，請負人などが講ずべき措置について定めた第30条および32条がある。法律上は元請責任・下請責任があるが，ほとんどの場合元請責任となる[23]。

4.8.2 安全管理体制

労働安全衛生法により，下請混在作業関係において特定元方事業者は統括安全衛生責任者，元方安全責任者および安全衛生責任者を選任し，安全衛生管理体制を統括管理しなければならない（図-4.21）。また，元請および多数の協力会社の作業員が1つの場所で混在して作業することによって発生する労働災害を防止するため，すべての協力会社が参加する協議組織を設置し，定期的に会議を開催しなければならない[23]。

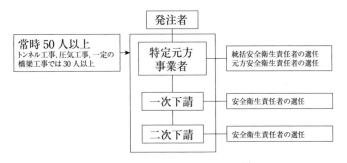

図-4.21 建設工事の請負形態の例[23]

（1） 統括安全衛生責任者

1つの事業場において作業する元方事業者と下請事業者の労働者の合計数が常時50人（トンネル等の建設の仕事または圧気工法による作業を行う任事にあっては常時30人）以上の場合には，元方事業者は，統括安全衛生責任者を選任しなければならない。統括安全衛生責任者は，元方安全衛生管理者の指揮等のほか，次の事項の統括管理を行う[23]。

① 協議組織の設置，運営
② 作業間の連絡，調整
③ 作業場所の巡視
④ 関係請負人が行う労働者の安全衛生教育に対する指導，援助
⑤ 仕事の工程計画および作業場所における機械設備等の配置計画の作成
⑥ その他，クレーン等の運転についての合図の統一等

(2) 元方安全衛生管理者

統括安全衛生責任者が統括管理すべき事項は，技術的，専門的事項を含むものであり，これらの事項の管理が適切に行われるためには，統括安全衛生責任者を補佐し，統括管理事項の実務を担当する者が必要である。そこで統括安全衛生責任者を選任した元方事業者は，一定の資格を有する者のうちから元方安全衛生管理者を選任し，その者に統括安全衛生責任者の指揮のもとに技術的な管理をしなければならない[23]。

(3) 安全衛生責任者

建設工事では，現場に出入りする事業者の数も多く，かつ，その動きも激しいという実情があり，統括安全衛生責任者が，関係請負人を常時把握しておくのは容易なことではない。そこで，統括安全衛生責任者が選任された場合には，統括安全衛生責任者を選任すべき事業者以外の請負人で，その場所で仕事を行うものは，安全衛生責任者を選任し，その旨を，統括安全衛生責任者を選任している事業者に通報するとともに，安全衛生責任者に次の事項を行わせる必要がある[23]。
① 統括安全衛生責任者との連絡
② 統括安全衛生責任者から連絡を受けた事項の関係者への周知

(4) 店社安全衛生管理者

建設業における労働災害の発生状況を見ると，統括安全衛生責任者，元方安全衛生管理者の選任が義務付けられていない中小規模の建設現場においては，現場の安全管理体制が十分に確立されていないことから，労働災害の発生が多くなっている。このような状況から，労働者の数が一定数以上である建設工事を行う場合には，当該建設工事にかかわる請負契約を締結している事業場ごとに，一定の資格を有する者の内から，店社安全衛生管理者を選任し，その者に，当該建設工事を行う場所において統括安全衛生管理を行うものに対する指導を行わせなければならないとしたものである[23]。

(5) 海外の安全管理体制・責任範囲との比較

海外（イギリス・ドイツ・アメリカ）の法的な安全管理体制において枠組みに大きな差異はない[23]。日本と異なる特徴的な点について**表-4.5**にいくつか挙げる。

表-4.5　海外の安全管理体制・責任範囲との比較

国	特　徴
日本	法律：労働安全衛生法 安全責任者または安全管理者の選任義務：有 【特徴】 ・労災保険は公的保険であり，元請事業者が契約・負担する。 ・安全経費は公共工事においては仕様書により必要経費を見積りに反映される場合もあるが，民間工事では反映されない。 ・法律上は元請責任・下請責任があるが，ほとんどの場合元請責任となる。
イギリス	法律：Health and Safety at Work Act 1974 安全責任者または安全管理者の選任義務：有 【特徴】 ・リスクアセスメントが義務付けられている。 ・労災保険は民間保険であり，労働者を直接雇用する雇用者が契約・負担する。 ・安全経費は見積に反映される。 ・法的に元請・下請の責任が定められており，元請の方が下請よりも監督責任が重いが，実際には災害原因により責任の所在はケースバイケースとなっている。 ・法人殺人罪など非常に厳しい処分が下される場合がある。 ・労働者10万人当たりの死亡者数は日本に比べて極めて少ない。
ドイツ	法律：Labour Law, Safety and Health Regulations, Regulations of Governmental Accident and Prevention & Insurance Association 安全責任者または安全管理者の選任義務：有 【特徴】 ・同業者団体で組織する労災保険組合と連邦政府による二元的管理システム。 ・労災保険は公的保険であり，労働者を直接雇用する雇用者が負担する（強制徴収）。 ・安全経費は見積に反映される。 ・法的には元請責任・下請責任は定められておらず，直接原因となる過失を犯した側の責任となる。
アメリカ	法律：OSHA 29CFR Part 1926 安全責任者または安全管理者の選任義務：有 【特徴】 ・労災保険は民間保険であり，契約者が元請か下請かは工事の契約による。 ・安全経費は見積に反映される。 ・責任範囲など契約によるところが多い。 ・災害発生には思い責任が課されることがあり，災害原因の発生元に制裁が課され，元請か下請かは関係ない。

（日本建設業団体連合会，労働安全衛生総合研究所：建設業の安全衛生における国際比較に関する調査研究報告書，2009年4月より）

4.8.3　安全施工サイクル[24]

建設現場における労働災害は，施工と安全を一体化した安全管理活動が定着化していないことがその多くの発生要因となっている。このことから，建設現場における安全管理活動をサイクルとして実施することを習慣化するため，この安全施工サイクル運動を推進している（**表-4.6**）。

表-4.6　事業場の実施事項

毎日の実施事項	毎週の実施事項	毎月の実施事項	随時行う活動
①安全朝礼 ②安全ミーティング ③作業開始前点検 ④作業所長巡視 ⑤職長・安全衛生責任者等による作業中の指導・監督・職場内教育（OJT） ⑥安全工程打合せ ⑦持場後片付け ⑧終業時の確認・報告	①週間安全工程打合せ ②週間点検 ③週間一斉片付け	①災害防止協議会の開催 ②定期点検，自主検査（元請・専門工事業者） ③災害事例等による安全衛生教育 ④職長会の開催	①入場予定者との事前打合せ ②新規入場者教育 ③持込機械の届出 ④安全衛生大会

4.8.4　作業環境の改善

（1）　作業環境測定

　作業環境中には，ガス・蒸気・粉じん等の有害物質や，騒音・放射線・高熱等の有害エネルギーが存在することがあり，これらの有害因子による職業性疾病を予防するためには，その因子を職場から除去するか一定のレベル以下に管理することが必要である。そのためには「作業環境測定」を行い，作業環境の実態を把握し，必要な対策のための情報を得ることが必要である。労働安全衛生法では「作業環境測定」を「作業環境の実態を把握するため空気環境その他の作業環境について行うデザイン，サンプリング及び分析（解析を含む。）」と定義している（第2条第4号）。労働者の健康障害防止として，下記の事項について労働安全衛生法施行令に基づき計測・管理を行わなければならない。作業環境測定を行うべき場所と測定の種類等を表-4.7に示す。

（2）　作業環境の改善

　作業環境測定の結果に応じ，作業環境を改善する。具体的には，表-4.7に示すように，局所排気，除塵，排ガス処理，廃液処理，遮蔽などの施設や設備の適切な設置，稼働，検査，点検を徹底することによる環境保持や，粉じん作業など健康障害の恐れのある場所の清掃・清潔を保持するよう徹底する。

表-4.7　作業環境測定を行うべき場所と測定の種類等

作業環境測定を行うべき作業場			測定			
作業場の種類 （労働安全衛生法施行令第21条）			関係規則	測定の種類	測定回数	記録の保存年数
①*	土石，岩石，鉱物，金属または炭素の粉じんを著しく発散する屋内作業場		粉じん則26条	空気中の濃度および粉じん中の遊離けい酸含有率	6月以内ごとに1回	7
2	暑熱，寒冷または多湿屋内作業場		安衛則607条	気温，湿度，ふく射熱	半月以内ごとに1回	3
3	著しい騒音を発する屋内作業場		安衛則590，591条	等価騒音レベル	6月以内ごとに1回 注1)	3
4	坑内の作業場	イ	炭酸ガスが停滞する作業場	安衛則592条	炭酸ガスの濃度	1月以内ごとに1回	3
		ロ	28℃を超える，または超えるおそれのある作業場	安衛則612条	気温	半月以内ごとに1回	3
		ハ	通気設備のある作業場	安衛則603条	通気量	半月以内ごとに1回	3
5	中央管理方式の空気調和設備を設けている建築物の室で，事務所の用に供されるもの		事務所則7条	一酸化炭素および二酸化炭素の含有率，室温および外気温，相対湿度	2月以内ごとに1回 注2)	3
6	放射線業務を行う作業場	イ	放射線業務を行う管理区域	電離則54条	外部放射線による線量当量率	1月以内ごとに1回 注3)	5

		ㅁ	放射性物質取扱作業室	電離則 55 条	空気中の放射性物質の濃度	1月以内ごとに1回	5
		ハ	坑内の核燃料物質の採掘の業務を行う作業場				
⑦*	特定化学物質（第1類物質または第2類物質）を製造し，または取り扱う屋内作業場等			特化則 36 条	第1類物質または第2類物質の空気中の濃度	6月以内ごとに1回	3 特定の物質については30年間
⑧*	石綿等を取扱い，もしくは試験研究のため製造する屋内作業場			石綿則 36 条	石綿の空気中における濃度	6月以内ごとに1回	40
⑨*	一定の鉛業務を行う屋内作業			鉛則 52 条	空気中の鉛の濃度	1年以内ごとに1回	3
10	酸素欠乏危険場所において作業を行う場合の当該作業場			酸欠則 3 条	第1種酸素欠乏危険作業に係る作業場にあっては，空気中の酸素の濃度	作業開始前等ごと	3
					第2種酸素欠乏危険作業に係る作業場にあっては，空気中の酸素および硫化水素の濃度		
⑪*	有機溶剤（第1種有機溶剤または第2種有機溶剤）を製造し，または取り扱う屋内作業場			有機則 28 条	当該有機溶剤の濃度	6月以内ごとに1回	3

・○印は，作業環境測定士による測定が義務付けられている指定作業場であることを示す。
・＊印は，作業環境評価基準の適用される作業場を示す。
・10の酸素欠乏危険場所については，酸素欠乏危険作業主任者（第2種酸素欠乏危険作業にあっては，酸素欠乏・硫化水素危険作業主任者）に行わせなければならない。

注1）　設備を変更し，または作業工程もしくは作業方法を変更した場合には，遅滞なく，等価騒音レベルを測定しなければならない。
注2）　測定を行おうとする日の属する年の前年1年間において，室の気温が17度以上28度以下および相対湿度が40％以上70％以下である状況が継続し，かつ，測定を行おうとする日の属する1年間において，引き続き当該状況が継続しないおそれがない場合には，室温および外気温ならびに相対湿度については，3月から5月までの期間または9月から11月までの期間，6月から8月までの期間および12月から2月までの期間ごとに1回の測定とすることができる。
注3）　放射線装置を固定して使用する場合において使用の方法および遮へい物の位置が一定しているとき，または3.7ギガベクレル以下の放射性物質を装備している機器を使用するときは，6月以内ごとに1回。
（作業環境測定協会ホームページより作成）[25]

4.8.5 安全衛生法体系

労働安全衛生法および関係政省令の体系は図-4.22のとおりとなる。

```
労働基準法(労基法) (昭22法49) ─┬─ 労働基準法施行規則
   │                                 │    年少者動労基準規則
   └─ 男女雇用機会均等法             │    女性労働基準規則
                                     │    事業附属寄宿舎規程
労働安全衛生法(安衛法) (昭47政令57) ─┘    建設業附属寄宿舎規程
   ├─ 労働安全衛生マネジメントシステムに関する指針(平11告53)
   ├─ 事業場における労働者の心の健康づくりのための指針(平12.8)
   └─ 労働安全衛生法施行令(安衛令) (昭47政令318)
         ├─ 労働安全衛生規則(安衛則) (昭47省令32)
         ├─ ボイラー及び圧力容器安全規則(ボイラー則) (昭47省令33)
         ├─ クレーン等安全規則(クレーン則) (昭47省令34)
         ├─ ゴンドラ安全規則(ゴンドラ則) (昭47省令35)
         ├─ 有機溶剤中毒予防規則(有機則) (昭47省令36)
         ├─ 鉛中毒予防規則(鉛則) (昭47省令37)
         ├─ 四アルキル鉛中毒予防規則(四アルキル則) (昭47省令38)
         ├─ 特定化学物質等障害予防規則(特化則) (昭47省令39)
         ├─ 高気圧作業安全衛生規則(高圧則) (昭47省令40)
         ├─ 電離放射線障害防止規則(電離則) (昭47省令41)
         ├─ 酸素欠乏症等防止規則(酸欠則) (昭47省令42)
         ├─ 事務所衛生基準規則(事務所則) (昭47省令43)
         ├─ 粉じん障害防止規則(粉じん則) (昭54省令18)
         ├─ 製造時等検査代行機関等に関する規則(機関則) (昭47省令44)
         ├─ 労働安全コンサルタント及び労働衛生コンサルタント規則(コンサル則) (昭48省令3)
         └─ 廃棄焼却施設内作業におけるダイオキシン類ばく露防止対策(安衛則) (平13基発401)

作業環境測定法 ── 作業環境測定法施行令 ── 作業環境測定法施行規則
じん肺法 ─────────────────── じん肺法施行規則
労働者災害補償保険法 ── 労働者災害補償保険法施行令 ── 労働者災害補償保険法施行規則
労働災害防止団体法 ───────────── 労働災害防止団体法施行規則
雇用保険法 ── 雇用保険法施行令 ── 雇用保険法施行規則
労働者派遣法
```

図-4.22 労働安全衛生法および関係政省令の体系図[26]

4.8.6 労働安全マネジメントシステム（OHSMS）
（1） 導入の経緯
労働安全マネジメントシステム「OSHMS（Occupational Safety and Health Management System）とはILO（国際労働機関）において指針等が策定された労働安全マネジメントの国際規格であるが，日本においても厚生労働省から「労働安全衛生マネジメントシステムに関する指針」（平成11年労働省告示第53号，平成18年改正）（OSHMS指針）が示され導入されている。企業は労働災害等に対するリスク対策を実施することが求められており，危険・有害要因を特定し，予防型安全を構築する労働安全マネジメントシステム（OHSMS）はその手段の一つとして有効である。

（2） 概　要[27]
労働安全マネジメントシステムには下記の特徴がある。
- トップの安全衛生方針に基づき事業実施にかかわる管理と一体になって運用される組織的な取り組み
- 計画（Plan）－実施（Do）－評価（Check）－改善（Act）のPDCAサイクル構造
- 明文化・記録化により，安全衛生活動の確実で効果的な実施
- 危険性または有害性の調査（リスクアセスメント）およびその結果に基づく対策の実施による本質安全化の推進

4.9　環境管理

建設工事においては建設現場の近隣住民を脅かす建設公害を発生させてきた歴史的事実がある。本節では，建設と環境との調和に関する問題を取り上げる。

4.9.1　建設と環境問題
建設業においては，日本の高度成長期である1950～60年代に工事量が拡大し，騒音・振動などの建設公害が顕在化した。それらに対処するため，1967年に公害対策基本法が制定され，「典型7公害」として大気汚染，水質汚濁，騒音，振動，地盤沈下，悪臭が掲げられ，国，自治体，事業者および住民の責務を明らかにした。しかし，現代の環境問題は複雑化，地球規模化し，これらに対応するために，社会全体を環境への負荷の少ない持続的発展を可能にする目的で公害対策基本法は廃止され，1993年に制定された環境基本法に引き継がれた。また，2000年には建設工事に係る資材の再資源化等に関する法律（建設リサイクル法）が制定され，一定規模以上の工事において分別解体および再資源化が義務付けられたことにより再資源化が進み，建設廃棄物全体の再資源化率は93.7％（2008年度）まで向上してきている[28]。今後も高い再生資源の需給バランスを保つために再生骨材を利用したコンクリートの普及や，改質アスファルト等再生利用が困難な資材への対応が課題である。

4.9.2　建設公害
環境基本法で定義されている7種類（大気汚染，水質汚濁，土壌汚染，騒音，振動，地盤沈下お

よび悪臭)を典型7公害といい，そのうち建設にかかわる主な項目は下記の通りである。

① 大気汚染

搬入搬出車両・重機等の排気ガス，粉じん，解体・掘削作業時の塵埃飛散など

② 水質汚濁

建設に伴い発生した汚泥や薬液による汚水等の河川流入，湖沼の汚濁，海洋汚染，地下水の汚染，農業用水の汚染，汚泥の河口たい積，配管の損壊による水道水の汚濁など

③ 土壌汚染

薬液注入工法，土質改良による汚染など

④ 騒音

機械・工具の作動音，モーターによる低周波音，自動車・重機の吸排気・走行音，拡声器音，建設作業音，ボイラ音，排水音など

⑤ 振動

重機振動による地響き，ガラス戸・建具のがたつき，電灯の揺れ，戸・窓の開閉支障，窓ガラスのひび割れ，建物・設備等の損傷など

⑥ 地盤沈下

掘削・振動・揚水による地盤沈下被害，山止めの損壊等による陥没沈下被害など

⑦ 悪臭

アスファルト防水工事，塗装等による揮発臭，刺激臭など

4.9.3 産業廃棄物

(1) 建設副産物とその処理方法

建設に伴って生じる建設副産物は「建設廃棄物」と「再生資源」に分別される。

「建設廃棄物」とは，建設副産物のうち，廃棄物処理法第2条1項に規定する廃棄物に該当するものをいい，一般廃棄物と産業廃棄物の両者を含む概念である(**図-4.23**)。「再生資源」とは建設リサイクル法上で定められたコンクリート塊，アスファルト・コンクリート塊，建設発生木材のほかに，建設リサイクルガイドラインで定められた建設混合廃棄物，建設汚泥，建設発生土を指す。

(2) 建設副産物の減量化の取り組み

建設廃棄物は産業廃棄物総量約4億1200万tの約2割(7500万t)を占めており(平成15年度実績，環境省調査)減量化がすすめられている。各現場において盛土・切土のバランスを考えた土工計画の策定等により発生土を抑制するなど建設副産物の減量化の取り組みを行うとともに，発生した副産物についてはマニュフェスト制度により排出事業者が自ら廃棄物が適正に処分されていることを確認し，再資源化が行われている。

再生資源の再生利用方法は**表-4.8**のとおりである。建設廃棄物の再資源化等率は92%と高水準に達しており，最終処分量や不法投棄量も平成12年度から平成18年度までの6年間で半減以上するなど，建設リサイクル制度は一定の成果を上げている。今後も取り組みを継続することにより，資源の有効活用および廃棄物の減量による循環型社会の構築について一層促進する必要がある[29]。

4.9 環境管理

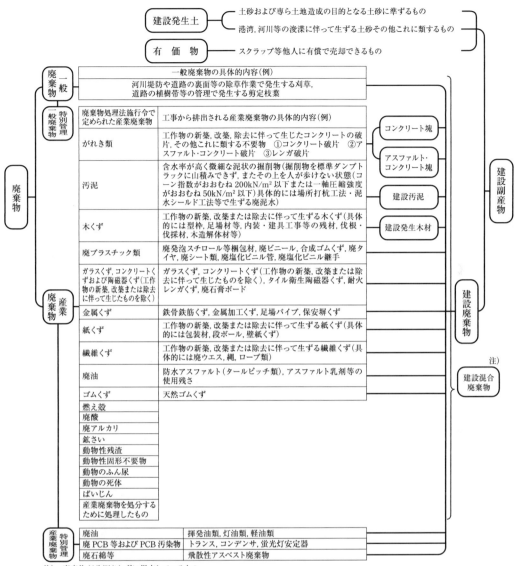

図-4.23 建設廃棄物の定義[28]

表-4.8 再生資源の種類と処理方法[28]

再生資源の種類	分類	関係法令		再生利用方法
コンクリート塊	再生資源	建設リサイクルガイドライン	建設リサイクル法	再生砕石等にほぼ全量リサイクルされる
アスファルト塊				再生砕石，再生アスファルト合材等にほぼ全量リサイクル
建設発生木材				製紙材料，再生木質ボード，燃料等にリサイクルされる
建設混合廃棄物			－	分別の上，リサイクル可能品目についてはリサイクル
建設汚泥			－	盛土材，埋戻し材，路盤材等にリサイクル
建設発生土			－	盛土材，埋戻し材，路盤材等にリサイクル

4.9.4 生態系の保全

(1) 建設工事による生態系破壊

建設工事により生態系バランスの一部が崩れると生態系全体を崩してしまうことにつながる。過去にはダム・干拓・埋立て等による水環境等の生態系破壊が問題となった事例も存在する（例：諫早湾干拓事業[30]）。特に生態系に影響の出やすい水環境改善の事業においては事業開始前に環境影響評価を行い、必要により環境保全措置を実施するなど生態系に配慮した開発を行うことが求められる。

(2) 開発と生物多様性の調和

都市開発や社会基盤の整備は、自然環境や生態系に影響を与える可能性がある一方で、地域の自然にプラスになる空間をつくることも可能である。政府が推進する生物多様性国家戦略では、自然生態系が回復するのに要する時間を踏まえ、今後100年をかけて国土の生態系を回復することを目標としている[28]。社会基盤整備を通じた生物多様性の保全に取り組み、自然と共生する社会を実現することが重要である。

ケース 4-3　生物多様性と調和した開発事例
－中部国際空港の整備とあわせた藻場の創出－[1]

2005年2月に愛知県常滑沖に開港した中部国際空港は海上空港であり、建設にあたり空港島の建設に伴う海域環境の保全、さらにはあらたな海域環境の創造が重要な課題となっていた。そこで、運輸省第五港湾建設局ならびに地元自治体および民間により設立された中部空港調査会において、

図-4.24　環境に配慮した護岸構造[1]

海域環境に関する検討が進められた。その結果，周辺海域環境の継承，生物・生態系等自然環境との共生，アメニティ豊かな海域環境の創造などの海域環境創造の基本理念に基づき，空港の建設に伴い新たな水際線が出現することを利用し，対岸部を含む周辺海域の特性を考慮した藻場の造成を行った[2]。空港島の護岸に自然石を用いて環境に配慮した構造とした。さらに西側海岸と南側海岸では，幅 10 m の平坦部を設け，アラメ，カジメ，オオバモクなど多年性の海藻を移植して藻場を造成し，多様な生物の生息環境を創造した。開港から 5 年経過後には，護岸には移植した海藻のほかにワカメ，アカモクといった天然の海藻が繁茂し，その周囲にはアイナメ，メバル，イシガニなどの姿も見られた。

参考文献
1） 片平和夫：中部国際空港島建設における環境対策，1998.
2） 中部国際空港株式会社ホームページ　http：//www.centrair.jp/torikumi/environment/consideration/operation/warming/algae.html

4.9.5　地球環境
（1）　地球温暖化

産業革命以降，二酸化炭素の濃度が増加し，1906〜2005 年までの 100 年間で，世界平均気温は 0.74 ℃ 上昇した。20 世紀の 100 年間で，世界平均海面水位は 17 cm 上昇，北半球および南半球で，山岳氷河と積雪面積が縮小傾向にあり，北半球の積雪面積は 1980 年後半に年平均 5 ％ 減少するなどの自然現象が起きている。温暖化の進行に伴い，世界各地で水不足，農作物の収量減少，海面上昇による海岸侵食等の被害が発生することが予測されている。これに対し，我々は「賢い適応」をしていくことが求められ[31]，インフラ整備の面においても下記の適応策が有効である。

- 防護，順応，撤退を適切に組み合わせる
- 二重の防災・減災態勢を目指す
- 手遅れ，または過大投資とならないように計画的に行う
- 海面上昇や台風の強度増加分に対して適切な余裕幅を見込む
- 構造物の更新等に合わせ，順応的に行う

また，海外では地球温暖化に対し**表-4.9** のような社会基盤整備が行われている。

表-4.9　地球温暖化に対する社会基盤整備事例

実施国	整備事例
オランダ	これまで約 800 年間にわたり，干拓地を高潮等から防護するための対策が取られ，現在は，より大規模な高潮等への対策事業のために毎年 GDP の 0.2 ％（約 13 億ドル）を投じている。アムステルダム等では，将来の浸水リスクへのフレキシブルな対応として水上に浮かぶ温室等の施設の実験を行っており，今後は，水上住宅への応用も模索されている。
イギリス	テムズ防潮堰の延長は約 18 km あり，年 10 回程度の高潮に際してゲートを閉鎖させているが，これにより防護されている地域の多くは，海面水位よりも低いため海面上昇や高潮の大規模化に対応するためテムズ川河口の施設改良に取り組んでいる。
アメリカ	2005 年のハリケーンカトリーナにより被災したニューオーリンズでは，海面上昇と大規模化する高潮に対して，主に 3 つの方法により，対策が取られている。 岸堤等の海岸施設により波浪等の威力を低減させる。 水地としての機能を有する湿地を保全する。 高潮堤防や防潮堰の機能を強化する。
バングラディッシュ	国土の大半が低平な土地であり，雨期の洪水やサイクロンによる多大な被害を受けている。そこで，災害の危険性が高い地域に 2 階建て多目的サイクロンシェルターの建設が行われた。このシェルターは，平常時は小学校として活用され，1 階はピロティ（開放部分），2 階は教室等，そして屋上も避難場所として利用される。

注）環境省地球環境局：地球温暖化の影響・適応情報資料集，2009 より作成[30]

(2) 海洋汚染[31]

　海洋汚染は河川等から流れ込む陸からの汚染，沿岸開発や廃棄物の海洋投棄など投棄による汚染，大気汚染物質を含む雨等の大気からの汚染などの陸上における社会経済活動に伴って生じるものと，船舶の運行や事故によって生じる船舶からの汚染などの海上における社会経済活動によって生じるものがある。開発に伴う河川への汚染物質の流出や開発そのものによる生態系破壊を防止する対策をとることが必要である。社会基盤整備においては，例えば地盤への薬液注入など河川に流出する恐れのある作業において河川への流出対策を行うとともに，実施前後において河川の水質検査を実施，また建設副産物の徹底した管理により不法投棄を防止するなど，海洋汚染防止対策が実施されている。

(3) 砂漠化

　砂漠化とは，砂漠化対処条約で「乾燥地域，半乾燥地域，乾燥半湿潤地域における気候上の変動や人間活動を含むさまざまな要素に起因する土地の劣化」と定義されている。砂漠化の影響を受けやすい乾燥地域は，地表面積の約41％を占めており，そこで暮らす人々は20億人以上に及び，その少なくとも90％は開発途上国の人々である。砂漠化は，食糧の供給不安，水不足，貧困の原因にもなっている[34]。地域住民が継続的に維持できる水源確保，植林・灌漑設備の整備が必要である。政府開発援助（ODA）実施に当たっては1985年にOECDが「開発援助プロジェクトおよびプログラムに係る環境アセスメントに関する理事会勧告」を採択して以来，世界銀行などの多国間援助機関や主要な二国間援助機関が環境配慮のガイドライン作成と運用を行っている。日本の国際協力機構（JICA）プロジェクトにおいても計画段階から「環境社会配慮調査」を実施することにより，その影響を回避・低減させるための計画を行っている。

4.9.6　ISO14000

(1) ISO14000の目的

　国際標準化機構（International Organization for Standardization）は，電気分野を除く工業分野の国際的な標準である国際規格を策定するための民間の非政府組織である。その中で，ISO14000とは，企業活動，製品およびサービスの環境負荷の低減といった環境パフォーマンスの改善を継続的に実施する環境マネジメントシステム（EMS：Environmental Management System）を構築するために要求される規格である。具体的には，まず組織の最高経営層が環境方針を立て，その実現のために計画（Plan）し，それを実施および運用（Do）し，その結果を点検および是正（Check）し，もし不都合があったならそれを見直し（Act），再度計画を立てるというシステム（PDCAサイクル）を構築し，このシステムを継続的に実施することで，環境負荷の低減や事故の未然防止が行われる[35]。

(2) ISO14000の有効性

　ISO14000規格が要請する環境マネジメントシステムを各組織が設置することで，従来の存続基盤維持のための利益目標に加え，環境目標が要請されることになり，組織は継続的改善を行うこととなる。また，ISO14000を取得することは，組織が規格に適合した環境マネジメントシステムを構築していることの第3者認証となる。この認証を取得することで，組織がこの規格に基づきシステムを構築し組織自らが環境配慮へ自主的・積極的に取り組んでいることを示すことができるため，

CSR の観点から有効な手段の一つとなっている[32]。

4.10 アセットマネジメント

本節では，社会基盤のストックの現状と課題について示し，社会基盤を適切に維持・管理するための取り組みについて述べる。

4.10.1 社会基盤ストックの現状

（1） わが国が抱える社会基盤ストック

わが国は，戦後の国土復興に向けて社会基盤の整備が行われ，特に高度経済成長期以降に急激に整備されたものの蓄積が大きい。内閣府の推計によれば，平成 21 年では，粗ストックは総額約 786 兆円に達している（**図-4.25**）。また，分野別でみると，「道路」約 32 %，「下水道」約 10 %，「文

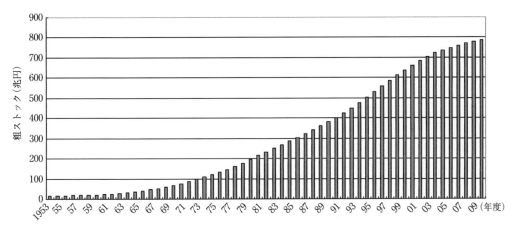

注） 内閣府社会資本ストック推計データより作成

図-4.25　社会基盤ストック額（粗ストック）[36]

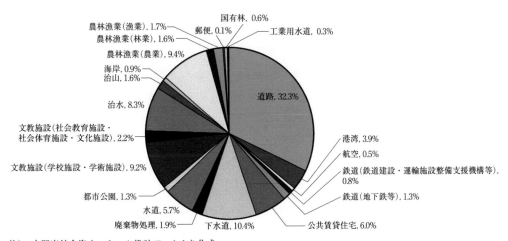

注） 内閣府社会資本ストック推計データより作成

図-4.26　社会基盤ストック額の内訳（平成 21 年）[36]

教施設（学校施設・学術施設）」約 9 %，「農林漁業（農業）」約 9 %，「治水」約 8 % などが，大きな割合を占めている（図-4.26）。

（2） 道路施設ストックの現状

前述したように，わが国の社会基盤ストックにおいて，道路ストック額が最も大きい。わが国の道路の現状をみると，高速自動車国道，国・都道府県道，市町村道を含め，平成23年度の道路実延長は約121万kmであり，高速自動車国道の供用延長は7 923 kmである（図-4.27）。管理者別にみると，直轄道路（国土交通省および沖縄総合事務局が管理するもの）が約 2.3 万 km（1.9 %），都道府県が管理するものが約 16 万 km（13.4 %），市町村が管理するものが約 102 万 km（84.7 %）となっている（図-4.28）。

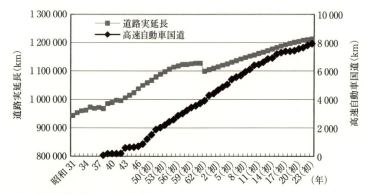

注） 道路統計年報データより作成
1．年度区分で，（初）とあるのは年度当初の数値であり，（ ）書のないのは年度末の数値である。
2．高速自動車国道は，供用延長である。
3．昭和51（初）以降の道路延長は，道路管理延長（現道＋旧道＋新道）である。

図-4.27　道路実延長[37]

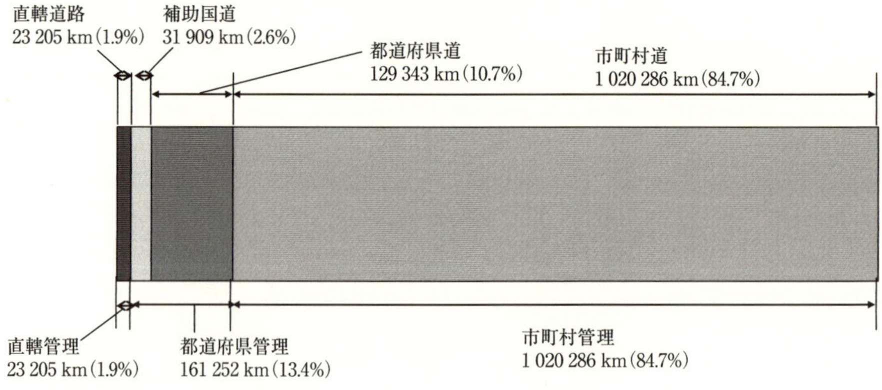

直轄道路　23 205 km（1.9%）
補助国道　31 909 km（2.6%）
都道府県道　129 343 km（10.7%）
市町村道　1 020 286 km（84.7%）

直轄管理　23 205 km（1.9%）
都道府県管理　161 252 km（13.4%）
市町村管理　1 020 286 km（84.7%）

注） 道路統計年報データより作成

図-4.28　管理者別道路延長[37]

また，道路構造物は，舗装，橋梁，トンネルおよび付属施設等に大別されるが，そのうち全国の橋長15 m以上の橋梁（高速自動車国道，一般国道（指定区間），一般国道（指定区間外），主要地方道，

一般都道府県道，市町村道）について見ると，平成 21 年の橋梁数は約 15 万 5 000 橋にのぼり，延長は約 9 600 km である（図 -4.29，図 -4.30）。高度経済成長期（1955～1973 年）の橋梁数は，全体の約 31 % を占め，この期間に集中的に建設されたことがわかる。

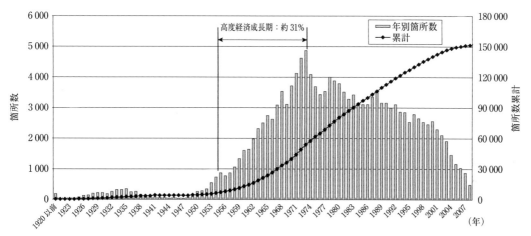

注）国土技術政策総合研究所データより作成

図 -4.29　橋梁箇所数の推移 [38]

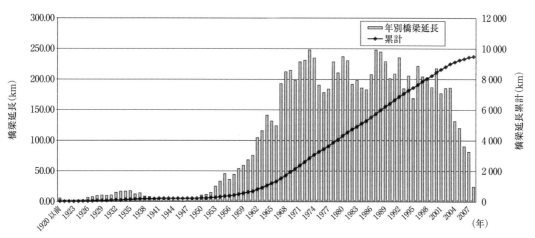

注）1. 橋梁は 15 m 以上の平成 21 年 4 月 1 日時点供用中の道路橋を対象。
　　2. 橋梁が 1 箇所において上下線等，分離して架設されている場合には 1 橋として集計（橋長の長い方のみ集計）。
　　3. 高架橋で 2 市区町村以上にわたって設けられている場合は，桁単位で市区町村別に区分し市区町村ごとに 1 橋として取り扱う。
　　4. 建設年が不明の橋梁はグラフから除外（延長 123 km，3 483 箇所）。

図 -4.30　橋梁延長の推移 [38]

（3）下水道ストックの現状

　道路ストック額に次いで多いのが，下水道ストック額である。下水道施設は，管路施設，処理場施設およびポンプ場施設に区分される。このうち，管路施設（管渠）の総延長は，平成 22 年度で約 44 万 km であり，下水道普及率は全国平均で 75.1 % である（図 -4.31）。また，管路施設総延長のうち，建設後 30 年以上に達するのが約 8 300 km となっている。

第4章　コンストラクション・マネジメント

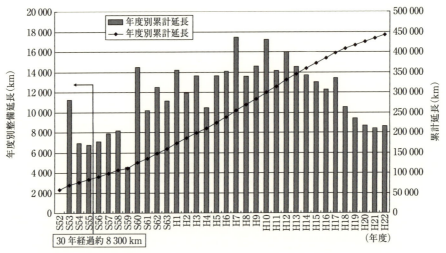

注）下水道統計データより作成

図-4.31　管路施設（管渠）の整備延長[39]

4.10.2　社会基盤ストックの老朽化
（1）老朽化の進展

前述したように，わが国の社会基盤は高度経済成長期以降に集中的に整備され，これらのストックは，建設からすでに30～50年の期間を経過している。

国土交通省の推計によると，建設から50年以上経過した社会基盤の割合は平成22年から20年後には，道路橋では約8％が約53％，河川管理施設である排水機場・水門等では約32％が約60％，下水道管渠は約2％が約19％，港湾岸壁は約5％が約53％とそれぞれ急増すると見られている（**図-4.32**）。

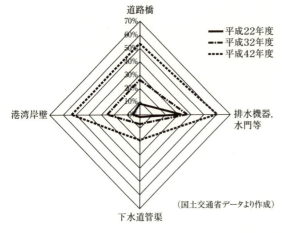

	平成22年度	平成32年度	平成42年度
道路橋 ＊約15万5000橋 （橋長15m以上）	約8％	約26％	約53％
排水機器，水門等 ＊約1万施設	約32％	約37％	約60％
下水道管渠 ＊総延長：約43万km 注）	約2％	約7％	約19％
港湾岸壁 ＊約5000施設	約5％	約25％	約53％

注）岩手県，宮城県，福島県は調査対象外

図-4.32　建設後50年以上経過した社会基盤の割合[40]

（2）維持管理・更新費の増大

国土交通省では，国土交通省が所管する社会基盤（道路，港湾，空港，公共賃貸住宅，下水道，都市公園，治水，海岸）を対象に，維持管理・更新費の将来推計を行っている（**図-4.33**）。

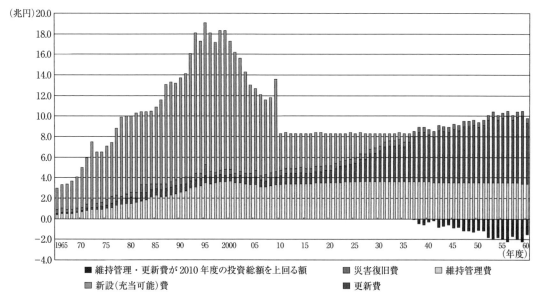

注) 国土交通省データより作成

図-4.33　従来どおりの維持管理・更新をした場合の推計[40]

それによると，今後の投資総額の伸びが平成22年度以降対前年度比±0％で，維持管理・更新に従来どおりの費用の支出を継続すると仮定した場合，平成23年度から平成72年度までの50年間に必要な維持更新費は約190兆円に上り，約30兆円（全体必要額の約16％）の更新ができないと試算している。また，平成49年度には，維持管理費3.6兆円，更新費4.4兆円，災害復旧費0.5兆円でほぼ予算を使い切り，維持管理と更新に必要な費用を公共事業予算で賄えなくなり，耐用年数を過ぎた道路や橋がそのまま放置される恐れもあるとしている。

また，総務省では政令指定都市を含む111市区町村（人口計：1 802万人）の協力を得て，「公共施設及びインフラ資産の将来の更新費用の比較分析に関する調査」を実施している。平成17年度から平成21年度の平均を基本に算定した実績更新費に対し，将来の更新費（平成22年度から平成61年度の平均）の割合を推計している（**図-4.34**）。全国平均をみると，橋梁の507.3％を最大として，上水道，下水道がこれに続いており，自治体においても更新に要する財政負担は一層厳しい状況におかれることが予想される。

（3）　荒廃するアメリカの示唆

アメリカでは，1930年代にルーズベルト大統領によるニューディール政策によって，本格的な社会基盤整備が全国に展開された。日本の本格的な社会基盤整備の年代からみて，30年ほど先行していたわけである。しかし，1980年以前，道路の維持管理に十分な予算が投入されず，1980年代初頭には米国の道路施設の多くが老朽化し，落橋や通行止めを要する損傷が相次いで発生し，「荒廃するアメリカ（america in ruins）」と呼ばれるほど深刻な状態に陥り，社会経済に大きな悪影響を及ぼしたとされる。

2007年8月1日には，1967年開通の米国ミネソタ州ミネアポリス市にある州間高速道路35号西線（I-35W）ミシシッピ川橋梁の崩壊事故が発生した（**図-4.35**）。この崩落事故により死者13名，負

傷者100人以上を出す大惨事となった。適切な維持，補修を行わなければ，このような重大事故を引き起こす危険性を秘めている。

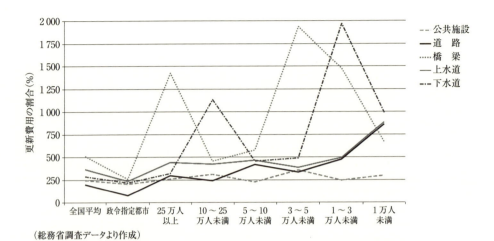

（総務省調査データより作成）

	全国平均	政令指定都市	25万人以上	10～25万人未満	5～10万人未満	3～5万人未満	1～3万人未満	1万人未満
公共施設	243.6	201.1	256	308.3	222.3	355.9	240.9	295.6
道　路	194.5	73.8	293.6	236.7	417.2	332.3	471.6	860
橋　梁	507.3	258.9	1 421.5	454.4	576.1	1 936.1	1 471.6	664.5
上水道	363.4	234.9	438.2	419.2	462.9	383.8	488.6	883.8
下水道	283.1	215.1	316.8	1 129	452.8	486.4	1 969.4	986
総合計	262.6	176	303.4	348.4	323.1	397.4	366.6	487.1

注） 更新の考え方：
・公共施設は，60年で建て替え，30年で大規模改修
・道路は，15年で舗装部分の打ち替え
・橋梁は，60年で架け替え
・上水道管は，40年で更新
・下水道管は，50年で更新

図-4.34　現在の既存更新額に対する将来の更新費用の割合[41]

図-4.35　ミシシッピ川橋梁の崩落事故[42]

4.10.3 戦略的な維持更新への取り組み

(1) 人口構造の変化による経済成長への影響

わが国の総人口は，平成22年は1億2806万人であるが，平成77年には7904万人まで減少するものと見込まれ，生産年齢人口（15～64歳の人口）の割合は約63％から約50％まで減少するのに対し，高齢人口（65歳以上の人口）は，約23％から約42％に増加する（**図-4.36**）。こうした人口減少，少子高齢化による人口構造の変化は，国内総生産（GDP）全体の減少をもたらすことが懸念される。また，消費需要を考えた場合，国内市場の縮小要因にもなり得るため，経済成長を阻害することも懸念される。

このように，将来的にも社会基盤ストックの更新のための財源確保は厳しい環境にあると予想される。

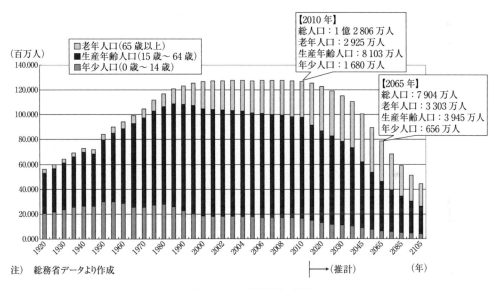

図-4.36 人口構造推移の推計

(2) 予防保全による長寿命化

国や地方自治体は，アセットマネジメントの1分野である社会基盤施設の「長寿命化修繕計画」を策定しはじめている。これは従来のように施設が老朽化した後，大規模修繕を行う事後保全ではなく，小さいメンテナンスを繰り返し行う予防保全型の管理を行い，ライフサイクルコストの最小化を図るものである（**図-4.37**）。

- 予防保全型：点検に基づき損傷が軽微な段階で，小規模補修工事を短いサイクルで行い，施設の要求される機能を損なうような損傷を受ける前に対策を講ずる。
- 事後保全型：損傷が進行し，施設の要求される機能を喪失，あるいは喪失する直前に対策を講ずる。

a. 長寿命化に向けた維持管理マネジメント

維持管理マネジメントの流れを**図-4.38**に示す。

i) 点検

点検データは，健全度評価，劣化予測，LCC（ライフサイクルコスト，Life Cycle Cost）算定など

第4章 コンストラクション・マネジメント

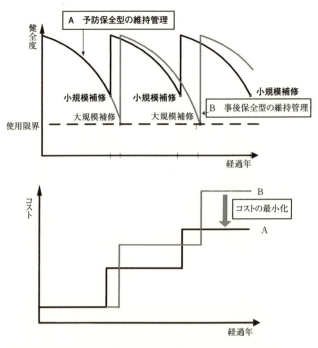

図-4.37 予防保全によるライフサイクルコスト最小化のイメージ

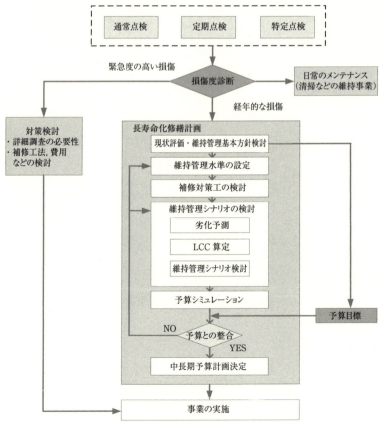

図-4.38 維持管理マネジメントフロー

のベースとなるので，維持管理マネジメント（**図-4.38**）を実施するうえで，重要な位置付けにある。

一般的な点検の種類は，日常的に行われる「日常点検（通常点検）」，点検の頻度を決め定期的に行われる「定期点検」，特殊な損傷や変状に着目して行われる「特別点検（特定点検）」，より詳細に損傷や変状あるいは原因を調べる「詳細点検（詳細調査，追跡調査）」，地震発生時など特異な場合に急遽行われる「異常時点検」に分類される（**表-4.10**）[46]。

表-4.10 点検種別と概要[46]

点検種別	概　要
日常点検 （通常点検）	日々のパトロール等により，遠望目視によって施設の使用，安全性に支障があるような大きな損傷を発見する点検である。
定期点検	施設の現状や損傷状況を適切に把握する目的で行われる点検で損傷や変状を見逃さない程度近接して行う目視点検である。また，定期点検は，管理施設の環境や使用状況によって実施頻度を決定し，致命的な事象を未然に防ぐ期間内に定期的に行われる点検である。 定期点検結果を基本として，効果的な対策を決定し，劣化速度なども推定するなど施設管理の根幹となる重要な位置付けとなっているのが一般的である。
特別点検 （特定点検）	過去に発生した一般的な損傷や変状でない特殊な材料や特異な条件によって発生する損傷の塩害，アルカリ骨材反応，洗掘，鋼の疲労などに着目した特別な点検である。
詳細点検 （詳細調査，追跡調査）	定期点検で判定の出来ない損傷や変状，対策等の選定を行うための損傷原因の推定や，耐久性，供用性などの判定のために実施される詳細な点検で，近接目視以外にも超音波，弾性波，赤外線などの非破壊試験や試験体の抽出による室内試験などによって定量的に行われる。
異常時点検	地震，水害，台風などの異常な自然現象発生時に，供用性，安全性等を目視点検によって確認する点検である。

ⅱ）損傷度診断

損傷の評価は，損傷が確認された部位，部材に応じて行う。例えば直轄管理の橋梁の場合，損傷の種類や程度に着目して損傷程度の評価区分を（a，b，c，d，e）といった定性的な5段階による評価を基本としている（**表-4.11**）。

表-4.11 直轄管理橋梁の損傷評価の例（漏水・遊離石灰）[47]

区分	一般的状況
a	損傷なし
b	―
c	ひび割れから漏水が生じているが，錆汁や遊離石灰はほとんど見られない。
d	ひび割れからの遊離石灰が生じているが，錆汁はほとんど見られない。
e	ひび割れから著しい漏水や遊離石灰が生じている。あるいは漏水に著しい泥や錆汁の混入が認められる。

ⅲ）健全度の評価基準

健全度の評価基準は，LCC算定を考慮して対策（工法等）と対応付けるように設定する必要がある。多くの構造物で用いられているコンクリートでは，劣化進行の過程を「潜伏期」，「進展期」，「加速期（前期・後期）」，「劣化期」の4～5段階に分類している。健全度の評価基準は，その劣化状態の区分に基づき，数値としての値による定量的な区切りを設定することが基本である（**表-4.12**）。

表-4.12 コンクリートの劣化過程と状態（中性化の場合）[48]

劣化過程	劣化の状態	把握すべき対象
潜伏期	中性化深さが鋼材の腐食発生限界に到達するまでの期間	中性化進行速度
進展期	鋼材の腐食開始から腐食ひび割れ発生までの期間	鋼材の腐食速度
加速期	腐食ひび割れ発生により鋼材の腐食速度が増大する期間	ひび割れを有する場合の鋼材の腐食速度
劣化期	鋼材の腐食量の増加により耐荷力の低下が顕著な期間	

iv) 劣化予測の方法

構造物の戦略的な維持管理を行うには，構造物の部位・部材の性能とこれらの劣化との関係を把握し，劣化予測を行わなければならない。劣化予測は，推定された劣化要因を対象に，点検結果等のデータに基づき，適切な劣化予測モデルを用いて実施される。例として，橋梁の劣化予測の考え方を表-4.13に示す。劣化予測は，点検結果等に基づいて行うことから，予測精度は使用するデータの精度等に大きく依存する。劣化予測の結果を図-4.39に表されるような方法で可視化することによって，所与の経過年数における健全度の確率分布を把握することができる。

v) LCC（ライフサイクルコスト）の算定

一般的にLCCは，初期コスト，維持管理コスト，解体・撤去コストの総計と定義される。

- LCC = $I + M + R$

　I：初期コスト（計画，設計，施工）

表-4.13 主な劣化予測の考え方（橋梁の例）[49]

分類	概要	特徴および課題
対策時期の設定	過去の点検結果，補修実績，工学的知見等を参考に，部材ごと，劣化要因ごと，環境条件ごとに，ある健全度に至る時期を設定	・個別橋梁の部材ごとに補修時期が確定的に算定できる ・対策時期設定の根拠付けが課題
点検結果の統計分析	点検結果に対応する健全度と経過年の関係を統計分析することで，予測直線または曲線を作成（例：点検結果の回帰分析）	・個別橋梁の部材ごとに補修時期が確定できる ・点検結果に基づく分析であり，設定根拠が明確である ・各橋梁の環境条件，交通条件等により，点検データを分類することで，予測精度の向上が可能 ・予測精度は，点検データの性質に依存する
劣化予測式（理論式）	劣化メカニズムに応じた理論的予測式を使用	・個別橋梁の部材ごとに補修時期が確定的に算定できる ・予測式の理論的根拠が明確である ・理論的予測式を適用できる劣化要因が限定される ・劣化予測のための調査データが必要

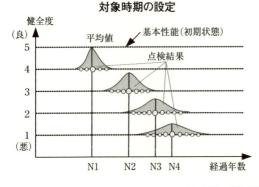

図-4.39 劣化予測の作成イメージ[49]

M：供用期間中の維持管理コスト（点検，評価，修繕）

R：解体・撤去コスト

また，道路などは，工事に伴う通行規制により，道路利用者の時間的損失といった外部費用を考慮する場合もある。

b．国・自治体の対応

国は，社会資本整備事業を重点的，効果的かつ効率的に推進するため，平成 15 年 3 月に「社会資本整備重点計画法」を制定し，これに基づきこれまで第 1 次から第 3 次にわたる「社会資本整備重点計画」が作成され，効率的・計画的な維持管理を推進している（表-4.14）。

第 3 次社会資本整備重点計画では，長寿命化計画の策定率の目標を設定しており，平成 28 年度末には策定率 100 % 達成を目指すこととしている（表-4.15）。

また，国土交通省は，平成 15 年 4 月に「道路構造物の今後の管理・更新等のあり方に関する提言」（道路構造物の今後の管理・更新等のあり方に関する検討委員会）をとりまとめ，その中で「道路構造物の劣化は，経過年数とともに加速度的に進展し，早期に予防的な対策を行った方が，維持管理を先送りしてそのまま放置するよりもトータルコストが安くなる，というのが一般的見解である。したがって，道路構造物が今どういう状態にあって，どこで対策を行うとどういう効果があるか，逆に放置するとどれだけ劣化するかを明示できるシステムを構築することが重要である」とし，この発表を機に，地方自治体で予防保全による維持管理計画の策定が普及しはじめた。

さらに，国土交通省は，平成 19 年から地方自治体を対象とした道路橋の長寿命化修繕計画策定事業を創設し，計画策定に要する費用の補助（補助率 1/2）をはじめた。この補助制度による支援期間は，都道府県および政令指定都市が管理する国道や主要地方道は 5 年間，市町村道は 7 年間としている。

表-4.14 社会資本整備重点計画

	閣議決定年	概　要（維持管理に関して）
第 1 次社会資本整備重点計画 （計画期間：平成 15 年度から平成 19 年度）	平成 15 年 10 月	・社会資本の更新時期の平準化，維持管理や更新を考慮に入れたトータルコストの縮減等を図るため，総合的な資産管理手法を導入し，効率的・計画的な維持管理を推進する。
第 2 次社会資本整備重点計画 （計画期間：平成 20 年度から平成 24 年度）	平成 21 年 3 月	・これからは，施設の状態を常に点検・診断し，異常が認められる際には致命的欠陥が発現する前に速やかに対策を講じ，ライフサイクルコストの縮減を図る「予防保全」の考えに立った戦略的な維持管理・更新を実施していく。
第 3 次社会資本整備重点計画 （計画期間：平成 24 年度から平成 28 年度）	平成 24 年 8 月	・今後社会資本の老朽化が急速に進行し，それに伴って維持管理・更新に係る費用が増大し，このままでは，適切な維持管理が困難になることも見込まれていることから，あらゆる分野において長寿命化計画の策定をはじめとした戦略的な維持管理・更新を行うことで，トータルコストの低減を図る。

表-4.15 長寿命化計画の策定率

区　分	平成 23 年度末	平成 28 年度末（目標）
主要な河川構造物	約 3 %	100 %
下水道施設	約 51 %	約 100 %
道路橋	76 %	100 %
海岸堤防等	約 53 %	約 100 %

地方自治体が管理する道路橋（橋長 15 m 以上）の長寿命化に関する取り組み状況は，**表 -4.16** のとおりであり，特に市区町村での長寿命化修繕計画策定率は都道府県に比べて低い状況にある。

表 -4.16　道路橋の長寿命化に関する取り組み状況（地方自治体）[50]

		平成 23 年 4 月時点	平成 24 年 4 月時点
都道府県（政令市含む）	長寿命化修繕計画策定率	94 %	98 %
	点検実施率	98 %	99 %
市区町村	長寿命化修繕計画策定率	27 %	51 %
	点検実施率	73 %	89 %
合　計	長寿命化修繕計画策定率	53 %	69 %
	点検実施率	83 %	93 %

（3）アセットマネジメントの展開

前項に示した予防保全型のマネジメントは，同種類の構造物群を対象に将来の予算の平準化を図るため，劣化予測に基づく LCC 算定により，どのタイミングでどのような補修を行うかの維持管理シナリオを作成する，いわゆる時間とコストの関係に着目した LCC 型の管理マネジメントである。本来，アセットマネジメントには，管理に加えて運用の側面が含まれており，社会基盤を資産としてとらえ，その価値を最大化するための「資産運用」を行う NPM 型マネジメントの導入が期待される。

a．NPM 型マネジメント

NPM（New Public Management）は，民間企業における経営手法などを公共部門に適用し，そのマネジメント能力を高め，効率化・活性化を図るという行政運営理論である。NPM は，1980 年代半ば以降，英国やニュージーランドなどにおいて形成されたものである。わが国では内閣府経済財政諮問会議（2001 年 6 月）において，NPM 導入による改革の必要性を打ち出し，以下の方針のもと，より効率的で質の高い行政サービスの提供へと向かわせ，行政活動の透明性や説明責任を高め，国民の満足度を向上させることを目指すとした（**表 -4.17**）。

- 徹底した競争原理の導入
- 業績・成果による評価
- 政策の企画立案と実施施行の分離

アセットマネジメントの観点からいえば，NPM の導入は，資産価値と投資（費用）との関係を分

表 -4.17　アセットマネジメント（LCC 型と NPM 型）

	LCC 型	NPM 型
目　的	LCC の最小化（コスト縮減）と適正な予算配分	施設の価値と投資費用の差の極大化
評　価	供用性能（構造物の健全度など）	資産価値
アカウンタビリティ	維持管理計画の合理性	投資に対する国民の満足度の向上
手　法	LCC 評価に基づく維持管理シナリオの作成	顧客評価，業績・成果の事後評価
効　果	・維持管理費の縮減および平準化 ・長寿命化 ・施設利用者へのサービス水準の維持・向上　等	・プロジェクト実施の最適化 ・民間活力活用等による費用削減 ・顧客満足度の向上　等

析し，利潤を極大化させる最適な施策を検討するためのマネジメントであり，既存の施設の維持管理だけでなく，新設計画を含めて，公共サービスの価値を評価するものである。これらの取り組みは，アセットマネジメントの国際規格であるISO55000シリーズに受け継がれて世界的に広がりつつある。

b．インフラ会計の活用

社会基盤ストックを資産としてとらえ，その価値を評価するためには財務会計情報として明らかにする必要がある。財務会計情報の目的は「公共サービスが効率的な形で行われているか」，「公共サービスは将来的にわたって安定的に提供されるのか」といった点に関する情報を受益者に提供することである。このように，管理会計とあわせて財務会計を構築し，アカウンタビリティの向上と戦略的インフラ管理を目的としたインフラ会計が以下のように提案されている（図-4.40）。

資産評価に際して考慮しなければならないのは，価値の測定基準とその評価方法，および減価償却の取扱いである。

測定基準には，実際に資本の取得のために支出した取得原価を用いる「原価主義」，評価時点の時価を用いる「時価主義」がある。また，時価主義の評価方法として，「再調達価額」と「正味現在価値」が挙げられる。「再調達価額」は，現在の物価で同じものを調達するための価額であり，「正味現在価値」は，生み出される将来効用をキャッシュ・フローとみなし，その割引現在価値から投下資本の現在価値を差し引いたものである。

また，劣化に伴う価値の減少を示す減価償却の考え方として，企業会計でいう定額法と定率法がある。定額法は，価値が均等に目減りするという考え方で，取得価額から残存価額にその償却費が毎年均等になるように，その耐用年数に応じた償却率を乗じて計算した金額を各事業年度の償却限度とする方法である。定率法は，取得価額にその償却費が毎年一定の割合で逓減するように，その耐用年数に応じた償却率を乗じて計算した金額を各事業年度の償却限度額とする方法である。

一方，英国では更新会計という会計処理方式があり，社会基盤ストックが適切に維持修繕されていれば，常に良好で安全な状態に維持され，実質的に無限の耐用年数を持つという仮定に基づき，減価償却を行わないという考え方がある。この場合，必要な維持補修費を費用として計上するとと

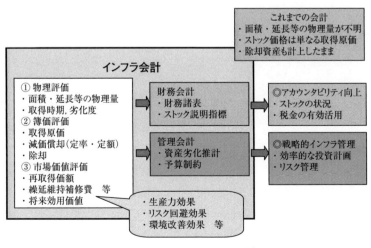

図-4.40　インフラ会計の概念[51]

もに，実際に支出した維持補修費が必要な維持補修費より少ない場合は，差額を維持補修費引当金（資産価値の減少分）として計上する[51]。

このように，インフラ資産の評価にあたっては，さまざまな考え方，手法があり，その特性に配慮し，目的に応じて選択する必要がある。

ケース 4-4　青森県におけるアセットマネジメントの取り組み事例

1. アセットマネジメント導入の経緯

青森県には15m以上の橋梁が現在795橋あり，高度経済成長時代の1970年以降に建設が集中している。そのため，今後大量更新時代が到来することが予測された。しかし，平成15年度の橋梁の維持管理のための維持管理費は年間わずか5,000万円しかなく，十分なメンテナンスを行えない状況にあり，場当たり的な対応を余儀なくされている状態であった。また，平成14年に策定された「財政改革プラン」により，投資的経費は平成20年度には平成15年度当初比で40％の削減が見込まれるなど，ますます厳しい財政運営を強いられることは確実な状況とされていた。

このように厳しい橋梁の現状や予算状況から，青森県は全国に先駆けてアセットマネジメントを新たな公共施設の維持管理手法として導入することとし，県の重点事業として平成16年度に事業化，平成18年度より本格的な運用を開始した[1]。

また，青森県では，橋梁を以下の2グループに分けて管理しており，Aグループ橋梁は，定期点検・劣化予測・LCC算定・予算シミュレーションを行い，対策工事として，長寿命化対策工事または計画的更新工事を行い，計画的更新工事の後は予防保全による長寿命化を行う。Bグループ橋梁は，小規模な橋梁が多数を占めることから，Aグループ橋梁で行う劣化予測やLCC算定を行わず簡易的な維持管理手法を採用し管理コストの低減を図っている。

- Aグループ：橋長15m以上の橋梁，橋長15m未満の鋼橋および横断歩道橋
- Bグループ：橋長15m未満のコンクリート橋

橋梁長寿命化修繕計画により見込まれるコスト縮減効果は，従来の事後保全型維持管理と比較して，50年間で777億円と試算されている[2]。

2. 十和田三戸線橋梁維持修繕工事　安方橋[3]

青森県橋梁アセットマネジメント長寿命化補修モデル工事の一例を以下に紹介する。

（1）安方橋の現状

安方橋は，主要地方道十和田三戸線，青森県三戸郡三戸町大字文治屋敷地内に位置する，橋長32.08m，有効幅員5.5mのRC固定アーチ橋である（図-C4.4.1）。竣工は昭和13年，大正15年の示方書（内務省道路橋構造細目）により，第2種（設計荷重8t）として設計・架設された橋梁であり，戦前の橋の技術を伝える近代化遺産として，保存する意義が非常に高い構造物である。

本橋は平成3年に耐荷力向上を目的とした鋼板接着工法と，部分的に断面修復および保護塗装が施されたが，平成16年度に実施した点検の結果，コンクリート部の保護塗装に全体的な浮き・剥離がみられ，一部に断面欠損が発生していた。コンクリート部の主たる劣化機構として中性化が推測され，各部材の健全度は，床版，主桁，鉛直材，アーチリブの多くの要素で健全度3レベル（劣

化現象が加速度的に進行する段階の前半期）以下と評価された。

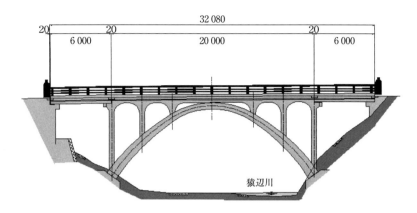

図-C4.4.1 安方橋

（2） 維持管理方針と対策工法の選定

安方橋は，「戦前の橋の技術を伝える近代化遺産として保存する意義が非常に高い橋」であることから，将来にわたって保存することを目的に，短いタイムスパンで軽微な補修工事を繰り返し実施する予防保全的な維持管理方針を適用するとし，対策工法として以下を実施することとした。

- 床版，主桁，鉛直材，アーチリブについて現状を健全度5の状態に回復させるためには，断面修復工法が最適と考えられる
- 劣化を進行させる原因となる水を除去することを目的に，伸縮装置取替，排水装置設置，橋面防水工を実施する

（3） 断面修復工法の選定

断面修復工法については，県が従来から実施している従来工法（ブレーカーによるはつり）と，（将来的な）維持管理費の低減が期待される工法（ウォータージェット工法），および参考として架設案を加えた3案について，中性化についての劣化予測，ライフサイクルコスト（LCC）の比較を行っている（図-C4.4.2，図-C4.4.3）。その結果，ウォータージェット工法により断面修復を行うこととされた。

このように，橋梁各部材の健全度評価，劣化機構から維持管理方針を策定し，予防保全の観点からライフサイクルコストの最小化を図る対策を立案・適用することで，従来の補修工法に比べて補修後約50年間のライフサイクルコストは約3割の削減を可能としている。

【ウォータージェット工法の特徴】

- 水圧，水量を適切に設定することによって，健全なコンクリートは残し，劣化したコンクリートのみを効率よくはつり取ることができ，既設構造物に与えるダメージが小さくて済む。
- ハンドブレーカーなどの従来工法と比べて，騒音，粉塵，振動などの環境問題が少ない。
- ウォータージェットによって，はつり面の粉塵，不純物が除去され断面修復材との付着性が向上する。

第4章　コンストラクション・マネジメント

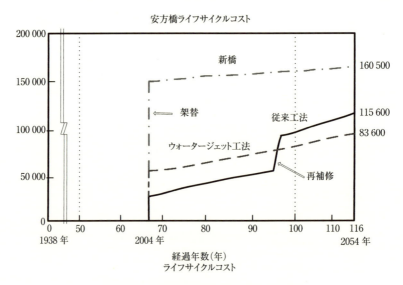

図-C4.4.2　工法別のライフサイクルコスト比較

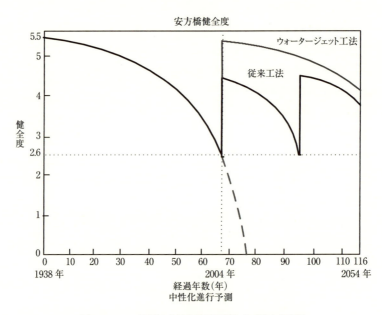

図-C4.4.3　工法別の中性化進行予測および健全度評価

参考文献
1) 青森県ホームページ：http://www.pref.aomori.lg.jp
2) 青森県：青森県橋梁長寿命化修繕計画 10 箇年計画，p.9, pp.27-28, 2012.5.
3) 青森県：青森県橋梁アセットマネジメント長寿命化補修モデル工事 十和田三戸線橋梁維持修繕工事 安方橋．

◎参考文献

4.2
1) 内藤廣：構造デザイン講義，王国者，2008.8.
2) 内藤廣：環境デザイン講義，王国者，2011.1.
3) 内藤廣：形態デザイン講義，王国者，2013.10.
4) 篠原修：土木デザイン論−新たな風景の創出をめざして，東京大学出版会，2003.11.
5) 佐々木葉：土木デザインの時代性と価値，土木学会論文集D3(土木計画学)，Vol.67, No.5(土木計画学研究・論文集第28巻), pp.I_1-I_14, 2011.
6) 小林泰昭：最新建設マネジメント　未来を拓くエンジニア像を想像するために
7) 井上雅夫，小澤一雅，藤野陽三：道路橋設計照査制度の日米欧比較分析，土木学会論文集F4(建設マネジメント)，Vol.69, No.3, pp.190-203, 2013.
8) 国土交通省：設計・施工一括及び詳細設計付工事発注方式実施マニュアル(案)平成21年3月．
9) 埜本信一編著：公共工事のデザイン・ビルド，大成出版社，2008.5.
10) 田辺充祥，小澤一雅：英国道路庁ECI契約の我が国の公共土木事業への適用性評価，会計検査研究，第48号，2013.9.
11) 岡田康，小澤一雅：米国CM/GC契約方式の国内公共土木事業への適用性評価，第31回建設マネジメント問題に関する研究発表・討論会講演集，土木学会建設マネジメント委員会，2013.12.

4.3
12) 市野道明・田中豊明：建設マネジメント，鹿島出版会，2009.7.
13) 渡辺一明：図解 建設業界ハンドブック Ver.3，東洋経済新報社，2007.10.
14) 建設経営サービス：よくわかる公共工事入札のしくみ，日本実業出版社，2006.6.
15) 建設業法研究会：建設業法解説 改訂11版，大成出版社，2008.11.
16) 大本俊彦：Dispute Board，日刊建設工業新聞社，2010.3.

4.4
17) 小林泰昭：最新建設マネジメント　未来を拓くエンジニア像を想像するために．
18) 国土交通省：設計・施工一括及び詳細設計付工事発注方式実施マニュアル(案)平成21年3月．

4.6
19) 市野道明・田中豊明：建設マネジメント，鹿島出版会，2009.7.

4.8
20) 建設業労働災害防止協会(厚生労働省認可団体)ホームページ　http：//www.kensaibou.or.jp/data/statistics_graph.html
21) 厚生労働省：平成23年度労働災害動向調査(事業所調査(事業規模100人以上)及び総合工事業調査)結果の概要　http：//www.mhlw.go.jp/toukei/itiran/roudou/saigai/11/dl/toukei01.pdf
22) 厚生労働省：平成21年における死亡災害・重大災害発生状況等について(平成22年5月14日報道発表)
23) 日本建設業団体連合会，労働安全衛生総合研究所：建設業の安全衛生における国際比較に関する調査研究報告書，2009.4.
24) 全国建設業労災互助会：平成24年度第6次建設業労働災害防止5カ年計画に基づく建設業労働災害防止対策実施事項　厚生労働大臣許可．
25) 日本作業環境測定協会ホームページ　http：//www.jawe.or.jp/sagyou/kanri/wem.html
26) 国土交通省中部整備局安全サポート　http：//www.cbr.mlit.go.jp/architecture/kensetsugijutsu/anzen_support/
27) 厚生労働省，中央労働災害防止協会，労働安全衛生マネジメントシステム〜効果的なシステムの実施に向けて〜，2006.

4.9
28) 国土交通省リサイクルホームページ　http：//www.mlit.go.jp/sogoseisaku/region/recycle/fukusanbutsu/genjo/teigi.htm
29) 社会資本整備審議会環境部会建設リサイクル推進施策検討小委員会，中央環境審議会廃棄物・リサイクル部会建設リサイクル専門委員会：建設リサイクル制度の施行状況の評価・検討についてとりまとめ，2008.12.
30) 諫早湾干拓訴訟福岡高裁判決，2010.12.10.
31) 片平和夫：中部国際空港島建設における環境対策，1998.
32) 中部国際空港ホームページ　http：//www.centrair.jp/torikumi/environment/consideration/operation/warming/algae.html
33) 環境省地球環境局：地球温暖化の影響・適応情報資料集，2009　http：//www.env.go.jp/earth/ondanka/effect_mats/full.pdf
34) 環境省環境経済情報ポータルサイト　http：//www.env.go.jp/policy/keizai_portal/
35) 日本工業標準調査会ホームページ　http：//www.jisc.go.jp/international/isoiec.html

第4章　コンストラクション・マネジメント

4.10
36) 内閣府ホームページ：社会資本ストック推計
37) 国土交通省道路局：道路統計年報 2012 年版
38) 国土交通省国土技術政策総合研究所：国総研資料 第 645 号 平成 21 年度・平成 22 年度 道路構造物に関する基本データ集, pp.35-36, 2011.7.
39) 日本下水道協会：下水道統計 平成 3 年度版, 平成 9 年度版, 平成 19 年度版, 平成 22 年度版.
40) 国土交通白書 2012, 平成 23 年度年次報告.
41) 総務省：公共施設及びインフラ資産の将来の更新費用の比較分析に関する調査結果, 2012.5.
42) http://en.wikipedia.org/wiki/Image：I35_Bridge_Collapse_4crop.jpg
43) 総務省統計研修所 編：日本の統計 2012, 総務省統計局.
44) 内閣府：平成 23 年度年次経済財政報告（経済財政政策担当大臣報告）－日本経済の本質的な力を高める－, 2011.7.
45) 国土交通省ホームページ：平成 24 年度 建設投資見通しの公表について.
46) 土木学会：アセットマネジメント導入への挑戦, p.84, 技報堂出版, 2005.11.
47) 国土交通省道路局国道・防災課：橋梁定期点検要領（案）, 付録－1 損傷評価基準, 2004.3.
48) 土木学会 編：2007 年制定 コンクリート標準示方書【維持管理編】, 2008.3.
49) 道路保全技術センター：道路アセットマネジメントハンドブック, 鹿島出版会, pp.129-130, 2008.11.
50) 国土交通省ホームページ：道路橋の長寿命化に関する取組状況について
51) 土木学会 編：アセットマネジメント導入への挑戦, 技報堂出版, pp.147-148, 2005.11.

第 5 章
調達・契約マネジメント

5.1 調達・契約概論

5.1.1 調達とは

　政府は，国民あるいは住民に対して，公共サービスを提供する義務を負っている．政府の役割は，国民／住民の代理人として，必要となる公共サービスを見極め，それらのサービスを実際に提供することである．政府は，必要な公共的サービスを十分に，かつ，できるだけ効率的に提供する直接的な責任を負っている．また，社会基盤施設に瑕疵が生じた場合のように，サービスにかかわる質についても，第一義的に政府の責任となる．

　公共サービスが生み出されるまでには，おおまかに「計画」，「設計」，「建設」，「維持管理」といった時間的な段階を経る．しかし，これらすべての段階の作業・業務を政府が実施するわけではない．公共サービスの提供に必要となる公共施設やインフラストラクチャを建設するには，政府内部で保有する資源だけでは実現不可能である．したがって，政府は，政府の外部に存在する資源や組織を頼りにせざるを得ない．このように，自らが達成しようとするミッションに必要な資源，物品，サービス（ノウハウ等）を外部から取得することを調達という．特に，国，地方自治体，独立行政法人および特殊法人が公共サービス提供に必要な財やサービス，構造物（工事）を調達する場合には，公共調達と呼ばれる．なお，以下，公共調達の文脈に限定して論を展開するが，政府という用語を国，地方自治体だけではなく独立行政法人および特殊法人も含めて用いる．

　一般に，調達は，あるミッションを実現しようと企図するが，自らの内部資源だけでは実現不可能あるいは外部資源を利用した方がより効率的であると認識する調達者により発意される．したがって，調達行為は，「調達者」と「調達者」が要求する財やサービスを供給する「供給者」という 2 者関係により構成される．調達の成否は，調達者が企図したミッションを，いかに効率的に達成できるかどうかによって評価される．

5.1.2 建設工事のプレイヤー

　政府は公共サービスの生産というミッションに向けて，政府組織外部の民間企業に仕事の一部を委託する．また，仕事を引き受けた民間企業は，さらに別の民間企業に仕事の一部を委託する．このように，公共サービスは，調達という行為の連鎖によって生まれている．建設工事の完成には，

多岐にわたる資源，技術，ノウハウが必要となる。これらを供給する建設工事のプレイヤーは，典型的に以下のように分類することができる。

(1) 発注者

政府は，国民/住民にとって必要な公共サービスを見極め，それらを生み出すために必要な措置を講じる責務を負う。政府は，通常自ら建設工事を実施するわけではなく，建設工事を専門とする民間企業に委託する。委託のための作業は，発注と呼ばれる。発注者は，民間企業に委託する際に，要求する完成物に関する詳細な設計を提供し，納入された完成品が要求を満たしているかどうか，国民/住民のために確認することが求められる。

(2) 元請企業（コントラクター）

元請企業は，発注者と直接的に請負契約を締結し，発注者に対して，最終的な完成物を納入する義務を負う。建設工事には，多くの企業体が参画するが，発注者と直接契約を締結するのは，原則として元請企業一社である。あるいは，複数の企業が共同企業体（ジョイントベンチャー）を形成し，元請企業と法的に位置付ける場合も多い。元請企業は，必ずしも，その土地に拠点がある企業であるとは限らない。このとき，建設事業に必要な労働力や機材を自社で保有しているわけではない。元請企業は，自社組織の資源を持ち出すのではなく，事業に求められる技術の供与と，事業遂行に必要となる資源をさらに外部組織から調達するといったマネージャーとしての役割を担う。

(3) 下請企業

下請企業は，発注者と直接的な契約関係には入らず，元請企業との契約関係において，建設事業に参画する。したがって，下請企業は，元請企業が要求する財やサービスを提供する責務を負う。元請企業は，事業全体のマネージャーとしての役割を負うのに対して，下請企業は，専門的な設備の供給や，建設工事が実施される地域における機材や労働力の提供といった役割を果たす。また，下請企業は，さらに外部から必要となる財やサービスを調達することも多い。下請企業から発注された仕事を受ける企業は，孫請企業と呼ばれる。

(4) コンサルタント企業（建設コンサルタント）

コンサルタント企業は，発注者の代理人として，調査や設計業務，工事監理・補助業務を行う。発注者は，求められる公共サービスについて，その構想を示す。コンサルタント企業は，公共サービスの提供に関する発注者の構想を実現するために，具体的な構造物の仕様（すなわち，詳細設計図面）を作成する。コンサルタント企業は発注者に対して物理的な財を提供するのではなく，高度な技術に基づくサービス（役務）を提供している。

5.1.3 建設事業における調達の特徴

調達には，調達者と供給者の間における取引を伴う。供給者は，最終的に調達者が要求する財やサービスを納入し，その見返りとして金銭的対価を獲得する。一般的に社会に存在する取引には，さまざまな種類がある。例えば，スーパーマーケットで，日用品を購入する場合も取引である。こ

のような取引では，通常，調達者すなわち商品の購入者は，取引対象となる財を，購入する前の段階から，その品質を確認することができ，購入するかどうかを決める権利を有している。また，日用品の場合，もし，他の店で，もっと安く手に入る場合には，そちらで購入することも可能である。このような単純な財の取引では，取引に伴う不確実性は限定的である。しかし，建設事業で行われる取引は，日用品を購入する際の取引とは，大きく性格が異なる。まず，建設事業では，発注者と元請企業で取引に関する契約が交わされる時点において，取引される構造物は，当然のことながら存在しない。構造物が完成するまでには，相当の時間を要する。その結果，決められた期日までに，所定の要求を満たす構造物が，実際に取引できるという保証はない。また，取引される構造物は，ある土地で特定の用途のために生産される一品生産であり，市場に一般的に売買されている財とは異なる。したがって，完成した構造物が要求したものと違ったとしても，他の企業から代替的に入手することが事実上不可能である。要するに，建設事業においては，調達者が供給者に対して要求しようとしている対象物を決められた期日までに手に入れる確実性は，日用品の取引と異なり容易ではなくなる。

　建設工事の完成までの計画を事前の段階で完全に見通した上で事業に取りかかるのは，現実的に不可能である。建設事業は，この意味で，常に情報の不完全性という制約の下で，実施される。建設事業は，事業を開始してから判明する事実に対して柔軟に対応し，いわば「走りながら考える」ことが要求される。この点について，ウィンチは，建設事業を情報プロセスシステムと見ることができると指摘している[1]。事業の初期段階では，構造物の具体像は存在せず，ただアイデアか簡単なスケッチが存在する程度であり，その将来像は，設計図面の曖昧性，地盤条件に関する情報の不完全性，行政の承認に関するリスク等，高度な不確実性にさらされている。しかし，事業が進展するにつれて，これらの実際の状況が明らかとなり，しだいに不確実性は解消されていく。最終的には，構造物として完成品が具体化され，建設工事が完了する。

　このように，建設工事における取引は，日用品の取引とは大きく異なる性格を有している。ウィリアムソンは，このような取引形態の違いを類型化する枠組みを提示している[2), 3)]。ウィリアムソンは，取引形態の違いが生じる本質的な要因として，取引の頻度と投資対象の性格の2つを指摘しており，**表-5.1**に示すようなマトリックスを用いて整理している。投資対象の性格とは，投資対象となる財やサービスが，取引を行う相手のみに価値を有するものか，あるいは，取引相手を限定せず一般的に価値を有するものかを意味する。投資対象となる財やサービスが取引相手にのみ価値を有する場合には，その財あるいはサービスは，取引特殊的であるという。

　表-5.1において，Aは，標準化された設備品の売買，Bは標準的な原材料の継続的売買，Cは得意先との設備品の売買，Dは得意先との原材料の売買，Eは建設契約，Fは特定の生産系列に組み込まれた中間製品の取引に該当する[4)]。

表-5.1 取引形態の類型

		投資対象の性格		
		非特殊	混合	特殊
取引の頻度	時々	A	C	E
	頻繁	B	D	F

第5章　調達・契約マネジメント

　投資対象の取引特殊性は，調達という視点から見るときわめて重要な性質である．取引特殊性の程度が小さい場合には，仮に現在の取引相手が，所定の財を取引することができなかったり，拒んだとしても，代替的な取引相手が存在することを意味する．したがって，財の取引を完了する上で，調達者は，特定の相手との取引関係にこだわる必要がない．したがって，**表-5.1** における A や B のような，取引特殊性が小さい取引では，市場を通じた取引が最も効率的となる．

　しかし，取引特殊性の程度が大きい場合には，所定の財を取引できない場合や，取引相手が取引を拒んだ場合には，代替的な取引相手が存在しない．したがって，調達者の立場からすれば，財やサービスの調達を実現するためには，現在の取引相手のみに依存せざるを得ず，交渉力が弱い立場となる．このとき，取引主体が，調達者の交渉力の弱さにつけ込んで，自らの更なる利益を獲得しようとする機会主義的な行動により，約束した取引が履行されない可能性があれば，取引相手を信頼することができず，結果的に取引そのものが実現しない可能性がある．このような問題は，ホールドアップ問題（hold-up problem）と呼ばれている．**表-5.1** における C や E では，投資は取引特殊的な性格が強まり，調達者にとっては，市場において代替的な入手経路を見出すことが難しい．また，取引の頻度も頻繁ではないため，継続的な関係の下で（そのため，市場を通じた取引ではなく，取引対象にコミットした関係の中で），望ましい取引を実現しようとする．このとき，契約を通じて，取引主体の機会主義的行動による問題を抑制する．さらに，契約事項にかかわる紛争の発生に備えて，仲裁等の第三者を通じたガバナンスを利用することが効率的となる．

　投資対象の取引特殊性が大きい場合であっても，潜在的に取引機会が頻繁にある場合には，取引主体が長期的関係を重視し，ホールドアップ問題は抑制される可能性が高い．このように，ワンショットの取引のみではなく，長期的な取引関係を考慮した取引形態は，関係的契約と呼ばれる[5]．

　ウィリアムソンは，上記のような取引形態の違いをもたらす要因を取引費用（transaction cost）と呼んでいる．取引費用とは，直接的には取引に伴って付随的に発生する費用を意味している．狭義の取引費用は，取引そのものを遂行するために費やされる直接的な支出である．しかし，ウィリアムソンが提示した取引費用は，より広義の意味で用いられており，取引主体の利己的利益追求や機会主義的行動によって生じる非効率な帰結によってもたらされる費用として定義されている．取引の頻度および投資対象の性格は，ホールドアップ問題による取引費用の発生に決定的に影響を与える．ウィリアムソンは，取引形態がどのようにして選択されているのかという問いに対して，「取引費用の最小化」と答える．

　取引費用理論は，建設工事を伴う公共調達の取引形態を理解する上で，1つの視点を与えてくれる．建設事業では，最終的に取引される財は，ある土地でのみ価値を発揮し，特定の用途に供される構造物であり，取引特殊性の程度はきわめて大きい．さらに，事業の完成までには，相当の時間を要し，その過程では，多岐にわたる不確実性が存在する．このような取引環境では，市場メカニズムは機能しない．仮に，取引主体が，一方的に取引自体を断念した方が得であるという状況になった場合，機会主義的行動により，取引が履行されない．不確実性の度合いが高まれば，そのリスクも高くなる．したがって，建設工事における調達行為では，このような機会主義的行動を抑制するためのメカニズムが必要となる．機会主義的行動を抑制するための最も重要なツールが，以下で述べる「契約」である．

5.1.4 契約の役割

契約は2者間で双方の行動についての双務的なコミットメントと理解される[6]。すなわち，契約は双方の合意によって形成されるルールである。このコミットメントは，裁判所による法的強制力によって実効性のあるものとなる。合理的な意思決定者が自己の将来の行動を制限することを約束しようとするのは，制限の期待利益が期待費用を凌駕するときのみである[7]。

新古典派経済学では，即時的取引において行われる選択行為に焦点が当てられる。すなわち，取引主体は，取引に合意するやいなや，取引は終了しており，その間には不確実性が介在する余地はない。しかし，Cooter and Ulen[7]は，現実のほとんどの取引において，約束を交換する場合には，即時的取引ではなく，「時間のかかる交換（deferred exchange）」，あるいは「完結までに時間が経過するような交換」を問題としているとし，このような状況にこそ契約が存在する価値があるとしている。

契約の役割を見るために，ひとまず，時間がかかる交換を行う場合に，契約が仮に存在しないような状況を想定してみよう。取引を行うために少なくとも一方の取引主体は，取引が行われることを前提として，履行のための準備をする。その準備には，当然費用が伴う。また，約束後に取引主体の取引環境が変化し，取引から価値が生み出されない状況になる可能性もある。このような状況で契約が存在しなければ，取引相手による事後的に取引しない等の機会主義的行動を事前に予想する取引主体は，取引を行うために時間をかけて準備を行わない可能性がある。したがって，契約の存在意義は，このような取引主体の機会主義的行動によって生み出される取引のリスクを制限することにある。

取引に時間がかかることによって発生する問題は，契約締結からその履行までにさまざまな偶発的事態が起こることである。その結果，契約の成立と履行との間に時間がかかるために発生する問題の中で最も経済学的に重要なものは，①偶発的事態に対する責任を取引当事者間で分配することと，②情報の交換を促進することである[7]。

契約が取引に時間がかかるからこそ意義があるのであれば，社会資本整備にかかわるプロジェクトにおいて，なぜ契約が重要であるかについての本質がわかるであろう。社会資本整備プロジェクトの重要な特徴の一つは，その長期性にある。契約の存在なくして，プロジェクトは成立し得ないであろう。

5.1.5 契約におけるリスク分担原則

リスク分担の問題は「リスクにより発生した損失をどちらの契約当事者に帰属させるべきか」という問題である。法経済学では，契約法におけるリスク分担を「もし，そのリスク事象が発生することを事前に予見できていた場合，契約当事者がその費用をどのように分担すべきか」を問う問題として定式化する。ここから，2つのリスク分担原則が導かれる。第1にリスクはリスクの大きさと確率をより正確に評価し，それを制御できる主体が負担すべきである。一方の主体がリスクを軽減する能力を持つ場合，その主体にリスクによる損害を帰属させることにより，効率的なリスク回避努力がなされることが期待できる（リスク分担の第一原則）。さらに，いずれの当事者もリスクを評価，制御できない場合には，そのリスクをより容易に引き受けることができる主体が負担すべきである（リスク分担の第二原則）。以上のリスク分担の原則は，契約当事者が完全には制御

できないリスク事象によって生じる帰結への対応ルールであると解釈することができる。大本ら[8]は，わが国の公共工事で用いられる標準契約約款と国際的な建設工事で用いられる標準契約約款FIDICで規定されているリスク分担ルールの比較を行っている。その結果，いずれの契約約款においても，ほぼ同様のリスク分担ルールを規定しており，かつ，上述のリスク分担原則に則っていることを明らかにしている。

5.1.6 契約変更原則と契約変更ルール

建設工事は，長期間にわたることが多く，その計画も膨大なアクティビティで構成される。したがって，工事開始時点では，予見できないような偶発的事象（unforeseen contingencies）によって，当初想定していた取引条件が影響を受けざるを得ない。仮に，発生しうる事態を事前に網羅的に予見することができれば，あらかじめ，それらの事態に応じた対応策を契約書の中で決めておけば良い。しかし，予見できない偶発的事象が存在する場合には，具体的な事象が発生した後に，対応を決めざるを得ない。このような契約を不完備契約（incomplete contract）と呼ぶ。

建設契約が一度締結されれば，どちらの当事者も他方の当事者の同意がない限り契約内容を変更することはできない。しかし，建設契約は，典型的な不完備契約である。不完備契約では，予見できないような偶発的事象が発生すれば，新たに判明した事象を前提として，契約条件を見直すための再交渉（renegotiation）を行い，新たな合意を通じた契約変更が必要である。

法経済学における一般的な見解によれば，契約変更を認めることにより契約当事者双方の利益が増加する場合において契約変更が正当化される。このような契約変更原則に基づけば，本来，請負企業が負担すべきリスク事象に関して生じた損失は請負企業自身が負担すべきであり契約変更は認められない。発注者側が負担すべきリスク事象に関しては，「契約変更を認めることにより，発注者側に契約変更が必要となるイベントの発生を抑制する注意努力を増加させる誘因がより大きく働き，契約の効率化を達成できることが可能となる」ため，契約変更が正当化される。なお，発注者，請負企業に帰属しないハザードが原因となって生じるリスク事象に関しては，①契約変更により，取引の効率性を向上できる場合や，②リスク負担能力の大きい当事者がリスクを負担することにより，他方の当事者の効率的な行動を誘導できる場合には，契約変更が正当化できる[8]。

通常の建設契約では，契約変更が必要な事態が生じたときの再交渉に関連する条項が明記されている。特に，契約変更が行われる場合に，最も利害が対立するのは，例えば追加工事による費用の増分といった，契約変更後の費用負担に関する問題である。この点について，大本ら[8]は，わが国の公共工事で用いられる標準契約約款と国際的な建設工事で用いられる標準契約約款FIDICで規定されているリスク分担ルールの比較を行っており，興味深い事実を指摘している。日本の契約約款では，甲乙協議を通じた契約変更を規定しているものの，その協議過程に関する詳細なルールについては，一切規定されていない。したがって，仮に，契約変更の内容について合意が難しい場合にも，どのようにして，再交渉の妥結を導くのかが明らかではない。これに対して，FIDIC契約約款では，再交渉のルールについて詳細に規定されている。FIDIC契約約款では，請負企業に対して，契約変更の際の追加費用を請求する権利を定めている。このような正当な請求をクレーム（claim）と呼ぶ。クレームの手続きは，請負企業からの通知によって開始される。FIDIC契約約款の特徴は，契約変更に伴う追加的費用の論拠に関する立証責任を請負企業に対して課している。さ

らに，クレームの査定は，エンジニアと呼ばれる中立的な第三者によって行われる。またさらに，エンジニアの査定に対して不服がある場合に備えて，代替的な紛争解決手段であるDAB（Dispute Adjudication Board）を設置することになっている。

　以上の事柄を整理すると，不完備契約である建設契約では，予見できない事象の発生に応じて，再交渉を通じた契約変更を認めざるを得ない。契約変更は，契約変更により取引の効率性が向上し，リスク負担能力が高い当事者がリスクを負担する場合に認めるべきである。また，不完備契約では，契約変更の交渉を効率化するために，契約変更の手続きが必要となる。契約変更のための再交渉が，契約当事者の間で合意を達成できない場合のために，紛争解決手続きが必要となる。日本の契約約款とFIDIC契約約款を比較した場合，FIDIC契約約款は，明らかにより詳細な手続きを規定している。また，高度な紛争解決方法も規定している。このように，日本国内と国際社会で，契約約款の差異が生じた背景について，以下の節で触れたい。

5.1.7　関係的契約

　ウィリアムソンの整理によれば，建設工事にかかわる取引は，取引特殊性の程度が大きい。このとき，取引の頻度が小さければ，契約を通じて取引主体を規律付け，結果として取引費用を抑制していく取引形態が採用されていることが多い。このような取引形態は，国際的な取引環境，あるいは市場が競争的な環境において見られる事実である。

　しかし，わが国の建設業界の慣行においては，「契約当事者は，基本的に契約を参照しない」と指摘される。さらに，発注者と元請企業，あるいは元請企業と下請企業は，一回のみならず，将来にわたって，何度も取引関係に入るであろうという想定がある。一回のみの取引関係であれば，契約を通じた規律付けにより，機会主義的行動を抑制する。しかし，長期的関係が継続すると契約当事者が想定している場合，機会主義的行動によって獲得できる利得を追求すれば，このような長期的関係を打ち切るという脅しを通じて，機会主義的行動を抑制することが可能となる。わが国の建設業界では，発注者である公共主体と請負企業は，将来にわたり，何度でも契約関係に入る機会が実際に存在している。

　建設企業は，将来の受注において不利にならないように，機会主義的行動を極力避ける。また，日本における発注者は，契約変更が必要な場合も，「発注者側が中立的な判断を下すであろう」と，請負企業が信じており，いわば信義則が成立している。このように，契約当事者の間で信義則が成立している場合には，信頼関係に基づいた契約変更が行われ，契約紛争につながる可能性が小さくなる。また，詳細な契約変更の手続きについても，その必要性は少ない。その結果，わが国における公共工事の請負契約約款では，必ずしも契約変更の手続きについて，詳細にルール化する必要がなかった。このように，取引機会の頻度の違いにより，建設工事の調達における取引形態に多様性が生じる[9]。

5.1.8　分業と統合

　調達において，もう1つ重要な視点は，バンドリングとアンバンドリングである。すでに述べたとおり，調達行為は，調達者と供給者という組織的な境界で区別される独立した組織の間で行われる。このような組織的境界は，伝統的には，アダム・スミスのアイデアである「分業による生産

性向上の追求」の帰結でもある。公共調達の分野では，伝統的に，政府が調達責任者として，設計部分をコンサルタント企業に発注し，施工については，建設企業が請け負い，運営については，政府あるいは（必ずしも施工者とは同じとは限らない）建設企業が実施していた。しかし，分業が必ず望ましい結果をもたらすわけではない。設計の仕方は，施工や運営段階の効率性に影響を与えるかもしれない。このように，タスクの間に相互依存的な関係が存在する場合，各タスクの担当者は，自らのタスクの範囲内で効率性を追求するため，全体として望ましい結果をもたらす保証はない。このとき，複数のタスクを統合して，タスクの担当者を一元化することで，より望ましい結果を実現できる可能性がある。

近年，設計施工一括発注方式や，PFI(Private Finance Initiative)のように，従来とは異なる公共調達方式の実施例が蓄積されつつある。設計施工一括発注方式では，構造物の設計部分と施工部分が単一の民間企業に対して発注する。また，PFIでは，設計から運営維持管理まで，すべて一括して，公共サービスそのものの提供を単一の民間企業・事業体に対して発注する。もちろん，従来の産業構造の下で，PFIのように，公共サービスそのものを，すべての段階で請け負うだけの能力を持った単一の民間企業が存在するわけではない。このとき，PFIを請け負うのに必要なノウハウ，能力を持った企業がジョイントベンチャーを形成し，分業とは逆に組織間統合が行われる。

5.2 公共調達プロセスと調達マネジメント

社会基盤事業において調達主体となる発注者には，「社会および国民のニーズを満たすため，公正さを確保しつつ良質なモノやサービスを低廉な価格でタイムリーに調達し質の高い公的サービスを提供する」（既出，1.1.2項参照）という責任が課される。

公共（あるいは公的）サービスとは，公共施設（社会基盤）の提供や運営を意味し，公共交通サービス，公的福利厚生・教育サービス，公益エネルギーサービス，公共防災サービス，安全保障サービス等と多種多様で多岐にわたる。1880年代までの社会基盤整備は政府担当省庁の直轄・直営方式が採られ，政府省庁が自ら設計し，直接，材料や機械を購入し，労務者を雇用して工事を完成させてきた。その後は労務請負から材工請負へと移り変わり，最終的に現在の工事請負方式となり，公共発注者は工事業者あるいは工事を調達するようになった。

役務（サービス）の面では，建設コンサルタントから調査業務や設計業務あるいは工事監理補助業務などを調達している。さらには地盤地質調査や測量業務などは，それらのサービスを地質調査会社や測量会社から調達している。

このように公的サービスの提供の基になる公共施設の建設ではさまざまな役務や工事が調達の対象になる。調達は調達計画に始まり，調達したもの（最終的には公共施設）の引渡し（瑕疵の修復を含む）によって完結することになる。そして調達目標の達成に至るすべてのプロセスをmanageしていくことが調達マネジメントということになる。調達のプロセスは次の通りである。

① 調達計画

調達の目標を設定し，その達成シナリオを策定するプロセス。

② 入札（引合・見積）＆落札（契約締結）

入札，引合，見積等を行い，落札者（受注者，納入者）を選定し，契約を締結するプロセス。

③ 契約遂行・引渡（納入）

役務契約（調査業務，設計業務等）を遂行し成果品を納める，あるいは工事契約を遂行し工事を完成し目的物を引き渡すプロセス。

④ 供用＆運営

工事目的物（施設）を供用し，運営するプロセス。

次節で調達プロセスの各段階について詳述する。

5.2.1 調達計画

調達計画とは，事業のニーズに適った調達の目標を設定し，その目標を達成できるように調達方式（発注方式）を選定し，調査・設計，入札（引合・見積），契約締結履行，納入・引渡等のプロセスの遂行を計画することである。

調達計画は次の事項を包含する。

① 何をいつ内部調達できるか？（調達ニーズ・要件）
② 何をどの位外部調達するか？ そしていつ調達するか？（調達ニーズ・要件）
③ どのように外部調達するか？（調達方式の選定）
④ 調査・設計から引渡・供用までのプロセスをどのように実施していくか？（調達戦略の策定／マスタープログラムの作成）
⑤ プロジェクトマネージャー／プロキュアメントマネージャーの選任

このように調達計画とは，調達目標の達成のための具体的なシナリオを作成することであるといえる。

（1）調達ニーズ・要件

事業ニーズに対応して調達のニーズや要件（あるいは要求事項）が特定できたら，事業者は通常自らの組織や関連組織からも調達を行うことができるので，外部からの調達に依存するのは何かを特定しなければならない。外部調達の対象となる物品，工事，役務の種類，モノ，内容やそれぞれの納入者，工事業者，役務提供者等を把握し，関連する市場の概況も把握する必要がある。併せて調達対象物の質・量や調達時期も検討する必要がある。このように，調達のニーズ・要件と関連事項を整理し，事業内容と併せて，調達に際して発生する危険因子やリスクを特定し，それに対処できる最良の調達方式を選定し，調達戦略・方針を設定していくことになる。

（2）調達方式の選定

a．調達方法選定基準

建設事業の計画，設計，工事にリスクは付きものであり，危険因子のあるところリスクは発生する。リスクには自然災害リスク，社会経済リスク，建設リスク（工事費，工期，品質），契約事業者リスクなどがある。まずこれらのリスクを特定し，リスクの範囲，可能性や影響度などを評価し，契約当事者（発注者・受注者）に公正に，適切に分担しなければならない。リスクの分担に応じて発注者と受注者の責任と責務が決まってくる。したがってリスク分担と責任分担の仕方で調達方式（または契約方式）が異なってくる。このように調達方式（契約方式）の選定の基準になるものとして，

リスク分担を含めて次の3項目が考えられる。
　①　受発注者への公正なリスク分担および建設プロセスにおける受発注者の役割・機能分担
　　工事の範囲，難易度あるいは受注者の施工能力等により役割分担が異なる。例えば，設計の役割・責任を受注者に移転した方が良い場合は，デザインビルド契約方式をとる。
　②　事業資金手当（財源）や支払い方法
　　資金手当や財源に対する制限の有無や支払い方法，支払い時期や支払い金額に対する制限の有無。発注者の財源不足を補うものとして後述のEPC契約（Engineering Procurement and Construction）やPFI契約が選定される。
　③　発注者のマネジメント能力
　　発注者（公共事業者）のマネジメント組織やマネジメント能力の強弱も関わってくる。マネジメント能力が不足の場合はEPC契約やCM契約が適している。
　これらの選定基準をベースにして事業目的・内容を評価し，最適な調達方法（契約方式）を選定する。調達方式（契約方式）の選定，そして決定と同時に，次の事項も確定しておく必要がある。
　①　調達ロット（発注ロット）
　　工区割，工種別（セクター別），職種別等による発注ロットとサイズ
　②　調達スケジュール
　　各種調達対象物の調達の時期とタイミング
　③　資金計画
　　財源と支出スケジュール
　④　入札方式
　　入札方式と落札基準および落札・契約手続き（入札方式は5.2.2項で詳述）

b．各種調達方式（契約方式・契約形態）

　現在，広く国際的に認められている調達方式は次の通りである。ただしこの調達方式は，契約方式・契約形態であり，入札・落札方式でない。
　①　役務契約（設計業務契約，施工監理契約，調査委託契約）
　　調査・設計業務や施工監理に関する契約で発注者と建設コンサルタントの間で締結される。
　②　施工請負契約方式
　　発注者の設計・設計図書に従って，受注者が工事を施工し完成させる従来の契約方式。
数量精算契約，一括契約（総価契約），単価契約等がある。
　③　デザインビルド契約方式
　　発注者の概念図に基づいて，受注者が詳細設計を行い，発注者の設計承認を経て自ら施工する方式。受注者は設計と施工に責任を有する一方，施工性の高い設計ができる利点がある（本章コラム3参照）。
　④　コンストラクション・マネジメント契約方式（CM方式）
　　これは，コンストラクション・マネージャーが発注者とCM契約を締結し，設計コンサルタントおよび各職種コントラクターを選定した上で設計業務契約・工事契約をおのおの締結し，彼らの業務，工事を管理／監理（manage）していく契約方式である。発注者は業者の選定に参加し，各業者の工事費も知ることができる。

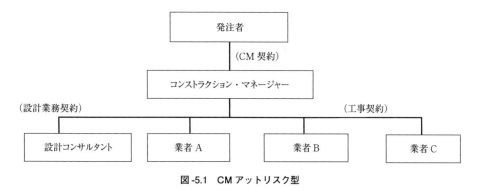

図-5.1　CMアットリスク型

　CM方式には，コンストラクション・マネージャーの責任の有り様によりピュア型（マネジメントにのみ責任を有する）とアットリスク型（工事費と工期に責任を有する）に分けられる（**図-5.1**）。コンストラクション・マネジメント契約に類似したものとしてプロジェクトマネジメント契約やマネジメント契約がある。

⑤　EPC契約方式（Engineering Procurement and Construction）またはターンキイ契約

　公共施設の設計から施工そして試運転，引き渡し，供用開始までを一括して契約する方法である。発注者と受注者（EPCコントラクター）とのランプサム契約となる。EPCコントラクターは，コンサルタント企業に設計・入札図書を作成させ，工事を職種別に分割し，競争入札にて各種工事業者を調達し，工事監理を行う。

⑥　PFI契約（Private Finance Initiative）

　公共事業主体と事業会社（特別プロジェクト／目的会社）が事業契約を締結する。事業会社は，民間資金を使って，設計，施工，完成させ，ある一定期間（20〜30年），施設を運営してその施設の使用料をとって資金を回収する方式である（独立型PFI）。

　PFI契約に類似したものにBOT（Build, Operate, and Transfer），DBFO（Design, Build, Finance and Operate）がある。これらを合わせてPPP（Public Private Partnership，官民パートナーシップ）といわれている。

⑦　パートナリング方式

　パートナリング方式自体は調達方式ではないが，ある特定の調達方式で契約を円滑に効率よく進めるために受発注者がパートナーとなってその目的を果たす方式である。

（3）　調達マスタープログラムの作成

　社会基盤プロジェクトの事業者（事業主）は，自らの組織内にプロジェクトチームを組織してプロジェクトマネージャーおよびプロキュアメントマネージャーを任命し，良質な公的サービス水準に適う物品，工事，役務等を経済的で効率よく有効に外部から調達する義務がある。そのために，最適の調達（ベストバリュー）を可能にする調達戦略を策定することが肝要となる。

　戦略の策定は，事業内容および調達諸条件に依り，最も適切な調達方式を選定し，その調達対象物の最適な納入，引渡しができるように調達に関する決定をしていくプロセスでもある。そのプロセスの中で，調達に関して，何をどのように決定していくかを明確にしておく必要がある。

5.2.2 入札・提案・見積引合

（1） 公共事業における入札・契約の難しさ

　パソコンを買おうとする時，スペックを決めたなら，値段を調べ，基本的には安いところから買うだろう。無論，その他に支払い方法や，在庫の有無，到着までの時間など，価格以外の諸条件も加えて，購入先を検討することになるが，スペックさえ決めてしまえば，さほどの苦労はない。では，家を購入する場合はどうだろう？　家のスペックが決まっていて，建築会社の見積価格を見て，一番安いところから買うことを即決できるだろうか？「ここの会社は安いけれど本当に大丈夫だろうか？」と考え，いくつかの会社の見積内容や評判，これまでの実績などいろいろな情報を調べた上で，会社を決めるのが一般的であろう。建設事業は，パソコンなどの大量生産品とは異なり，「単品受注生産」が原則だから，工事が完成するまではその品質はわからない。また，万が一，その品質に達していない場合，やり直しにはコストや時間がかかり，容易ではない。そのため，単に安いだけでなく，きちんと品質が確保されることが確かそうな会社と契約しなければならない。さらに，家であれば，個人のものであるから，家主がどのように決めようが基本的には本人の自由である。だが，公共事業はそうはいかない。決め方において，万人の目から見ての公明正大さが求められる。このため，公共事業における建設工事の契約手続きは，複雑なものとならざるを得ない。

（2） 公共事業調達における4つのスクリーニングとフィードバック

　図-5.2にあるようにわが国において公共事業の工事を受注しようとする建設業者は4つのスクリーニングを経て，契約にいたる。

a．建設業許可

　わが国において建設工事（公共工事のみならず民間工事も含む）を受注しようとする会社は工事内容に応じて，建設業法に基づき建設業の許可を受ける必要がある（請負代金の額が500万円以上の場合：ただし，建築一式工事にあっては，1件の請負代金の額が1500万円以上または木造住宅

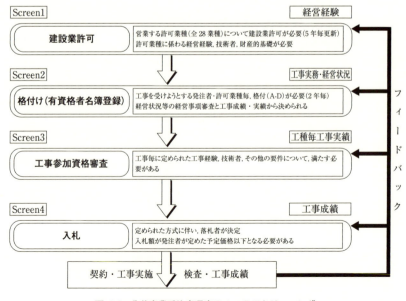

図-5.2　公共事業受注者選定の4つのスクリーニング

工事であって延べ面積が150 m² 以上の場合)。

　許可要件としては,①許可を受けようとする建設業に関して経営業務の管理責任者としての経験を有すること。②営業所ごとに許可を受けようとする建設業に関して,一定の資格または経験を有した者(＝専任技術者)を設置すること。③請負契約の締結やその履行に際して不正または不誠実な行為をするおそれがないこと。④許可を受けるべき建設業者としての最低限度の財産的基礎等があることの4つの要件が求められる。許可業種はいわゆるゼネコンと呼ばれる総合建設工事会社が取得する土木工事一式,建築工事一式の他,専門工事会社が必要となる大工工事,左官工事,とび・土工・コンクリート工事,石工事,屋根工事,電気工事,管工事,タイル・れんが・ブロック工事,鋼構造物工事,鉄筋工事,舗装工事,浚渫工事,板金工事,ガラス工事,塗装工事,防水工事,内装仕上工事,機械器具設置工事,熱絶縁工事,電気通信工事,造園工事,さく井工事,建具工事,水道施設工事,消防施設工事,清掃施設工事の計28種類があり,許可業種ごとに必要とされる技術者の資格要件が定められている。

　また,許可の区分は「二以上の都道府県の区域内に営業所を設けて営業する場合は国土交通大臣許可,一の都道府県の区域内にのみ営業所を設けて営業する場合は都道府県知事許可」と区分がわかれる。さらに,発注者から直接請け負った1件の建設工事で,下請契約の合計金額が3 000万円(建築一式工事については4 500万円)以上となる場合には特定建設業許可が必要となる。これは下請負人保護や大規模工事の下請負人に対する適切な指導・監督を目的として,一般建設業許可に比べて許可基準を加重されるものである。

b. 格付け (有資格者名簿登録)

　わが国において公共工事を受注しようとする建設会社には,公共工事実績や会社としての健全性がより一層求められることから,建設業の許可に加えて,発注者ごとの過去の工事実績や成績からなる技術評価点と経営規模・状況,技術職員数,労働福祉,法令遵守,建設機械保有等からなる経営事項評価点の合計によって発注者・工事種別ごとに資格審査を行い,等級区分を付す(2年毎)。表-5.2に示すように,原則等級区分ごとに参加できる工事規模が定められている。

c. 工事参加資格審査

　わが国において表-5.2に示される一般土木工事では,河川工事,土工工事その他工事内容が広範にわたることから,工事毎さらに細かな参加資格を設定する必要がある。表-5.3はある道路工事の公告を示したものである。この例では企業の施工実績として過去に7 000万円以上の道路工事を請け負ったことを条件としている。求める実績としては,工事種類・規模に加え,積雪寒冷地等の特殊条件や施工場所等,工事ごと発注者の判断により,条件が付与される。しかし,これらの条件を満たす参加企業が少ないと競争性が低下するおそれがあるため,競争性が保たれる一定数以上

表-5.2　平成23～24年度国土交通省関東地方整備局等級区分別総合点数

等級区分	総合点数 (技術評価点＋経営事項評価点)	予定価格
A	2 000点以上	7億2 000万円以上
B	2 000点未満～1 350点以上	3億円以上7億2 000万円未満
C	1 350点未満～850点以上	6 000万円以上3億円未満
D	850点未満	6 000万円未満

表-5.3 「一般競争入札(総合評価落札方式)」公告(例)

　○○県が発注する次の工事は、一般競争入札により行いますので、入札参加資格等について地方自治法施行令第167条の6第1項の規定により公告します。
　なお、対象工事は、価格と価格以外の要素とを総合的に評価して落札者を決定する総合評価落札方式の工事です。

平成○○年○○月○○日

○○県知事　　○　○　○　○

一般競争入札（総合評価落札方式）公告個別事項

工事名		○○自動車道　○○工事用道路　1工区改良工事	
事業名		○○自動車道用地事務等受託事業	
工事番号		○○○○課-○-○○	
工事場所		○○地内	
工事概要	1	工事内容	通路改良　　$L=○○$ m　$W=○○$ m 切土工　　　$V=○○$ m^3 補強土工　　$A=○○$ m^2　$H=○〜○$ m コンクリート舗装工　　$A=○○$ m^2 プレキャストU型側溝　　$L=○○$ m
	2	予定工期	平成○○年○月○日〜平成○○年○月○日
	3	予定価格（税込み）	¥○,○○○,○○○,○○○
参加資格	1	本店所在地	県内
	2	競争入札参加資格	一般土木工事　　A
	3	企業の施工実績	7千万円以上の道路工事 ただし、元請として請負い平成○年○月○日以降に完成引き渡し済みの工事。なお、共同企業体の構成員としての実績は、出資比率が20％以上の場合のものに限る。
	4	配置予定技術者の資格	監理技術者資格者証及び監理技術者講習修了証を保有する一級土木施工管理技士又は同等以上の資格を有する者
総合評価に関する事項	1	総合評価方式の種類	簡易型
	2	加算点の満点	20
	3	評価の基準	技術評価資料作成要領による
設計受託業者		○○コンサルタント（株）　　　　　住所　　○○○○	

の企業があるかどうかの確認が必要となる。

d. 入札

　わが国の公共工事の入札は，国は会計法，地方自治体は地方自治法の規定に従って実施する。会計法および地方自治法によれば，原則として参加を希望するすべての者が参加できる，①一般競争入札によるものとされている。一方，一般競争入札を行うことが不利と認められる場合には発注者があらかじめ指名した者のみが参加できる，②指名競争入札を災害復旧工事などで緊急の施工が必要な場合や特殊な工事で相手方が特定されるような工事では，競争なしに特定の者を選定し契約する，③随意契約が認められている。従来の一般競争入札および指名競争入札においては，価格のみで落札者が決められ，発注者が定める上限額（予定価格）と下限額（一部の公共工事において定められる低入札調査基準額，最低制限価格）の間の入札額で一番安い入札者を落札者とする（自動落札方式）。
　一般競争においても上記a.〜c.のスクリーニングを経ての参加となるものの，一番安い入札額を

提示した者が契約者となるので，予算節約ができる反面，工事品質の面での懸念があるとともに，参加者数が多くなる場合には，事務量の増大につながってしまうという問題点がある。そのため，1994年以前はほとんどの公共工事において，指名競争入札が用いられていた。しかし，1993年には中央・地方政界に多額の賄賂が送られた汚職事件により，建設大臣，知事，市長らが逮捕されたこと等により，入札の透明性が強く求められることになった。指名競争入札は指名された者のみで行われ密室性があることから，まずは大規模公共工事について，一般競争入札で実施されることとなった。現在においては，国，都道府県等の公共工事において，一部を除き一般競争入札が採用されている。また，(3)で述べるように，従来の価格のみではなく，技術者資格，工事成績，技術提案等の技術評価と価格をあわせた総合評価方式が広く用いられている。

e．工事実績のフィードバック

図-5.2にあるように，Screen1からScreen4の各スクリーンにおいて，工事実績や入札の内容がフィードバックされる。建設業許可においては経営業務の管理責任者に建設業の経験が求められ，格付けは，工事実績・成績や経営状況によって定められる。工事参加資格審査では，求められる工事経験や成績が要件とされ，総合評価方式での入札においても工事成績が評価項目に入れられる場合が多い。工事実績をフィードバックする4つのスクリーニングの仕組みは，発注者が「技術と経営に優れた企業」を選定する上で，重要な意味を持つ。

（3） 公共工事の一層の品質確保に向けた取り組み－総合評価落札方式の導入－

わが国の厳しい財政状況の中，公共事業は1995年をピークに減少を続け，約半分の事業量となった。このため，受注のための競争が厳しくなり，低価格による入札が生じ，事故の発生や工事

表-5.4 総合評価落札方式類型（国土交通省直轄工事における総合評価落札方式の運用ガイドライン2013年3月）

	施工能力評価型		技術提案評価型			
	Ⅱ型	Ⅰ型	S型	AⅢ型	AⅡ型	AⅠ型
摘要工事	企業が発注者の示す仕様に基づき，適切で確実な施工を行う能力を有しているかを企業・技術者の能力等で確認する工事	企業が発注者の示す仕様に基づき，適切で確実な施工を行う能力を有しているかを施工計画を求めて確認する工事	施工上の特定の課題等に関して，施工上の工夫等に係わる提案を求めて総合的なコストの縮減や品質の向上等を図る場合	部分的な設計変更を含む工事目的物に対する提案，高度な施工技術等により社会的の便益の相当程度の向上を期待する場合	有力な構造・工法が複数あり，技術提案で最適案を選定する場合	通常の構造・工法では制約条件を満足できない場合
提案内容	求めない（実績で評価）	施工計画	施工上の工夫等に係わる提案	部分的な設計変更や高度な施工技術等に係わる提案	施工方法に加え，工事目的物そのものに係わる提案	
評価方法		可・不可の二段階で審査	点数化			
ヒアリング	実施しない	必要に応じて実施（施工計画で代替することも可）	WTO対象工事は必須，それ以外は必要に応じて実施	必須		
段階選抜	実施しない	ヒヤリングの適用に際し必要に応じて試行的に実施*	必要に応じて試行的に実施			
予定価格	標準案に基づき作成	標準案に基づき作成	標準案に基づき作成	技術提案に基づき作成		

* 当面は実施しない

品質の低下に懸念が生じることとなった。これらを背景として，2005年4月に「公共工事の品質確保の促進に関する法律」（通称「品確法」）が施行された。本法においては公共工事の品質を「経済性に配慮しつつ価格以外の多様な要素をも考慮し，価格及び品質が総合的に優れた内容の契約がなされることにより，確保されなければならない」とされ，このための方策として総合評価落札方式の適用が進められた。

総合評価の方法はこれまで，数度の見直しが行われてきたが，2013年3月に出された国土交通省による公共工事の標準として定められた「国土交通省直轄工事における総合評価落札方式の運用ガイドライン」によると，**表-5.4**に示すように工事の規模や工事難易度，技術提案の範囲等に応じ

表-5.5 施工能力評価型Ⅰ型 評価項目・配点表
(国土交通省直轄工事における総合評価落札方式の運用ガイドライン 2013年3月)

	評価項目		評価基準		配点	
総合評価	企業の能力等	①過去15年間の同種工事実績	より同種性の高い工事*1 の実績あり	8点	8点	20点
			同種性が認められる工事*2 の実績あり	0点		
		②同じ工種区分の2年間の平均成績	80点以上	8点	8点	
			75点以上80点未満	5点		
			70点以上75点未満	2点		
			70点未満	0点		
		③表彰（同じ工種区分の過去2年間の工事を対象）	表彰あり	4点	4点	
			表彰なし	0点		
	技術者の能力等	④過去15年間の同種工事実績　同種性・立場	より同種性の高い工事において，監理（主任）技術者として従事	8点	8点	20点
			より同種性の高い工事において，現場代理人あるいは担当技術者として従事，または，同種性が認められる工事において，監理（主任）技術者として従事	4点		
			同種性が認められる工事において，現場代理人あるいは担当技術者として従事	0点		
		⑤同じ工種区分の4年間の平均成績	80点以上	8点	8点	
			75点以上80点未満	5点		
			70点以上75点未満	2点		
			70点未満	0点		
		⑥表彰（同じ工種区分の過去4年間の工事を対象）	表彰あり	4点	4点	
			表彰なし	0点		
		⑦監理能力（ヒアリング）	十分な監理能力が確認できる	×1.0	④の点数に乗じる	
			一定の監理能力が期待できる	×0.5		
			上記以外	×0.0		
	⑧施工計画		施工計画が適切に記載されている	可	付加の場合不合格	
			施工計画が不適切である	不可		
	⑨配置予定技術者の施工計画に対する理解度（ヒアリング）		施工計画の説明が適切である	可	不可の場合，⑧の評価結果に関わらず不合格	
			施工計画の説明が不適切である	不可		

加算点＝①＋②＋③＋（④×⑦）＋⑤＋⑥
*1　競争参加資格要件の同種性に加え，構造形式，規模・寸法，使用機材，架設工法，設計条件等について更なる同種性が認められる工事
*2　競争参加資格要件と同等の同種性が認められる工事

て6種類の方式が定められている。

表-5.5は施工能力評価型Ⅰ型の評価項目と配点を示したものである。施工能力評価型Ⅰ型においては，技術的工夫の余地が小さく技術提案を求めて評価する必要がない工事において，企業の能力等（当該企業の施工実績，工事成績，表彰等），技術者の能力等（当該技術者の施工実績，工事成績，表彰等），施工計画および技術者の理解度を審査・評価する。

評価としては，以下の式で求められる評価値が最大の受注者を落札者とする。なお，施工体制評

表-5.6 技術提案評価型S型（WTO対象工事）評価項目・配点表
（国土交通省直轄工事における総合評価落札方式の運用ガイドライン 2013年3月）

段階選抜		評価項目	評価基準	配点		
①企業の能力等	過去15年間の同種工事実績	同種性[*1]	より同種性の高い工事[*2]の実績あり	9点	9点	15点
			同種性が認められる工事[*3]の実績あり	0点		
		発注者評価[*4]	高評価[*5]	6点	6点	
			平均的な評価[*6]	3点		
			低評価[*7]	0点		
②技術者の能力等	過去15年間の同種工事実績（最大3件）	同種性・立場（1件当たり）[*1]	より同種性の高い工事において，監理（主任）技術者として従事	3点	9点（3点×3件）	15点
			より同種性の高い工事において，現場代理人あるいは担当技術者として従事，また，同種性が認められる工事において，監理（主任）技術者として従事	1点		
			同種性が認められる工事において，現場代理人あるいは担当技術者として従事	0点		
		発注者評価（1件当たり）	高評価	2点	6点（2点×3件）	
			平均的な評価	1点		
			低評価	0点		

* WTO対象工事において段階選抜方式を試行的に実施する場合において，海外実績と国内実績を同等に評価する方法の案である。
*1 企業・技術者の同種工事実績については，定型様式にて提出させる
*2 競争参加資格要件の同種性に加え，構造形式，規模・寸法，使用機材，架設工法，設計条件等について更なる同種性が認められる工事
*3 競争参加資格要件と同等の同種性が認められる工事
*4 同種実績の発注者に3段階で評価を依頼
*5 国交省直轄の成績評定の場合，78点以上
*6 国交省直轄の成績評定の場合，74点以上78点未満
*7 国交省直轄の成績評定の場合，74点未満

総合評価	評価項目	評価基準	配点		
③技術提案		高い効果が期待できる	12点	12点（×5提案）	60点
		効果が期待できる	6点		
		一般的事項のみの記載となっている	0点		
④技術提案に対する理解度（ヒアリング）		提案を十分に理解している	×1.0	③の点数に乗じる	
		提案を理解している	×0.5		
		上記以外	×0.0		

* WTO対象工事においては，総合評価は技術提案，ヒアリングおよび施工体制（選択）のみを評価項目とすることを原則とする。なお，WTO対象工事において上記①②を総合評価で評価する試行工事について，今後検討する。
加算点＝③×④

価点とは低価格入札による工事品質の低下を防ぐために導入されたもので，発注者が設定する調査基準価格以上の入札者に点（30点）を与えることにより，実質的にこれが下限価格となる。

$$評価値 = \frac{基本点（100点）+ 加算点 + 施工体制評価点}{入札価格}$$

表-5.6 は技術提案評価型 S 型（WTO 対象工事）の評価項目を示したものである。技術提案評価型は，技術的工夫の余地が大きい工事を対象に，構造上の工夫や特殊な施工方法等を含む高度な技術提案を求めるものである。A 型が，発注者と競争参加者の技術対話を通じた技術提案の改善を行うのに対し，S 型は，標準案に基づいた工事価格を予定価格とし，その範囲内で提案される施工上の工夫等の技術提案と価格との総合評価を行うもので，同種工事の実績からなる企業の能力等，技術者の能力等および技術提案とその理解度を評価項目とする。なお，WTO 対象工事とは，WTO（The World Trade Organization）政府調達協定に従い，一定規模以上の公共事業について，外国企業の参入を前提とした手続きが進められる工事のことである。

（4） 公正な入札に向けての取組み

2006 年 4 月日本土木工業協会（現 日本建設業連合会）は「透明性ある入札・契約制度に向けて－改革姿勢と提言－」の中で，以下の内容を表明した。「建設業が自らへの不信感を払拭し魅力ある産業として再生するため，談合はもとより様々な非公式な協力など旧来のしきたりから訣別し，新しいビジネスモデルを構築することを決意した。」業界自らが，このような宣言を表明するとともに，公正な入札に向けた以下に示す種々の取組みが行われている。

①一般競争・総合評価方式の拡大，②学識者等第三者委員からなる入札監視委員会の発注者ごとの設置，③事案発生時の指名停止期間の延長，違約金の増額，④独占禁止法の改正：2005 年改正（課徴金の引き上げ，検査前に自ら申請すれば課徴金を免除される課徴金減免制度の導入等），2009年改正（課徴金制度の見直し，課徴金減免制度拡充等），⑤国・地方公共団体等の職員が入札に関与する官製談合防止のための「入札談合等関与行為防止法（いわゆる官製談合防止法）」の制定（2003年 1 月施行）および発注機関職員に対する刑事罰の導入，関与行為の範囲の拡大および対象となる発注機関の拡大等を内容とする同法の改正（2007 年 3 月施行），⑥国土交通省における職員の再就職，早期退職慣行の見直し，⑦受注企業におけるコンプライアンスの徹底等。

また，入札に伴う交通費や時間を削減するための効率化の促進と，入札者同士が顔をあわせることを防ぐ等の不正の防止を目指し，インターネットを介した電子入札が導入され，現在では国，都道府県，政令市，一部の市町村において電子入札が採用されている。

（5） 公共事業調達をめぐるその他の諸問題と対応

a．上限下限の設定と価格と品質のトレードオフ

わが国の公共事業における入札は予定価格を上限とし，それを下回るものでなければ無効とされる。一方，最低制限価格や調査基準価格という下限価格を設けている場合も多い。これは安すぎると品質が低下する蓋然性が高いことから設定されているものである。しかし，国の事業においても施工体制評価点の導入以前は，調査基準価格を下回る入札であっても調査に基づき，多くの入札が

受け入れられていた。安ければ品質が低下してしまうのか，それとも品質に影響はなく，安値購入の経済的メリットを享受できるのかという価格と品質のトレードオフは，製品完成前の契約を原則とする公共事業においては難しい課題である。

　最低制限・調査基準価格の下限価格の予定価格に対する割合は近年，上昇傾向にある。需要が少なく過当競争の局面では，仕事を取りたいがために，赤字覚悟で安値入札を行う企業が落札することで，従業員，作業員への給与や待遇が悪化し，ひいては建設産業全体の歪みが大きくなる。下限価格の上昇は工事の質の担保とともに，産業育成の観点から行われている。このように，公共事業の発注は単に建設生産物のサービス購入にとどまるのではなく，産業育成の面にも大きな影響を与えるということに留意する必要がある。さらに，外部からみた場合，下限価格の上昇は価格競争に制限を与えるものととらえることもでき，この問題を一層複雑にしている。

　一方，建設需要の増大局面では，すべての入札が予定価格を超過，あるいは誰も入札に参加しないことによる入札不調が生じる場合がある。予定価格は材料および人件費の市場調査に基づき算定されているが，調査時点と入札に時間差が生じることや，平均的市場価格に基づいた予定価格を上限に設定すること自体の問題も考えられ，上限価格を設定することの是非についても議論がある。

　また，積算にかかわる情報公開や受注者側見積の精度の向上により，コラム3に見るように，同入札価格によるくじ引き入札が増加しており，落札者の適正や受注者側の経営の安定性という面から問題が指摘されている。さらに，公共工事入札にかかわる一般市民の理解が進まないことから，入札におけるPI（Public Involvement）ともいえる住民参加型入札の試みも行われている。

b．入札事務量の増大への対応

　前述したように，多くの工事において総合評価落札方式が採用されているが，これに伴い，それに要する日数が必要とされるとともに，発注者，受注者とも入札契約にかかわる業務量が増大しており，公務員の定員が削減される中，課題となっている。これに対応するため，事務量の軽減も踏まえた入札類型の見直しが進められるともに，段階選抜の導入も進められようとしている。

c．地域を支える建設業の維持方策の検討

　公共事業が減少すると，建設業者数も減少する一方，建設業は現地生産が原則で，特に小規模な工事や維持にかかわる業務は現地から遠い建設業者が行うことになると格段に効率が低下する。また，災害発生時には即座に対応を行える地域の建設業者の重要性が東日本大震災を含む多くの事例によって指摘されている。このように地域の建設業は地域や国土の維持にとって重要であるが，その業者数の減少に従い，地域によっては危機的状況となっている。これに対し，地域の優れた建設業者が将来にわたって安定して経営を行えるような環境条件について，種々の方策が検討されている。また，需要減少下で激化する受注競争により，給与や労働条件の低下，若者の現場離れなどの志向により，現場で働く技能工の新規の参入者が減少し，高齢化の進展が顕著となっている。現状の推移が続くと将来の技能工不足が顕著となるものと考えられ，これらの対策が急がれている。

コラム③　無情の入札現場－多発するくじ引きの実態－

2012年10月26日　北海道建設新聞記事より
札幌市の公共事業入札でくじ引きが頻発している。

注）　本紙が集計した財政局と水道局の2012年4～8月の開札結果によると，土木工事で59％，測量では96％がくじ引きで落札者が決まった。中には，66社でくじ引きとなった工事があったり，50件以上参加して「当たりゼロ」という企業もいる。技術力向上と経営体質改善に取り組む企業の努力を無にするくじ引き入札。「運」に経営を委ねざるを得ない企業の苦悩と，その実態を取材した。

■「綱渡りの経営で先行き不安強く」

「10月に入り，109件目でようやく，ことし最初の物件を射止めることができた」。北区に本社を置く土木B等級の経営者は安堵とため息交じりにこう話す。

市の除雪事業も担うこの企業は12年度，50件以上のくじ引きに巻き込まれた。先を見通せない受注環境に体力を維持できるか不安を募らせる。今年から下請の営業にも乗り出したというこの会社は，次回の定期格付けから，競争が激しいB等級からの「転出」を考えている。同じ土木B等級で中央区に本社を置く企業は4月以降，50件以上のくじ引きを経験。9月までは「当たり」に恵まれず，10月中旬に土木工事を3年ぶりに受注した。営業担当の役員は「やっと受注できた」と胸をなで下ろす。30人余りいる土木技術者は，ほとんどが土木以外の仕事にも従事するが，「年間数本は土木で受注できないと技術の継承もままならない」と危機感を抱く。久々に獲得できた現場に社内でもトップクラスの技術者を充て，成績評定で高得点を狙う。

市は06年から段階的に一般競争入札を導入し，08年10月から原則全件に拡大。その後低価格入札が進んだことを踏まえ，09年6月，10年2月，12年4月にそれぞれ工事の最低制限価格と低入札価格調査基準価格を引き上げた。こうした対策は，低価格受注防止に一定の効果を発揮したが，落札できる価格帯が狭まり，各社の積算精度が向上したことで価格競争が激化。その結果，くじ引き入札の大幅増を招いた。

■「品確法にけんか売るようなもの」

低価格受注防止という受発注者双方が歓迎する取り組みが，くじ引き入札増加の要因の一つとなっている現実に関係者の間で，むなしさにも似た思いが広がっている。「70％ぎりぎりに30社も40社も入って抽選している状況は異常としか言えない」，「くじでは3年間当たったことがない」。9月に市内で開かれた札幌市測友会の懇談会で，会員から悲鳴に近い声が相次いで出た。ある官庁の入札契約担当者は「これだけ極端なくじ引き入札は，品確法に"けんか"を売っているようなものだ」と指摘する。

本紙は，財政局と水道局が12年4月から8月に開札した1339件の工事と委託を分析した。くじ引き率のほか，工事ごとのくじ引き参加者数や企業ごとの「当選率」などから，「運任せ」入札の実態が明らかになった。

くじ引きとなったのは42％に相当する564件。これを工事と委託，さらに工種ごとに見ると，著しい格差が生じている。工事のくじ引き率は34％。3件に1件の割合だが，土木は59％と6

割近くを占め，舗装は 83 ％ に上る。対照的に建築は 111 件中 1 件と 1 ％ にも満たず，電気は 8 ％ と，工種により大きく異なる。

委託では，60 ％ がくじ引きとなっているが，測量は 160 件中，96 ％ に当たる 153 件を数えるなど，工事，委託とも特定の業種に集中している。

また，土木を見ると，予定価格 1 億円以上のくじ引き入札は 29 ％ だが，5 000 万円未満は 65 ％ に上昇。1 000 万〜2 000 万円台は 73 ％ と，小規模な工事にくじ引きが多発している。

1 件当たりのくじ引き参加者数は，4 月に入札した真駒内篠路線防護柵補修の 66 社が最多。これを含め，30 社以上でくじ引きした工事と委託は計 124 件で，全体の 2 割強を占めている。

一方，入札参加者に焦点を当てると，企業ごとの「幸運」と「不運」が鮮明となる。参加者総数は 1 089 社で，このうちくじ引きを経験したのは 52 ％ に当たる 564 社。くじ引きに参加し，当選率 100 ％ の企業は 21 社に上るが，これらの大部分は 1，2 件の受注件数にとどまっている。

さらに分析すると，「不運」という言葉では表現できないほど悲惨な状況が垣間見える。くじ引き参加件数が最も多いのは，札幌市内のコンサルタント会社で 82 件。ただ，この企業は「当たり」も全参加者中最多の 6 件を数える。

20 件以上くじ引きに参加して「当たり」ゼロは 32 社に上り，うち 50 件以上参加してもゼロだったのは 2 社いる。この両社は，くじ引き以外の入札でも受注がない状況だ。さらに参加した 19 件すべてがくじ引きとなり，1 件も「当たり」がないのが 1 社存在する。

「当たっている○○社はお百度参りに行っているらしい……」。企業の間ではそんな噂も飛び交っている。

注) 札幌市では原則として全件で一般競争入札が導入されている。ただし，本記事に相当する入札について総合評価は導入されておらず，価格のみの競争によって行われている。

5.2.3 契約履行

本項では調達プロセスの内，契約締結した後の契約履行プロセスのマネジメントについて記述する。調査・設計段階や工事監理段階で発注者は，設計者と設計業務契約や工事監理補助業務を締結し所定の品質の調査報告や設計図・設計計算書等を受領できるようにこれらの調査・設計の業務を監理する。

工事段階で発注者は，入札にて落札した受注者と工事契約を締結し，受注者が契約図書に従って契約を履行（工事施工）するよう工事を監理し，工事中に発生する諸問題を契約約款に従って処理（契約の管理）していくことになる。このように発注者は設計者や受注者の契約の履行を監理または管理するプロセスをマネジメントしていくことになる。一方受注者にとっては，元請として下請やサプライヤーと下請契約や資材供給契約を締結し，契約相手方が各契約に従ってその責務を履行できるように諸契約をマネジメントしていくことになる。

発注者，受注者および設計者のこのプロセスのマネジメントは結局，諸契約の管理またはマネジメントといえる。それ故に，まず契約とは，契約の履行とは，そして契約の管理またはマネジメントとは何かを明確にする必要がある。

（1） 法体系と契約

自由主義世界には2つの大きな法体系がある。すなわちフランス，ドイツを中心とするヨーロッパ大陸で発展してきた大陸法/シビルローとイギリスで発展してきた英米法/コモンローである。

a．シビルロー（大陸法または制定法）

シビルロー（大陸法または制定法）は，ローマ皇帝の統治者の意思を反映して市民を統治するためにあらゆる分野の法律を法典化し成文化してきた古代ローマ法を受け継ぎあらゆる規則や規範を成文化する成文法（制定）主義をとっている（制定法といわれる）。その法源は制定された法令や規則だけにおかれていて，裁判所の判断・判決はそれらの制定された条項の適用をもってなされることになる。

シビルローを主体とする主要国は次の通りである。

① フランス法系：フランス，ベルギー，イタリア，スペイン，ポルトガル，中南米，フィリピン，ベトナム，インドネシア
② ドイツ法系：ドイツ，オーストリア，スイス，トルコ，ギリシャ，アラブ諸国，日本，韓国
③ スカンジナビア法系：スウェーデン，ノルウェー，デンマーク，フィンランド

シビルローの法制度の最大の特徴は各国とも民法典（civil code）を制定していることである。

b．コモンロー（英米法または判例法）

コモンローは，イギリスにおける自然法として地域の慣習や経験に客観的に存在するとした。その客観的な存在が正義（justice）であり，国王・国民すべての人が従うものとした。裁判がこの慣習と人々の経験に基づいて紛争，苦情を処理してきた中で法慣習，裁判例をもって発展してきた法体系である。イギリスにおける制定法は後になって発展してきたものである。したがってコモンローにおいては，制定法令の他に法慣習と判例を法源とし，裁判所は社会的変化や状況の違いにより法慣習や判例を解釈していくことになる。

コモンローを主体とする国は次の通りである。

英国，アメリカ，カナダ，オーストラリア，ニュージーランド，インド，パキスタン，バングラディッシュ，マレーシア，シンガポール，ガーナ，ナイジェリア，東アフリカ（ウガンダ，タンザニア，ケニア）。

c．日本の法制度と契約

日本の法制度は，民法典（全5編：総則・物権・債権・親族・相続）を有する成文法主義のシビルローに基づいている。明治23（1890）年にフランス民法典に基づく日本民法（旧民法）が公布されたが，施行されなかった。その後，新たな法典調査会が設置され，ドイツ民法典（草案）も参考にして大体の形式はドイツ式な民法を起草した。その結果，前三編（総則・物権・債権）は明治29（1896）年に，後二編（親族・相続）は明治31（1898）年に公布され，同年7月に共に施行された。

その第1編「総則」，民法総則において，①公共の福祉と信義誠実の原則および，②個人の尊厳と男女の本質的平等の2大原理を民法典の理念としている。

「契約」は第3編「債権」の第2章「契約（契約法）」にて規定された13種類の典型契約を意味する。13の典型契約とは「売買」，「交換」，「贈与」，「消費貸借」，「賃貸借」，「使用貸借」，「雇用」，「請負」，「委任」，「寄託」，「組合」，「終身定期金」，「和解」をさす。

建設契約（役務契約，工事契約，下請契約等）は「委任」，「請負」あるいは「雇用」の典型契約の

規律を受けることになる。一般的には，設計者（建設コンサルタント）と発注者との間の工事監理業務契約や補助業務契約は委任契約または準委任契約の範疇であり，設計業務契約や工事契約は請負契約の範疇になるといわれている。

「委任」とは，当事者の一方（委任者）が一定の行為（法律行為）を成すことを相手方（受任者）に委託することであり，委任契約といわれている（民法六四三条）。委任契約において受任者は「一定の行為」について委任を負うものとしている。すなわち行為の過程について「善良な管理者の注意義務（善管注意義務）」を負うということになる（第六四四条）。「委任」には，委託販売契約，業務委託契約などがある。「委任」は仕事の完成を契約の目的としない点で「請負」と異なり，区別される。

「請負」とは，当事者の一方がある仕事を完成することを約束し相手方がその仕事の結果に対して報酬を与える事を約束する契約である（六三二条）。したがって，請負においては，「結果（工事の完成）」に責任が発生する。その「請負」には土建請負，船舶建造請負，作業耕作請負，立木伐採・造材請負等がある。

この「請負」契約の規律のもとで1949年に建設業法が施行され，その第18条「建設工事の請負契約の原則」に沿って1950年に公共工事標準請負契約約款が決定され，官公庁等にその使用が勧告された。

シビルロー（大陸法）の「契約」とは，狭義には債権契約（債権債務を発生させることを目的とするもの）における一切の意思の合致（すなわち合意）を意味し，広義には物権契約（権利の変動を目的とする合意）や相続契約，身分契約等における一切の意見の合致（合意）を意味するといえる。そして合意をした場合にそれに法的な強制力を与え合意の不履行に対する救済をできるようにしている。

日本の民法典では「契約」は，広義意味で債権契約を意味しているが，狭義には物権契約・準物権契約に準用すべきとされている。

コモンロー（英米法）の「契約」はシビルローのそれと微妙に異なるが，一般的に「契約とは法によって強行できる約束・合意である」と定義されている。"強制できる"とは，約束の不履行に対し裁判所に救済を求めることができるという意味である。

ただしコモンローは契約の成立に約因が必要であるのに対して，シビルローでは約因は要求されず，申込と受諾に依って合意があれば良いとされている。

d．契約分類

契約には形態により次のような分類がなされている。

① 要式契約（捺印契約）と単純契約

契約が捺印証書という方式に従ったものを要式契約または捺印契約といい，それ以外の口頭，書面による約因を有する契約を単純契約または口頭契約といっている。

② 双務契約と片務契約

双務契約とは，各当事者のお互いの約束が合意され，お互いに約束を履行する義務を負う契約である。片務契約とは，相手側が実際に履行したら，一方がある約束を履行する義務を負う契約である。

③ 明示の契約と黙示の契約

明示の契約とは，当事者の意図が口頭または書面によって表示された契約のこと。黙示契約とは，表示する者の行為のみから判断して契約の成立を認められる契約のこと。

（2） 建設契約

上述の分類に従えば，建設工事契約は双務契約で捺印契約である。入札という申込があり，落札という承諾があって約束の合意が成され合意書（Agreement）ができている。

現在の公共工事標準請負契約約款の頭書部が合意書を形成し，合意事項が契約約款部を構成している。

合意書の末尾に（または約款部の序文として）次の通り明記されている。

「建設工事の請負契約の当事者は，各々の対等の立場における合意に基づいて公正な契約を締結し，信義に従って誠実にこれを履行しなければならない」

この序文は，民法典の「契約」における契約当事者の「契約の自由の原則」と「信義則（信義誠実の原則）」に基づくものとなっている。

シビルローおよびコモンローにおいて契約の成立，内容そして履行（運用）に関して3つの根本原則がある。それらは，上記「契約の自由の原則」と「信義則（信義誠実の原則）」に加えて「契約の拘束力の原則」である。

① 「契約の自由の原則」

個人は自由な意思に基づき契約ができるという原則があり，合意（契約）は個人の自由意思の合致であるとするものである。それ故に次の事がいえる。

1．契約当事者は意思の合致である契約を尊重し，遵守しなければならない（契約的正義といわれる）。
2．裁判所はこの合意事項を尊重し，客観的に解釈し判断し契約を強行できるようにするものとした。これは次の原則「契約の拘束力の原則」にも関係してくる。

② 「契約の拘束力の原則」

契約が法的に拘束力を有するには，合意事項が確実ですべて網羅したものでなければならないとされている。そのような拘束力があれば，法的に強行できるものである。したがって裁判所は，合意事項の違反（契約違反）に対する救済を行えるというものであり，通常は，損害賠償を付与するものである。特殊なケースでは裁判所は特定履行や差止命令を命じることができる。

③ 「信義則（信義誠実の原則）」または「公正の原則」

契約の成立から履行・運用に際して上記2つの原則に基づく契約を機能させていくために，シビルローにおいては「信義則」が，コモンローでは「公正の原則」がある。

1．「信義則（principle of good faith）」とは，権利の行使や義務の履行に際し，相手方の信頼や期待を裏切らないように誠意をもって行動しなければならないとする法理である。契約に関しては，その成立や履行に際して当事者は誠意をもって行動しなければならないということになる。
- わが国の民法典において，信義則は「権利ノ行使及ヒ義務ノ履行ハ信義ニ従ヒ誠実ニ之ヲ為スコトヲ要ス」と規定されている。
- この信義則に従えば，権利の行使が信義則に反すれば権利の濫用となり，義務の履行が信義則に反すれば義務を履行したことにならないので，義務不履行の責任を負わなければならないとされている。

2．「公正の原則（principle of fairness）」とは，コモンローにおいて，契約の成立や契約の履

行に対して，契約を公正に解釈し，運用し，契約当事者は衡平な救済を受けられるようにする法理といえる。この法理に基づきいろいろな契約上の解釈・運用のルールが存在する。

前述の公共工事標準請負契約約款の序文の"対等の立場における合意に基づいて"は「契約の自由の原則」を反映するものであり，"公正な契約を締結し"はその契約内容が「契約の拘束力の原則」を満たすものであり，"信義に従って誠実にこれを履行しなければならない"は「信義則」そのもののことであり，民法典の「契約」の原則に沿ったものであるといえる。

（3） 公共工事標準請負契約約款と契約図書
a．公共工事標準請負契約約款（工事請負契約書）

わが国の公共工事標準請負契約約款は，契約書（工事名，場所，工期および請負代金を明示した頭書部）にて信義則に従って契約を履行することを義務付け，合意事項を約款（第一条～第五十五条）としている。約款第一条（総則）第1項にて，「発注者と受注者は契約図書に従い，契約を履行するものとする」と規定し，第二条にて彼らの義務を規定している。すなわち受注者の主義務は契約した工事を約定工期内に完成し，工事目的物（完成した工事物）を発注者に引き渡すことであり，発注者の主義務は，その対価として請負代金を支払うことである。

公共工事標準請負契約約款の構成を**表-5.7**に示す。

表-5.7 公共工事標準請負契約約款構成内訳

［建設工事請負契約書］	第二十二条　（発注者の請求による工期の短縮等）
一　工事名	第二十三条　（工期の変更方法）
二　工事場所	第二十四条　（請負代金の変更方法等）
三　工期	第二十五条　（賃金又は物価の変動に基づく請負代金額の変更）
四　請負代金額	
五　契約保証金	第二十六条　（臨機の措置）
六　調停人	第二十七条　（一般的損害）
上記の工事について，発注者と受注者は，各々の対等の立場	第二十八条　（第三者に及ぼした損害）
における合意に基づいて，……，信義に従って誠実にこれを	第二十九条　（不可抗力による損害）
履行するものとする。	第三十条　（請負代金の変更に代える設計図書の変更）
契約日	第三十一条　（検査及び引き渡し）
発注者　署名捺印	第三十二条　（請負代金の支払）
受注者　署名捺印	第三十三条　（部分使用）
［標準約款部］	第三十四条　（前金払）
第一条　（総則）	第三十五条　（保証契約の変更）
第二条　（関連工事の調整）	第三十六条　（前払金の使用等）
第三条　（請負代金内訳書及び工程表）	第三十七条　（部分払）
第四条　（契約の保証）	第三十八条　（部分引渡し）
第五条　（権利義務の譲渡等）	第三十九条　（国庫債務負担行為に係わる契約の特則）
第六条　（一括委任又は一括請負の禁止）	第四十条　（債務負担行為に係わる契約の前金払いの特則）
第七条　（下請負人の通知）	第四十一条　（債務負担行為に係わる契約の部分払いの特則）
第八条　（特許権等の使用）	第四十二条　（第三者による代理受領）
第九条　（監督職員）	第四十三条　（前払金の不払いに対する工事中止）
第十条　（現場代理人及び主任技術者）	第四十四条　（かし担保）
第十一条　（履行報告）	第四十五条　（履行遅滞の場合に於ける損害金等）
第十二条　（工事関係者に関する措置請求）	第四十六条　（公共工事履行保証証券による保証の請求）
第十三条　（工事材料の品質及び検査等）	第四十七条　（発注者の解除権）
第十四条　（監督職員の立会及び工事記録の整備等）	第四十八条　（同上）
第十五条　（支給材料及び貸与品）	第四十九条　（受注者の解除権）
第十六条　（工事用地の確保等）	第五十条　（解除に伴う措置）
第十七条　（設計図書不適合の場合の改造義務及び破壊検査等）	第五十一条　（火災保険等）
第十八条　（条件変更など）	第五十二条　（あっせん又は調停）
第十九条　（設計図書の変更）	第五十三条　（仲裁）
第二十条　（工事の中止）	第五十四条　（情報通信の技術を利用する方法）
第二十一条　（受注者の請求による工期の延長）	第五十五条　（補則）

b．契約図書

一般的に契約とは契約図書（契約書類）を意味するといわれている。契約図書とは工事請負契約書（公共工事標準請負契約約款に相当）および設計図書をいう（土木工事共通仕様書第1節総則/1-1-2用語の定義5.）。

設計図書とは，図面，仕様書，現場説明書および現場説明に対する質問回答書をいう（契約約款第一条第1項）。また土木工事においては，工事数量総括表を含むものとしている。

したがって，契約図書は以下の書類にて構成される。

① 工事請負契約書（契約合意書および契約約款）
② 図面
③ 仕様書（共通仕様書および特記示様書）
④ 現場説明書
⑤ 質問回答書
⑥ 工事数量総括表
⑦ （請負代金内訳書）

契約図書は，相互に補完し合うものとし，そのいずれか1つによって定められている事項は契約の履行を拘束するものとされている。契約図書の優先準位は明示されていない。

［図面］

図面とは，入札時に発注者が示した設計図および発注者から変更または追加された設計図をいう。

［仕様書］

仕様書は，各工事に共通する共通仕様書と各工事ごとに規定される特記仕様書からなっている。

1. 共通仕様書

共通仕様書とは，工事を施工するうえで必要な共通する技術的要求や工事内容を説明したもののうち，各工事に共通し定型的な規定からなっているものをいう。第1章総則は，工事請負契約約款を補足するものになっている。

2. 特記仕様書

特記仕様書とは，共通仕様書を補足し，工事の施工に関する明細または工事に固有の技術的要求を規定しているものをいう。

［現場説明書］

現場説明書とは，入札参加者に対して発注者が当該工事の契約条件等を説明するための書類をいう。

［質問回答書］

質問回答書とは，現場説明書に関して入札参加者が提出した質問に対して発注者が回答する書面をいう。

［工事数量総括表］

工事数量総括表は，工事施工に関する工種，設計数量および規格を示した書類をいう。

［請負代金内訳書］

請負代金内訳書とは，図面および仕様書に基づいて作成された請負代金の内訳を示す書類をいう。契約図書に含まれないが，受注者はこれを作成し発注者の承認を受けるものとしている。

契約の履行とは，受注者が契約図書に従って工事を施工し完成することをいい，発注者が受注者の工事を監理しかつ契約（契約図書）に従って請負代金を支払っていくことであるといえる。

(4) 工事監理

発注者の行う工事監理とは，受注者の工事が設計図書に従って施工されているかを監視し，その出来形が図面および仕様書に適合するように監督・管理していくことであるといえる。この工事監理の下で，図面および仕様書に適合した出来形のみが請負代金の支払いの対象となり適合しない出来形は瑕疵となり受注者は補修しなければならない。

発注者は，この工事監理の義務を履行するため発注者の職員（インハウス・エンジニア）を監督員として現場に配置し，この工事監理の権限を委譲して，受注者の工事の監理を担わせている。

受注者の施工を監理する監督員の権限は次のようなものがある。

① 受注者に対する指示，承諾または協議。ただし工事の変更，工事費，工期に関する協議は除く。
② 工事の施工のための詳細図等の作成および交付または受注者が作成した詳細図の承諾。
③ 工程の監理，立会い，工事の施工状況の検査または工事材料の試験もしくは検査。不適合な工事の改造の請求も含む。

これら業務は，監督員の工事監理の最も重要なもので，受注者の契約の履行を確保するためにあるといえる。

(5) 契約管理

発注者による契約管理とは，契約の履行に際し（すなわち工事の施工に際し）発注者が行う契約図書（工事請負契約書および設計図書）の解釈，運用そして監督・管理を行っていくことをいう。

契約当事者（発注者および受注者）は契約図書の役割と機能を理解する必要がある。

契約図書のコアとなる工事請負契約書の機能と役割は，設計図書と合わせて次の3点に集約できる。

① 発注者と受注者の役割，おのおのの権限・権利と責任・義務を明確に規定している。
② 発注者と受注者の公正なリスク分担を明示している。
③ 契約遂行中に発生する諸問題の解決のメカニズム（手続）を設定している。

このように，工事請負契約書は，契約当事者にとっては契約遂行のルールブックであり，発注者はこのルールブックに従って契約を管理（コントロール）していくことになる。

以下に，上記3項目に関して工事請負契約書に言及しながら具体的な内容を述べる。

a．発注者および受注者の役割，義務そして権利

i) 発注者の義務と権利

発注者は契約にて定められた権限を行使するとともに契約上の責任を果たす義務がある。そして，この権利の行使および義務の履行は信義に基づき誠実に行われなければならない（信義則）。

発注者の契約上の主たる義務は次の通りである。

① 請負代金の支払い
② 工事用地の確保
③ 関連工事の調整
④ 設計図書の変更

⑤ 工事および材料の検査・立会
⑥ 不可抗力による損害額の負担
⑦ 協議事項の決定

一方発注者の契約上の権利は次の通りである。
① 変更命令の権限
② 自己都合で契約を解除する権限
③ 受注者の不履行による契約解除の権限
④ 瑕疵の補修の命令の権限
⑤ 瑕疵のある出来形の拒否および不適切材料の拒否の権限
⑥ 工事遅延に対する損害金の請求

ⅱ) 受注者の権利と義務

受注者は契約に従って義務を果たすと同時に，契約で定められた権利を主張することができる。受注者の契約で定められた主な義務は以下の通りである。
① 工事完成の義務（施工，完成・引渡，瑕疵の修復）
② 施工に関する義務
　1．設計との適合性
　2．良質な材料の使用
　3．工事の仕上がり
③ 補償と保険付保の義務
④ 工事進捗と工期に対する義務
⑤ 工事の保全および工事現場保全の義務
⑥ 工事および工事現場の安全・衛生・環境の確保の義務

一方受注者には次のような権利がある
① 出来高を請求する権利
② 用地引渡し請求の権利
③ 工期延長を請求する権利
④ 変更等による追加工事費を請求する権利
⑤ 受注者の責に帰さない事由による工事の中断・中止の権利
⑥ 発注者の不履行により契約を解除する権利

わが国の工事請負契約においては契約当事者がこれらの権限を行使し，義務を果たしているかを監視し監督・管理していくのは発注者となっており，その判断が発注者の裁量に委ねられている。この点が工事請負契約を片務的にしている原因の一つと考えられている。

b．リスク分担の明示

公正な契約とは，発注者と受注者の公正なリスク分担を契約書に明示し，リスクが顕在化した時の対応の手続きを明示しているものをいう。

建設工事にいろいろなリスクとその危険因子は付きもので，契約当事者は工事施工中，常にそれらに曝され，影響を受けている。

工事中に発生するリスクと危険因子を以下に整理する。

	リスク	危険因子
①	自然災害・環境のリスク	地震や台風などの自然災害，汚染等
②	社会経済のリスク	体制変化，物価変動，住民運動等
③	契約当事者のリスク	資金調達，企業経営，発注者管理能力等
④	工事リスク	
	1. 品質のリスク	施工法，安全・衛生，下請・資材業者等
	2. 工期のリスク	工事の遅延，中断等，
	3. コストのリスク	施工条件，材料調達，設計変更等

5.1.5項にて述べられている大原則に基づいて，公正で均衡のとれたリスク分担が明示された契約には次のような利点がある。

① リスク分担が公正であればあるほど，契約の公正性および衡平性は担保される。

② リスク分担が公正で明確であればあるほど，入札の透明性は高まり，競争性の高い入札を期待できる。

リスク対応策の代表的なものとして保険がある。受注者は，労働者災害保険，第3者傷害保険，火災保険や工事保険などを購入することが義務付けられている。一方，発注者は，受注者の工事不履行のリスクに対処して，受注者に工事履行保証（契約保証）の提出を求めている。

工事請負契約書におけるリスク分担の例を以下に示す。

① 工事リスク：施工条件・施工方法（第十八条「条件変更等」第四項および五項）

　受注者は設計図書に明示されかつ予測できる条件・状況のもとでの工事の施工のリスクを負う。しかし実際の工事現場の施工条件や状況が明示されたものと異なり，予期できないものであった場合の工事遅延リスクおよび工事費増（請負代金増）のリスクは発注者が負うことになる。

② 社会経済リスク：物価変動（第二十五条「賃金または物価の変動に基づく請負代金の変更」）

　契約締結日の1年後の物価上昇による残工事請負代金変動増額は発注者が負担する（ただし変動前残工事請負代金の1.5％を超える額）。したがって受注者はこの1年間の物価上昇と1.5％のリスクを負担することになる。物価下落の場合は，発注者は残工事請負代金を減額することになる。

③ 自然災害リスク：不可抗力（第二十九条）

　天災などの発注者・受注者双方の責に帰せない事由（不可抗力）による損害は，発注者が負担する。ただし損害補償額は請負代金額（契約金額）の1％を超える部分を対象としている。1％は受注者が負担することになっている。

c．諸問題解決のメカニズム（手続）の規定

工事請負契約約款は，建設工事施工中（契約の履行中）に発生してくる諸問題に対応すべく，どのような手続きによりそれらを処理していくかを明示している。

受注者は，問題や事件が発生したなら，その事を通知，報告し必要に応じて契約約款に従って工期延長や追加工事費を請求することができる。これに対し発注者は規定された手続きに従って処理し，必要に応じて設計を変更し，受注者との協議を通じてこれらの問題や出来事を判断し決定を下して解決していくことになる。このように契約に定められた手続き従って問題を処理していくのが発注者による契約管理であるといえる。

特に問題の発生頻度の高い次の4分野のメカニズム（手続）を以下に示す。

i） 工事遅延，工期延長および延滞金

受注者は，工事を工期内に完成させる義務がある（第一条第2項）。そのために工程表を作成し発注者の承認を得なければならない（第三条）。

その後の手続きは次の通りである。

① その工程表上にて工事遅延が発生し，遅延事由が受注者の責に帰し，工期の遅れが予測されたら，工期内の工事完成を可能にする対策を講じなければならない。
② 遅延事由が，受注者の責に帰さないものであるならば，受注者は工期の延長を請求する（第二十一条）。
③ 請求に応じて，発注者と受注者は工期の変更に関して協議を行い変更日を定める。
④ 協議が整わない場合は，発注者が定め，受注者に通知する（第二十三条）。
⑤ 受注者がこの通知に不服ならあっせん，調停または仲裁により解決を図る（第五十二条および五十三条）。

受注者が，工期延長が認められず，工期内に工事を完成できなかった場合，発注者は損害金の支払いを受注者に請求できる。そのため，工事に遅延が発生したら，受注者は工期の延長を請求し，工期の変更をしない限り，発注者による損害金の支払いを求められることになる。

一方発注者は，遅延事由が天候の不良，設計の変更や施工条件の相違や工事の中止やその他の受注者の責に帰さないものかどうかを誠実に判断し，受注者の工期延長の権利があるとすれば，その延長期間はどの位が正当なのかを決定しなければならない。

ii） 設計変更・工事変更と査定

設計図書の間違いや不明確な表示のため，あるいは設計図書と施工条件が相違していたり，予期せぬ状況に遭遇した場合に，発注者は，設計図書の訂正や変更を行い，それに伴って工期の変更と請負代金額の変更を行い，受注者の損害を負担することになっている（第十八条「条件変更等」）。さらに，発注者は，必要に応じて設計図書の内容を変更することもできる（第十九条「設計図書の変更」）。発注者は前述のように工期の変更を決定できる。

設計図書の変更による請負代金額の変更は発注者と受注者の協議にて定めるとしている。ただし請負代金内訳書記載の単価を適用できる場合はその単価を基礎として変更の査定を行うとしている。同内訳書記載の単価によることが不適当な場合は変更時の価格を基礎として協議にて定めるとしている。

協議が整わない場合には，発注者が定めるものとしている。総価契約においては，設計変更による請負代金額の変更は，随意契約として別途支払われる。総価単価契約においては，契約単価を適用するか，あるいは新単価を設定して実際の数量にて精算する。

注意すべき点は，設計変更は設計図書の変更がなければ存在せず，請負代金額の変更もできないところにある。これは設計図書に施工条件が明示されていなければ，施工条件の相違を申し立てても設計図書の変更に至らないので，変更として認められないことを意味する。さらには予期せぬ状況に遭遇しても，設計図書の変更に至らなければ，変更の対象とはならないことも意味する。

iii） 出来高証明と支払い

請負代金の支払いは前払い，部分払いそして竣工払いからなる。

① 前払い金（第三十四条）

受注者は，第三十七条により一定限度額（請負金額または各年度予想出来高の10～40％）を前

払い金として請求でき，発注者はこれを支払うものとしている。ただし受注者は前払い金保証書を発注者に寄託するものとしている。

② 部分払い（第三十七条）

受注者が，契約時に定めた期間の出来形部分および搬入済工事材料に相当する金額を部分払いとして請求したものに対し，発注者が検査確認した請求金額を支払うとしている。部分払いの回数および限度額は契約時に定める。

③ 竣工払い（第三十二条）

受注者が工事を完成し，発注者の検査に合格した時に竣工払い（最終支払い）を請求し，発注者はその日から40日以内に支払うものとしている。

請負代金の支払い方法は，工期1年の場合は前払い金として請負金額の最大40％とし残り60％は竣工払いとなる。工期2年以上の場合の支払いは，前払い金（各年度の予想出来高の40％），部分払い（中間および年度末）そして残りを竣工払いとしている。このような支払い制度は，一般的に前払い金制度といわれている。

前払い金制度は，①発注者の資金調達コストが受注者のそれより安く，建設コストの縮減になること，②受注者の立て替えをなくし工事品質の低下や工事遅延を防止できること，そして③部分払いに要する受発注者の事務量を減らすというメリットがあるといわれている。しかしキャッシュ・フローがショートする時期があることと，出来形に対する日々の工事の品質の検査が薄れていくという欠点が指摘されている。

この前払い金制は日本独特の支払い方法であり，欧米諸国（フランスを除く）や国際建設工事の支払い制度には見られない方式である。そこでは毎月の部分払いを基本とする進捗／出来高払い方式をとっている。前払い金がある場合でも（前渡金と呼ばれ，契約金額の5〜10％程度），毎月の出来高金額から控除し返済していくことになる。この出来高払いのメリットは次のようなものである。

① キャッシュ・フローを良くしようと工事進捗にインセンティブが働く。
② 毎月実際の出来形（完了工事部分）の品質を確認でき，合格したもののみその完了工事数量にて支払われる。
③ 数量内訳書を使用して出来高金額の計算ができるので支払いに要する書類は簡素である。

近年，わが国の公共工事にも部分支払いの導入・試行が行われて普及してきているので国内外の査定・支払いのシームレス化に寄与するものと思われる。

発注者が前払いや部分払いの支払いを遅延し，相当期間支払いがないならば，受注者は工事を中止でき，発注者は中止による工期もしくは請負代金額を変更し受注者の損害を賠償するものとしている（第四十三条）。

iv) 請求・協議と紛争解決

受注者は，工期請負契約約款に基づいて工期の変更（工期延長）や請負代金額の変更（追加工事費）を請求することができ，この変更に関して発注者と受注者は協議して定めることになっている。土木工事共通仕様1-1-2用語の定義によれば，「協議とは書面により契約図書の協議事項について発注者（または監督員）と受注者が対等の立場で合議し，結論を得ることをいう」となっている。協議が整わない，すなわち両者の合意に至らなかった場合，発注者が決定し，受注者に通知するものとしている。受注者がこの決定・通知に不服がある場合は，当該事項を紛争としてあっせんまたは調停

の手続きを進めることになる。このあっせんや調停は契約書記載の調停人によるかまたは建設工事紛争審査会によるものとしている（第五十二条）。もしあっせんまたは調停にて解決できなかった場合，紛争は建設工事紛争審査会による仲裁に付託することになる。建設工事紛争審査会の仲裁廷（仲裁委員会）は3人の仲裁委員にて構成され，仲裁法（平成15年8月1日法律第138号）の規定に従って仲裁審議を行うものとしている。

仲裁委員会の仲裁判断は最終で法的拘束力を有し紛争当事者はこれに服するものとする（第五十三条）。公共工事標準請負契約約款52条および53条は，受発注者の協議が整わなかった場合の手続きを明示しており，明瞭な紛争解決条項となっているといえる。

d．契約管理の総括

わが国の公共工事において，契約図書，特に契約約款（工事請負契約書）に従って契約をコントロール（管理）しているのは発注者ということになっている。

発注者は，受注者の工事の監理の権限を監督員に移譲して，その工事から発生してくる契約上の多様な問題や出来事に対処することに務めて，必要に応じて受注者と協議を行って契約を管理している。一方，受注者は，発注者との主従の関係に似た従来の慣習から抜け出せず，請願を基本とするため正当な協議を要求できずにいるか，あるいは発注者がなかなか協議に応じないためなのか，結果として受注者が救済されていないという議論がある。調停や仲裁にて救済を求める例も他国に比して非常に少数にとどまっている。

海外工事では，第三者であるジ・エンジニアが発注者に代わって工事を監理し，かつ契約を管理している（(7)項にて詳述）。

受注者にとっての契約管理は，発注者に対して工事の変更と請負代金の変更，工事遅延と工期の変更を管理していくことであり，同時に下請および資機材供給者（サプライヤー）との契約を管理していくことである。国内工事ではこの種の契約管理は未だ意識的に行われているとはいえないが，海外工事ではこの契約管理能力が工事費管理の成否の鍵を握っているといわれている。

(6) 役務契約書（設計業務委託契約書および工事監理業務委託契約書，補助業務契約書）

建設コンサルタントは，役務契約書および委託業務仕様（設計業務委託契約書および工事監理業務委託契約書）に従って設計業務，工事監理業務または補助業務を履行し定められた成果物または成果を提供する義務がある。

設計業務委託契約は契約の内「請負」に属し，その契約書は公共工事標準請負契約約款を準用し「請負代金額」は「業務委託料」と名を変え「工事」を「設計業務」や「履行」に置き換えて関連する約款・条項を調整し修正されたものである。「工事目的物」は設計業務委託契約書では「成果物」となる。

工事監理業務委託契約や補助業務委託契約は，契約の「準委任」と見做されている。同契約書は公共工事標準請負契約約款を準用し，標準約款の用語を委託契約書に適合するように「業務委託料」，「履行期間」，「業務委託仕様書」，「業務計画書」や「監理技術者」に変更されている。

上記の役務契約書においても，公正な委託契約を締結し，信義に従って誠実に契約を履行することを明示している。

工事請負契約書と大きく異なる点は，役務契約書には紛争解決条項が削除され業務委託料の変更等に関して発注者と受注者の協議が整わない場合は発注者が定め，その決定が最終的なものとなる

ことである。ただしこの削除は受注者が救済を求めて裁判所への提訴を妨げるものではないといわれている。

役務契約は発注者（公共・公益発注機関）と建設コンサルタント（コンサルタント企業）との契約である。発注者は役務契約書に従って建設コンサルタントの業務を監視・監督し，然るべき成果（設計成果物，監理業務報告書等）に対し対価（業務委託料）を支払うことになる。

（7） 海外工事の契約管理
a．発注者の契約管理（ジ・エンジニアリングによる代行契約管理）

国際建設工事の契約管理は，わが国の発注者自らが行う仕組みと異なり，発注者に代わって，第三者となるジ・エンジニア（またはプロジェクトマネージャー）が発注者と受注者に対し契約を管理（コントロール）していく契約形態になっている。一般にこの形態を三者制（tripartite scheme），または三者構造といわれている。以下にこの形態を図示する（**図-5.3**）。

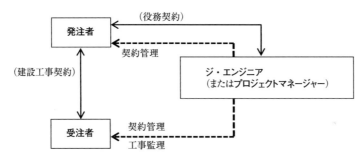

図-5.3 三者制（三者構造）における発注者，ジ・エンジニア，受注者の関係

この形態は，主として英国に端を発し米国を含むコモンローカントリーにて発展し，国際的な契約約款の基本となっている。国際コンサルティング・エンジニア連盟契約約款（FIDIC conditions of contract）にも規定されている。

ジ・エンジニアの立場にはコンサルタント企業（建設コンサルタント）が配置され，発注者と役務契約（service agreements）を締結して，工事の設計から監理（契約管理を含む）までを行う。

ジ・エンジニアは，受注者の工事を監理していくのと並行して工事から発生してくる多種多様な問題や出来事を解決するため工事契約約款というルールブックを駆使して，受発注者に対して公正な判断・決定を行っていく義務を有している。そのためにはジ・エンジニアは受発注者から独立して，中立的な立場でいることが求められている。

ジ・エンジニアの義務と責任は役務契約に明示されているが，その1つが建設工事契約に定められた自らの義務と責任を果たすことである。以下に工事監理と契約管理に関するジ・エンジニアの役割と義務を示す。

i) 工事監理（supervision of works）

ジ・エンジニアは受注者の工事を監督し，契約図書（図面，仕様書，契約約款）の要求事項に従って施工しているかを確認し出来形の品質を発注者に保証する義務を有する。そのために，現場にレジデント・エンジニア（現場駐在技師）を配して権限を移譲して次のことを行うようにしている。

①　現場巡回，立会，検査，試験等による品質・出来形の査察。
②　工事進捗の監視。
③　中間出来高金額等の査定および支払い証明書の発行。

わが国の公共工事における監督員には上記③の権限は委譲されていないという点も大いに異なっている。

ii）　契約管理（contract administration）

ジ・エンジニアによる契約の管理とは，工事中に発生する諸事の事実関係を確認し，契約条項・規定を解釈して公正な判断・決定を行って契約を運用・管理していくことである。

主たる業務は次の通りである。

①　発生した諸事に対し当事者の責任，責務や権利について判断する。
②　必要に応じて変更の命令や指示をだす。それによる工期や工事費の変更を査定する。
③　契約上の手続きに従って問題を処理し争点の解決に務める。受注者（コントラクター）からのクレームを査定し決定する。

ジ・エンジニアはこの契約の運用・管理を行っていくに際し，発注者と受注者のどちらにも片寄らず，公正・公平な判断を行う義務を有する。

コモンロー・カントリーの英国，米国やオーストラリア等ではコンサルタント企業が三者構造のジ・エンジニアの役割や機能に精通しているので，独立，中正や公正性を保ちつつ契約条項・規定を解釈し運用して契約管理を行う役割を担っている。

シビルロー・カントリーのフランス，ドイツでも形の上で三者構造をとり，発注者（内局）はインハウス・エンジニア（外局）を"監理者"として上記レジデント・エンジニアの権限に加えて工事・工期の変更にも関与できるよう独立させて契約管理を行っている。

一方，わが国では，発注者が自ら契約管理業務を行い，その裁量で諸事の決定を行っているので，わが国の建設コンサルタントは国内工事ではジ・エンジニアの立場になって工事監理や契約管理を行う機会が得られず，発注者の監督員の行う工事監理の補助を行うに留まっているという指摘がある。

ただし，わが国政府の海外ODAプロジェクトではFIDIC契約が使用され，建設コンサルタントがジ・エンジニアに就いて工事監理・契約管理を行っている。

b．受注者の契約管理

受注者は発注者およびジ・エンジニアに対し工事契約に従って諸事を処理して行う契約管理業務と，元請として下請・外注業者およびサプライヤーとの契約も運用・管理していかなければならない。

（8）　元請契約管理

受注者にとって，海外工事と国内工事が最も異なる点は，上記の三者構造におけるジ・エンジニアの存在である。受注者は，契約図書をベース（意思伝達手段として）にしてジ・エンジニアの監督・要求・指示等の契約上の手続きに従って工事を進めなければならない。

受注者は，工事の遅延事由の発生による工期延長の手続き，設計や工事の変更に伴う工期や契約金額の変更，さらには施工条件の相違などによる工期の変更や追加工事費の請求（クレーム）などすべて契約手続きに従って処理していかなければならない。受注者の契約管理は工期と契約金額の変更の管理ともいえる。これらの変更も考慮しながら毎月の出来高金額請求（これもクレームと呼

ばれている）も重要な契約管理業務の一つである。このように契約手続きに則って，正当な工期延長や追加工事費を請求していく手続きをクレーム（正当な請求）といっている。したがってこの手続きによるクレームの通知，詳細書類作成・提出，交渉，解決が受注者の契約管理の主要業務といえる。

（9） 下請・外注契約管理

海外工事において，受注者は，契約履行の責務を果たすため下請，専門業者，資機材リース業者，材料供給業者（サプライヤー）等（総称して下請・外注業者）を調達し契約を締結し，工事完成を目指してこれらの企業との関係を取り仕切っていくことになる。

下請・外注業者も工事の状況に応じて工期延長や追加工事費の請求（クレーム）をしてくるので，普段からのクレームを回避できるようこれら下請・外注業者との契約の管理が重要である。そのためには下請工事の品質，工程，コスト（支払い）を管理して所定の目標を達成するためのマネジメントが求められ，品質マネジメント，スケジュールマネジメント，コストマネジメントそして契約マネジメント（コマーシャルマネジメント）が必要となる。

下請・外注業者への支払いは，発注者への出来高請求（あるいは前払い，部分払い）に関係し，彼らの進捗は元請の工事工程表とリンクしたものであり，工事遅延事由がある特定の下請または納入業者の責に帰するものであるならば，元請の支払う工期遅延の損害金はその原因者の負担とすることができるであろう。

受注者はこのように出来形の品質，工事・作業の進捗そして出来高と支払いは，元請契約上と下請・外注契約上の事項を合わせて管理する必要がある。これらは契約管理というよりも受注者の収支利益に係るマネジメントなのでコマーシャルマネジメントといわれている。

5.2.4 引渡・瑕疵責任

工事が完成すると，完成物を受注者から発注者に引き渡される。しかし，完成物に瑕疵が存在すれば，受注者の瑕疵担保責任を負う。瑕疵担保責任に関する条項は通常，契約内に規定されるが，契約の運用は工事が行われる国の法に支配される。したがって，現実にどのような瑕疵責任ルールが適用されるかは，工事が実施されている当該国の適用法に左右される。当然ながら，契約内に責任ルールが規定されていない場合は，適用法によって権利義務関係が決まることになる。わが国における瑕疵責任の適用法は民法典である。日本の法制度の下では，建設契約は「請負」と見なされる。請負契約とは「受注者がある仕事を完成させることを約束し，発注者がその仕事に対して報酬を与えることを約束すること」と定義される。受注者は契約条件の範囲において何が起ころうとも工事完成の義務を負う。法治国家においては，通常「契約の自由」が認められているが，契約の解釈・運用，不履行や違反の際の当事者の権利・義務等はすべて適用される法の支配を受けることとなる。わが国では請負は民法においても，632条から642条に債務不履行の要件や完成した仕事に対する欠陥があったときの修補請求権または損害賠償請求権等の規定が存在する。民法第634条に受注者の瑕疵責任について，

　仕事の目的物に瑕疵あるときは注文者は請負人に対し相当の期限を定めてその間この修補を請求することができる。ただ瑕疵が重要でない場合においてその修補が過分の費用を要するときは

この限りにあらず(民法634条1項)

と定めており，また，

注文者は瑕疵の修補に代わりまたはその修補と共に損害賠償を請求することができる(民法634条2項)

としている。しかし，

前の規定は仕事の目的物の瑕疵が注文者により提供された材料の性質または注文者による指図より生じたときはこれを適用しない。ただし，受注者がその材料または指図が不適当であることを知っていながらこれを告げなかった場合をのぞく(民法第635条)

という条項により，注文者が原因となる瑕疵については受注者はその責任を免れることを保証している。公共工事請負契約約款[17]の第37条は民法の請負契約の規定に整合のとれた形で，受注者による瑕疵の際の発注者の権利を規定している。

わが国の公共工事請負契約約款において受注者の瑕疵責任は民法と整合的に規定されているが，日本の法律の下では，瑕疵責任は任意規定であり，当事者の合意によって限定・除外することが可能である。このような特別な合意を行わない限りにおいて，瑕疵責任期間の間は，発注者は発見された瑕疵が資材に関する欠陥に起因するものか，あるいは仕上がりに関する欠陥によるものかにかかわらず受注者にその瑕疵を修補させたり，受注者から損害賠償を受け取る権利を有する。さらに，発注者が瑕疵の根拠やそれが受注者の怠慢によるものであるという因果関係を立証する必要もない[18]。民法の請負契約規定においては，瑕疵責任期間は一般的に1年間，構造物や特に土地に付随したものあるいは土地(例：池の掘削，堤防など)に関しては5年間であると規定されている。さらに，建造物が石，土，レンガや金属によりつくられている場合には瑕疵責任期間は10年間に延長される。なお，この期間は通常の時効期間(10年)の間で契約当事者が合意することができる。例えば，四会連合約款では，木造の構造物に関しては瑕疵責任期間は1年間に，石・金属・コンクリートづくりのものに関しては2年間に短縮される。しかしながら，仮にこういった瑕疵が受注者の信義に反する行為により生じた場合，瑕疵責任期間はそれぞれに対して5年，10年に延長される。また，公共工事請負契約約款では，これらの年数を空欄で設けてあり，構造物の種類に応じて1年あるいは2年を例示している。

瑕疵は，構造物そのものだけでなく，構造物の管理についても問われることがある。このような瑕疵を管理瑕疵と呼ぶ。公共施設の場合，管理者は行政である。構造物の管理上の問題は，不法行為責任の問題となる。不法行為責任の領域における物の瑕疵・欠陥から生じた損害の賠償に関する規律として，民法717条およびその特別法として位置付けられる国家賠償法2条がある。民法717条は，土地の工作物の設置または保存に瑕疵があり，これによって他人に損害が生じた場合の占有者および所有者の責任について規定している。国家賠償法2条とは，道路や河川等の公共施設の設置・管理上の瑕疵に起因する事故・災害等によって，他人に損害が生じた場合の，国・公共団体の責任についての規定である。

道路，河川その他の公の営造物の設置または管理に瑕疵があつたために他人に損害を生じたときは，国または公共団体は，これを賠償する責に任ずる。(国家賠償法第2条1項)

設置・管理の瑕疵とは，設置・管理の瑕疵の意義を明確に判事した最初の指導的判例である高知落石訴訟(最高裁，昭和45年8月20日)によると，「営造物の設置または管理の瑕疵とは，営造物

5.2 公共調達プロセスと調達マネジメント

表-5.8 公共調達法令・規則の日米英仏独比較表

番号	項目	日本	アメリカ	英国	フランス	ドイツ
1	公共調達法令・規則および管轄官庁	「会計法」「予算決算及び会計令」・財務省「公共工事の入札及び契約の適性化の促進に関する法律」「公共工事の品質確保の促進に関する法律」	「連邦調達規則」(Federal Acquisition Regulation：FAR)・連邦調達庁（代表）	「公共契約規則」(Public Contract Regulation：PCR)「調達指令」(Procurement Guide)・大蔵省	「公共契約法典」(Code des Marchés Publics：CMP)・経済財政産業省	「建設契約発注規則」(Verdingungsordnung für Bauleistungen／Teil A：VOB/A 編：)・ドイツ工業規格1960
2	公共調達法令の範囲および対象	物品，サービス，工事	Supplies and Services 財物（工事，施設），役務	公共の役務,物品,工事（公共契約）	公共の物品，役務，工事。	・構造物の建設に係る工事を対象としている。
3	入札方式	以下の入札方式が明示されている。 (1) 一般競争入札 (2) 指名競争入札 (3) 随意方式 (4) リューバエンジニアリング方式 ・一般競争入札を原則とする	以下の入札方式が規定されている。 (1) 封印入札（一般公開競争入札） (2) 提案交渉方式 ①無競争（唯一交渉者） ②競争的の交渉方式 (3) 2段階封印入札［上記(2)＋(1)のステップ］	以下の入札方式が明示されている。 (1) 一般競争入札（公開入札） (2) 選択・指名競争入札 (3) 随意方式 (4) 競争的対話方式	以下の入札方式が明示されている。 (1) 一般競争入札 (2) 選択・指名競争入札 (3) 随意方式 (4) 競争的対話方式 (5) コンクール（設計コンテスト）方式	以下の入札方式が明示されている。 (1) 一般競争入札 (2) 制限・指名競争入札 (3) 随意方式 (4) 競争的対話方式 ・一般競争入札を原則とする
4	入札公示および入札参加資格	発注者が競争入札に参加できる資格を定めることと規定されている。	(1) 入札公示および入札招請を行い入札要求事項(requirements)を明記すること。 (2) 提案交渉方式の場合は入札者または提案者を選択する。	(1) 入札公示を義務付け，入札評価・落札基準の明示を義務付けている。 (2) 入札拒否・排除基準を規定し経済・財務能力および技術・専門能力の要求事項を満たすこと。	(1) 入札公示を義務付け，入札手続を明示し，入札資格者の選考基準も明示する。 (2) 入札参加条件および入札者の資格・能力審査のための提出書類も明記する。 (3) 一般競争入札は事後資格審査とし，選択競争入札は事前資格審査とする。	(1) 入札公告および入札招請手続を義務付けている。 (2) 入札者の適性（技術力，能力・能率性，信頼性）の証明書類の内容を明示し，その提出を義務付けている。事実上，事前資格審査の役割を果たしている。 (3) 一般競争入札は事後資格審査としている。 (4) 入札拒否・排除規定がある。
5	予定価格	予定価格が有り，拘束力を有する。最低入札価格は予定価格以下でなければならない。	The Engineer's Estimate を以って積算価格としているが，拘束力を有しない。	The Engineer's Estimate を以って積算価格としているが，拘束力を有しない。	積算価格（工事予定価格）はあるが，拘束力を有しない。	積算価格（工事予定価格）はあるが，拘束力を有しない。

6	落札基準	(1) 予定価格の制限内で最低価格の入札者を落札者とする。 (2) 総合評価方式「価格評価」と「技術評価」の総合点の最高の入札者を落札者とする（除算方式）。	(1) 入札要求事項に適合しているかどうかを評価する。 (2) 次に入札価格および価格関連事項のみ考慮して、"政府（発注者）にとって最も有利な入札"を落札とする。 (3) 2段階封印入札の場合、技術提案が認められた入札者で、"発注者に最も有利な入札"をした者が落札者となる。	(1) "発注者にとって最も経済的に有利なオファー"か、あるいは"最低価格のオファー"に落札するものとしている。 (2) 最も経済的に有利なオファーの選定基準は、①品質、②価格、③技術メリット、④美観性・機能性、⑤環境特性、⑥運営コスト、⑦費用対効果、⑧アフターサービス（物品の場合）、⑨技術サポート、⑩納入日・工期 等である。これらの優先順位および重み付けは入札指示書に明記するとしている。 (3) 総合点の最高の入札者を落札者とする（総合評価方式－加算方式）。	(1) "発注者にとって経済的に最も有利な入札"に落札する。 (2) 入札評価基準は、①運営コスト、②技術メリット、③革新性、④環境配慮、⑤障害者雇用機会、⑥工期（納入日）、⑦美観性・機能性、⑧アフターサービス・技術支援、⑨工事費（物品費）などである。 (3) 上記評価基準に優先順位または重み付けして、最高評価点の入札が選ばれ落札する（総合評価方式－加算方式）。	(1) 入札の技術審査、財務審査を行い入札内容の説明を受けて、適性があると判断したものを選抜する。 (2) "最も適性のある、最も経済的な入札"を落札とする。客観的な基準がないので、ほとんどの場合、最低価格入札が落札となる。
7	調達方式（契約方式／発注方式）	以下の契約方式が認められている。 (1) 工事（請負施工契約） (2) 設計施工一括発注方式	以下の契約方式が規定されている。コスト（工事費）の支払い方法に依り分類されている。 (1) 定額契約方式 　①総価契約 　②物価調整付総価契約 (2) 実費精算方式 　①コストプラスフィ方式 　②コストシェアリング方式 　③単価契約方式 (3) インセンティブ契約方式 　上記(1)，(2)にインセンティブを付した契約方式 (4) 特別契約方式 ＊これらの契約方式は、すべての調達方式（発注方式：役務契約、請負施工契約、設計施工契約、コンストラクションマネジメント契約等）に適用できる。	上記の入札方式に加えて、以下の契約方式が明示されている。 (1) 公共工事契約 　書面による公共の工事契約：請負契約、デザインビルド契約、CM契約、元請一括契約（プライム契約）等 (2) フレームワーク契約 (3) 設計コンテスト契約 (4) コンセッション契約 (5) 政府補助公共工事契約	上記の入札方式に加えて以下の契約方式が規定されている。 (1) 設計施工契約 (2) 分割発注契約 (3) プロジェクトマネジメント契約	以下の契約方式が明示されている。 (1) 請負施工契約 　職種分離発注・工区分割発注 (2) 工事一括契約 (3) 設計施工契約 (4) コンセッション契約 (5) フレームワーク契約

8	備考	(1) 自動的に最低価格入札に落札する。(2) 契約方式が明示または規定されていない。(3) 総合評価方式は，価格以外の評価点を入札価格で除する方式を採っている。	(1) 入札方式，落札，契約方式などが詳細に規定されている。(2) 入札者は入札ボンドおよび履行保証ボンドの与信枠にて選考・担保されている。	(1) 入札方式，契約方式はEU調達指令に準じている（EU対象工事）。(2) 設計施工契約，PFI契約，プライム契約が推奨されている。(3) 総合評価方式（加算方式）が多い。	(1) 入札・契約方式はEU調達指令に準じている。(2) 総合評価方式（加算方式）へ動いている。	(1) 入札・契約方式はEU調達指令に準じている（EU対象工事）。(2) 総合評価方式は明示されていない。

が通常有すべき安全性を欠いていることをいい」とされている。その後，国家賠償法第2条における「設置又は管理の瑕疵」の意味について，さまざまな学説が提唱されてきた[19]。管理者の過失の有無により賠償責任が影響を受けるかどうかが，議論の焦点であったが，現在のところ，設置・管理の瑕疵を無過失責任とする客観説が通説となっている[20]。

大西ら[18]は，請負契約における日英の瑕疵責任ルールの違いが，発注者と受注者の間に成立する信義則の有無と関連していると指摘している。大西ら[18]は，法の経済学に基づいて，信義則を前提としない社会では，無過失責任ルールよりも過失責任ルールの方が，受注者による瑕疵抑制に対する適切な注意水準を導くことができるとしている。一方，信義則を前提とする社会では，無過失責任ルールにより，受注者による瑕疵抑制に対する適切な注意を導くことができる上に，過失有無の証明が不要であり，最も効率的であるとしている。参考に，各国の公共調達を比較した表を**表-5.8**に示す。

5.3 調達マネジメントと分析視角

5.3.1 調達システムとマネジメント

（1） 調達に関するシステム思考

調達について，個々の案件を適切な形で契約を取り交わすことはもちろん重要であるが，より広い視点で，それぞれの契約がどのようなシステムの中で機能しているのかについても，常に注意深く考えておく必要がある。つまり，発注者と受注者の間の一対一の契約として調達の問題をとらえるだけでなく，多様な関係者（5.3.3項参照）が，個別の案件に係る契約だけでなく，多様な関係性に基づいてつながりあったネットワークとして，調達の問題をとらえる必要もある。

なんらかの調達上の問題が存在するとき，目前にある問題を改善しようと試みても，実は本質的な問題の解決にはならない可能性も十分に考えられる。背後に存在する多様な問題を幅広くとらえ，関係性を精査することで，システムの全体像をとらえてから，問題解決に必要とされる行動を特定していく必要があるだろう。

また，そのようなシステムが時々刻々と変化していくことについても注意が必要である。社会経済情勢の変化，法規制の変化，企業合併などによるプレーヤーの変化などは，システムの変化にもつながり，目前にある，個別の調達に係る課題についても，異なる対応が必要とされるだろう。よって，公的機関や企業が，調達に係るシステムを常に整理された形で理解しておくことができれば，状況の変化に応じて適切な対応を迅速にとることができるだろう。逆に，システムが理解でき

ていなければ，状況の変化への対応を，個別の調達案件における試行錯誤を通じて検討することとなり，学習のための追加コストが必要となる。

（2） 戦略的交渉としての調達

調達は，所定の手続きにしたがって機械的に進めることでコンプライアンス（5.3.3項参照）を実現することはできるかもしれないが，組織として望ましい契約へと辿りつけるとは限らない。調達を契約相手との交渉ととらえ，戦略的な関係構築を図ることで，より望ましい契約を達成できる可能性もある。そこで以下，交渉分析の方法論について解説する。

a．BATNA

交渉における最重要事項は，交渉の過程で，同意するか，同意しないかの判断をするための基準である。この基準を念頭において交渉に臨まないのであれば，同意するかどうかの判断は，感情や勘といった，他人に合理的に説明できない何かに依存することになる。自己資本による個人事業主でもない限り，株主，経営者，社員，納税者など多様なステークホルダーに対するアカウンタビリティが企業経営，組織運営に求められる以上，合理的に説明できない判断基準を調達交渉に用いることは多くの場面において受け入れられない。

交渉における合理的な判断基準として，BATNA（Best Alternative To a Negotiated Agreement）が一般的に用いられる[21]。BATNAとは，目前の交渉相手との交渉を破談にした際，自らがとりうるさまざまな代替案の中で，自らにとって最もよい結果をもたらしそうなものである。例えば，あなたの会社（X社）が，発注者としてA社と調達の条件について交渉している状況を想定しよう。このとき，あなたの会社にとってのA社との交渉における代替案は，他のB社，C社，D社などと契約することであろうが，そのうち，最もいい条件を提示して本当に実現してくれそうな会社と契約することがBATNAである。

実際の調達交渉ではさまざまな条件を勘案する必要があるだろうが，ここでは単純化して，価格だけで交渉することを想定する。このとき，B社～D社からの相見積で，C社が最も安い価格（3 000万円）を提示しており，これをA社との交渉におけるBATNAと設定することができる。A社といくら交渉を続けても，A社が3 000万円以下の価格を提示しないのであれば，A社との交渉はやめて，C社に値下げを打診してみた上で，C社と契約することが合理的な選択といえる。A社が3 000万円以下の価格を提示してきたのであれば，より安い価格を提示してこないか引き続き交渉し，どこかで同意することが合理的選択といえる。

交渉において注意しなければならないことは，A社にもBATNAが存在しているという点である。A社にとっても，あなたの会社（X社）との交渉を破談にして，Y社，Z社などと契約したほうがよいこともあるだろうし，また将来取り返すことが期待できない赤字を出すくらいなら受注しないほうがよいはずである。例えば，A社が同様の仕事をY社から2 500万円で受注できると見込んでいれば，A社にとってあなたの会社との交渉におけるBATNAは2 500万円となる。

b．ZOPA

上記のような条件の下で，あなたの会社とA社との間で価格交渉を行う場合，2 500万円～3 000万円の間で交渉による合意が可能となる。2 500万円未満であれば，A社はあなたの会社と契約せずにY社と契約することが合理的であり，3 000万円以上であれば，あなたの会社はC社と契約す

ることが合理的だからである。このように，交渉による合意が可能な領域をZOPA（Zone of Possible Agreement）という[21]。

ZOPAの中で，どれだけ自分にとってよい条件を獲得するかが，交渉における駆け引きの主眼となる。あなたの会社としては，できるだけ2500万円に近い金額で契約したいし，A社としては3000万円に近い金額で契約したい。しかし現実には，交渉相手のBATNAを確認することは難しいので，事前の情報収集と交渉中の相手の反応などを見ながら推測することになる。逆に，もし両者のBATNAの関係性によってZOPAが存在しない場合，原則として交渉は成立することはない。ZOPAが存在してはじめて，交渉による合意による利得が発生する。

c．事前準備の重要性

交渉分析の視点で考えると，調達交渉の結果は，お互いにどのようなBATNAを有しているかによって，かなりの部分が決まってしまうことがわかる。しかし，現実の交渉において，BATNAは客観的に一意に定まるものではなく，むしろ「情報」によって大きく左右される。例えば先ほどの例で，あなたの会社がC社の存在を知らず，A社との交渉におけるBATNAが，D社と3500万円で契約すること，と認識していたら，A社と3000万円以上で契約する可能性が生まれる。これはあなたの会社にとって，より高い価格で調達しなければならない可能性が生まれるということである。つまり，より条件のよいBATNAを見つけてくることが，よりよい交渉結果を得るための手段となる。

調達する側の立場からすると，第一に調達先候補をより多く抱えておくこと，第二にそれぞれの調達先についての情報をできるかぎり多く保有することが，自らのBATNAを改善するための方法論となる。ある特定の調達先がたとえ非常に優秀であったとしても，そこへ依存することなく，他の調達先候補についても継続的にコンタクトし，情報収集につとめることが，自社のBATNAを改善するために必要となる。また，そのためには，社内の担当者間で，各社との交渉の結果や業界の動向などについて，オープンに情報共有を図る必要があるし，そのような環境をつくることがリーダーの役割である。

逆に，特定の調達先や協力会社に過度に依存することは大きなリスクをもたらす。例えば，特殊な施工技術を要するためにある特定の調達先しか考えられない場合もあるかもしれないが，その場合，自社にとってBATNAが存在しないので，その調達先の「言い値」で発注せざるを得ない。このような事態を回避するためには，特定の調達先に依存しなくても施工できるような設計とするよう，調達担当者が設計段階から関与できるように社内のガバナンスを見直すこと，競合他社にも同様の技術を取得させるよう促すことなどが必要となる。

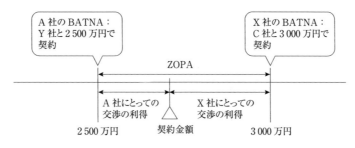

図-5.4　調達におけるBATNAとZOPA

(3) 交渉から考える調達のマネジメント

BATNAをちらつかせることで，相手からよりよい条件を引き出すことは，有効な交渉戦略ではあるものの，一般的に「相手の足もとをみる」ことはあまり望ましいこととは思われていない。足もとをみれば，取引によって生じる価値（ZOPA）を独り占めすることで，自社は大きな利益を得るかもしれないが，取引先はギリギリのところで食いついないでいくことになる。いわば過当競争の状況である。そのような調達を続ければ，取引先の経営は疲弊してしまう。そうして取引先の数が減っていけば，ちらつかせるBATNAがなくなってしまい，逆に調達先から足もとを見られる事態に陥りかねない。交渉ではなく一般競争入札を前提とした場合にも同様の問題は想定される。多数の受注希望者の存在という発注者側にとって強力なBATNAを前面に押し出し，競争を突き詰めると，応札者にとってのBATNA（すなわち応札者側が応札する動機を失う直前のギリギリの条件）で入札せざるを得ない。キャッシュ・フロー維持のために自身のBATNA以下の条件で応札して，業務履行時に問題を起こす者さえ出てくる危険もある。しかしまた，予定価格が明らかにされれば，応札者側が自らの利得を最大化するために談合などの問題を起こす動機付けになる。もちろん，受注者には，イノベーションによる生産性の向上などによる必要経費の縮減が期待され，そのことはZOPAの拡大（すなわち取引による相互利益の拡大）につながるのだが，応札者側の自助努力の余地がほとんどない調達内容の場合には，応札者側の過当競争が業界や労働者を疲弊させる危険がある。このように，BATNAをちらつかせて短期的な利益の確保に走ることは持続可能ではない。ZOPAという相互利益をフェアに共有することで，複数の調達先との持続可能なコミュニティを長期的に構築することも常に意識した調達マネジメントが必要となる。もちろん，このことが犯罪行為であるいわゆる官製談合を容認する理由とはならない。入札を前提とするのであれば，発注者側で，価格以外の視点を導入できる総合評価方式の活用[32]や，熱心な受注者による技術開発の支援などにより，競争的な入札であっても優秀な業者が一定の利得を確保できる方法を検討すべきであろう。このように，取引を通じた価値共創のためのシステムを，複数の調達先を念頭に構築することが，調達マネジメントのポイントである。

5.3.2 調達におけるサプライチェーンマネジメントシステム

サプライチェーンマネジメント（Supply Chain Management；SCM）とは，調達から製品配送まで企業間で統合的な物流システムを構築することで経営効率の向上を図る管理手法であり，通常ICT（情報通信技術）を活用してシステム化される。

従来の多くの建設プロジェクトにおいて，受注＞設計＞実行予算作成＞資材発注＞現場施工＞メンテナンス，までの一連のサプライチェーンが統合的にマネジメントされていなかったという指摘がある。つまり，顧客の要望に関する情報が各プロセスで切断され現場に反映されにくい，部門横断的な工程管理ができないため全体工期の短縮が図れない，資材購買や物流費も施工現場ごとの個別発注，個別対応のため経費削減が測れないなどの問題が発生していた。そこで，サプライチェーンに沿って部門横断的にプロジェクト情報を共有するサプライチェーンマネジメントが近年，注目，導入されるに至っている。その中で，調達におけるSCMシステムは，資材メーカーや資材サプライヤー，建設会社（建設資材センター，建設現場），発注者をICTで統合的に結ぶシステムであり，最適なときに最適な量の資材を調達することにより，過剰在庫削減や効率的な購買，物流を目的と

する（図-5.5）。

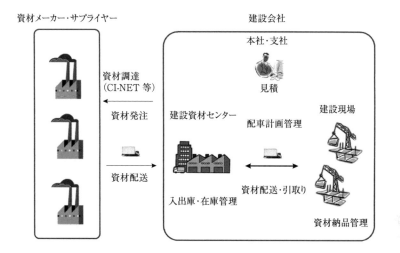

図-5.5　調達のサプライチェーンマネジメントシステムの構成

調達のSCMシステムを効率よく機能させるためには次の事項が必要である。
① 購買実績に基づき，資材の需要変動予測を行い，生産・供給計画の立案とその適宜の修正を行う。
② 生産・供給計画に従い，低コストの資材の調達計画を作成，実行する。
③ 資材の調達計画に従い，低コストの物流計画を作成，実行する。
④ 実績管理の基幹系情報システムと連携し，情報をリアルタイムに共有することで上記を最適化する。

また，調達のSCMシステムの機能別構成として一般的に，①資材購買管理，②建設資材センターの入出庫・在庫管理，③現場の資材納品管理，④配車計画管理，⑤建設会社の見積機能，等が上げられ，各機能間でデータが共有化される。各機能の概要を以下に述べる。
① 資材購買管理
　資材調達管理の機能を利用し，建設会社が資材メーカー・サプライヤーから資材を調達する（図-5.6）。

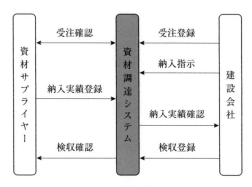

図-5.6　購買管理機能の例

このとき，各現場・支店で資材を調達するのではなく，本機能を利用して，供給計画から全社で品目ごとにまとめて必要資材の数量を予測し，特定のサプライヤーに一括発注することで（集中購買）調達コストの削減，調達の効率化を行う。建設業振興基金が進めるCI-NET (Construction Industry NETwork) は，建設産業全体の生産性向上を図るため，インターネットを利用して建設生産にかかわるさまざまな企業間の情報を効率よく交換するための標準化された仕組みであり，見積から注文，請求，決済業務までの調達業務をサポートしている。

② 入出庫・在庫管理

入出庫・在庫管理機能により，建設会社の建設資材センターで，正確な資材の入出庫・在庫状況を把握し，過剰発注を防止し，計画的に在庫調整を行うことで在庫管理の効率化を行う。

③ 配車（物流）管理

配車管理機能を利用して，各現場で必要な資材の量，日時をリアルタイムに管理し，配車計画を立てる。このとき，現場ごとに配車計画を作成するのではなく，本機能を利用して全社で効率的な配送を行うことで，配車コストを削減する。

④ 資材納品管理

資材納品管理機能を利用して，現場ごとに必要な資材の納品情報，納品実績を管理する。必要な資材をタイムリーに供給することで，必要な資材探しや計画性のない資材配置等の非効率な資材管理による時間の浪費をなくし，工期短縮を図る。

5.3.3 コンプライアンス

（1） コンプライアンスの必要性

日本国内の企業では，「コンプライアンス」に対する関心と警戒感がこの十年でかなり高まった。その背景には，官民問わず多くの「不祥事」がバブル崩壊以降に明らかになり，それが行政機関や企業に対する社会の信頼を大きく損なったことがあると考えられる。しかし，汚職や横領などの事件はそれ以前から存在していたはずで，むしろ，個別の不祥事の背後にある，組織の構造的問題の改善に対する社会からの要請が，バブル崩壊以降に高まりを見せたと考えるべきだろう。まずは法制度の変化を見てみよう。

a．コンプライアンスを求める法制度

ⅰ） 会社法の改正

企業にコンプライアンスを求める大きな転機は2006年の会社法改正であった。この改正で，いわゆる内部統制システムの構築が取締役会の専決事項とされ，大企業（資本金5億円以上）には義務付けられることになった。具体的には，会社法施行規則98条に示されるように，情報管理，リスク管理，法令や定款への適合，業務の適正確保のための体制の整備とされている。

また関連して，2007年に施行された金融商品取引法にも内部統制を上場企業に求める制度が設けられたが，こちらは財務に関する内部統制報告書作成とその監査を要求する制度となっている。

ⅱ） 公益通報者保護法

2006年には公益通報者保護法が成立した。同法では，独占禁止法など所定の法律に関する違反行為について通報した者を保護しようとしている。表面化しにくい組織的なコンプライアンス上の問題について，内部の人間による情報提供を促すことでコンプライアンスへの圧力をもたらそうと

いう趣旨がある。

ⅲ) 独占禁止法の改正

公共調達の側面では特に，独占禁止法の改正（2006年および2009年）を通じた，談合に対する罰則強化がコンプライアンスへの大きな圧力となってきた。改正のポイントは4つあり，第一に課徴金の引き上げ，第二に除斥期間の延長，第三に課徴金減免制度の導入と拡大，第四に罰則の強化である[25]。

ⅳ) 公務員に対するコンプライアンス強化

贈収賄の禁止は刑法に規定されているが，さらに入札談合に公務員が関与することを明示的に禁止するため官製談合防止法が2002年に議員立法により成立した。同法の施行により，公務員等による談合の指示，受注者に関する意向の表明，情報漏洩が禁止された。また国家公務員倫理法および国家公務員倫理規定が2000年に施行され，接待を受けることやゴルフをともにすることなど，利害関係者との間で禁止される行為が明示された。

b．コンプライアンスが必要な本当の理由

上記のように，数多くの法制度が導入されたことで，特に公共調達にかかわる者に対するコンプライアンスの圧力は高まったと考えられる。しかし，これらの法律が存在するから，公的機関や企業がコンプライアンスについて留意しなければならないというのは本末転倒の議論だといえる。

本来，新たな法規制は，何らかの社会的要請があるからこそ導入されるのであって，法規制そのものに存在意義はない。法規制は，漠然とした社会的要請を顕在化させ，社会の構成員を一定のルールに従わせるための制度としてとらえるべきであろう。よって，摘発されぬよう法規制を遵守することがコンプライアンスなのではなく，その背後にある社会的要請までを踏まえて社会に適合することが，組織のコンプライアンスの根幹だと考えるべきである[26]。

ここで，(5)項で述べるステークホルダーの概念が重要になる。資源依存理論が示すように，公的機関も企業も，その存在の正統性を社会の多様なステークホルダーに認めてもらうことではじめて，存在できるのである。法規制の遵守は正統性を確保するための1つの手段ではあるが，それだけでは不十分である。むしろ，自らの組織を取り巻くステークホルダーが何を期待しているかを理解し，その期待を満足させることがコンプライアンスの本質であろう。

今後も引き続き，コンプライアンスに関する法制度はさらに強化される可能性がある。またまったく別の角度から企業等にコンプライアンスを求める社会的要請が高まるかもしれない。例えば，地球温暖化への対応，非正規雇用者の福利厚生，下請・協力会社との公正な関係など，社会が企業に期待する「あるべき姿」は，時代の流れとともに変化するし，その流れを早い段階からとらえておくことで，コンプライアンスに関するリスクを縮減できる。このように，コンプライアンスは，単なる法令順守としてとらえず，むしろ企業のCSR活動の一環として，ステークホルダーによる社会的要請が何かを捕捉し，対応するための取り組みとしてとらえるべきであろう。

(2) 業務としてのコンプライアンス体制構築

すでに会社法の改正から年月を経たことから，コンプライアンス体制の構築について具体的なノウハウが明らかにされているので，ここではその概要を述べるにとどめるとする。体制整備の具体的な内容としては，関連文書の作成とガバナンスの構築という2つの要素に大別することができよ

う。

a．関連文書の作成

コンプライアンス体制構築の目に見える成果として，方針やルールを示した文書を作成し，社員ほか組織の構成員に通達するほか，一部は公表するといった活動が行われる。第一に「基本方針」などと呼ばれる文書であり，この文書を通じて，社会的要請に対するコンプライアンスを実現しますという宣言を経営トップが行い，基本方針を示すものである。ここで重要になるのが，単なる法令遵守の宣言ではなく，企業が置かれた立ち位置とステークホルダーを理解した上で，企業に対する社会的要請が何かを踏まえた基本方針を，経営層が心から納得する形で記述することである。

第二に「実施計画」などと呼ばれる文書も必要とされる。この文書では，コンプライアンスへの留意が必要とされる業務上の課題（例えば個人情報の管理，公務員との関係，セクハラ・パワハラなど）を特定した上で，それぞれについて具体的に方針や対応のルールが記述される。また，後述するガバナンスの中身についても記述されることになる。この計画については，現場で実効性のあるものとするために，職員も巻き込んだ議論を行いその意向を踏まえて検討し，さらに数年ごとに見直すことも必要とされる。これらの文書をまとめて「コンプライアンス・マニュアル」と呼ぶこともある。

b．ガバナンスの構築

経営者の方針や実施計画を文書として社員に配布するだけでコンプライアンスが実現するはずがない。そのような小冊子はすぐに書類キャビネットの奥底へと埋もれてしまうことだろう。組織としてコンプライアンスを達成するためには，組織の構成員ひとりひとりにコンプライアンスを促すための機構，いわゆるガバナンスの構築が必要である。

具体的には，第一に，コンプライアンス担当の責任者および部署を設定したうえで，通報相談のための窓口を設置することが挙げられる。コンプライアンスの問題を迅速に把握し，解決に向けた対応をするために，通報する者が不利益を受けることがないことを保証した形で情報を収集する必要がある。そのような窓口には「面倒な問題」が持ち込まれることになるだろうが，それぞれの問題に対して適切な対応を怠ると，組織全体にとって大きなリスクへと転化する。例えば，社内のコンプライアンス上の問題が，公益通報制度やマスコミ・インターネットを通じて公の場に晒されてしまうと，社会的要請を無視した企業としてイメージの低下は避けられない。「たいしたことないし，周りもみんなやってるし……」といういい訳から始まるコンプライアンスの問題が，各部署の閉じた環境の中でエスカレートして，大問題へと発展する可能性もある。

ガバナンスの2つ目の要素としては，社員等を巻き込む仕掛けが挙げられる。一般的には，企業研修を通じて社員にコンプライアンスに対する認識を持たせるといったことが多く行われているようである。ただし研修も形骸化する危険がある。社員自身がコンプライアンスに留意するためには，前述のコンプライアンス・マニュアルの策定に社員を参画させるなど，能動的に参加させることが有効だと考えられる。

c．国土交通省におけるコンプライアンス体制

後述する入札談合への公務員の関与事案が発覚したことで，国土交通省では事務次官通達としてコンプライアンス体制の整備を指示している。平成20年6月30日の通達[34]では，「コンプライアンス確保のための体制整備」として，①コンプライアンス担当組織の充実，②コンプライアンス・

プログラムの策定，③内部監査の強化・充実，④綱紀保持の徹底，研修の充実の4つを掲げている。具体的な内容としては，四半期に一度の「発注者コンプライアンス・ミーティング」の開催，「コンプライアンス・インストラクター」による指導などを求めている。また，平成19年3月9日の通達[33]では，「コンプライアンス窓口」の設置も求めている。

このように，b.項で説明した主に企業等で活用されているコンプライアンスの方法論は，発注者としての官公庁においても同様に利用することができる。しかし，最近の調査では，これらの通達に示された所期の目的が必ずしも十分に達成されているわけではないことが明らかにされている[28),31]。企業等における実践を参考にしながら，それぞれの現場の問題に即した方法論を模索し実践していくことが今後必要ではないだろうか。

(3) 官製談合とコンプライアンス

公共調達の文脈では，発注者が談合に関与する，いわゆる官製談合もコンプライアンス上の課題である。上に述べたように，国土交通省内でも事務次官通知によりコンプライアンス体制の整備が求められているが，その背景には平成17年に発覚した鋼鉄製橋梁工事の談合事案や平成19年の水門談合事件などの官製談合事件が存在する[29]。官製談合が発生する理由としては，①関連法規制に関する職員の低い意識・認識，②入札契約方式の問題，③再就職や人間関係，④品質の確保，などが過去の事件の分析から明らかにされている[27),29)-31]。

法規制については，官製談合防止法等により，公務員の談合への関与が厳しく禁じられており，失職し，刑法犯として訴追され，損害賠償請求の対象となるリスクも存在するが，これらの一個人としてのリスクを公務員が十分に認識していないことが問題とされている。また入札契約方式としては，現状の日本の予定価格制度の下で，公務員が一般競争入札で失注をおそれることが談合に関与する動機へとつながっていると考えられる。また，再就職先として業者を育成したいという私的欲求や，地域の人間関係のしがらみのなかで受注者側からの要求を断りきれないという問題もある。そして，5.3.1項で述べたように，過当競争による受注者側の疲弊とそれに伴う工事等の品質低下をおそれる考え方もある。これらの構造的要因が複雑に絡み合って，官製談合が発生してきたと考えられる。

問題への対応として，研修によるコンプライアンス意識の向上が求められることも多い。確かに不法行為に伴う個人としてのリスクを各公務員が十分に認識すれば，動機付けの構造が変化して，不法行為を回避する行動を選択するだろう。しかしまた，人間関係のしがらみなど，個人の行動選択にとどまらない構造的要因が多く存在する。総合評価方式の導入とその厳格な運用や，イノベーション促進による受注者側のコスト削減努力等により，5.3.1項で述べたBATNAぎりぎりのラインでの過当競争を抑制することが必要であろうし，長期的には予定価格の制度見直しや地域における（特に災害時の）受注者との相互協力体制のあり方などについても検討が必要だといえよう。

(4) 異なる社会におけるコンプライアンスの問題

コンプライアンスは組織が社会的要請に応えることで実現されるとはいえ，国内でも地域社会によって異なる慣習があるだろうし，海外ではまたそれぞれの国によって社会的要請は大きく異なるであろう。よって，国内外で幅広く活動する企業がコンプライアンスとして対応すべき社会的要請

は，そのステークホルダーの多様さから，複雑なものとならざるを得ない。

　例えば，公務員の収賄が常態化しているような国家での事業に参入しようとする企業にとって，コンプライアンスは非常に難しい問題である。その国家の内部だけで活動している企業であれば，贈収賄禁止に関する社会的要請がないのだから贈賄は問題ないというロジックも成立しそうではある（ただし，倫理としての問題や本当に社会的要請がないのかという疑問もある）。しかし，国際的に活動している企業であれば，企業全体としてコンプライアンスを要求されるので，ある地域では許容される行動も，他の地域の社会的要請に照らして許容されず，何らかの制裁を受ける可能性が高い。実際，日本では外国の公務員に対する贈賄は不正競争防止法で明示的に禁止されているし，国際的にも外国公務員贈賄防止条約が存在する。

　国際化により，ステークホルダーが多様化したことで社会的要請が複雑なものとなり，結果として1つの組織として取り組むべきコンプライアンスの活動を単純にとらえがたくなってきている。だからこそ，(5)項で述べられているように，ステークホルダーが誰かを捕捉し，その社会的要請を踏まえたコンプライアンス対応の方針を戦略的に検討することが，いま必要とされているのである。

(5) プレーヤーとステークホルダー
a．ステークホルダー・ネットワークという視点

　個別の調達案件ひとつをとってみても，調達先との1対1の交渉駆け引きではなく，多様な人々が複雑に絡み合った駆け引きのネットワークとなっている。このようなネットワークの中で影響力を行使する人々のことを「プレーヤー」と呼ぶことができる。スポーツにおいても「プレーヤー」という言い方をするが，同様に，調達においても，どのようなプレーヤーがいるのかを把握したうえで，それぞれの特性を理解し，担当者は戦略的に動かなければならない。そして各プレーヤーがどのように機能するかが，調達の結果を大きく左右する。

　個別の調達案件に限定せず，より長期的な視点から，組織の継続にとって重要な役割を果たす人々のことを「ステークホルダー」と呼ぶことができる。例えば，ステークホルダー理論のパイオニアとなったFreemanは，企業のステークホルダーとして，オーナー，投資家，市民活動団体，消費者，消費者団体，労働組合，雇用者，業界団体，競合他社，サプライヤー，政府，政治団体の12類型を挙げている[22]。しかしこのステークホルダー類型はあくまで一般的なものであり，各組織が自らのステークホルダーを精査して類型化する必要がある。PfefferとSalancik[23]が，資源依存理論として定式化したように，組織というものは，周囲にその正統性（legitimacy）を認められることではじめて存在できるものである。たとえ明文化された法規制を遵守していたとしても，社会の人々が「問題がある」と認識した組織は何らかの形で制裁を受けるのが実態である。そして，組織の正統性（非正統性）を判断するのが，組織を取り巻くステークホルダーである。

b．ステークホルダーマネジメントに求められるスキル

　よりよい条件で調達するためには，多様な取引先候補，いわばBATNA（5.3.1項参照）を確保する必要がある。そのため，プレーヤーのネットワークを拡大すべく，普段から交流や情報収集を活発に行うことが有益となる。このような活動を普段から積極的にできないようでは，調達の担当者としては問題があるだろう。しかしまた，契約に必要なプレーヤーを見定めた上で，効率的に連携構築を進める必要もある。単に顔が広いだけではダメで，調達に必要なプレーヤーを特定して絞り

込む能力も求められる。

　また，Win/Win という用語が，Lose/Lose の裏返しとして使われているということを認識する必要がある。プレーヤーとの関係構築についても，短期的な関係を念頭に置くと，お互いに投機的な行動を選択してしまい，いわゆる Lose/Lose に陥るリスクが大きい。Win/Win の関係を実現するためには，非協力的な行動に対する報復措置が可能なメカニズムを組み込んだ上で，長期的な関係を構築する必要がある[24]。

　さらに，連携による価値を生み出すには，取引相手との間に利害関心のズレが存在しなければならない。よって，取引の材料（価格，納期，品質保証など）が多ければ多いほど，両者にとってより価値の高い取引へと結びつく可能性が高い。プレーヤーとの関係構築においても，設計などによって規定される調達の条件を硬直的に適用するのではなく，新たな価値の共創へとつながるようなプレーヤーの利害関心は存在しないか，常に注意深く見守りながら関係を深めていくことが望ましい。

　最後に，ステークホルダーやプレーヤーを整理するためにステークホルダー分析手法を用いることができる。組織として調達のプレーヤーを特定する程度であれば，組織内のスタッフを集めてブレーンストーミングを行えば十分であろう。しかし，組織の戦略づくりにステークホルダー分析を行うのであれば，コンサルタントなどに聞き取り調査などによる情報収集を依頼する必要があるだろう。こうして得られた情報をもとに，誰がステークホルダーあるいはプレーヤーか，それぞれの利害関心は何かを整理していくことで，長期的な視点での適切な調達マネジメントが可能となるだろう。

コラム④　社会基盤マネジメントと技術倫理

　社会基盤施設・サービスの供給にかかわるものはその職業的行為を通じて種々の社会的要請に応えているが，そのことは同時に自らの行為が大きな社会的責任を伴うことも意味する。社会基盤のさまざまな技術的判断は，時に不十分な情報をもとに不確実な自然現象や社会現象を対象として下されなくてはならず，かつ自らの下した判断はしばしば大きな社会的帰結をもたらす。のみならず，その判断の難しさは事実認識をめぐる困難さに止まらず，人々の利害や理念の一致不可能性にまで及ぶ。仮に自らの行為の帰結がほぼ正しく予測できたとしても，その行為が適切だったのかどうかは社会が何を望ましいとするかに依存する以上，社会に内在する多様な価値観にどう向き合うかという課題も必然的に抱えることになる。

　社会基盤の計画・設計・施工・管理運営のあらゆる局面において，この「多様な価値観」はしばしば互いに相異なる選択を要求する。沿岸部の防潮堤の整備を任されたものは，まず堤防をできるだけ高くすることで越波の確率を減らし，津波被害を最小化することを検討するだろう。しかし，同時にそのことが施設整備にかかる費用の増大や環境への負荷，沿岸住民の活動の阻害を起こす可能性を認識することによって，その整備方針の選択に葛藤を抱えることになる。一つの技術的な解によってすべての整備上の目的を達成することが原理的に不可能な状況では，常にこのようなジレンマは生じ得るのであり，また実際にわれわれはその多くを経験してきた。最終的にジレンマを解消するのは一個人の判断ではなく社会の選択だったとしても，各個人が与えられた職責の中で難しい判断をしなければならないことには変わりがない。

「技術倫理」はこのような状況において個人や集団がその拠って立つところを考えるための原則や思考の方法を提供するものである。マネジメント教育においては，ケース・メソッドやロール・プレイングといった，事例に根ざして参加者に自らの取るべき行動や判断について考えさせるための手法が考案されている。

これらの手法を用いると，例えば一見して反倫理的行為と断じられるような事象も，単に当該行為を断罪するだけでなく，その裏に潜んでいた当事者の葛藤や，そのような葛藤を生じせしめた構造的背景に思いを至らせることができる。それによって結果として行われた反倫理的行為が正当化されることはないにしても，同じような問題の再発を防ぐためには事象が生じた根源的要因の理解と，その除去が必要となることがある。

公共工事の入札・契約の分野においてしばしば生じた官製談合事案もその例となろう。発注機関の職員が受注を希望する企業に予定価格等を漏洩し，企業間の不当な受注調整を幇助することは官製談合防止法等により違法行為とされる。こういった行為に対する見返りとして，発注機関の職員個人に利益供与がなされた場合や，発注機関の再就職先を確保させようとした場合などは動機が比較的明瞭である。しかし，過去に摘発された官製談合事案には，このような個人または集団の直接的利益の供与が確認されなかったものもある。

このような場合には当事者である発注機関の職員は，法律の遵守や公正な競争の確保といった社会的価値によって規定される義務論的倫理に対して，円滑な事業執行の滞りが地域に与える影響や，地元建設業の過当競争による疲弊などを重視する帰結主義的な倫理観が相克していたという見方も否定することができない。もしそのような葛藤が同じ立場におかれた他の多くに共有されているとすれば，再発防止には職員の倫理観への働きかけよりも，現行の入札契約制度の矛盾点を解消することの方が遥かに有効かもしれない。

このような葛藤に自らが苛まれた際に拠り所となる原則や規範は，上記のような複数の倫理的立場について理解を深め，おのおのの違いや対立について系統的な検討を行うことによって習得していくというメタ倫理的なアプローチもある。他方，社会基盤に携わるものがすべからく尊重すべきと考えられる職業倫理上の行動規範については，関連する技術系学協会，専門家集団等によってすでに策定されたものがあり，現在も指針として用いられている。

土木学会は，1938年に，第33代土木学会会長青山士を委員長とする土木学会相互規約調査委員会が，他の技術系学会に先駆け「土木技術者の信条および実践要綱」を成文化した。1999年には，土木学会理事会に企画運営連絡会議を設置し，社会貢献を土木技術者の重要な役割に位置付けるとともに，その活動の一環として「土木技術者の倫理規定」を制定している。また，1998年には定款を改正し，土木技術者の資質向上を目的に加えるとともに，1999年に土木学会技術推進機構を設立，2001年には，土木学会継続教育制度を創設して技術者倫理を基礎共通分野の重要課題に位置付けている。2001年に，土木学会認定技術者資格制度を創設し，技術者のもてる技術力を社会に対して説明できるよう，また，国際社会で通用する専門的能力と倫理観を兼ね備えた技術者が育成されるよう取り組んでいる。

「土木技術者の倫理規定」は，1999年に制定された後，学会創立100周年を迎えた2014年に改訂されている。その背景には，土木および土木学会を取り巻く環境が大きく変化し，国家財政の課題・少子高齢化・社会基盤の老朽化・東日本大震災等の教訓を踏まえた巨大災害対策といった新たな課

題への対処の重要性が一層高まってきた事実がある。こうした世相にあって倫理規定は，土木技術者が社会的責任を再認識し，社会的使命を果たしていく上で自らの行動判断の拠り所となる規範として改められた。

改訂された倫理規定は倫理綱領および行動規範からなる。倫理綱領は，「土木技術者は，土木が有する社会および自然との深遠なかかわりを認識し，品位と名誉を重んじ，技術の進歩ならびに知の深化および総合化に努め，国民および国家の安寧と繁栄，人類の福利とその持続的発展に，知徳をもって貢献する。」（全文）として，土木技術者が土木の価値と社会的責任を正しく認識し，決意を新たに社会貢献していくための範を示している。また，行動規範は全9条で構成されており，土木技術者の範とすべき行動原則を定めている。

1（社会への貢献）
　　公衆の安寧および社会の発展を常に念頭におき，専門的知識および経験を活用して，総合的見地から公共的諸課題を解決し，社会に貢献する。
2（自然および文明・文化の尊重）
　　人類の生存と発展に不可欠な自然ならびに多様な文明および文化を尊重する。
3（社会安全と減災）
　　専門家のみならず公衆としての視点を持ち，技術で実現できる範囲とその限界を社会と共有し，専門を超えた幅広い分野連携のもとに，公衆の生命および財産を守るために尽力する。
4（職務における責任）
　　自己の職務の社会的意義と役割を認識し，その責任を果たす。
5（誠実義務および利益相反の回避）
　　公衆，事業の依頼者，自己の属する組織および自身に対して公正，不偏な態度を保ち，誠実に職務を遂行するとともに，利益相反の回避に努める。
6（情報公開および社会との対話）
　　職務遂行にあたって，専門的知見および公益に資する情報を積極的に公開し，社会との対話を尊重する。
7（成果の公表）
　　事実に基づく客観性および他者の知的成果を尊重し，信念と良心にしたがって，論文および報告等による新たな知見の公表および政策提言を行い，専門家および公衆との共有に努める。
8（自己研鑽および人材育成）
　　自己の徳目，教養および専門的能力の向上をはかり，技術の進歩に努めるとともに学理および実理の研究に励み，自己の人格，知識および経験を活用して人材を育成する。
9（規範の遵守）
　　法律，条例，規則等の拠って立つ理念を十分に理解して職務を行い，清廉を旨とし，率先して社会規範を遵守し，社会や技術等の変化に応じてその改善に努める。

このように行動指針は多くの決意で締めくくられている。わが国の繁栄の礎「社会基盤」を築いた土木技術者の精神といえ，現在もその行動規範の多くは共有されているといえる。

5.4 受注者による契約管理

本節では主に受注者(contractor)による契約管理手法について記述する。

5.4.1 リスクマネジメント

リスクマネジメントとはリスクを特定し，分析し対応する方法である。建設工事遂行には発注者側・受注者側双方に各種のリスクが伴う。発注者側のリスクとしては受注者の倒産，契約不履行，地域社会からの反発等々があり，また受注者側のリスクとしては労働災害，事故をはじめ多くのリスクが潜在する。受注者側からのリスクは，本書5.2.3(5)項で詳述されているが大別すると以下のようになる。

① 契約に関するリスク

施主の倒産もしくは契約不履行，協力会社・資機材業者の倒産もしくは契約不履行等。

② 工事施工に関するリスク

事故や労働災害の発生，火災，天災，工事遅延，想定外の自然条件との遭遇(特に地下条件)，完成工事の性能未達等。

③ その他のリスク

近隣とのトラブル，資機材高騰等。

また発生事象の責任範囲は契約形態により変化する。例えば発注者が設計を行い受注者は施工のみを行う契約においては設計上のリスクは設計者である発注者の責任となるが設計施工契約では設計上のリスクは受注者の責任となる。

これら多くの受注者リスクのうち保険でカバーされていないリスクもしくは契約上対処責任があるリスクについては以下に述べるリスクマネジメント手法による対応が図られる。

ある特定のリスクが想定される場合に，まずそのリスク事象が現実に発生した場合に被る損害(経済的，工程的，社会的)を金額換算する。次にそのリスク事象の発生確率を算定する。発生確率の算定方法は確立されてはいないが受注者は過去の経験や各種統計資料などを利用して発生確率を算定する。そして金額換算値に発生確率と工期を掛けて工事期間内の想定リスク金額値を算定する。次にそのリスク事象の発生を低減させる方策について検討する。各種方策についてその費用を算定し，想定リスク金額値との比較を行い，想定リスク金額値よりも安価で有効と思われる方策を採用する。

例として河川の近傍で構築工事を行う場合の既存堤防高さと洪水リスクの関係を考える。工事期間内に堤防を越えて洪水が現場に流入した場合の損害金額を算定し2 000万円の損害金額が想定されたとする。既存堤防高さでは10年確率の洪水を防げない場合，工期が2年であるとすると，リスク確率に基づく算定損害金額は以下のようになる。

$$\frac{2\,000\,\text{万円} \times 2\,\text{年}}{10\,\text{年}} = 400\,\text{万円}$$

既存堤防を10年確率洪水が防げる高さまで嵩上げする費用がもし200万円であったならば嵩上げ工事によりリスク回避を図ることが合理的判断といえる。

受注者にとってのリスクとは最終的には収支の悪化に収束する。絶対安全な高さまで堤防を嵩上

げすれば洪水リスクは除外することができるかもしれないが，競争入札により受注した工事においては過分なリスク対策費を計上することは難しい。またリスクはしばしば想定しない場所で想定外の事象として発生する。

リスクによる損害を低減させる方策には上述したような具体的な対策だけでなく付保する保険のカバーする範囲を拡大することや免責範囲を縮小することも考慮対象となる。また受注者にとっての協力業者倒産リスクなどに対応する保証（ボンド：次項で詳述）などの方策もある。しかしまんべんなく保険を掛ければリスクは低減するが同時に収支は確実に悪化する。そのため事象の発生確率，想定損害金額，保険料金を含む対策費等のバランスを考慮した選択がなされる。

また国際工事において考慮しなければならないリスク事象は国内工事で想定されるリスクはもとより，その国特有のリスクを含む。それらには国情，為替，政治，宗教，民族間対立，戦争，クーデター，テロ行為，風土病などの要素を含む。

それらに対しても基本的には事象の発生確率と想定損害金額をベースとした想定リスク金額値に基づいて採用した対策によりリスク回避を図ることになる。それと同時に当該国における工事経験者やビジネス関係者の知見を広く求めることが大切である。これらの知見を集めることにより，しばしば当該国に特有のリスクや他国の人間が想定できないリスクおよびそれらに対する対策を知ることができる。

5.4.2 保険制度

受注者は不測の事態に備え土木工事保険，労災保険，建設機械保険，火災保険等に加入しリスクに備える。また発注者を受注者の倒産・契約不履行等のリスクから守るものとして各種の保証がある。保証は通常，銀行等による保証証書（ボンド）の発行により行われる。ボンドとは受注者が特定の義務を果たさなかった場合，第三者である保証者が受注者に代わって発注者に設定された金額を支払うものである。以下に各種のボンドについて述べる。

入札ボンドとは入札と同時に提出するものであり，入札後の入札審査期間内に応札者が自身の入札を撤回する場合や落札者が契約締結を拒否した場合に没収される。応札者による入札の撤回や契約拒否などは入札を行った発注者側に再度の入札を強いることになり，発注者にとっては膨大な損失（費用と時間）を被らしめるものであり，これら損失を救済することを目的としている。

履行ボンドとは契約締結後，受注者の倒産や受注者側の一方的な都合による中止などで工事が遂行できなかった場合に没収されるもので，発注者は没収した金額をもとに別の業者に工事を続行させることができる。

支払いボンドとは受注者と協力会社（下請）・資材納入業者等との間に正当なる支払いが行われない場合，発注者により没収され，これらの正当な支払いに充当されるものである。

注意が必要なのはボンドが生命保険とは違い，保証者が受注者に代わって発注者に金額を支払うと同時に受注者に対する支払い金額の請求権を持つことである。つまり生命保険では被保険者の死亡により保険会社は死亡時保険金を受取人に支払い，その支払いをもって生命保険契約は終了する。しかしボンドは第三者の保証人が発注者に支払う行為は代位弁済であり，単に受注者に代わって一時的に支払いを行うものであるので，受注者は第三者保証人に対し同額の金額を返済しなければならない。

国際工事においてはボンドが広範に利用されているが内容は国により，また発注者によりかなりの相違がある。例えば履行ボンドについていえば保証額を契約金額に対する定率とする場合が多いが，契約金額の10％や30％の場合もあれば100％の場合もある。またボンドの形式をとりながらも実質的には損害保険会社による保証のみを受け付け，実質的には強制的な損害保険購入を義務付けている場合も存在する。

受注者が保証会社からボンドを購入する場合，基本的には保証ボンド信用枠（与信枠）と信用度により，保証会社が料率を提示してくる。履行ボンドを例にとれば過去に一度も一方的な工事中断等によりボンド没収をされたことがなく財務体質も健全で倒産のリスクが低い受注者Aと過去にボンドを没収されたことがあり財務体質もぜい弱な受注者Bとでは保証者（保証会社，銀行等）にとっての危険度は違う。そのため保証会社や銀行が示す料率も自ら違ってくる。つまり同じ保証額のボンドを購入する際に受注者Bは受注者Aよりも高額な購入費を支払う必要があり，その差額分だけ入札時の競争力を減じることになる。そのため受注者は財務体質の改善に努めることはもとより，工事の品質と工程を守れるよう施工能力の向上に努めて，信用枠と信用度を上げるよう心がけることになる。

コラム⑤　欧米諸国の多様な調達方式

1．はじめに

現在，国土交通省の直轄工事では，そのほとんどにおいて設計・施工分離発注，総合評価落札方式を採用している。一方，欧米諸国の公共発注機関の中には，事業の特性等に応じて入札契約方式を選定するための基本的考え方等を取りまとめた各種調達ガイダンスを策定し，多様な入札契約方式を適用している例がある。今後，日本でも，時代のニーズや事業の特性等に応じて，適切な入札契約方式を適用することが求められている。本稿では，欧米諸国における調達方式等に関するガイダンスを収集し，各調達方式の概要およびその選定に関する考え方等を整理し，今後の多様な入札契約方式の適用のあり方の参考とする。

2．欧米諸国における調達ガイダンスについて

欧米諸国の調達ガイダンス収集にあたり，言語が英語である英国（スコットランド含む）と米国の2ヵ国を対象とし，インターネットにより事業調達にかかわる入札契約方式等に関する調達ガイダンスの収集・整理を行った。

収集の着目点は，
① 当該文献の策定目的等の記述がなされており，伝統的な方式（設計・施工分離）を含む複数の調達方式を対象としていること
② 各調達方式の選定に係る考え方（調達戦略や選定方針等）等の記述がなされていること
③ 各調達方式の概要・特質（メリット・デメリット等）の記述がなされていること
④ 各調達方式を選定する際の事業の特性等を表す要素（時間，コスト，リスク等）や留意事項等（選定の時期等）の記述がなされていること

とし，英国，米国からそれぞれ1文献ずつ選定することを基本とした。

以上から，スコットランドにおける調達ガイダンス（construction works procurement guidance）と米国コロラド州交通局における調達ガイダンス（project delivery selection approach）を選定した。

（1） スコットランドにおける調達ガイダンス

スコットランドにおける調達ガイダンスである「建設工事調達ガイダンス」(construction works procurement guidance) は，政府の総局，関係省庁および公益法人にVFM (Value for Money) を達成するための建設工事プロジェクトに係る義務的な政策および手続き（ベストプラクティスの原則）を提供することを目的とするものである。

a. 各調達方式の概要

「建設工事調達ガイダンス」では7つの調達方式を対象としており，それぞれの調達方式の概要について，以下のとおり整理している。

- 民間資金を利用した非営利分配（NPD）モデルによる資金調達方式（Non Profit Distributing Vehicles using Private Finance）

    NPDモデルはスコットランド政府が資金調達事業の調達方式として推奨するものであり，PFI (Private Finance Initiative) モデルの代替手段として導入され，優先的に使用されている。NPDモデルの広範な原則を規定する特徴として，利害関係者の関与の促進，無配当の株式，民間事業者の利益に対する上限設定が挙げられる。

- 従来型ランプサム契約（traditional lump sum contracts）

    従来型ランプサム契約では，発注者が設計チームを直接雇用し，設計チームは入札前に設計を実施し，請負者は施工に関してのみ責任を負う。設計が完全なものであれば，理論的には入札段階において費用が合理的な範囲で確定しているべきであるが，作業時間の制限により入札前に設計が十分に完成しないこともあり，その場合には設計変更が費用の増大を招くことがあり得る。

- マネジメント契約（management contracting）

    マネジメント契約は「fast-track」（ファーストトラック）の戦略であり，設計段階と施工段階を同時進行させることにより，設計が完成するよりも前の早期着工を可能とするものである。発注者により任命されるマネジメントコントラクターは，契約全体を管理し，その対価としてマネジメントフィーを得る。設計が完成する前にマネジメントコントラクターが任命される場合には，マネジメントコントラクターは，さまざまな工事パッケージに関する施工性，プログラミング，連続性，調達について助言を行うことができる。工事パッケージの契約はマネジメントコントラクターと個別のトレードコントラクター（専門工事請負者）との間で締結される。工事費用は最後の工事パッケージが発注されるまで確定しない。

- CM (Construction Management)

    CMも一種の「fast-track（ファーストトラック）」の戦略であり，工事パッケージが後の段階の工事パッケージの設計が完成する前に発注される。コンストラクションマネージャーは発注者により任命され，全体の契約を管理し，その対価としてマネジメントフィーを得る。また，マネジメント契約の場合と同様，請負者の早期関与という利点を有する。工事パッケージは発注者が直接トレードコントラクター（専門工事請負者）と締結する。発注者は工事の設計段階

および施工段階での高いレベルでの関与を期待できる。マネジメント契約と同様，工事費用は最後の工事パッケージが発注されるまで確定しない。

- 設計・施工一括方式（design and construct）

  設計・施工一括方式においては，単独の請負者が施設の設計および施工の両方に責任を負う。適切な成果仕様が用いられる場合，請負者は技術革新および標準化を通じて発注者に最大の成果に基づく貢献をもたらす可能性が高い。

- プライム契約（prime contracting）

  プライム契約は事業を元請負業者に一括で発注する方式（単一の元請契約者が設計，施工，維持管理を包含するプロジェクトのマネジメントおよび納入に全責任を負う契約方式。PFIとの違いは，PFIがサービスを購入し，サービスの購入に対して対価を支払うのに対して，プライムコントラクティングでは施設を購入し，施設に対する対価を支払うという点である。）であり，プライムコントラクターは発注者と供給サイドとの間の責任を一括で請け負う。この方式は，継続的に事業がある場合等，一定の条件のもとでの使用が適切とされている。プライムコントラクターはすべての当事者（コンサルタント，請負者，供給業者）をとりまとめる能力を有する組織でなければならない。理論的には，設計者，施設管理者，資金提供者などの組織がプライムコントラクターとなり得る。プライム契約のプロセスにおいては，工事を開始する前にライフサイクル全体のコストモデルを構築することが重要である。

- フレームワーク方式（framework agreements）

  単独供給業者または限定数の供給業者とのフレームワーク方式（コールオフ契約（call-of contracts：個別案件ごとの契約）を含む）は，特に複数の事業が関与する場合に発注者と請負者の双方に，大幅な節減を可能とするものである。複数のフレームワーク方式を採用するか否かを決定する際には，発注者にとって，工種ごとにそれぞれ契約を管理する資源が必要となることに留意すべきである。フレームワーク方式は，プライム契約および設計・施工一括方式の調達手段の範囲を包含すると考えられる。建築物を調達する機会が少ない発注者には適さず，事業に維持管理要件が含まれる場合に特に適する方式である。

b. 調達方式の選定に関する考え方

「建設工事調達ガイダンス」では調達方式の選定の考え方等として「調達戦略」（procurement strategies）を策定しており，事業の特性等に応じた各調達方式の適切性をマトリックス形式（**表-1**）で示している。

（2） 米国CDOTにおける調達ガイダンス

米国コロラド州交通局（Colorado Department of Transportation；CDOT）の調達ガイダンスである「プロジェクト実施手法の選定アプローチ」（project delivery selection approach）はコロラド州交通局（CDOT）が高速道路プロジェクトの実施手法を選定する際の公式なアプローチを提示するものである。

a. 各調達方式の概要

「プロジェクト実施手法の選定アプローチ」では3つの調達方式を対象としており，それぞれの調達方式の概要について，以下のとおり整理している。

- 設計・施工分離方式（DBB；Design Bid Build）

表-1 事業の特性等と調達方式の関係

基準 Criteria		契約戦略の適切性						
パラメータ parameter	対象 Objectives	民間資金（NPD）モデル	従来型ランプサム契約	マネジメント契約	CM	設計・施工一括	プライム契約	フレームワーク方式
時　間	早期完成	×	×	○	○	○	×	○
コスト	建設前段階における価格の確実性	○	○	×	×	○	×	○
品　質	設計の精度	×	○	○	○	×	○	×
価格変動	過度な価格変更の回避	×	○	○	○	×	×	×
複雑性	技術的革新性または高度な複雑性のある建設	○	×	○	○	○	○	×
責　任	契約上の相互関係	○	○	×	×	○	○	○
専門家の責任	プロジェクト・スポンサーに報告する設計チームの必要性	×	○	○	○	○	○	○
リスク回避	リスク移転の要望	○	×	×	×	○	○	○
損害回復	請負者からの損害賠償	○	○	×	×	○	○	○
建設可能性	建設費用の経済性	○	×	○	○	○	○	○

注）○：適当，×：不適当

　　設計・施工分離方式（DBB）は従来型のプロジェクト実施方式であり，発注者が設計を担当するか，発注者が設計者を雇用して設計業務を完成させ，設計者が完成させた施工にかかわる図書に基づいて入札を公示し，別途施工を発注するものである。設計・施工分離方式においては施工段階における詳細設計の所有者は発注者であり，したがって施工中に明らかとなった誤り・脱漏に係る費用は発注者が負担する。

- 設計・施工一括方式（DB；Design Build）

　　設計・施工一括方式（DB）は発注者が設計および施工の両方を同一の契約でデザインビルダーと呼ばれる単独の法人から調達するプロジェクト実施方式である。設計・施工分離方式が入札案内書（Invitation for Bids；IFB）を用いる手続きであるのと対照的に，設計・施工一括方式では資格審査要請書（Request for Qualifications；RFQ）／提案要請書（Request for Proposals；RFP）を用いるのが一般的である。デザインビルダーは詳細設計を管理し，施工中に明らかとなった誤り・脱漏に係る費用を負担する。

- CM/GC 方式（Construction Manager/General Contractor）

　　CM/GC 方式は発注者が設計者と CM との間で別々に契約を締結するプロジェクト実施方式である。発注者は自ら設計を実施するかあるいは，設計会社と施設設計の提供に関する契約を締結する。本手法の特質として顕著であるのは発注者と CM との契約において最終的な費用および施工期間のリスクを負担するのが CM であることである。複雑かつ革新的なプロジェクトにおいて設計検討および施工性に関して建設業界／工事請負業者から情報を得られるということは，発注者が CM/GC 方式の選択する主な理由である。設計・施工分離方式と異なり，CM/GC では明確な情報提供によりプロジェクトに良好な影響を与えることのできる段階で施工者が設計プロセスに参加することが可能である。CM/GC は発注者が技術要件を設定することが困難な非標準型の新しい設計の場合に特に有効である。

b. 調達方式の選定に関する考え方

「プロジェクト実施手法の選定アプローチ」では，調達方式の選定の考え方等として，選定プロセスならびに関連する選定ツールが提供されている。プロジェクト実施方式の選定プロセスは**図-1**に示す手順のとおりである。

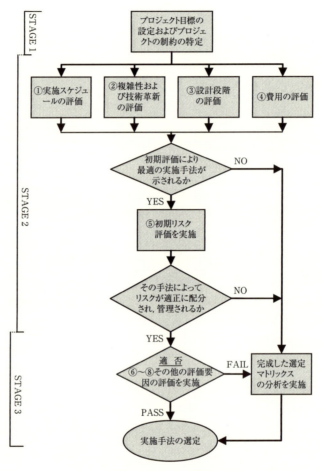

図-1　CDOT のプロジェクト実施方式選定

プロセスを構成する作業項目は以下のとおりである。

A．プロジェクトの説明およびプロジェクト目標の設定。

B．プロジェクトが影響を受ける制約条件の特定および評価。

C．主要な要素(①実施スケジュール，②複雑性および技術革新，③設計段階，④費用)の評価(多くの場合これらの要素が選定の決め手となる)。

D．主要な要素が明らかな選択肢を示す場合(⑤初期リスクの評価)。

E．二次的要素の簡易適否分析(⑥発注担当者の経験/確保状況，⑦監督および管理のレベル，⑧競争性および請負者の経験)を実施し，それらが決定に影響しないことを確認。

F．B，C，およびDの各段階を経ても明確な決定に至らない場合には，3つの実施方式の候補(DBB，DB，CM/GC)に対して上記①～⑧の全要素について，より厳密な評価を実施。

3. おわりに

今回，収集・整理したスコットランドおよび米国コロラド州交通局の調達ガイダンスには，それぞれ各調達方式の選定の考え方が示されている．今後，直轄事業だけでなく，地方自治体を含めた公共事業を対象に，各発注者が自らの技術力や体制を踏まえ，事業の特性や地域の実情等に応じ多様な入札契約方式の中から最も適切な入札契約方式を選択できるようにするためには，諸外国の例にあるような多様な入札契約方式を選定するための考え方を提示していく必要があると考えられる．

参考文献
1) Scottish Government, Scottish Procurement Directorate;Construction Works Procurement Guidance, Feb.2011.
2) Colorado Department of Transportation(CDOT)/Innovative Contraction Advisory Committee(ICAC);Project Delivery Selection Approach, Aug.2012.
3) 森田康夫：事業の特性等に応じた入札契約方式の適用のあり方，建設マネジメント技術，pp.15-19，2014.6.
4) 塚本信一：英国の公共事業フレームワーク入札方式，経済調査研究レビュー，pp.2-8，2012.9.

コラム⑥ 競争的対話方式の機能と制度設計

2006年1月，EUにおいて，競争的対話（competitive dialogue）方式と呼ばれる公共調達方式が導入された．競争的対話方式では，伝統的に用いられてきた一般競争入札とは異なり，発注者と民間事業者の対話を通じて，契約条件を決めることが可能となる．EUでは，競争的対話方式が正式に導入される以前から，EUの調達規則の下で，事業者選定前の段階における交渉が認められてきた．2006年の競争的対話方式の導入は，従前行われてきた交渉の手続きが形式的にルールとして定められた点に意義がある[1]．わが国でも，2014年6月の公共工事の品質確保の促進に関する法律（品確法）の改正を契機として，契約締結以前の対話を可能にする選抜方式の導入が可能になった．競争的対話方式は，その名前が示唆するように，契約内容の協議を行いつつも競争の公平性を維持する試みである[1]．

まず，簡単にEUの調達規則で示されている競争的対話方式のおおまかな手続きの流れを概説しておこう．まず，入札情報の公示の際，競争的対話方式によって調達を進めることと審査基準（award criteria）が提示される．発注者との対話を実施する応札者の数を絞り込むために予備審査（pre-qualification）を行う．予備審査で選定された業者は，発注者との対話を通じて，設計内容および契約内容を確定させる．なお，EUの調達規則では，対話をどのように実施するかという具体的な方法をほとんど示しておらず，発注者の裁量により決めることができる．ただし，発注者は特定の業者に差別的に情報を与えたり，ある業者の提案や機密情報を他の業者に明らかにしたりする行為は厳に慎む必要がある．対話が終了した後に，対話を通じて確定した設計内容および契約内容を事前に公開している評価基準に基づいて審査し，落札者を決定する．

以上の流れは，EUの調達規則において競争的対話として示されているものである．実際に運用する際は，より細かなルールを定める必要がある．以下では，競争的対話方式により期待する効果および適用上，配慮すべき点を考察する．

1. 競争的対話の構成要件と機能

(1) 公共調達制度としての要件

　競争的対話方式は，公共調達のための制度であり，①「どの業者と取引を行うのか」を決めるための選抜ルールと，②「いかなる契約条件で取引を行うのか」を決めるための契約ルールにより構成される。選抜ルールは，市場に存在する多くの建設業者の中から，取引相手として1者あるいは少数の業者を決めるために従うべき手順を規定する。選抜ルールでは，なぜある特定の業者が受注者として適切であると判断したかに関する合理的な理由が求められる。合理性基準にはいくつかの考え方があるが，従来の公共調達制度では，妥当であると社会に認識されている手続き・評価方法に従って下された判断は合理的であると見なす手続き的合理性に依拠している。手続き的合理性の下では，選抜ルールの妥当性が求められる。選抜ルールの妥当性は，①可能な限り多くの事業者を選抜判断の対象としたかどうか（非差別性），②適用する評価基準によって選抜される事業者による受注が社会にとって望ましいかどうか（実用性），③評価結果の判断から評価者の主観が排除されているかどうか（客観性）等の基準によって評価される。さらに，選抜ルールの運用過程では，あまねく人々が情報にアクセスできる透明性が求められる。

　契約ルールは，①何を合意内容とするか，②いかに合意内容を決めるかの2点で規定される。公共工事では，伝統的に完成物の物理的仕様を合意事項とした仕様規定型契約が用いられてきたが，最近では施設が発揮する性能に関して合意する性能規定型契約も試みられている。このように，契約において合意する内容にはオプションが存在する。一方，合意内容の決め方に関して，伝統的な一般競争入札では，発注者側が設計業務を実施し，契約書は標準契約約款が用いられる。したがって，一般競争入札では，発注者が工事で採用する技術，施設の物理的仕様および契約条件の仕様を一方的に提案し，受注者は請負価格のみを提示するという発注者主導ルールとなっている。一方，民間事業者側で仕様を決める事業者提案方式のように，合意内容の決め方にもバリエーションが存在する。

(2) 契約ルールと対話の機能

　対話の実施は，調達プロセスが「競争的対話」と呼ばれるための必要条件である。伝統的な調達方式では，契約締結前の発注者と受注者の間の対話は実施されない。契約締結前に発注者と受注者の間での対話を実施しない調達方式を便宜的に「非対話的方式」と呼ぶ。非対話的方式では，発注者が一方的に合意内容（契約内容，設計内容）を決定する。一方，対話的方式では，発注者と民間事業者が対話を通じた「双方向のコミュニケーション」を通じて，契約内容を決定する。したがって，対話的方式の採用は，従来の発注者主導ルールとは異なる契約ルールを適用することに他ならない。対話的方式が意味を持つ状況として，以下のような場合が考えられる。

a. 発注者の能力だけでは，適切な合意内容（契約書面，設計内容）を決定できない場合

　発注者が工事のために利用可能な技術のレパートリーに関して十分な知識を有しているとは限らない。また，発注者が技術のレパートリーに関する知識を有していたとしても，それを具体的な形で設計図面に表現する能力に限界があるかもしれない。また，発注者は，どのような施設が望ましいかについて，無意識には理解しているかもしれないが，自ら認知できないかもしれない。実際に，人に言われてから気づく類いのことは少なくない。契約条件を決める過程で，発注者と事業者が対話を実施することにより，以上で指摘したような発注者の能力の限界を補完することが可能となる。

b. 事業の個別的事情への配慮が大きな価値を持つ場合

　事業の特性が標準的ではなく，多岐にわたる個別的な要素が取引特性に影響を与える場合には，事業特性の個別性を考慮して，契約内容をカスタマイズした方が，効率的な取引が実施できる場合がある。

c. 契約内容の理解を巡る翻簡の可能性が大きい場合

　契約当事者は，契約の文言上，合意していたとしても，必ずしも契約当事者間で，その意図や理解に関する認識を共有しているわけではない。契約締結前の対話は，当事者間の契約を巡る理解の問題（Problem of Understanding）の解消にも寄与する[2]。

　以上のような，対話を実施するメリットは，EUで競争的対話を適用する上での要件である「事業の複雑性」とは何かを示唆する。すなわち，対話の効果という視点に着目すれば，事業が複雑であるとは，①発注者の能力だけでは，適切な合意内容（契約書面，設計内容）を決定できない場合，②事業の個別的事情への配慮が大きな価値を持つ場合，③契約内容の理解を巡る翻離の可能性が大きい場合のように，解釈することができる。

（3） 対話と事業者選抜ルールの妥当性

　調達プロセスが「競争的対話」であると呼ばれるためのもうひとつの必要条件が「競争性」である。競争性は，手続き的合理性を担保するための要件である。調達プロセスが競争性であるためには，一般的に上述の選抜ルールの妥当性要件，①非差別性，②実用性，③客観性が要求される。競争的対話では，契約締結前に発注者と民間事業者の間での対話を通じて契約内容を決めるルールに則る。非差別性の要件を厳密に満たそうとすれば，受注を希望するすべての事業者と対話を実施しなければならない。しかし，対話の実施には，発注者側の人員や時間といった無視できない取引費用が伴う。また，民間事業者側にも対話のために費やす人的・時間的負担が大きく，対話実施者を多くして受注確率が低下すれば，対話への参加を行わない方が得策となる。このように，受注を希望するすべての事業者との対話を発注者に義務づけることに伴う非効率性はきわめて大きい。そのため，現実的には対話を実施する民間事業者を少数に絞り込まざるを得ない。このとき，選抜ルールは，対話参加者を決めるための第1次選抜と対話を通じて確定した契約内容および請負金額を総合的に評価して最終的な受注者を決める第2次選抜という2段階にならざるを得ない。

　第1次選抜では，対話を実施する価値があるかどうかという基準で対話に参加する事業者を絞り込む必要がある。第1次選抜で適用するルールにも実用性，客観性への配慮が求められる。一方で，対話の成否は，民間事業者のハード技術あるいは調達マネジメント技術に関する能力だけで決まるわけではない。民間事業者が一方的に自らの主張を押しつけるような態度ではなく，対話当事者の双方が互いの立場を尊重し合いながら対話を進めることができる素養もきわめて重要である。対話を実施する価値を客観的な基準により，事前に評価することは容易ではない。わが国では，これまでに「対話の相手として誰がふさわしいか」という評価を行った経験はなく，今後，実務的にも利用可能な評価手法の開発が必要となる。

　第2次選抜では，対話を通じて確定した工事の技術的条件や契約条件の下で請負価格を入札する。最終的な受注者は，価格と契約内容を総合的に評価して選ばれなければならない。価格と契約内容を同時に評価するルールは，すでに適用実績が多い総合評価方式が考えられる。ただし，通常の発注者主導型の契約ルールとは異なり，契約の合意事項に関する裁量が大きければ，総合評価方式で

規定される評価項目の設定は一般性をもった評価基準にしておくといった配慮が求められる。

　今後，競争的対話方式を導入するにあたり，対話対象者選抜段階における客観性の高い評価ルールの設計，また，発注者，民間事業者が効果的な対話を実現するための素養の開発が課題となる。

参考文献

1) Winch, G.：Managing Construction Projects - Second Edition, Wiley-Blackwell, 2009.
2) Langlois, R.N.：The vanishing hand:the changing dynamics of industrial capitalism, Industrial and Corporate Change Vol.12, No.2, pp.388-403, 2003.
3) 大西正光：競争的対話の機能と制度設計，第32回建設マネジメント問題に関する研究発表・討論会，土木学会建設マネジメント委員会，2014.12.

◎参考文献

5.1
1) Winch, G.：Managing Construction Procurement, Second Edition, Wiley-Blackwell, 2010.
2) Williamson, O.：Transaction cost economic;The governance of contractual relations, Journal of Law and Economics, Vol.22, No.2, pp.233-261, 1979.
3) Williamson, O.：The Economic Institutions of Capitalism, The Free Press, 1985.
4) 内田貴：契約の再生，弘文堂，1990.
5) MacNeil, I.R., Campbell, D.(ed.)：The Relation Theory of Contract：Selected Works of Ian MacNeil, Modern Legal Studies, 2001.
6) Brousseau, E. and Glachant, J.M.：The economics of contracts and the renewal of economics, in Brousseau, E. and Glachant, J.M.(eds)：Economics of Contracts：theories and applications, Cambridge University Press, 2002.
7) Cooter, R. and Ulen, T.：Law and Economics, Harper Collins, 1988；太田勝造 訳：法と経済学，商事法務研究会，1990.
8) 大本俊彦，小林潔司，若公崇敏：建設請負契約におけるリスク分担，土木学会論文集，No.693/VI53, pp.205-217, 2001.
9) 大本俊彦，小林潔司，大西正光：請負契約約款の紛争解決手続きに関する比較検討，建設マネジメント研究論文集，Vol.9, pp.151-162, 2002.

5.2
10) 公共工事入札制度運用実務研究会：公共工事入札制度運用の実務，ぎょうせい，2007.7.
11) 国土交通省関東地方整備局入札契約ホームページ　http://www.ktr.mlit.go.jp/nyuusatu/nyuusatu00000005.html
12) 国土交通省大臣官房地方課大臣官房技術調査課：国土交通省直轄工事における総合評価落札方式の運用ガイドライン，2013.3.　http://www.mlit.go.jp/common/000996238.pdf
13) 国土交通省入札談合再発防止対策検討委員会資料，2005.7.29.
14) JASIC（日本建設情報総合センター）：CALS/EC ポータルサイト　http://www.cals.jacic.or.jp
15) 国土交通省：地域の建設産業及び入札契約制度のあり方検討会議ホームページ　http://www.mlit.go.jp/totikensangyo/const/totikensangyo_const_tk1_000053.html
16) 倉内公嘉，鵜束俊哉，高野伸栄，北村明政：公共工事入札における住民参加の可能性に関する研究，土木学会論文集F4（建設マネジメント）特集号，Vol.66, No.1, pp.193-204, 2010.
17) 中央建設業審議会：公共工事標準請負契約約款，改訂版，1995.
18) 大西正光，小林潔司，大本俊彦：建設契約における瑕疵責任ルール，土木計画学研究論文集，Vol.20, No.1, pp.137-145, 2003.
19) 西埜章：国家賠償法コンメンタール，勁草書房，2012.
20) 潮見佳男：不法行為法，信山社，p.215, 2011.

5.3
21) 松浦正浩：実践交渉学，筑摩書房，2010.
22) Freeman, R.：Strategic management;a stakeholder approach, HarperCollins, 1984.
23) Pfeffer, J. and Salancik, G.R.：The external control of organizations;a resource dependence perspective, Harper & Row, 1978.
24) Schelling, T.：The strategy of conflict, Harvard University Press, 1960.
25) 高巌：コンプライアンスの知識＜第2版＞，日本経済新聞出版，2010.

26) 郷原信郎：「法令遵守」が日本を滅ぼす，新潮社，2007.
27) 国立国会図書館：官製談合の主な事例と防止対策，2006.
28) 公正取引委員会：官製談合防止に向けた発注機関の取組に関する実態調査報告書，2011.
29) 国土交通省：水門設備工事に係る入札談合等に関する調査報告書，2007.
30) 国土交通省：北海道開発局入札談合事案に係る再発防止対策検討委員会報告書，2009.
31) 国土交通省：高知県内における入札談合事案に関する調査報告書，2013.
32) 国土交通事務次官：入札談合の再発防止対策について（国官地第21号），2005.8.12.
33) 国土交通事務次官：入札談合の防止について（国地契第90号），2007.3.9.
34) 国土交通事務次官：当面の入札関係不祥事の再発防止対策について（国官地第615号，国地契第15号），2008.6.30.

5.4
35) 市野道明・田中豊明：建設マネジメント，鹿島出版会，2009.7.

第 6 章
技術と経営

　社会基盤マネジメントの射程は，個々の建設事業の執行にとどまるものではない。インフラストラクチャに対する社会的要請に応えるためには，実現に必要な技術や知見を有する企業および他のサービス提供者がその創意工夫を通して持続的に活動している環境の存在が前提となる。本章ではそのような環境をいかにして実現することが社会にとって望ましいかという視点から，インフラ産業論を取り上げる。

　従来の建設投資にかかる受給バランスをベースとした建設産業論に加え，本章ではますます広がりつつあるインフラストラクチャの新しいサービスが新規産業として発展していく可能性と道程を含め，その現状と課題を紹介したい。本章が読者に問う具体的な問いは下記のようなものである。

　そもそも 2015 年の現時点においてインフラ産業の状況はどうなっているのか？

　その状況に対応するためにどのような技術開発が必要とされているのか，また，インフラ産業における技術の特性とは何か？

　開発された技術に基づいて，インフラ産業界の各プレーヤーはどのような経営戦略を策定すべきなのか？

　以下では「インフラ産業論」，「技術開発」，「経営戦略」の各節において上記のそれぞれの問いに答えたい。

6.1　インフラ産業論

6.1.1　インフラ産業政策

　表-6.1 に近年の主なインフラ産業政策のうち「技術と経営」に関連する政策および法規を，それらの影響・効果および施行時の社会の出来事・情勢とともに示す。また，本書図-2.2 で示したインフラ産業の重要指標である建設投資，許可業者数および就業者数の推移からもわかるように平成 26 年度の建設投資額は約 48 兆円であるが，これはピーク時である平成 4 年度と比較して約 42 % 減の数字である。また，平成 26 年度末時点の建設業者数は約 47 万業者でありピーク時の平成 11 年度末に比べて約 21 % 減である。建設就業者数については平成 26 年時点で約 505 万人であるが，最大であった平成 9 年からは約 26 % 減少している。

第6章　技術と経営

表-6.1　近年の主なインフラ産業政策のうち「技術と経営」に関連する政策および法規

インフラ産業政策および関連法規		政策の影響・効果および社会の出来事・情勢
平成7年4月	建設省「建設産業政策大綱」を策定	阪神・淡路大震災
平成10年12月	建設省「建設業の経営改善に関する緊急対策」を策定	バブル崩壊による上場ゼネコンの経営悪化
平成11年7月	建設省「建設産業再生プログラム」を策定	建設産業に熾烈な競争と淘汰の時代が到来
	「PFI法（民間資金等の活用による公共施設等の整備等の促進に関する法律）」施行	民間主導で公共サービスの提供を開始
平成13年	国土交通省「NETIS（新技術情報提供システム）」をネット上で公開	優れた新技術の開発を促進
平成13月1月	「循環型社会形成推進基本法」施行	大量生産・大量消費・大量廃棄型の経済社会から循環型社会へシフト
平成13年4月	「公共工事の入札及び契約の適正化の促進に関する法律」を施行	贈収賄・談合等による国民の信頼の失墜
平成14年5月	「建設工事に関わる資材の再資源化等に関する法律（建設リサイクル法）」施行	循環型社会形成の実行
平成14年12月	国土交通省「建設業の再編に向けた基本方針（事業分野別指針）」を作成	建設投資の急激な縮小と上場ゼネコンの経営悪化
平成17年4月	「公共工事の品質確保に関する法律（品確法）」施行	全公共工事への総合評価落札方式の導入
平成18年1月	「私的独占の禁止及び公正取引の確保に関する法律の一部を改正する法律（改正独占禁止法）」施行	談合決別宣言
平成19年5月	国土交通省「国土交通分野イノベーション推進大綱」策定	インフラ産業へのICT技術の本格導入
平成22年3月	「生物多様性国家戦略2010」を閣議決定	国際的かつ国家的な環境意識の向上への対応
平成22年8月	経済産業省「次世代エネルギー・社会システム実証マスタープラン」取りまとめ	スマートシティ構想導入
平成23年1月	国家戦略室「新成長戦略実現2011」閣議決定	パッケージ型インフラの海外展開推進
平成23年6月	PFI法改正法分布	コンセッション方式の導入
平成23年7月	復興庁「東日本大震災からの復興の基本方針」策定	東日本大震災後の防災のあり方の転換
平成23年11月	「国連気候変動枠組条約第17回締約国会議（COP17）」への出席	低炭素社会の実現へ向けた国際協調
平成23年11月	「持続可能で活力ある国土・地域づくり」の基本方針取りまとめ	東日本大震災後の社会情勢に対応したインフラ整備
平成24年7月	国土交通省「建設業再生と発展のための方策2012」発表	建設業における技術者・技能労働者不足の深刻化の打開
平成26年6月	品確法改正	将来の建設の担い手確保による中長期的なインフラの品質確保

（1）総合政策・基本政策

　平成7年に策定された「建設産業政策大綱」から平成23年に取りまとめられた「持続可能で活力ある国土・地域づくり」に至るまで，複数の総合的・基本的なインフラ産業政策が考案され施行されてきた。これらの総合政策は，日本のインフラ産業を取り巻く国内情勢の変化や世界的な環境意識の高まり，高度情報化等の世界的潮流の勃興を反映して戦略的に策定されている。総合政策・基本政策を策定する上で非常に重要となる「インフラ産業の世界的近況」を簡潔に概説すれば次のとおりになるだろう。2000年以降の欧米ではドイツ以外の主要国で公共投資が増加し，ドイツはほ

ぼ横ばいである。インフラの更新期を迎えた西欧先進国では特に維持修繕工事の割合が高い。2000年代に急速に経済的台頭を成し得た中国・インドなどの新興国では，建設需要も旺盛であり建設投資も年々増大している。また，インドネシアやベトナムなど前記新興国に次ぐ急成長が期待される発展途上国においても活況を呈する経済発展に伴って，今後ますますの建設投資需要が見込めることが予測される。

その一方で日本では図-2.2で示したとおり，バブル崩壊後は建設投資が減少傾向にある。結果として建設投資額はバブル期の半分程に低減し約30年前の1980年代と同レベルで推移している。また，公共投資の対GDP比率は1980年代の約半分に縮減されている。このような非常に厳しい投資環境の中で国内インフラ産業の競争は2000年代以降に激化した。

インフラ産業の総合政策や基本政策は国内の厳しい状況に臨機応変に対応するとともに来るべき将来にも備えるべく綿密に計画されている点にも着目すべきであると考える。換言すれば，現況を踏まえた上でインフラ産業の将来を「前向き」にとらえた政策が策定されている。例えば平成23年に取りまとめられた「持続可能で活力ある国土・地域づくり」の基本方針では，東日本大震災による甚大な被害からの復興を通じて防災のあり方・多重性ネットワークの重要性の再認識・エネルギーや環境制約の再認識がなされており，よりよい国土づくりへ向けたインフラ政策の転換が図られている。また，国鉄や日本電信電話公社の分割民営化に代表される国営インフラ企業の民営化政策を断行して経営の改善を促してインフラ産業の活性化が図られた。契約制度の面では，平成11年7月施行のPFI法により，インフラの施工・設計・維持管理・運営に民間資金と企業ノウハウを活用することが可能なPFI(Private Finance Initiative)方式が新たに導入された。さらに，平成23年5月施行の改正PFI法においては公共施設等運営権が規定されて，民間事業者にインフラ事業運営に関する権利を長期間にわたって付与するコンセッション方式の契約も可能となった。

(2) 技術開発政策

平成13年にインターネット上で公開された「NETIS(新技術情報提供システム：New Technology Information System)」は優れた新技術の開発を促進するための政策の一環である。従来はその公共性の高さからインフラ産業技術は他産業と比較して普及スピードが非常に遅かった。しかしながら新技術を公式にデータベース化する事によりインフラ関連の新技術情報の共有化が図られ，普及スピードを押し上げる効果が期待された。実際今日のインフラ業界においては，さまざまな新技術がNETISや類似の公的データベース・研究会等によって共有化を実現している。平成23年1月の「新成長戦略実現2011」においては，インフラの海外展開推進が謳われており，海外市場も視野に入れたインフラ技術開発や既存技術の海外における応用にも本腰が入れられるに至った。このように，技術開発政策や総合政策がインフラ産業界における技術開発の促進や方向性に与える影響は大きい。また，過去に発生した大震災による痛ましい被害を契機として国土交通省をはじめとする省庁は防減災に関する省令を多数告示・改正している。これらの省令に基づいてインフラ産業においては産学官が一致団結して新たな耐震・防災技術の研究開発や耐震基準の変更が鋭意実施されてきた。

（3）建設業再生と発展のための方策

平成24年に国土交通省は建設産業再生と発展のために，「建設産業再生と発展のための方策2012」を打ち出した。この方策で打ち出した当面講ずべき対策の骨子を以下に掲げる。

- 東日本大震災への対応を将来に生かす
- 公共工事の入札契約制度の改善等
  適正な競争環境の整備，プロジェクトに対応した円滑な契約のための支援（日本型CM方式等）
- 総合的な担い手の確保・育成支援
  技能労働者の処遇の改善（社会保険未加入対策，設計労務単価の賃金水準への反映等）
- 海外展開支援策の強化
- 時代のニーズに対応した施工技術と品質確保

（4）公共工事の契約・発注形式に関する政策

そもそもわが国の公共事業では機会均等の観点から標準的な工法の採用が前提となっていた。このため，企業が独自の技術を開発しても独占していては公共事業の設計・計画段階で採用される見込みがなかったので，工法協会のような工法普及を目的とした組織が多数形成され，結果として全体の技術競争が他産業に見られない特殊な構造を呈してきた。

それに加え，従来の入札は価格のみの競争であったこと，および設計は発注者が行ってきたので，ここでも設計に影響を与えるような大きな技術提案は不可能だったことから，一層技術競争の誘因が乏しかった。

そこで，平成17年の「公共工事の品質確保に関する法律」施行を契機として，わが国の公共事業に総合評価落札方式が導入され，それまでの工事価格のみの発注から技術提案も含めた総合的な評価に基づく発注方式が採用されるようになった。しかしながら，本書執筆時点での実状はその理念の実現からは未だ遠く，結局は価格が工事落札の決定的要因になることが多い。この現状を打破し，公共工事の品質確保を中長期にわたって実現するため，平成26年6月には品確法が改正された。改正品確法では，産業の持続性を確保することのできる積算体系の徹底，ダンピング防止，事業の特性を考慮した多様な入札契約方式の導入，等を基本施策としており，「公共工事の入札及び契約の適正化の促進に関する法律（入契法）」，「建設業法」等の関連法改正と併せて実効的な取り組みを実現するために一体的な制度改革が行われた。

6.1.2 日本のマネジメント

（1）高品質の追求

近年の日本のインフラ整備においては公共工事の契約・発注形式に関する一連の政策を通じて，工事価格だけではなく技術や品質も重視した調達が実施されてきた。しかしながら，この品質重視の傾向はインフラ産業政策のみによって一夜にして醸成されたものではない。国土交通省が2008年にわが国建設業の海外展開戦略研究会報告書の中で指摘したように，日本の建設業は，①戦後の多大な国内建設投資，②日本特有の地理的・自然的条件，③日本の国民性および国内関連支援産業や優秀な人材の存在，④国内における強力なライバル企業の存在によって産学官が，また，発注者・受注者が，長期にわたる研鑽を続けてきた結果，世界に誇れる技術力やノウハウ等を蓄積してきた。

日本国内においても難易度が非常に高いインフラプロジェクトの実例は枚挙に暇がないが，海外においても中東のドバイメトロ，北米のコロラドリバー橋，西アジアと欧州を結ぶボスポラス海峡横断鉄道トンネルなどの高度な建設技術力・建設マネジメント力を必要とする国家的事業を日本の企業連合やゼネコンが受注して施工している。日本企業の受注に結びついた一因として，日本のインフラ産業の「確かな技術力に裏打ちされた品質重視の姿勢」が評価された点を挙げる見方も多い。

(2) ゼネラルコントラクターの存在

社会基盤整備の計画・設計・建設・運営管理のうち，建設段階の最前線を担うゼネラルコントラクターの存在も日本のインフラ産業の大きな特徴のひとつである。

欧米のコントラクターは一般的に施工のみを担当し，設計はコンサルタントが担当する。また，日本では禁止されている一式下請（いわゆる丸投げ）が認められているため一式下請工事も多く，下請した協力会社が現場のすべての手配や指示をし，コントラクターの現場技術者は施工管理・協力業者の管理・原価管理・技術管理のみに集中している。これに対して日本のゼネラルコントラクターは現場のすべての手配や指示を担うのみならず，自社の技術部・設計部・技術研究所・機械工場等の力を総動員して非常に高度かつ多岐にわたるエンジニアリングや技術開発をも推し進めるのが通例である。スーパーゼネコンと呼ばれる大手建設会社に特にこの傾向が強く見受けられる。

上記のゼネラルコントラクターの存在がわが国のインフラ産業における高品質指向の理由ともいえる。

(3) 市場の閉鎖性

平成18年1月に施行された改正独占禁止法以前にはわが国の公共事業においてはしばしば談合が行われていた事実が多くの事案で認定されている。また，日米構造協議で入札方式の改善が要求されたことを発端として平成5年12月の中央建設業審議会で一般競争方式の導入が改めて可決されるまでは，発注者の裁量が大きい指名競争入札が長らく適用されていた。このような過去の建設業界の慣例が原因となってインフラ整備の公共事業マーケットは閉鎖性の高いものになっていた。しかしながら平成8年1月にWTO政府調達協定が発効され同年6月にはその行動計画が策定されており，日系企業・外資系企業に公平な競争の時代に突入した。

(4) 建設業界におけるM&Aの少なさ

図-2.2に示されるように日本国内の建設業における許可業者数は平成26年度時点でピーク時の約80％であり就業者数は約70％である。これに対して建設投資はピーク時の約60％にまで大きく縮減している。このような厳しい環境が近年継続する中，建設業界においても競争が激化し淘汰の時代がすでに始まっている。インフラ産業政策においても平成11年7月策定の「建設産業再生プログラム」ですでに建設業者のM&A (Mergers and Acquisitions, 合併と買収) が取り上げられている。また，平成14年12月の「建設業の再編に向けた基本方針」でも経営統合や事業再編による大手・準大手ゼネコン数の低減が謳われた。しかしながら現実には準大手ゼネコン同士の合併がごく少数あるのみで，平成24年時点では大手ゼネコン同士の大規模な合併もなく，準大手ゼネコンのM&Aが頻発しているわけでもない。金融業界等のM&Aが頻発する業界と比較して，M&Aが非常に少ないのが建設業界の特徴となっている。合併すれば企業の資産や顧客数が増加す

第6章　技術と経営

る金融会社と異なり，ゼネコンが合併しても受注額や顧客数が単純に増えるわけではないということが前記特徴の最大の原因であろう。

6.1.3　グローバリゼーション
(1)　グローバリゼーションに伴う国内産業構造の変革

　経済学者 J・E・スティグリッツは早稲田大学の講義の中で，グローバリゼーションとは「輸送コストや情報通信コストが低廉化したことに加え，それまで国家間にあったさまざまな人為的障害がなくなったことによって，国家間の資本，情報，財，労働などの移動が活発化したこと」であると発言している。グローバリゼーションは1990年代に本格化し，欧米先進国や東アジア新興国などに莫大な利益をもたらす一方で国際金融危機を招く一因にもなった。グローバリゼーションの拡大によって近年の世界経済は，先進国・新興国を巻き込んだ競争と連携によって特徴付けられる新たな時代を迎えつつある。近年のグローバル化が高度経済成長時代の産業の国際化と異なる最大のポイントは，新興国の著しい成長と存在感の高まりである。

　このような世界的潮流の中，わが国の代表的な産業である製造業では，競争に勝つために従来自国内にあった生産拠点を労働力が安価な新興国へ積極的に移してきた。その結果わが国製造業の産業構造は，研究開発や生産ノウハウの構築のみを国内で行い，その後の量産化は海外で行う形態へと変化したのである。しかしながら，図-6.1に示されるとおり，近年ではグローバリゼーションの波に乗って大きく台頭した中国をはじめとする新興国が，過去には日本の特長であったハイテク

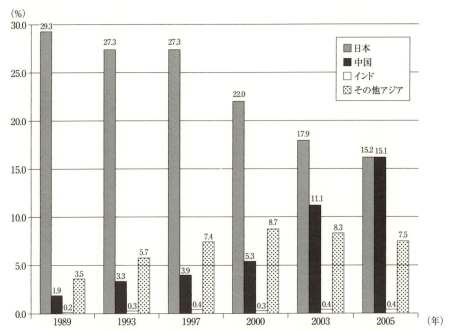

注）1．全世界で生産されているハイテク産業（航空機，通信機器，事務機器，コンピュータ，医薬品，科学機器）の付加価値に占める各国のシェアを示す。
　　2．その他アジアとは，韓国，台湾，シンガポール，マレーシアを示す。
　　3．日本経済団体連合会日本経済団体連合会（2010）『産業構造の将来像－新しい時代を「つくる」戦略－』中の図表2-4をもとに作成。

図-6.1　世界のハイテク製造業の付加価値に占める各国のシェア

産業の技術力や付加価値創造力という点においても，相対的に著しく成長している。したがって，高付加価値な製造業は国内に残して価格競争の厳しい分野は新興国へ移転するというこれまでの産業構造が今後さらに変革する可能性も大きい。

（2） インフラ産業への影響

バブル経済の破綻に伴う公共工事の減少とグローバリゼーションの拡大に伴い，日本のインフラ産業においては近年ますます海外進出の機運と必要性が高まっている。平成23年以降は国による積極的なトップセールスが実施されており，日本のインフラ産業の海外展開を強力に支援している。米国への高速鉄道インフラ，中東諸国への水インフラ，新興国への港湾空港インフラ・環境インフラの輸出促進が官民連携オールジャパンとして総合的・戦略的に取り組まれている。

その背景には海外インフラ市場における韓国・中国等の海外ゼネコンの急激な成長が日本のインフラ産業の大きな脅威となっているという事実がある。韓国や中国のゼネコンも積極的に東南アジアやアフリカ諸国へ進出しており，安価な労働力・調達力をもって競争力を高めている。今後わが国のインフラ産業はこれら海外の国々との熾烈な競争を余儀なくされることは間違いない。

また長大橋など日本国内におけるプロジェクトが減少している種類の工事においては，北米や新興国を中心とした海外マーケットへの進出によって国内で培ってきた高度な技術を次世代へ伝承するという側面もあり，このような意味でもグローバリゼーションの重要性は高いと考えられる。

（3） インフラ産業の変化

グローバリゼーションに伴う海外ゼネコンとの激烈な競争時代到来を迎えてわが国のインフラ産業は変化し，従来よりも戦略的にグローバル化してゆく必要性に迫られている。変化の一例として前述のオールジャパンの取り組みの他に，現地化（glocalization）の促進，海外ゼネコンとの連携，海外ゼネコンのM＆A（企業合併・買収）が挙げられる。現地化すれば海外の建築需要が旺盛な特定の国や地域に深く根付くことができるため，長期的にビジネスを行ってゆくためには有効な手段である。進出して間もない国における大規模案件で現地の海外ゼネコンをパートナーに迎えることは，現地特有の慣例やリスクを認識できるという点で有用である。M&Aは現地化の手段のひとつであるが，現地法人をゼロから築き上げる場合と比較して，合併・買収先企業が保有していた顧客や市場でのシェアそして現地社員をそのまま引き継ぐことができるため，より迅速に現地化を達成することが可能となる。これら3つの戦略はすでに日本のゼネコンによって実行されており，一定の成果を上げて成功している事例もある。

社会基盤技術の海外展開の背景には，アジアを中心とする新興国の急速な経済成長によるインフラ需要の急拡大がある。ADBの「Infrastructure for a Seamless Asia」(2009)によると，2010～2020年の11年間に，アジアにおける潜在的需要は約8兆ドル（**表-6.2**）と見込まれている。また，それに伴う先進国における既存設備のリプレース需要の増大，欧州先進国・中国・韓国との国際競争の激化があると考えられる。

これまでの海外展開の実績として，2011年には，インドネシアでの火力発電計画（電力業者・商社），ベトナムでの港湾建設計画（商社・海運業者），英国での高速鉄道車両更新計画（政府・メーカー）（表）における受注，優先交渉権の獲得等，成果が出ている（**表-6.3**）。

表-6.2 アジアのインフラ投資ニーズ(2010〜2020年)

単位:10億ドル(2008年実質価格)

セクター	新規	更新	計
エネルギー(電力)	3 176	912	4 089
通信	325	730	1 056
運輸	1 762	704	2 466
空港	7	5	11
港湾	50	25	76
鉄道	3	36	39
道路	1 702	638	2 341
水道・衛生	155	226	381
計	5 419	2 573	7 992

注) Infrastructure for a Seamless Asia(ADB)より作成。

表-6.3 わが国建設業の海外進出実績

分野	国・地域	案件名	概要
高速鉄道	英国	高速鉄道車両更新計画 (IEP: Intercity Express Programme)	・老朽化(30年超)した幹線高速鉄道車両を更新する計画。日立製作所を含む連合体が優先交渉権獲得。 ・2010年英国政権交代を受けて見直しの対象となったが,2011年3月,英国運輸省は日立連合と契約交渉を再開し,正式契約締結を目指すと発表(総事業規模約45億ポンド(約5 650億円))
石炭火力	インドネシア	中部ジャワ高効率石炭火力発電計画	・ジャワ島中部ジャワ州における100万kW×2基の石炭焚火力発電所の建設・操業(総事業費規模約40億ドル(約3 150億円))。インドネシア初の超々臨界圧。 ・2011年6月電源開発・伊藤忠グループが落札。同年10月長期売電契約締結。2017年商用運転開始予定。
水	サウジアラビア	上下水道事業	・2011年1月経済産業相とサウジ水電力相との会談で,ブライダ市/ウナイザ市における水事業の実施について合意。 ・2011年9月サウジ水電力省,経済産業省,国土交通省との間で上下水管理の協力に係る包括的な覚書を締結。横浜市・日揮等が基本設計書作成のためのF/Sを実施。
港湾	ベトナム	ラックフェン港建設計画	・ベトナム北部初の大水深港(14m)を建設・運営する事業。 ・2011年10月,商船三井,日本郵船,伊藤忠商事およびビナラインズ(ベトナム国営企業)の合併企業に事業投資許可が授与され,同月開催の日越首脳会談の際に円借款(STEP)(約210億円)のE/N締結。
宇宙	トルコ	宇宙機関設立・通信衛星調達事業	・通信衛星2機の調達に関し,2011年3月三菱電機が受注。 ・政府としては,今後,トルコの宇宙機関設立に向けて支援していく予定。
宇宙	ベトナム	衛星情報の活用による災害・気候変動対策計画	・ホアラック・ハイテクパーク内への宇宙センター整備とともに日本から地球観測衛星2機(小型レーダ型)を調達。また人工衛星の開発利用に係る技術移転と能力強化を実施。総事業規模544億円。 ・2011年10月に円借款(STEP)第一期分72億円についてE/N締結。
インフラ全般	ASEAN	ASEAN連結性支援	・11月の日・ASEAN首脳会議にて日本政府より,連結性強化に資する主要案件リスト「フラッグシップ・プロジェクト」を提示・合意(ASEANの港湾,物流,電力,情報通信網整備等)。事業規模としては全体で約2兆円。 ・資金手当として,ODAやJBIC等の活用,民間資金の動員,アジア開発銀行(ADB)等との連携を進めていく。

注) 内閣官房作成資料より

6.2 技術開発

6.2.1 社会基盤分野における技術の特徴と経緯

　社会基盤施設は常に人々の生活とともに存在し，それを実現する技術は，古の時代から現在に至るまで連綿と発展を続けている。ローマ帝国などに代表される古の時代から，人間が人間らしい生活を送るために社会基盤施設の整備が進められてきた。ローマ帝国において，そもそもは軍事上の施設として整備された道路が物流の促進と経済の活性化をもたらし，本国のみならず植民地や周辺同盟諸国にローマ式の豊かな生活スタイルが広められていったことは良く知られている。また上下水道は飲料水供給のみならず公共浴場や水洗便所に供され，稠密な人口を擁する都市の良好な衛生環境の維持に大きく寄与し，疫病などの予防に大きな役割を果たしてきた。さらに産業革命を経て姿を現した近代国家においても，道路，鉄道，港湾などの交通輸送施設，堤防，ダム，ため池などの治水・利水施設，また上下水道等の整備がさまざまなプロジェクトとして進められ，国家の経済発展や人々の生活水準の向上をもたらしている。

　長期にわたり供用される社会基盤整施設は，我々の生活やライフスタイルに直接的にかかわるものであり，広範な時空間にわたって社会に影響を及ぼすものであるといえる。例えば，江戸における湿地・砂州の大規模な埋め立て事業，運河の整備，また利根川東遷などの河川付替えなどの土木事業は，高度な水運物流網を支え，当時世界に誇る100万人規模の大都市を出現させた。江戸という都市のグランドデザインと長期にわたり継続して行われた社会基盤施設群の整備なくしては，現在の東京という大都市が出現することはなかったといえよう。一方で，社会基盤施設の整備は，多かれ少なかれ自然を制御し改変するプロセスを有するため，かけがえのない貴重な環境を毀損し得るという負の側面もある。経済性を第一に追求したが故に，個々の場所に固有の生物多様性や生態系が損なわれてしまうという苦い教訓を得た事例もある。社会基盤施設を実現するにあたっては，数十年のスパンでさまざまな影響を考えることが必要不可欠であり，場合によっては数百年といった長期にわたって人々の暮らしに思いを馳せ，技術の適用を考えることが重要となる。多くの人々がかかわる高い公共性を内包すること，また広範な時間と空間の軸で評価する必要があるというのが，社会基盤分野における技術の特徴であるといえる。

　社会基盤の分野においては，他の分野において開発された科学技術を統合して使用する事例が多い。古くから，機械工学，電気工学，材料工学といった個々の分野における先端要素技術をインテグレート（統合）することで社会基盤施設を実現し，社会に実装してきた。このとき社会基盤にかかわる技術者は，技術にかかわるコストと効用など，その長所と短所を見極めながら適切に使いこなすことが求められる。また前述のとおり，社会基盤施設が長期間にわたって供用されることを考えると，技術の活用と検証，そしてフィードバックのサイクルが一層重要となる。わが国が近代国家の一角に肩を並べようとして奮闘した明治の時代，小樽築港に携わった廣井勇が，当時は先進技術であったコンクリートの長期耐久性について調査するために，およそ6万個のモルタルブリケットを作製したことはよく知られている。社会基盤施設の長期耐久性に責任を持つために100年先を見据えて計画された耐久性試験は，社会基盤にかかわるエンジニアが持つべき姿勢や倫理について多くを考えさせるプロジェクトであるといえよう。

　さてこれまでの社会基盤整備について，近代以降のわが国に焦点を当てて経緯を見てみよう。お

のおのの時代背景を表すキーワードを挙げながら，その内容をまとめる．

- 殖産興業と富国強兵：当時の内務省主導による河川改修，築港事業，疏水開削などや，工部省・鉄道省による鉄道網の整備などが，殖産興業と富国強兵を目指して全国各地で実施された．また産業革命以降，欧米で急速に発展した土木技術をわが国に導入するために，お雇い外国人や欧米諸国に派遣された留学生などが大きな貢献を果たした．

- 戦後復興と高度経済成長：新幹線の建設と営業運転の開始，都市部の稠密な鉄道ネットワークの形成，モータリゼーションを支える道路網の整備（首都高速道路，都市間高速道路），治水・利水・発電を目的としたダムの建設，および下水道の整備などが実施された．これらのインフラストラクチャは，第二次世界大戦後から数十年にわたる，奇跡的とも言われた日本の高度経済成長を実現するために大きな役割を果たしてきた．

- 環境問題の発生と対策：高度経済成長の負の側面として，急速な経済発展に伴う大気汚染，水質汚染，土壌汚染，騒音等の問題が顕在化し，大きな社会問題となった．また急速な都市化によるヒートアイランド現象や景観等の問題，過疎化による山間部の荒廃といった課題を抱えるとともに，近年では温室効果ガスの排出による気候変動といった地球規模の問題も生じている．これまでの経済性あるいは効率性を重視した考え方から，持続可能性を考慮した技術が求められるようになってきている．

- 維持管理の時代：1980年代の米国では，多額の財政赤字・貿易赤字を背景とした公共投資の削減と，1930年代にニューディール政策により整備された土木構造物の高齢化が進み，突然の落橋などによるさまざまな被害が多発した．「荒廃するアメリカ」として大きな社会問題となったものである．わが国においても，2012年12月には笹子トンネルの天井板が崩落し，9名の犠牲者が出るという痛ましい事故が発生した．厳しい財政上の制約による公共投資の削減や，高度経済成長期に整備された多くの構造物が高齢化することを鑑みると，多くのインフラストックを維持管理するための新しい技術，制度，仕組みが，今後必要不可欠になると予想される．

- 国際化の時代：急峻な国土を有しさまざまな自然災害が多発するわが国において，土木技術は高度な発展を遂げてきた．優れた構造耐震技術などはその一例である．また強い経済力と高度な技術力を背景として，発展途上国の貧困削減や経済成長を支援する社会基盤整備プロジェクト等が，ODA（政府開発援助）事業等としてこれまでに実施されてきた．今後も，新興国や発展途上国などにおいては旺盛なインフラ需要が見込まれており，わが国が有する土木技術の国際展開が期待されている．さらに日本が競争力を有する省エネ技術や汚染浄化技術など，先進的な環境技術を適用展開することが，地球規模での持続可能な社会を実現するうえで重要と考えられる．またプロジェクトの形成・計画から，設計，施工，さらに施設の運営，維持管理までを含めた一体型（パッケージ型）のインフラ輸出についても取り組みが始まっている．個別要素技術単体のみを扱うのではなく，システム全体をとらえた方法論が必要となっているといえる．

- 情報化インフラストラクチャ：近年発展の著しい情報通信技術やセンシング技術等を活用して，ビッグデータを活用しながらインフラストラクチャの高度化を図る試みが近年なされている．スマートグリッド，スマートトランスポーテーション，スマートウォーターなどのスマートインフラ，さらにそれらから構成されるスマートシティといった概念が提唱されている．ス

マートとは賢いという意味を有するが，情報通信技術やきめ細やかなセンシング技術を活用し，ミクロな人の動きや，個人の暮らし・ライフスタイルに合わせて，インフラが提供するサービスを量・質の両面から制御を行い，効率性や経済性のみならず，環境負荷の低減や質の高い生活を実現しようとする技術である。

6.2.2 社会基盤における技術の種類と担い手

前節では，社会基盤の技術の特徴と変遷について概観した。本節では，初めに社会基盤分野における「技術」とは具体的に何を指すのか，社会基盤施設に関するプロジェクトの上流から順を追って整理をしていきたい。まず社会基盤プロジェクトの発掘・形成段階において，プロジェクトの優先度の評価，総事業費の概算見積，ならびにプロジェクトの効用や便益の評価を行う技術がある。続いてプロジェクトのフィージビリティ・スタディやプランニングを行う際に必要となる，各種調査技術，アセスメントおよび合意形成にかかわる技術等がある。これらは事業の発注者あるいはその役目を代行するコンサルタントが保有する種類のものである。また個別の社会基盤施設を計画，設計する段階においては，構造物の設計支援技術や解析技術が必要不可欠であり，工事を行う段階ではさまざまな工法，施工管理技術，検査技術等が求められる。構造物の設計・解析技術や施工管理技術などは，コンサルタントおよびプロジェクトを受注するコントラクターが関与するが，技術にかかわる主体はプロジェクトの契約形態によっても異なる。例えばデザインビルドなどの契約形態では，設計・施工一括での発注となるため，コントラクターが設計から施工まで一括して技術的検討を行う必要がある。さらに供用後では，インフラ施設群を効果的に管理運営するための技術や，維持管理を支援する技術などが求められるが，これらは基本的に社会基盤施設の管理者が保有するものである。

以上のように，社会基盤にかかわる技術の種類と関与する主体はさまざまであるが，それらに共通する特徴として，以下のような点が列挙される。

- プロジェクトの計画から実現するまで期間が長くなることが多く，ダム等の大規模な社会資本整備になると，数十年後に完成をみるものもある。したがって，計画段階で想定した社会・経済状況とは異なるものになることもあるため，社会基盤整備の必要性を随時，客観的に評価することが重要となる。百年の計としてとらえる長期ビジョンを持つことはもちろんのこと，状況の変化に応じて当初の計画を柔軟に変更することも時には必要である。
- 地形，地盤，気象条件など，現地の条件に合わせて社会基盤施設を建設することになるため，受注一品生産が多く，それに応じたテーラーメードの技術開発が必要となる。しばしば非汎用的な技術が多くを占めるので，他の製造業等で一般的な，大量生産・大量販売によって研究開発投資を回収し，利益を上げながら次の研究開発に投資を振り向けるといったビジネスモデルが，社会基盤分野において適用しにくい場合がある。
- 社会基盤施設のユーザーが不特定多数であること，また公共事業においては，国民の代理として発注者がその役割を担うため，技術には高い公共性が求められる。例えば，一社が独占的に有する技術というものが，社会の最大利益に結びつかないことがある。

以上から，社会基盤分野の技術は，例えば自動車や電気製品の開発，設計，製造等の際に使われるものと異なる特徴を有することがわかる。大きな違いのひとつに，研究開発への投資効果を直接

的に把握することが難しいという点が挙げられる。一般の製造業の場合には，他社に先駆けて開発した先進的な技術，あるいはユーザーのニーズを的確に掴んだ技術が，マーケットの支持を獲得し，販売量やシェアが増えることで利益につながり，研究開発の投資が回収される。このサイクルが循環することが，新しい技術開発のインセンティブとなる。しかしながら，インフラプロジェクトとの関係で技術をとらえてみると，独占的に抱える技術が必ずしも受注に結び付かないこと，またテーラーメードで開発された技術が他のプロジェクトに必ずしも適用できないこと，などが例に挙げられ，他の分野と異なる特徴を有していることがわかる。それに対し近年では，研究開発に対して投資のインセンティブを高めること，また良い技術が社会に普及することを目指した動きも出てきている。鉄道の分野で進められている「鉄道ACT研究会」などがその一例である。本研究会の主眼は，競合他社の後追いとなるような類似の技術開発を避けること，他社と差別化した独自の技術開発に集中すること，優れた技術に対してはロイヤリティーを支払って使用すること，受注活動と技術を切り離すこと，などを狙って，持続可能な技術開発環境をつくり出すことを目的としている。良い技術を持続的に開発し，社会に実装するための一つの仕組みととらえられる。

6.2.3 社会基盤分野における技術基準と国際化

　さまざまな地域や場所で供用される社会基盤施設は，多様な自然・社会・経済的な条件のもと，所要の機能を確実に発揮することが求められる。社会基盤施設は不特定多数のユーザーが利用するという性質を持つため，その機能の喪失は，時に人命や財産を損ね多大な社会的・経済的損失につながる。したがって，社会基盤施設にかかわる技術規格，技術基準・標準は，さまざまな供用環境のもとで，求められる性能や品質を満足する構造物を具現化するという重要な役割を担ってきた。さらにグローバル化が進み，国境をまたいだ製品やサービスのやり取りが盛んになっている昨今では，技術規格や基準・標準が，国際的なビジネスにおいて非常に重要となりつつある。技術が優れているのに勝てない，とは国際ビジネス戦略の場で良く聞く言葉であるが，社会基盤分野においても，その重要性が一層増しつつあるといえる。

　欧米諸国では産業競争力強化の観点より国際標準化を早くから重視し，自国の技術を世界に波及させる戦略を採用して，国際標準の制定に官民一体となって戦略的に取り組んでいる。まずはルール制定という上流の段階で主導権を握り，その後のビジネスを優位に進めようとするものである。わが国が保有する技術は，一般に経済的および技術的な強みがあるにもかかわらず，国際標準化において消極的であった。したがって，技術の中には得意分野であるにもかかわらず，国際的な規格制定の場面で意見が反映されずに，日本にとっては受け入れがたい規格ができてしまう場合がある。本項では，標準化の目的や意義，また社会基盤分野を中心にわが国の状況について簡単に触れながら，国際標準におけるWTOの枠組みや，今後必要な項目について概観する。

　一般に，標準化を行う目的は，以下の4つに大別される。
① 互換性・相互依存性の確保（乾電池やネットワークプロトコル）
② 計量・試験方法を目的としたもの（計量単位や性能測定技術）
③ 品質・安全を担保するもの（ファンヒーター，ガスコンロなど）
④ マネジメントシステム（品質および環境マネジメントシステム）

標準化の始まりは，互換性と相互依存性の確保を目的としたものである。例えば部品の交換を行

うためにねじが規格化され，製品の修理が円滑かつ容易となったことは，大量生産・大量消費の近代工業社会において大きな意味を持つ出来事であった。近年においても，互換性や相互依存性確保の重要性は一層増しつつある。例えば，日常生活を送る上で必要不可欠な情報通信技術も，ネットワークプロトコルという標準規格無しで機能しないことは自明である。標準化の目的の2点目は，計量・試験方法に関するものである。計量の単位や試験方法が国によってまちまちであれば，互いに使用されているモノやサービスの性能を横並びで比較することができず，ユーザーは多大な不便を被る。ここでコンクリートの強度や耐久性にかかわる試験方法のように，使用される条件や環境が国によって異なる場合には，実際の使用環境を代表する適切な条件を設定し，そのもとで試験を行うことが重要となる。しかしながら試験方法の標準化にあたって，過去の経緯や産業界全体の利益にかかわる話になることもあるため，意見の統一や合意にこぎつけることが難しい場合もある。3点目は品質や安全にかかわる標準化である。多くのユーザーが使用する製品の品質や安全を保証する方法について標準化することは，人命や財産の喪失を防ぐ上で重要である。4点目は，マネジメントシステムに関するものである。モノやサービスそのものの標準化のみならず，それら品質管理のマネジメントシステムや環境影響を考慮するマネジメントシステムが定められている。

次に標準の種類について簡単に触れていきたい。標準には，デジュール標準（公的標準。公的で明文化され公開された手続きによって作成された標準），フォーラム標準（関心のある企業等が集まってフォーラムを結成して作成した基準），デファクト標準（事実上の標準。個別企業等の標準が，市場の取捨選択・淘汰によって市場で支配的になったもの）の3つに大きく分類される。デジュールおよびデファクトという言葉はラテン語に端を発し，デジュールとは法律によるもの，デファクトは事実上の，という意味を有する。我々の身近なところで使用されているもののなかに，デファクト標準として普及したものが多く見られる。例えば，この原稿の執筆にあたって使用しているキーボードは，その配列の一部から名を取ってQWERTYキーボードと呼ばれている。この配列はタイプのしやすさから決定されたものではなく，逆にタイプライターの技術的な制約から，タイピングがあえて遅くなるような配列にされたといわれている。ドボラクキーボードと呼ばれる母音と子音を左右に整理して配列したものが後に開発されたが，両者を比較すると指先が動く距離の総計が10倍も異なるという報告事例もある。いったんデファクト標準になった技術は，如何に後発の良い技術が現れたとしても，置き換わることが難しいことを表すエピソードである。換言すれば，良いものが必ずしも標準になるわけではないということを示唆している。

次に社会基盤施設の設計という観点から，規格のヒエラルキーを概観していく。ISO規格に代表される国際規格を頂点として，EN規格などの地域規格，JISなどの国家規格，コンクリート標準示方書や道路橋示方書などの団体規格，鉄道事業者などが組織の中で運用する社内規格に分けられる。国際標準は工業化社会が到来し製品が国境を超える交易の対象となって間もなく登場したものであるが，経済活動が国内交易で完結せず国際貿易に依存するようになったことの必然的結果である。また国際市場での円滑な経済取引のためには，相互理解，互換性の確保，消費者利益の確保などを図ることが重要である。いずれが保証されなくても取引上大きな障害となる。したがって現在では，国家規格，団体規格，また社内規格までもが，国際規格と整合しなくてはならなくなっている。製品の品質，性能，安全性，寸法，試験方法などに関する国際的な取り決めとしての国際標準に従わなくてはならなくなったのである。

国際標準化に際して重要なものに，WTO/TBT協定と政府調達協定がある。前者は，WTOに加盟する国々が，強制規格，任意規格，適合性評価手続きを必要とする場合において，国際規格をその基礎として用いなければならないという協定である。後者においては，政府調達において国際規格が存在するときにはその使用が求められている。例えば公共事業において使用される仕様および技術標準は，国際規格と整合したものとする必要がある。政府調達協定が適用されるのは，中央政府機関，都道府県および政令指定都市（地方政府），NEXCO等の政府関連機関が相当する。

国際化の動きの中でわが国としても国際規格の制定に積極的に取り組んでいくことが求められているが，土木分野においては，その重要性についての認識はあるものの，現状では資金面，人材面，体制面ともに改善の余地があるといえる。道路橋示方書，鉄道構造物等設計標準，建築設計基準など，道路，鉄道，建築といった分野によって基準が細分化されている。一方で海外では構造分野では統一がなされていることが多い。今後は，性能照査型設計の良さを生かしながら，現在わが国で使用されている基準類について相互乗り入れを一層図っていくべきである。近年では，アジア各国に対してユーロコードおよびAASHTO（American Association of State Highway and Transportation Officials：米国全州道路交通運輸行政官協会）などが積極的に進出を図っており，わが国としても戦略的な対応が求められている。

6.2.4　社会基盤における知的財産戦略

知的財産戦略は，技術経営に欠かすことのできない要素である。知的財産とは，「発明，考案，植物の新品種，意匠，著作物その他の人間の創造的活動により生み出されたもの，商標などの無形の財産」のことであり，知的財産権制度とは，それらを創作した人の財産として保護するための制度である。知的財産権は，特許権や著作権などの創作意欲の促進を目的とした「知的創造物についての権利」と商標権などの使用者の信用維持を目的とした「営業標識についての権利」に大別される。

日本において，全産業で特許出願件数と国際出願件数は，毎年40万件を超える水準で推移してきたが，2000年代後半は漸減傾向となった。下向く景気の影響とともに，出願・維持費用を抑えるため出願者が出願内容を厳選してより質の高い出願を目指す知財戦略を採用したことが推測される。一方，国際特許出願（PCT出願）の件数は，急激な増加傾向を示しており，この10年で約3倍（2002年：1万3879件，2012年：3万7974件）になった。これは，企業等における知的財産活動のグローバル化を端的に表している。また，2010年より，政府も知的財産国家を目指し，日本におけるこれからの知財・標準化戦略として，知的財産戦略本部において「知的財産推進計画2010-12」を策定し，企業・大学等の知財戦略を強力に後押ししている。内容は，知的財産の活用を促進し，世界に先駆けた新規事業を創出しようとするものであり，その主な近年の成果として以下がある。

- 2012年に産業競争力の再強化のため，日本政府として初めて7つの最重要分野（先端医療，水，次世代自動車，鉄道，エネルギーマネジメント，コンテンツ・メディアおよびロボット）の国際標準化戦略を策定。
- 欧州とともに働きかけた結果，先発明主義から先願主義に移行する米国特許法改正が成立，2012年。
- 刑事裁判で営業秘密を秘匿できるよう不正競争防止法が改正，2012年。

- 中小企業の特許出願を支援するワンストップ相談窓口を全国47都道府県に設置し，支援体制を整備。

ここで，建設業における知的財産を俯瞰すると，次のような特性があると考えられる。

- 施工における工法の特許が主であり，秘匿することが難しい。
- 意匠権，商標権，著作権等と関係性が薄い。
- 大量生産における製造業とは異なり，単品生産を基本とする建設業では，特許料収入による採算が見込みにくい。
- 独自の技術を公共工事に導入するには，工法協会などを設け同業他社にも技術を共有する必要があり，受注競争には必ずしも直接有利に働かない。

これらの特性により，建設業における知的財産は他産業と比較して，元来あまり重視されてこなかったことは否めない。業種別知的財産担当者数（1者あたり平均）は，全業種平均3.6人に対し，建設業1.9人，知的財産活動費（1者あたり平均）は全業種平均約9000万円に対し，建設業約4000万円である（2009年，経産省資料より）。また，文科省が定める重点8分野においても，情報通信やライフサイエンスと比較しても社会基盤分野の登録された特許件数は少ない（**図-6.2**）。また，建設業における特許出願件数でも全産業の5％に満たず，建設業のGDPに占める割合（1割）に比較して少ないということができる（知財管理，Vol.59，2009）。

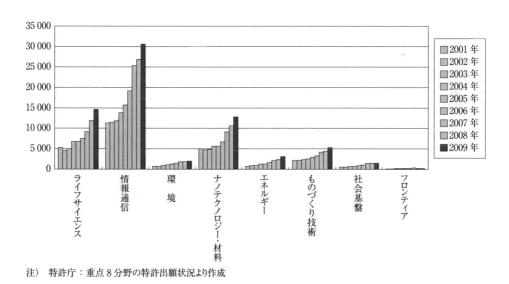

注）特許庁：重点8分野の特許出願状況より作成

図-6.2 日本における重点8分野の年間特許登録件数（グラフ）

しかし，近年，国内市場の縮小と市場のグローバル化，技術力を評価する入札方式の導入等を背景に，低コスト・高品質へのニーズに対する技術・品質の差別化を図る競争が激化，さらに前述の施策にも後押しされた結果，建設企業が技術を積極的に知的財産化しようとする動きが急激に高まってきた。また，ゼネコンを中心に知財戦略を重要視し，経営戦略の柱のひとつに盛り込む等の動きも出てきている。**図-6.3**にも示すように，社会基盤分野において，わが国で登録された特許件数は，毎年増加しており（2001～2009年で3倍），欧米中と比較しても高い水準で推移している状況にある。

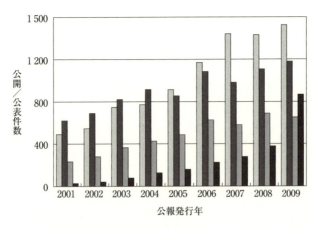

図-6.3 社会基盤分野の登録件数の年別推移(日,米,欧,中,2001～2009年)

6.2.5 建設企業の新しい分野への進出

建設業は受注産業であり,一般的に建設企業は,発注者からの設計仕様を正確に現実の構造物として実現することに長じてきた反面,新たなマーケットを開拓し顧客を獲得するという新ビジネスの創出を不得意としてきたといってよい。その中,近年の公共投資の減少と生き残り競争の激化を背景に,新たな活路を見出そうと新しい分野の事業に参入する建設企業が増加している。

参入分野は,地域の特性や連携する他分野の技術等によりさまざまであるが,主に建設関連分野,環境分野,ICT活用分野に大別される。それらの代表的な事業内容とその要因について**表-6.4**にまとめた。これらを俯瞰すると,建設関連分野の各事業の特徴は,本業の技術を他分野の技術と連携させることで高度化し他社と差別化を図り,周辺分野に進出していることにある。環境分野の各事業の特徴は,自然環境の保護・維持,自然エネルギーの活用等,社会で重要性が増している環境問題で,増大しているニーズに対応していることにある。また,ICT活用分野の各事業の特徴は,本業で取り扱う情報に付加価値をつけて新たなサービスとして提供していることにある。

表-6.4 建設業を取り巻く要因と新事業の分類

分類	事業の内容	要因
建設関連分野	耐震補強 構造物の改修 建物のバリアフリー化 介護施設・サービス事業参入 農業ビジネス参入	地震対策 構造物の老朽化 高齢化 高齢化 地域活性化
環境分野	太陽光・風力・地熱・バイオマスなどの自然エネルギー発電施設 除染処理 土壌緑化 建設廃材のリサイクル 生態系を考慮した護岸工事	原子力の代替エネルギー 放射能汚染被害 都市緑化対策 環境・循環型社会 自然環境の保護
ICT活用分野	マンションICTネットワーク管理 CIM(Construction Information Modeling)	ICTの発展 ICTの発展

6.3 経営戦略

6.3.1 社会基盤整備に関する市場の変化

本書図-4.33で示したように，社会資本への全体の投資規模は1995年をピークに減少している。その内訳を見ると，これまで徐々に増加してきた更新費が今後も増加のペースを上げ，2037年には維持管理・更新費に災害復旧費を加えた費用が全投資額を上回ることがわかる。これは，新しい社会資本に対する社会的な需要が減少してきたこと，国，地方自治体等の財政状況が逼迫してきたこと，および戦後の高度成長期に整備された大量の社会資本が更新の時期を迎えてきたこと等による。

一方，図-6.4は，インドネシア，およびベトナムにおける建設投資規模の推移である。このように，アジア諸国の中には，近年の経済発展とともに建設投資規模が増大している国が見受けられる。

このような市場環境の変化は，日本の建設関連企業の経営戦略に大きく影響を与えている。特に，国内で減少した市場規模を補完する必要性から，海外への事業展開を積極的に行おうという経営戦略が多く見られる。これまで新規の建設工事請負を主要業務としてきた建設企業はもちろん，公益事業等としてインフラストラクチャの管理運営を行ってきた事業者（インフラストラクチャ事業者）にも，そのような傾向が確認できる。また，建設企業が自らインフラストラクチャの保有または運営主体となったり，インフラストラクチャ事業者がコンサルティングや材料販売を行ったりすることによって，これまで行ってきた事業の周辺分野へ事業内容を広げる動きも見られるが，それらも市場環境の変化に対応したものだと考えられる。

次項以降において，建設企業とインフラストラクチャ事業者を例にとり，具体例を交えながら昨今の経営戦略の傾向とそこで求められる建設マネジメントについて概観する。

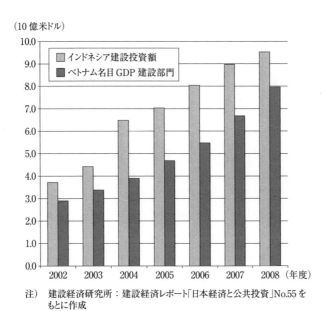

注）建設経済研究所：建設経済レポート「日本経済と公共投資」No.55をもとに作成

図-6.4 インドネシア，およびベトナムにおける建設投資規模の推移

6.3.2 インフラストラクチャ事業者
(1) 海外への事業展開

　地方自治体においても，海外へ事業展開する事例が散見される。例えば，今後，新興国や発展途上国で市場の拡大が予想される「水ビジネス」に，各自治体が出資子会社を通して関与する事例などがある。その背景には，国内の業務量減少を受けて，各自治体の人的資源が過剰になること，これまで培ってきた技術やノウハウを継承するための実践の場が必要なこと，さらには人口や企業数の減少に伴う歳入減少を補填するための新しい収益源が必要なこと等の事情があると考えられる。また，これまで日本国内における上下水道事業は主に地方自治体が実施してきており，事業運営の経験，および知識を持たない民間企業にとって，海外の水ビジネス市場に進出するためには，事業主体としてのノウハウを持つ地方自治体の協力が不可欠であるという事情もある。

　具体的な事例を挙げると，横浜市水道局が100％出資で設立した横浜ウォーターが，フィリピンやベトナムで調査や技術指導のコンサルタント業務を行っている。

　また，北九州市は，国際協力機構(JICA)や民間企業と「北九州市海外ビジネス推進協議会」を設立するなど，海外水ビジネスを同市の成長戦略の一つとしている。実際に，同協議会の会員企業が受託したインドネシアの下水道整備計画等策定業務の一部を同市の上下水道局が再受託している事例がある。カンボジアやベトナムにおいても，同協議会の会員企業と連携した海外水ビジネスを展開している[20),21)]。北九州市の事例では，技術の伝承や向上をはじめとした自治体自身の組織力を高めるという目的に加え，地元企業を支援し，地元経済の活性化や産業振興，雇用の創出を目指すという側面が窺える。

　民間のインフラストラクチャ事業者においても，海外への事業展開を進める経営戦略が見られる。高速道路会社においては，中日本高速道路会社(NEXCO中日本)がベトナムでコンサルティング業務を受注しており，有料道路事業への参画も進める方針を表明している[22)]。東日本高速道路会社(NEXCO東日本)は，インドでのITS導入支援やベトナムでの高速道路設計などコンサルティング業務を行っており，高速道路5会社(NEXCO東・中・西日本，首都高速道路，阪神高速道路)共同出資による日本高速道路インターナショナルと協働し，海外での道路事業参入を目指すという動きもある[23)]。鉄道会社においても，東日本旅客鉄道の「グループ経営構想V」[24)]や東海旅客鉄道の「アニュアルレポート2012」[25)]で海外への事業展開が触れられており，培った技術をいかに海外で売るかということを模索していることがわかる。実際に，鉄道会社7社(東日本旅客鉄道，西日本旅客鉄道，東京地下鉄，九州旅客鉄道，日本貨物鉄道，東京急行電鉄，京阪電気鉄道)が共同出資する形で，海外に向けて鉄道コンサルティング業務を行う会社である日本コンサルタンツを2011年11月1日に設立している。

　前述した道路会社や鉄道会社の海外への事業展開を，コンサルタントとしてフィービジネスを目指したものか，事業者としての事業収益獲得を目指したものかという観点から見ると，現時点では前者に主眼がおかれているといえる。将来的にはインフラストラクチャの所有者もしくは運営者として事業に参画することを目指している企業においても，事業者としての参画に比べて出資規模とリスクが小さく，業務期間も短いコンサルタント業務から事業進出し，現地政府機関との関係構築や法規，商慣習等の情報収集を行うという経営戦略が窺える。さらに，事業参画においても，土地収用から建設，運営までを一貫して行うインフラストラクチャの所有者と，完成したインフラスト

ラクチャを使用してサービスを提供する運営者とを比べると，その事業リスクは前者の方がはるかに大きいといえる。日本のインフラストラクチャ事業者がリスクを制御しながらいかに海外展開を図っていくのか，今後の動向が注目される。

（2） 事業の多角化

民間のインフラストラクチャ事業者の経営戦略については，インフラ利用者からの料金収入だけでなく，保有資産の有効利用やこれまで培ってきた技術やノウハウの販売といった周辺分野へ事業領域を広げ，事業を多角化する傾向が見られる。

その一例として，建設通信新聞（2012年4月17日）の記事に，中日本高速道路会社（NEXCO中日本）が100％出資する技術系子会社が設立され，特許製品であるコンクリート補修材等の外販を行っていくことが紹介されている[28]。設立された新会社社長へのインタビューにおいて，「道路公団時代は事業者という立場から，そうした技術を外に売るということはまったく考えていなかったが，民営化も軌道に乗った今，安くて良い技術・製品があるなら世間に出していこう」という言葉があり，高速道路会社においては，インフラストラクチャに関する需要の変化というだけでなく，民営化という経営体制の変化も経営戦略に影響を与えていることが窺える。

また，前述した海外への事業展開も多角化の一環といえる。海外への事業展開を，これまで培ってきた技術やノウハウを利用するという観点から考察すると，日本国内で確立した技術面，および運営面での仕様をいかに他国に普及させるかという観点が必要になり，その点に各社の戦略的力点が置かれていると考えられる。

6.3.3 建設会社
（1） 海外への事業展開

日本の建設企業が今後進むべき道として，海外事業の重要性が語られることが多い。「国内市場の規模が変化しない中で成長を求めるのであれば，海外市場への対応をさらに進めなければならない」[29]といった経営者の声は近年繰り返し聞かれるところである。建設会社の多くはこれまで国内における新規建設工事の請負を主要な事業としてきたが，国内市場が縮小し，縮小した市場においても維持更新工事のシェアが増えてきている中で，海外市場を重視する傾向にある。

一方，図-6.5は，建設会社の海外建設受注実績の推移である[30]。アルジェリア東西高速道路建設工事等の超大型工事の受注があった2006年度の付近で受注高が突出しているが，それらの特別に大規模な工事を差し引いて年度ごとの推移を見ると，海外工事の受注高が必ずしも右肩上がりに増加していないことがわかる。海外市場に注力する経営方針はあるものの，海外での事業には，発注者リスク，調達リスク，為替リスク，物価リスク等のさまざまなリスクが伴うため，各建設会社ともに慎重に事業展開を進めていることが窺える。海外事業を進めるための要諦としてよく聞かれる「現地化」というキーワードも，上記リスクを抑制するための方策という意味合いも持っている。また，海外への事業展開を進める上で，進出国や工事種類の選定が経営戦略の基本となるが，前述の新聞記事においても，「地元の建設会社でもできる仕事を無理して獲得するのではなく，高度な技術を要し，われわれの強みを生かせる仕事を手掛けていくべきだ」，「橋やトンネルといった日本の技術が評価される事業に照準を合わせる」等の大手建設会社経営者の言葉があり[29]，価格競争を

回避するためにいかに差別化を図るかという点に各社とも配慮していることがわかる。

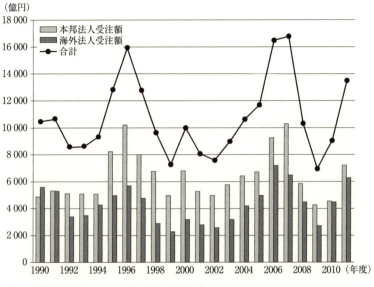

注）海外建設協会ホームページ掲載図をもとに作成

図-6.5　海外建設受注実績の推移

（2）インフラストラクチャ事業運営への進出

　近年注目された新しい試みとして，建設会社の舗装子会社が有料自動車道を所有し，運営・管理事業を行った事例がある[15]。道路管理者の立場に立つことで，維持・補修工事に必要なデータを収集できること，自社開発した技術を導入してその性能を確かめることができること，および将来的なPFI事業拡大に向けて関係するノウハウを蓄積できることが，上記事業展開の目的として挙げられている。これは，まさに市場環境の変化を予測した事業展開の布石という位置付けである。

　もう1つの事例として，大規模太陽光発電事業に進出した建設企業の例がある[32]。発電と売電を行う事業者であり，次年度の売上高目標は40億円とされている。事業目的の一つとして，建設事業における顧客へのソリューション提供能力を高めるために，発電事業を通じて再生可能エネルギーに関するノウハウを獲得することが挙げられている。

（3）求められるマネジメント能力

　前述のとおり，これまで国内の新規工事請負を主な事業としてきた建設会社が海外事業やインフラストラクチャの管理運営事業に進出することにより，建設企業の経営者，また担当職員に求められるマネジメント能力も多様になる。

　海外事業においては，国内とは違った商習慣の中で契約上のリスクが高くなることから，契約リスクを見極め，また管理する能力が特に重要となる。具体的には，工事費の支払い条件，関係官庁との協議に関する責任分担，土地収用，土質，埋設物といった不確定要素に関する契約変更条件等が契約書においてどのように規定されているか，また現地商習慣上においてどのように運用されているかについて確認し，契約リスクとして評価する能力がまず必要となる。その上で，その工事の

受注を目指すのか，辞退するのか，また受注を目指す場合でも他社と共同出資したJVという形態を取ることでリスクを軽減するのか等を検討することが，重要なリスクマネジメントとなる。また，特に経営者にとっては，個別工事だけでなく複数の工事をとらえた上で，事業を展開する国や事業分野をどの程度まで選択し集中するべきか，または分散するべきかという判断を行うことになる。これらは，事業の効率性や継続性とリスク分散のバランスをどのように取るかという経営判断であり，重要なリスクマネジメント項目のひとつとなる。さらに，海外事業においては，現地の商習慣に精通し，かつ調達力に優れた現地企業を事業パートナーとして選定する場合や，リスク分散や経営資源の補完という意味合いから国内同業他社とJVを組成する場合が多くなることから，事業パートナーとの契約におけるリスク管理という点も管理項目の一つとして挙げられる。施工段階に眼を向けると，経験豊富な職長や作業員を確保することが困難な場合には，国内工事と比べてより具体的に施工方法を指導することが必要になる。さらに，国内工事と違い，資材調達が困難である現場立地条件であることも多く，コンクリート1つ取り上げても骨材採取地の調査から始める必要があるなど，材料製造や施工管理等においても国内工事以上に専門的な知識が求められる場合もある。

　一方，インフラストラクチャの管理運営所有事業においては，事業性評価，マーケティング，資金調達，社員雇用，投資回収等の業務があり，工事現場の施工管理とは違う経営能力を求められる。また，インフラ所有事業は工事現場の施工管理に比べて業務期間が長いことから，中長期的な計画を策定し，確実に事業を継続していくマネジメント能力が求められるといえる。

　建設会社の中には不動産開発を担当する部署を抱える会社もあり，商用施設などの開発を通して上記能力をある程度蓄えてきたといえる。ただし，より公共性が高いインフラストラクチャの管理運営経験は少ないことから，いかに安全性を確保しながら管理運営をしていくかという点においてはこれからの課題だといえる。前述した有料自動車道の所有などのケースは，そういったマネジメント能力を獲得するためのパイロット事業としての役割も果たすと考えられる。

ケース6-1　インド高速鉄道におけるオールジャパンでの取り組み

1．インド高速鉄道計画について

　インドでは，近年の急速な経済成長に伴い，人やモノの輸送量が急増している。このため，貨物についてはデリーからムンバイおよびコルカタ方面への貨物専用鉄道（DFC）の整備が進められている。一方，旅客については，インド鉄道省は2009年12月に「インド鉄道ビジョン2020」を策定し，高速鉄道を整備する候補7路線のプレ・フィージビリティ調査に順次着手している。

　中でも1号線は都市圏人口約1200万人でありインドにおけるIT・金融の中心都市であるムンバイと都市圏人口約600万人のアーメダバードを結ぶ約500 kmの路線である。インド鉄道大臣により設立されたインド国鉄の近代化に係る専門家委員会の報告書において，ムンバイ・アーメダバード区間の路線は最初に建設される高速鉄道区間と特定されている。

第6章　技術と経営

図-C6.1.1　インド高速鉄道計画[1]

2. インド高速鉄道1号線に関する経緯

表-C6.1.1

2009年度	インド・RITES社およびフランス・シストラ社等によるプレ・フィージビリティ調査実施
2012年1月	高速鉄道セミナー開催（デリー）
2012年度	国土交通省が事業性に関する調査を実施
2013年2月10日	高速鉄道セミナー開催（アーメダバード）
2013年5月29日	日印二国間会談 シン首相は安倍内閣総理大臣より招待を受け訪日し，両首脳による会談を行った。シン首相は，インドにおける高速鉄道システム導入支援に関する日本の関心に留意し，ムンバイ＝アーメダバード路線の高速鉄道システムの共同調査に共同出資することを決定した。
2013年10月7日	JICAとインド鉄道省が共同調査に関する協議議事録（MOU）に署名
2013年12月	日印共同調査（JICA・インド政府50：50で出資）

3. オールジャパンでの取り組み

インフラ輸出は成長戦略のひとつとして政府が主導となり官民一体となって推進されてきた。インド高速鉄道におけるオールジャパンでの取り組みは主に下記の4点である。

① 官民一体となったトップセールスの実施

トップセールスについては，相手国政府とのハイレベル協議やシンポジウムの開催，相手国要人・政府行政官の招へい等の実施を通じて相手国政府との関係を強化している。2012年1月に国土交通大臣が訪印し，印鉄道大臣と会談を行い，高速鉄道分野における次官級の協議体設置について合意した。

② 官民による現地での高速鉄道セミナーの開催

2012年1月の国土交通大臣の訪印と併せて国土交通大臣のイニシアチブによりデリーで高速

鉄道セミナーを開催している．また，2013年2月には第一路線の起点都市であるアーメダバードで2回目の高速鉄道セミナーを実施している．高速鉄道セミナーには日本側から国土交通省，車両メーカー，新幹線を運営する鉄道事業者，研究機関等が参画し，官民連携して日本の鉄道技術の優位性についてのアピールを行った．

③　日本政府にによる円滑な資金調達の支援

JICAによる円借款供与だけでなく，JBICによる長期間の融資，またJICAによる海外投融資が再開されるなど，日本政府機関からの資金調達面からの支援の整備が進められている．インド政府はPPPとしての高速鉄道の実現性を探っているため，事業性調査においてはこのような支援制度を活用し，民間からの資金調達も含めた検討を行うことが重要である．

④　オールジャパン体制による海外鉄道コンサルティング会社の設立

海外鉄道プロジェクトに日本企業が参画するためには，計画段階から総合的な鉄道コンサルティング機能の確保が求められていた．2011年11月に，鉄道事業者を中心としたオールジャパン体制による海外鉄道コンサルティング会社が設立され，2012年4月より営業を開始して海外鉄道プロジェクトの事業性評価を実施している．インド高速鉄道1号線についても，2012年の国土交通省発注のプレフィージビリティ調査，および2013年12月日印共同調査を受注し，鉄道運営ノウハウを生かした調査を実施している．

参考文献
1) Indian Railways Vision 2020, High-speed railway planning.

コラム⑦　道路コンセッション事業者の海外進出

1. 世界の道路コンセッション事業

PWF(Public Works Financing)が情報収集し有料で提供しているデータベースに基づき，2013年における海外PPP(Public Private Partnership)運輸コンセッション事業保有数（工事中もしくは運営中事業のSPC(Special Purpose Company)メンバーであること）の多い企業上位37社を抽出し，その内，道路コンセッション事業を保有している企業35社を対象として，事業展開している国（図-1），企業の特徴・事業の種類（表-1）を調査した．

西欧・南欧においては，道路コンセッション事業を開始した時期も早く，国内企業による事業運営が多くみられる．アジアにおいては，特にインドでの事業数が多く，また国内企業による事業運営が目立つ．北米においては，米国における事業に対して，他国からの企業が参入している割合が高い．中南米は，欧州企業による事業運営が多くみられる．

道路コンセッション事業を保有している35社は，表-1に示す通り，道路公社から民営化された道路運営会社，主に資金運用の側面から事業投資している投資会社，それ以外の建設業全般に携わっている建設会社の3つのタイプに分類される．

道路運営会社は，高速道路事業の全体のマネジメントおよび運営・維持管理に強みを持っており，既存道路の運営事業への参入が顕著であることがわかる．

第6章 技術と経営

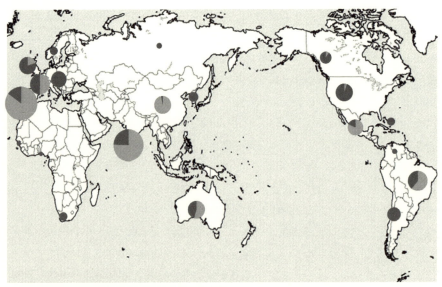

＊■：自国企業参入事業割合，■：他国企業参入事業割合
事業数：●が10件程度

図-1 対象企業の道路コンセッション事業分布図[1),2)]

表-1 取得事業の特徴[1),2)]

	企業数	①新規事業 (建設含む)	②新規事業 (既存道路運営等)	③運営中 事業投資	④事業合計	割合 (①/④)	割合 (②/④)	割合 (③/④)
建設会社	24	255	24	17	296	86%	8%	6%
道路運営会社	4	15	9	47	71	21%	13%	66%
投資会社	7	76	32	17	125	61%	26%	14%

　投資会社は，道路コンセッション事業のイニシャルコストが高い特徴から案件形成のための資金調達において強みを持ち，戦略としては事業の初期段階に価値を高め，高価な状態で売却するといったものや，その事業から長期的に安定した収益を獲得するといったものが多く，初期段階での事業取得が多くみられる。
　建設会社は，建設能力があること，また過去の建設事業経験から，各国にコネクションや制度・習慣等に精通しており，新規の道路コンセッション事業への参入が多くみられる。なお，建設が完了すると，他社へ売却し，新たな新規事業の取得に向かう傾向にある。

2. 海外道路運営会社の国外事業進出事例

　Atlantiaのブラジル進出，Brisaのインド進出，Abertisのプエルトリコ進出の事例調査を行った結果，各道路運営会社は海外進出にあたって，①工事完了時に他会社から事業のSPC株式を買取る，②ローカル・その他の企業と協定等を締結し，新規（リース）・既存事業を取得する，③事業を保有するローカルの企業に資本投資し，間接的に事業を取得する，といった形態が見られた。進出後は，長期的に事業運営していくといった戦略を取る場合が多く，またその地域において道路事業以外の事業拡大も視野に入れているようである。

表-2 事例調査のまとめ

企業名		Atlantia（イタリア）	Brisa（ポルトガル）	Abertis（スペイン）
進出先		ブラジル	インド	アメリカ
進出先における戦略	類似点	・ローカル企業との協力体制構築 ・経済成長，交通量増加が見込めるマーケット選択 ・高速道路網が発展途上，もしくは高速道路事業需要が見込めるマーケット選択 ・建設リスクを含まない事業選択 ・ETCなど運営システムが発展途上		
	相違点	・マーケットへの最初の進出方法として，建設工事完了時に，他社からSPC株式取得	・ローカル企業と共同で現地法人を設立 ・運営業務を請負うことで，国内に運営の技術力を売込 ・政府との関係構築強化	・長期間にわたり，現地調査を行っている ・新規事業（既存道路のリースおよび改築等）をターゲット
進出先パートナーとの協力体制および特徴	協力体制	・ローカル企業とパートナーシップを締結し，そのグループ企業とプロジェクトJV形成	・ローカル企業とパートナーシップを締結し，共同で現地法人設立	・ローカル企業とパートナーシップ締結
	特徴の相違点	・多様な事業を展開しているコングロマリット ・複数道路コンセッション事業を既に保有	・建設コンサルティング業務を中心 ・政府との繋がりが強い	・インフラへの投資業務を中心
事業取得状況		・事業を保有するローカル企業とJVを形成し，それら保有する事業の株式を取得	・現地法人にて，事業の道路運営，維持管理業務を下請しており，事業のSPCとしては参入していない	・ローカル企業とのパートナーシップにより，一件新規事業（既存道路のリース）を取得しているのみ

参考文献
1) PWF date base http://pwfinance.net/projects-database/
2) PWF：Global Developers Ranked by Total Concessions (10/13) World's Largest Transportation Developers 2013 Survey of Public-Private Partnerships Worldwide Ranked by Number of Concessions Developed Alone or in JV Since 1985.
3) 綱川悠，小澤一雅：道路コンセッション事業者の海外進出事例分析，第32回建設マネジメント問題に関する研究発表・討論会，土木学会建設マネジメント委員会，2014.12.

◎参考文献

6.1.1

1) 国土交通省：国土交通白書2012 平成23年度年次報告，2012.
2) 環境省：平成24年版環境白書，循環型社会白書／生物多様性白書，2012.
3) 建設産業政策研究会：建設産業政策2007～大転換期の構造改革～，2007.
4) 建設業適正取引推進機構：建設産業施策ハンドブック2009，2009.
5) 財団法人建設経済研究所：建設経済レポート(2010.10)急ぐべき社会資本の維持更新需要への備えと建設産業の役割－日本経済と公共投資 No.55 －，2010.
6) 国土交通省：品確法と建設業法・入契法等の一体的改正について，2014 http://www.mlit.go.jp/common/001050129.pdf

6.1.2

7) 國島正彦，庄子幹雄 編著：建設マネジメント原論，1994.
8) 広瀬宗一：国家戦略としての公共調達論～グローバル化時代のインフラ整備を考える，2008.
9) 国土交通省：我が国建設業の海外展開戦略研究会報告書，2008.
10) 土木学会：土木学会誌2001年1月号，pp.75-77，2001.

第6章　技術と経営

6.1.3
11) 内閣府：年次経済財政報告，2011．
12) 藪下史郎，荒木一法：スティグリッツ早稲田大学講義録グローバリゼーション再考，2004．
13) 日本経済団体連合会：産業構造の将来像－新しい時代を「つくる」戦略－，2010．

6.2
14) 厚生労働省：建設業から新分野への進出事例，2013．
15) 国土交通省：建設業の新分野進出普及及び促進事業の取組み事例の紹介，2013．
16) 国土交通省：建設業の新たな挑戦，2013．
17) 建設業振興基金：地域から芽吹く意欲ある建設業者とその可能性，2006．

6.3
18) 国土交通省：平成21年度 国土交通白書
19) 建設経済研究所：建設経済レポート「日本経済と公共投資」，No.55．
20) 日経BP社：日経コンストラクション 2012.2.27号．
21) 北九州市ホームページ：http：//www.city.kitakyushu.lg.jp/hisho/16300079.html
22) 中日本高速道路会社ホームページ：http：//www.c-nexco.co.jp/corporate/csr/social_report/global_society/
23) 東日本高速道路会社ホームページ：http：//www.e-nexco.co.jp/csr/society/world.html
24) 東日本旅客鉄道ホームページ：http：//www.jreast.co.jp/investor/everonward/index.html
25) 中日本高速道路会社ホームページ：http：//company.jr-central.co.jp/ir/annualreport/index.html
26) 青森市ホームページ：http：//www.city.aomori.aomori.jp/view.rbz?nd=119&ik=1&pnp=116&pnp=119&cd=1275
27) 富山市ホームページ：http：//www.city.toyama.toyama.jp/toshiseibibu/toshiseisakika/toshikeikaku/toshimasutapuran.html
28) 日刊建設通信新聞社：建設通信新聞，2012年4月17日．
29) 日刊建設工業新聞社：建設工業新聞，2012年1月10日,11日．
30) 海外建設協会ホームページ：http：//www.ocaji.or.jp/overseas_contract/
31) 日経BP社：日経コンストラクション 2011.9.12号
32) 日刊建設工業新聞社：建設工業新聞，2012年7月13日）

索　引

【あ行】

アウトカム・・・・・・・・・・・・・・・・・・・・・・・・・・・・・・90
アセットマネジメント・・・・・・・・・・・・・・・・・・・175
安全衛生管理・・・・・・・・・・・・・・・・・・・・・・・・・161
安全施工サイクル・・・・・・・・・・・・・・・・・・・・・165

維持管理・・・・・・・・・・・・・・・・・・・・・・・・・・・・・・89
維持管理契約・・・・・・・・・・・・・・・・・・・・・・・・・122
維持管理付工事発注方式・・・・・・・・・・・・・・・・36
維持管理マネジメント・・・・・・・・・・・・・・・・・・181
一般競争入札・・・・・・・・・・・・・・・・・・・・・・・・・206
委任契約・・・・・・・・・・・・・・・・・・・・・・・・・・・・・215
インフラ会計・・・・・・・・・・・・・・・・・・・・・・・・・・187
インフラ産業政策・・・・・・・・・・・・・・・・・・・・・257
インフラ産業論・・・・・・・・・・・・・・・・・・・・・・・257

請負契約・・・・・・・・・・・・・・・・・・・・・・・139, 215

エンジニアリング・・・・・・・・・・・・・・・・・・・・・・81
エンジニヤ・・・・・・・・・・・・・・・・・・・・・・・・・・・・75
円借款・・・・・・・・・・・・・・・・・・・・・・・・・・・・・・・80

【か行】

海外インフラストラクチャ市場・・・・・・・・・・117
改正品確法・・・・・・・・・・・・・・・・・・・・・・・・・・260
概略設計・・・・・・・・・・・・・・・・・・・・・・・・・・・・134
瑕疵担保責任・・・・・・・・・・・・・・・・・・・・・・・・227
加重平均資本費用・・・・・・・・・・・・・・・・・・・107
環境影響評価・・・・・・・・・・・・・・・・・・・・・・・・82
環境管理・・・・・・・・・・・・・・・・・・・・・・・・・・・・169
官製談合防止法・・・・・・・・・・・・・・・・・・・・・210
間接工事費・・・・・・・・・・・・・・・・・・・・・・・・・138
ガントチャート・・・・・・・・・・・・・・・・・・・・・・・147
監理・・・・・・・・・・・・・・・・・・・・・・・・・・・・・・・・130
管理瑕疵・・・・・・・・・・・・・・・・・・・・・・・・・・・228
管理者・・・・・・・・・・・・・・・・・・・・・・・・・・・・・・48

技術開発・・・・・・・・・・・・・・・・・・・・・・・・・・・265
技術開発政策・・・・・・・・・・・・・・・・・・・・・・・259
技術基準・・・・・・・・・・・・・・・・・・・・・・・・・・・268
基本設計・・・・・・・・・・・・・・・・・・・・・・・・・・・134
競争的対話・・・・・・・・・・・・・・・・・・・・・・・・・251
共同企業体・・・・・・・・・・・・・・・・・・・・・・・・・・82
協力準備調査・・・・・・・・・・・・・・・・・・・・・・・・83
曲線式工程表・・・・・・・・・・・・・・・・・・・・・・・148

クリティカルパス・・・・・・・・・・・・・・・・・・・・・149
クレーム・・・・・・・・・・・・・・・・・・・・・・・・・・・・198

経済評価・・・・・・・・・・・・・・・・・・・・・・・・・・・・81
契約・・・・・・・・・・・・・・・・・・・・・・・129, 139, 193
契約図書・・・・・・・・・・・・・・・・・・・・・・・・・・・140
契約変更・・・・・・・・・・・・・・・・・・・・・・・・・・・144
ゲーム理論・・・・・・・・・・・・・・・・・・・・・・・・・・54
限界状態設計法・・・・・・・・・・・・・・・・・・・・・135
原価管理・・・・・・・・・・・・・・・・・・・・・・・143, 153
現在価値分析・・・・・・・・・・・・・・・・・・・・・・・106
建設業労働安全衛生マネジメントシステム・・・143
建設コンサルタント・・・・・・・・・・・・・・・・・・・・46
建設市場・・・・・・・・・・・・・・・・・・・・・・・・・・・・29
建設投資・・・・・・・・・・・・・・・・・・・・・・・・・・・・29
建設副産物・・・・・・・・・・・・・・・・・・・・・・・・・170
建設リサイクル法・・・・・・・・・・・・・・・・・・・・169
現地化・・・・・・・・・・・・・・・・・・・・・・・・・・・・・275

合意形成・・・・・・・・・・・・・・・・・・・・・・・・10, 49
公企業方式・・・・・・・・・・・・・・・・・・・・・・・・・・96
公共工事の品質確保の促進に関する法律（品確法）
・・・・・・・・・・・・・・・・・・・・・・・・・・・・・・・34, 208
公共工事標準請負契約約款・・・・・・・・139, 217
公共調達・・・・・・・・・・・・・・・・・・・・・・・・・・・193
公共調達市場・・・・・・・・・・・・・・・・・・・・・・・・33
公共土木設計業務等標準委託契約約款・・・135
公共倫理マネジメント・・・・・・・・・・・・・・・・・・7
工事請負契約書・・・・・・・・・・・・・・・・・・・・・140
工事監理・・・・・・・・・・・・・・・・・・・・・・・89, 219
工事数量・・・・・・・・・・・・・・・・・・・・・・・・・・・138
工事単価・・・・・・・・・・・・・・・・・・・・・・・・・・・138
工程管理・・・・・・・・・・・・・・・・・・・・・・・69, 144
工程管理曲線・・・・・・・・・・・・・・・・・・・・・・・149

索　引

工程表 ………………………………………… 146
コスト管理 …………………………………… 70
コンストラクション・マネジメント ……… 121
コンストラクション・マネジメント契約方式 … 202
コンプライアンス …………………………… 236

【さ行】

最低制限価格 …………………………… 35, 206
裁定人 ………………………………………… 89
作業環境 ……………………………………… 166
作業歩掛 ……………………………………… 138
サプライチェーンマネジメント …………… 234
産業廃棄物 …………………………………… 170
三者構造 ……………………………… 47, 75, 225

事業者 ………………………………………… 43
資金調達 ……………………………………… 93
事前資格審査 ………………………………… 88
下請 …………………………………………… 227
実行予算 ……………………………………… 153
実施可能性 …………………………………… 80
指定管理者制度 ……………………………… 49
自動落札方式 ………………………………… 206
支払い ………………………………………… 222
指名競争入札 ………………………………… 206
社会基盤ストック …………………………… 175
斜線式工程表 ………………………………… 148
収益担保債 …………………………………… 95
重層下請構造 ………………………………… 31
純現在価値 …………………………………… 81
詳細設計 ………………………………… 87, 134
詳細設計付工事発注方式 …………………… 136
情報の非対称性 ……………………………… 25
初期環境調査 ………………………………… 82
信義則 ………………………………………… 216
シンジケート・ローン ……………………… 98
人的資源管理 ………………………………… 71

随意契約 ……………………………………… 206
ステークホルダー …………………… 42, 240

性能照査 ……………………………………… 135
セーフガード・イシュー …………………… 82
積算 …………………………………………… 137
施工管理 ……………………………………… 144
施工計画 ……………………………………… 140
施工者 ………………………………………… 44
設計 …………………………………………… 132
設計照査 ……………………………………… 136
設計施工一括発注方式 ……………………… 136
設計・施工分離 ……………………………… 46
設計図書 ……………………………………… 129
設計変更 ……………………………… 144, 155, 222

総価単価契約 ………………………………… 16
総合評価落札方式 ……………………… 35, 207
測量調査 ……………………………………… 133

【た行】

地球環境 ……………………………………… 173
地質調査 ……………………………………… 133
知的財産権 …………………………………… 270
仲裁 …………………………………………… 224
長寿命化修繕計画 …………………………… 181
調達 ……………………………………… 153, 193
直接工事費 …………………………………… 138

低入札価格調査基準価格 ……………… 35, 206
出来高管理 …………………………………… 154
出来高工程曲線 ……………………………… 148
出来高払い方式 ……………………………… 223
デザインビルド ………………………… 89, 121
デット・サービス・カバー・レイシオ …… 105
特別目的事業体 ……………………………… 94
特記仕様書 …………………………………… 140
取引特殊性 …………………………………… 196
取引費用 ……………………………………… 196

【な行】

内部収益率 ……………………………… 81, 106

二封筒方式 …………………………………… 139
入札 ……………………………… 129, 139, 206

ネットワーク工程表 ………………………… 149

【は行】

バーチャート ………………………………… 147
パートナリング方式 ………………………… 203
発注者責任 …………………………………… 34
発注ロット …………………………………… 21

非営利団体 …………………………………… 50
引渡 …………………………………………… 227
費用便益比 …………………………………… 81
費用便益分析 ………………………………… 81
品質管理 ………………………………… 70, 155

ファシリテーション・・・・・・・・・・・・・・・・・・・・・・・・・・・・ 50
フィージビリティ調査・・・・・・・・・・・・・・・・・・・・ 47, 74
不完備契約・・・・・・・・・・・・・・・・・・・・・・・・・・・・・・・・・・・ 198
プライム契約・・・・・・・・・・・・・・・・・・・・・・・・・・・・・・・・ 248
ブルックス法・・・・・・・・・・・・・・・・・・・・・・・・・・・・・・・・ 135
フレームワーク方式・・・・・・・・・・・・・・・・・・・・・・・・ 248
プロジェクト型組織・・・・・・・・・・・・・・・・・・・・・・・・ 130
プロジェクト形成・・・・・・・・・・・・・・・・・・・・・・・・・・・・ 80
プロジェクトサイクル・・・・・・・・・・・・・・・・・・・ 2, 72
プロジェクトの審査・・・・・・・・・・・・・・・・・・・・・・・・・ 84
プロジェクトの発掘・・・・・・・・・・・・・・・・・・・・・・・・・ 77
プロジェクトの評価・・・・・・・・・・・・・・・・・・・・・・・・・ 90
プロジェクト・ファイナンス・・・・・・・・・・・・・・・ 104
プロジェクトマネージャー・・・・・・・・・・・・・・・・・ 131
プロジェクトマネジメント・・・・・・・・・・・・・・・・・・ 63
紛争解決・・・・・・・・・・・・・・・・・・・・・・・・・・・・・・・・・・・・ 223
紛争裁定委員会・・・・・・・・・・・・・・・・・・・・・・・・・・・・・・ 89

包括発注方式・・・・・・・・・・・・・・・・・・・・・・・・・・・・・・・・・ 36
ホールドアップ問題・・・・・・・・・・・・・・・・・・・・・・・・ 196

【ま行】

マスタープラン・・・・・・・・・・・・・・・・・・・・・・・・・・・・・・ 74

見積・・・ 137

無償資金協力・・・・・・・・・・・・・・・・・・・・・・・・・・・・・・・・ 83

メザニンファイナンス・・・・・・・・・・・・・・・・・・・・・・・ 98
メディエーション・・・・・・・・・・・・・・・・・・・・・・・・・・・・ 50

【や, ら行】

有償資金協力・・・・・・・・・・・・・・・・・・・・・・・・・・・・・・・・ 80

横線式工程表・・・・・・・・・・・・・・・・・・・・・・・・・・・・・・・ 147
予定価格・・・・・・・・・・・・・・・・・・・・・・・・・・・・・・・ 35, 206
予備設計・・・・・・・・・・・・・・・・・・・・・・・・・・・・・・・ 87, 134

ライフサイクルコスト・・・・・・・・・・・・・・・・・・・・・・ 181

リスク管理・・・・・・・・・・・・・・・・・・・・・・・・・・・・・・・・・・・ 71
リスク配分・・・・・・・・・・・・・・・・・・・・・・・・・・・・・・・・・ 110
リスク分担・・・・・・・・・・・・・・・・・・・・・・・・・・・・・・・・・ 197
リスクマネジメント・・・・・・・・・・・・・・・・ 9, 25, 244
リフトスケジュール・・・・・・・・・・・・・・・・・・・・・・・・ 141

労働安全衛生法・・・・・・・・・・・・・・・・・・・・・・・・・・・・・ 161
労働安全マネジメントシステム・・・・・・・・・・・・ 169
労働災害・・・・・・・・・・・・・・・・・・・・・・・・・・・・・・・・・・・・ 161

【英数】

adjudicator・・・・・・・・・・・・・・・・・・・・・・・・・・・・・・・・・・・・ 89

Best Alternative To a Negotiated Agreement (BATNA)
・・ 232
BOT (Build, Operate and Transfer)・・・・・・・ 38, 108

CIM・・・ 18
CM方式・・・・・・・・・・・・・・・・・・・・・・・・・・・・・・・・ 36, 202
COHSMS・・・・・・・・・・・・・・・・・・・・・・・・・・・・・・・・・・・・ 143
Construction Manager/General Contractor・・・・・・・・・・・ 249
Critical Path Method (CPM)・・・・・・・・・・・・・・・・・ 150

debt equity ratio・・・・・・・・・・・・・・・・・・・・・・・・・・・・・・・ 98
Debt Service Cover Ratio (DSCR)・・・・・・・・・・・・ 105
Detailed Design (D/D)・・・・・・・・・・・・・・・・・・・・・・・ 87
Dispute Board (DB)・・・・・・・・・・・・・・・・・・・・・・・・・・ 89

Early Contractor Involvement (ECI)方式・・・・・・ 36, 137
engineering・・・・・・・・・・・・・・・・・・・・・・・・・・・・・・・・・・・ 81
Environmental Impact Assessment (EIA)・・・・・・・・・・・ 82
EPC (Engineering Procurement and Construction) 契約方式
・・ 203

Feasibility Study (F/S)・・・・・・・・・・・・・・・・・・・・・・・ 46
FIDIC・・・・・・・・・・・・・・・・・・・・・・・・・・・・・・・・・・ 47, 198
framework agreements・・・・・・・・・・・・・・・・・・・・・・・ 248

hold-up problem・・・・・・・・・・・・・・・・・・・・・・・・・・・・・ 196

incomplete contract・・・・・・・・・・・・・・・・・・・・・・・・・・・ 198
Initial Environmental Examination (IEE)・・・・・・・・・・・ 82
Internal Rate of Return (IRR)・・・・・・・・・・・・・・ 81, 106
ISO14000・・・・・・・・・・・・・・・・・・・・・・・・・・・・・ 143, 174
ISO9000・・・・・・・・・・・・・・・・・・・・・・・・・・・・・・・・・・・・・ 142
ISO9001・・・・・・・・・・・・・・・・・・・・・・・・・・・・・・・・・・・・・ 160

Joint Venture (JV)・・・・・・・・・・・・・・・・・・・・・・・・・・・・ 82

M&A・・ 261
Multilateral Development Bank Harmonized Edition・・・・・ 89

Net Present Value (NPV)・・・・・・・・・・・・・・・・・・・・・・ 81
New Public Management (NPM)・・・・・・・・・・・・・・ 186

OHSMS・・・・・・・・・・・・・・・・・・・・・・・・・・・・・・・・・・・・・ 169

PMBOK (Project Management Body of Knowledge)
・・ 63
Pre-Qualification (PQ)・・・・・・・・・・・・・・・・・・・・・・・・ 88

索　引

prime contracting ·································· 248
Private Finance Initiative (PFI) ····················· 203
Program Evaluation and Review Technique (PERT) ··· 150
project appraisal ··································· 84
Public Private Partnership (PPP) ······ 36, 94, 108, 203

Quality and Cost Based Selection (QCBS) ············· 88
Quality Based Selection (QBS) ······················· 88

safeguard issue ···································· 82

Special Purpose Vehicle (SPV) ······················· 94
the engineer ······································· 47
Total Quality Control (TQC) ························ 160
transaction cost ··································· 196

Weighted Average Cost of Capital (WACC) ·········· 107
WTO 対象工事 ····································· 210

Zone of Possible Agreement (ZOPA) ················ 232

執筆者一覧

編 者

堀田　昌英	東京大学大学院新領域創成科学研究科国際協力学専攻 [1.1, 1.3, コラム 4]
小澤　一雅	東京大学大学院工学系研究科社会基盤学専攻 [4.2, コラム 2, コラム 7]
	土木学会建設マネジメント委員会委員長(2010～2013 年度)

著 者

浅野　浩史	大成建設国際支店土木部積算室 [コラム 2]
石田　哲也	東京大学大学院工学系研究科社会基盤学専攻 [6.2.1, 6.2.2, 6.2.3]
遠藤　秀彰	大林組本社 J プロジェクト・チーム（鉄道営業）[6.1]
王尾　英明	清水建設第一土木営業本部営業部 [4.1, 4.4, 4.5, コラム 7]
大西　正光	京都大学大学院工学系研究科都市社会工学専攻 [5.1, 5.2.3, 5.2.4, コラム 6]
大場　邦久	大成建設土木本部土木部国際室 [4.3, 4.6, 5.4]
海藤　勝	Kaido & Associates [5.2.1, 5.2.3]
川俣　裕行	国土交通省国土技術政策総合研究所防災・メンテナンス基盤研究センター　建設マネジメント技術研究室 [コラム 5]
木下　賢司	熊谷組土木事業本部 [2.1]
児玉　敏男	前田建設工業 CDS 事業部 [5.3.2, 6.1.3, 6.2.4, 6.2.5]
近藤　和正	前田建設工業（国土交通省国土技術政策総合研究所出向）[コラム 5]
坂本　好謙	鹿島建設土木営業本部 [ケース 4-1]
柴野　正一	建設技術研究所技術本部 [4.10, ケース 4-3]
嶋田　善多	電源開発 [1.2, ケース 1-2]
高野　伸栄	北海道大学大学院公共政策学連携研究部 [5.2.2, コラム 3]
嵩　　直人	鹿島建設東京土木支店 [6.3]
谷口　友孝	イラク共和国主要都市通信網整備事業 [ケース 3-2, 3.1]
塚田　俊三	立命館アジア太平洋大学アジア太平洋学部 [3.4, 3.5, ケース 3-4]
綱川　悠	東日本高速道路東北支社建設事業部 [コラム 7]
冨澤　洋介	国土交通省総合政策局海外プロジェクト推進課 [ケース 2-1]
中野　涼子	東日本旅客鉄道（日本コンサルタンツ出向）[4.2, 4.8, 4.9, ケース 4-3, ケース 6-1]
西村　拓	国土交通省港湾局産業港湾課 [3.3, ケース 3-3]
二宮　仁志	高知大学医学部附属病院次世代医療創造センターデータマネジメント部門 [ケース 1-1, 2.2, コラム 1, ケース 2-2]
細田　暁	横浜国立大学大学院都市イノベーション研究院 [4.7, ケース 4-2]

松浦　正浩	東京大学公共政策大学院［5.3.1, 5.3.3］	
松田　千周	建設技術研究所東京本社マネジメント技術部［コラム5］	
森田　康夫	国土交通省国土技術政策総合研究所防災・メンテナンス基盤研究センター 　　　　　建設マネジメント技術研究室［コラム5］	
森　　啓年	国土交通省国土技術政策総合研究所河川研究部河川研究室（元国土交通省 　　　　　総合政策局海外プロジェクト推進課）［ケース2-1］	
山村　直史	国際協力機構企画部［ケース3-1, 3.2］	
渡邉　大輔	東日本旅客鉄道東京工事事務所神奈川工事区［ケース6-1］	

（2015年9月現在，五十音順，敬称略，［　］内は執筆担当）

土木学会建設マネジメント委員会教科書プロジェクト小委員会
（2010～2013年度）

　　小委員長　　堀田　昌英
　　副小委員長　柴野　正一
　　幹 事 長　　児玉　敏男
　　　　1WG　　二宮　仁志(主査)，木下　賢司，嶋田　善多
　　　　2WG　　山村　直史(主査)，谷口　友孝，塚田　俊三，西村　拓
　　　　3WG　　王尾　英明(主査)，大場　邦久，中野　涼子，細田　暁，渡邉　大輔
　　　　4WG　　高野　伸栄(主査)，大西　正光，海藤　勝，松浦　正浩
　　　　5WG　　遠藤　秀彰(主査)，石田　哲也，嵩　　直人

社会基盤マネジメント		定価はカバーに表示してあります.	
2015 年 8 月 30 日　1 版 1 刷発行		ISBN 978-4-7655-1825-3 C3051	
	編　者	堀　田　昌　英	
		小　澤　一　雅	
	発行者	長　　滋　　彦	
	発行所	技報堂出版株式会社	

日本書籍出版協会会員	〒101-0051	東京都千代田区神田神保町 1-2-5
自然科学書協会会員	電　話	営　業　(03)(5217)0885
土木・建築書協会会員		編　集　(03)(5217)0881
	Ｆ　Ａ　Ｘ	(03)(5217)0886
	振替口座	00140-4-10
Printed in Japan	Ｕ　Ｒ　Ｌ	http://gihodobooks.jp/

Ⓒ Masahide Horita and Kazumasa Ozawa, 2015　　　　装幀：ジンキッズ　　印刷・製本：昭和情報プロセス
落丁・乱丁はお取り替えいたします.

JCOPY ＜(社)出版者著作権管理機構　委託出版物＞

本書の無断複写は著作権法上での例外を除き禁じられています．複写される場合は，そのつど事前に，(社)出版者著作権
管理機構（電話 03-3513-6969，FAX 03-3513-6979，E-mail: info@jcopy.or.jp）の許諾を得てください．